DELIUS KLASING

D1725706

Dr. Etzold

Diplom-Ingenieur für Fahrzeugtechnik

So wird's gemacht

pflegen – warten – reparieren

Band 133

Golf V – Limousine und Variant
Golf Plus/Jetta/Touran

Benziner
1,4 l/ 55 kW   (75 PS) 10/03 – 9/06
1,4 l/ 59 kW   (80 PS) ab 10/06
1,4 l/ 66 kW   (90 PS) 11/03 – 9/04
1,4 l/ 90 kW (122 PS) ab   7/07
1,4 l/103 kW (140 PS) ab   2/06
1,4 l/125 kW (170 PS) ab 11/05
1,6 l/ 75 kW (102 PS) ab   3/03
1,6 l/ 85 kW (115 PS) ab   3/03
2,0 l/110 kW (150 PS) ab 10/03
2,0 l/147 kW (200 PS) ab 10/04
3,2 l/184 kW (250 PS) ab   9/05

Diesel
1,9 l/ 66 kW   (90 PS) ab   4/04
1,9 l/ 74 kW (100 PS)   3/03 – 8/03
1,9 l/ 77 kW (105 PS) ab   9/03
2,0 l/ 55 kW   (75 PS) ab   1/04
2,0 l/100 kW (136 PS)   3/03 – 1/04
2,0 l/103 kW (140 PS) ab 10/03
2,0 l/125 kW (170 PS) ab   4/06

Delius Klasing Verlag

Redaktion: Günter Skrobanek, Dipl.-Ing. Guido Zurborg (Text)
Christine Etzold (Bild)

Bibliografische Information der Deutschen Nationalbibliothek

Die Deutsche Nationalbibliothek verzeichnet diese Publikation in
der Deutschen Nationalbibliografie; detaillierte bibliografische
Daten sind im Internet über „http://dnb.d-nb.de" abrufbar.

4. Auflage / Dz
ISBN 978-3-7688-1619-9
© by Verlag Delius, Klasing & Co. KG, Bielefeld

© Abbildungen: Redaktion Dr. Etzold; Volkswagen AG
Alle Angaben ohne Gewähr
Umschlaggestaltung: Ekkehard Schonart
Druck: Kunst- und Werbedruck, Bad Oeynhausen
Printed in Germany 2008

Delius Klasing Verlag, Siekerwall 21, D-33602 Bielefeld
Tel.: 0521/559-0, Fax: 0521/559-115
e-mail: info@delius-klasing.de
www.delius-klasing.de

Lieber Leser,

die Automobile werden von Modellgeneration zu Modellgeneration technisch immer aufwändiger und komplizierter. Ohne eine Anleitung kann man mitunter nicht einmal mehr die Glühlampe eines Scheinwerfers auswechseln. Und so wird verständlich, dass von Jahr zu Jahr immer mehr Heimwerker zum »So wird's gemacht«-Handbuch greifen.

Doch auch der kundige Hobbymonteur sollte bedenken, dass der Fachmann viel Erfahrung hat und durch die Weiterschulung und seinen Erfahrungsaustausch über den neuesten Techniksstand verfügt. Mithin kann es für die Überwachung und Erhaltung der Betriebs- und Verkehrssicherheit des eigenen Fahrzeugs sinnvoll sein, in regelmäßigen Abständen eine Fachwerkstatt aufzusuchen.

Grundsätzlich muss sich der Heimwerker natürlich darüber im Klaren sein, dass man mithilfe eines Handbuches nicht automatisch zum Kfz-Mechaniker wird. Auch deshalb sollten Sie nur solche Arbeiten durchführen, die Sie sich zutrauen. Das gilt insbesondere für jene Arbeiten, die die Verkehrssicherheit des Fahrzeugs beeinträchtigen können. Gerade in diesem Punkt sorgt das »So wird's gemacht«-Handbuch jedoch für praktizierte Verkehrssicherheit. Durch die Beschreibung der Arbeitsschritte und den Hinweis, die Sicherheitsaspekte nicht außer Acht zu lassen, wird der Heimwerker vor der Arbeit entsprechend sensibilisiert und informiert. Auch wird darauf hingewiesen, im Zweifelsfall die Arbeit lieber von einem Fachmann ausführen zu lassen.

Sicherheitshinweis
Auf verschiedenen Seiten dieses Buches stehen »Sicherheitshinweise«. Bevor Sie mit der Arbeit anfangen, lesen Sie bitte diese Sicherheitshinweise aufmerksam durch und halten Sie sich strikt an die dort gegebenen Anweisungen.

Vor jedem Arbeitsgang empfiehlt sich ein Blick in das vorliegende Buch. Dadurch werden Umfang und Schwierigkeitsgrad der Reparatur offenbar. Außerdem wird deutlich, welche Ersatz- oder Verschleißteile eingekauft werden müssen und ob unter Umständen die Arbeit nur mithilfe von Spezial-

werkzeug durchgeführt werden kann. Besonders empfehlenswert: Wenn Sie eine elektronische Kamera zur Hand haben, dann sollten Sie komplizierte Arbeitsschritte für den Wiedereinbau fotografisch dokumentieren.

Für die meisten Schraubverbindungen ist das Anzugsdrehmoment angegeben. Bei Schraubverbindungen, die in jedem Fall mit einem Drehmomentschlüssel angezogen werden müssen (Zylinderkopf, Achsverbindungen usw.), ist der Wert **fett** gedruckt. Nach Möglichkeit sollte man generell jede Schraubverbindung mit einem Drehmomentschlüssel anziehen. Übrigens: Für viele Schraubverbindungen sind Innen- oder Außen-Torxschlüssel erforderlich.

Als ich Anfang der siebziger Jahre den ersten Band der »So wird's gemacht«-Buchreihe auf den Markt brachte, wurden im Automobilbau nur ganz wenige elektronische Bauteile eingesetzt. Inzwischen ist das elektronische Management allgegenwärtig; ob bei der Steuerung der Zündung, des Fahrwerks oder der Gemischaufbereitung. Die Elektronik sorgt auch dafür, dass es in verschiedenen Bereichen keine Verschleißteile mehr gibt. Das Überprüfen elektronischer Bauteile ist wiederum nur noch mit teuren und speziell auf das Fahrzeugmodell abgestimmten Prüfgeräten möglich, die dem Heimwerker in der Regel nicht zur Verfügung stehen. Wenn also verschiedene Reparaturschritte nicht mehr beschrieben werden, so liegt das ganz einfach am vermehrten Einsatz von elektronischen Bauteilen.

Das vorliegende Buch kann nicht auf jedes technische Fahrzeug-Problem eingehen. Dennoch hoffe ich, dass Sie mithilfe der Beschreibungen viele Arbeiten am Fahrzeug durchführen können. Eines sollten Sie jedoch bei Ihren Arbeiten am eigenen Auto beachten: Ständig werden am aktuellen Modell Änderungen in der Produktion durchgeführt, so dass sich die im Buch veröffentlichten Arbeitsanweisungen und Einstelldaten für Ihr spezielles Modell geändert haben könnten. Sollten Zweifel auftreten, erfragen Sie bitte den aktuellen Stand beim Kundendienst des Automobilherstellers.

Rüdiger Etzold

Inhaltsverzeichnis

GOLF V / GOLF PLUS
JETTA / TOURAN

Aus dem Inhalt:

■ **Modellvarianten**   ■ **Fahrzeugidentifizierung**   ■ **Motordaten**

GOLF V

Die fünfte Modell-Generation des VW GOLF wurde im September 2003 der Öffentlichkeit präsentiert. Den GOLF gibt es in den Versionen: Steilheck-Limousine, GOLF VARIANT, GOLF PLUS und JETTA.

Gegenüber dem Vorgängermodell ist der GOLF der fünften Generation etwas größer geworden. Für den GOLF stehen in Leistung, Hubraum und Bauart unterschiedliche Benzin- und Dieselmotoren zur Verfügung, so dass je nach persönlicher Anforderung zwischen sehr wirtschaftlicher und sportlicher Motorisierung ausgewählt werden kann. Ihre Leistung bringen die Aggregate über Frontantrieb oder Allradantrieb auf die Straße. Der GOLF verfügt über umfangreiche Sicherheitseinrichtungen. Dazu zählen Fahrer-, Beifahrer-, Seiten- und Kopfairbags sowie die Gurtstraffer für die vorderen Sitze. Serienmäßig sind auch das elektronische Stabilitätsprogramm ESP sowie der elektronisch gesteuerte Bremsassistent.

GOLF PLUS

Der GOLF PLUS wurde im Januar 2005 vorgestellt. Gegenüber der Limousine ist er vor allem in der Höhe gewachsen und die Heckleuchten sind mit Leuchtdioden bestückt.

JETTA

Die Stufenheckvariante JETTA ist seit August 2005 erhältlich. Die sanft abfallende Heckscheibe verleiht der Heckpartie einen coupéhaften Charakter. In den Heckleuchten sind wie beim GOLF PLUS Leuchtdioden (LEDs) eingesetzt.

GOLF VARIANT

Im Juni 2007 wurde die GOLF-Reihe um die Kombiversion erweitert. Das maximale Gepäckraumvolumen des VARIANT beträgt 1.550 Liter.

TOURAN

Im März 2003 kam der technisch annähernd baugleiche Kompakt-Van TOURAN auf den Markt. Der TOURAN ist mit fünf und optional sieben Einzelsitzen ausgestattet. Er zeichnet sich durch sein variables Innenraumkonzept und das große Gepäckraumvolumen aus, mit maximal 1.989 Litern.

11

Fahrzeug- und Motoridentifizierung

Fahrzeugidentifizierung

● Die Fahrzeug-Identifizierungsnummer (Fahrgestellnummer) lässt sich von außen durch ein Sichtfenster in der Frontscheibe ablesen. Das Sichtfenster befindet sich unterhalb vom linken Scheibenwischer.

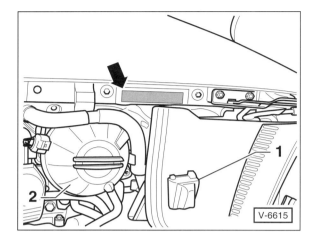

● **GOLF:** Die Fahrzeug-Identifizierungsnummer –Pfeil– ist ebenfalls im Motorraum auf der Verlängerung des rechten Längsträgers eingeschlagen. Zum Ablesen muss das Dämmgummi –1– abgenommen werden. 2 – Kühlmittelausgleichbehälter.

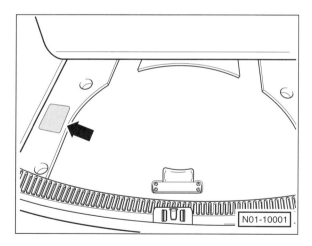

● **GOLF:** Die Fahrzeug-Identifizierungsnummer befindet sich auch auf dem Fahrzeugdatenträger –Pfeil–, der links in der Reserveradmulde aufgeklebt ist.

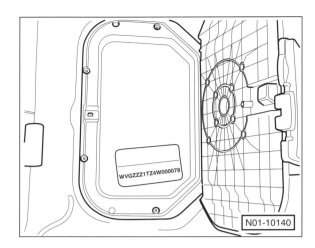

● **TOURAN:** Die Fahrzeug-Identifizierungsnummer (Fahrgestellnummer) befindet sich auch auf dem Fahrzeugdatenträger, der beim Fünf-Sitzer links auf den Gepäckraumboden aufgeklebt ist. Beim Sieben-Sitzer klebt der Fahrzeug-Datenträger auf dem Abschlussblech hinten links im Gepäckraum unter einer Klappe.

Aufschlüsselung der Fahrgestellnummer:

WVW	ZZZ	1K	Z	5	D	000 279
①	②	③	④	⑤	⑥	⑦

① Herstellerzeichen: WVW = Volkswagen AG.
② Füllzeichen.
③ 2-stellige Typenkurzbezeichnung aus den ersten beiden Stellen der offiziellen Typenbezeichnung. 1K1 = GOLF; 1K2 = JETTA; 5M1 = GOLF PLUS; 1T = TOURAN.
④ Weiteres Füllzeichen.
⑤ Angabe des Modelljahres: 5 – 2005; 6 – 2006 usw.
⑥ Produktionsstätte.
⑦ Laufende Nummerierung.

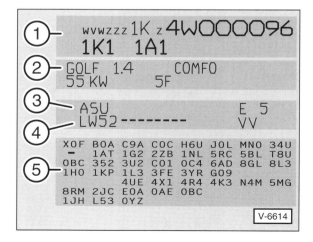

Der Fahrzeugdatenträger enthält folgende Fahrzeugdaten:
1 – Fahrzeug-Identifizierungsnummer
2 – Fahrzeugtyp/Motorleistung/Getriebe
3 – Motor- und Getriebekennbuchstaben
4 – Lacknummer/Innenausstattungs-Kennnummer
5 – Mehrausstattungs-Kennnummer

Motoridentifizierung

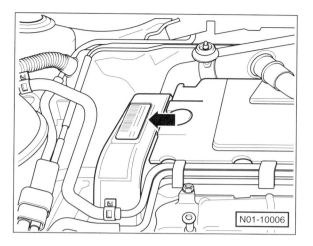

N01-10006

Hinweis: Motorkennbuchstaben und Motornummer sind ebenfalls in den Motorblock eingeschlagen, und zwar auf der linken Seite unterhalb der Trennstelle Zylinderkopf/Motorblock. Die Motorkennbuchstaben stehen außerdem auf dem Fahrzeugdatenträger im Serviceplan beziehungsweise in der Reserveradmulde.

● Die Kennbuchstaben des Motors und die Motornummer befinden sich auf einem Aufkleber an der Zahnriemen-Abdeckung –Pfeil–. **Hinweis:** Um sie einzusehen, beim Benzinmotor gegebenenfalls obere Motorabdeckung ausbauen, siehe Seite 178.

1,6-l-FSI-Motor 85 kW/115 PS

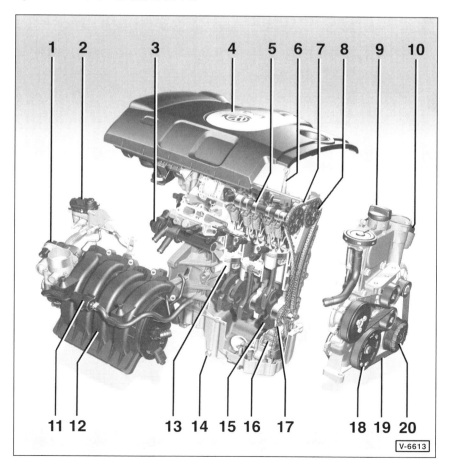

1 – Drosselklappenmodul
2 – Ventil für Abgasrückführung
3 – Kühlmittelreglergehäuse
4 – Motorabdeckung oben
5 – Nockenwelle
6 – Ölmessstab
7 – Steuerkette
8 – Kettenrad für Auslass-Nockenwelle
9 – Öleinfülldeckel
10 – Ölfilter
11 – Magnetventil für Aktivkohlesystem
12 – Saugrohr
13 – Kolben
14 – Ölablassschraube
15 – Kurbelwelle
16 – Ölpumpe
17 – Antriebskette für Ölpumpe
18 – Kurbelwellen-Riemenscheibe
19 – Keilrippenriemen
20 – Klimakompressor-Riemenscheibe

V-6613

Motordaten

Motor/Modell		1.4	1.4	1.4 FSI	1.4 TSI	1.4 TSI	1.4 TSI	1.6
Motor-Kennbuchstaben		BCA	BUD	BKG/BLN	CAXA	BMY	BLG	BGU/BSE/BSF
Fertigung	von – bis	10/03 – 9/06	10/06 –	11/03 – 9/04	7/07 –	2/06 –	11/05 –	3/03 –
Motortyp		DOHC	DOHC	DOHC	DOHC	DOHC	DOHC	OHC
Hubraum	cm³	1390	1390	1390	1390	1390	1390	1595
Leistung	kW bei 1/min PS bei 1/min	55/5000 75/5000	59/5000 80/5000	66/5000 90/5000	90/5000 122/5000	103/5600 140/5600	125/6000 170/6000	75/5600/ 102/5600
Drehmoment	Nm bei 1/min	126/3300	130/4200	130/3750	200/1500	220/1500	240/1750	148/3800
Bohrung	⌀ mm	76,5	76,5	76,5	76,5	76,5	76,5	81,0
Hub	mm	75,6	75,6	75,6	75,6	75,6	75,6	77,4
Verdichtung		10,5	10,5	12,0	10,0	10,0	9,7	10,5
Zylinder/Ventile pro Zylinder		4/4	4/4	4/4	4/4	4/4	4/4	4/2
Motormanagement		Motronic ME 7.5.10	Magneti Marelli 4HV	Motronic MED 9.5.10	Motronic ME 17.5.20	Motronic MED 9.5.10	Motronic MED 9.5.10	Simos 7.1
Kraftstoff bleifrei	ROZ	95	95	98	95	98	98	95
Wechselmengen Motoröl Kühlflüssigkeit	Liter Liter	3,5 7,1	3,5 7,1	3,6 8,1	3,6 5,6	3,6 5,6	3,6 5,6	4,0 8,0

Motor/Modell		1.6 FSI	2.0 FSI	2.0 TFSI	2.0 TFSI	3.2 R32	2.0 EcoFuel
Motor-Kennbuchstaben		BAG/BLP/BLF	AXW/BLX/BLY/BLR/BVX/BVY/BVZ	AXX/BWA	BYD[3]	BUB/CBRA	BSX[1] [2]
Fertigung	von – bis	3/03 –	10/03 –	10/04 –	11/06 –	9/05 –	3/06 –
Motortyp		DOHC	DOHC	DOHC	DOHC	DOHC	OHC
Hubraum	cm³	1598	1984	1984	1984	3189	1984
Leistung	kW bei 1/min PS bei 1/min	85/6000[4] 115/6000	110/6000 150/6000	147/5700 200/5700	169/5500 230/5500	184/6300 250/6300	80/5400 109/5400
Drehmoment	Nm bei 1/min	155/4000	200/3500	280/1800	300/2200	320/2500	160/3500
Bohrung	⌀ mm	76,5	82,5	82,5	82,5	84,0	82,5
Hub	mm	86,9	92,8	92,8	92,8	95,9	92,8
Verdichtung		12,0	11,5	10,5	10,3	10,85	13,5
Zylinder/Ventile pro Zylinder		4/4	4 /4	4/4	4/4	6/4	4/2
Motormanagement		Motronic MED 9.5.10	Motronic MED 9.5	TFSI Motronic	Motronic MED 9.1	Motronic ME 7.1.1	Motronic ME 7.1.1
Kraftstoff bleifrei	ROZ	98	98	98	98	98	Erdgas / 95
Wechselmengen Motoröl Kühlflüssigkeit	Liter Liter	3,6 8,1	4,6 8,1	4,85 8,4	4,6 8,0	5,5 9,0	4,0 8,0

OHC = **O**ver **H**ead **C**amshaft = Oben liegende Nockenwelle; DOHC = **D**ouble **O**ver **H**ead **C**amshaft = 2 oben liegende Nockenwellen. FSI = **F**uel **S**tratified **I**njection = Benzin-Direkteinspritzer. TFSI = Benzin-Direkteinspritzer mit Turbolader. TSI = **T**wincharger **St**ratified **I**njection = Benzin-Direkteinspritzer mit Turbolader und Kompressor (Doppelaufladung).

[1] Nur im TOURAN. [2] Erdgas-/Benzinmotor. [3] GOLF GTI Edition 30. [4] BLP/BLF: 85/5800 (115/5800).

Motor/Modell	1.9	1.9	1.9	2.0	2.0	2.0	2.0	2.0
Motor-Kennbuchstaben	BRU/BXF/ BXJ	AVQ[1]	BJB/BKC/ BXE/BLS	BDK	AZV [1]	BKD	BMM	BMN
Fertigung von − bis	4/04 −	3/03 − 8/03	9/03 −	1/04 −	3/03 − 1/04	10/03 −	1/05 −	4/06 −
Motortyp	OHC	OHC	OHC	OHC	DOHC	DOHC	OHC	DOHC
Hubraum cm³	1896	1896	1896	1968	1968	1968	1968	1968
Leistung kW bei 1/min PS bei 1/min	66/4000 90/4000	74/4000 100/4000	77/4000 105/4000	55/4200 75/4200	100/4000 136/4000	103/4000 140/4000	103/4000 140/4000	125/4200 170/4200
Drehmoment Nm bei 1/min	210/1800	250/1900	250/1900	140/2200	320/1750	320/1750	320/1750	350/1800
Bohrung ∅ mm	79,5	79,5	79,5	81,0	81,0	81,0	81,0	81,0
Hub mm	95,5	95,5	95,5	95,5	95,5	95,5	95,5	95,5
Verdichtung	19,0	19,0	19,0	19,0	18,0	18,5	18,5	18,5
Zylinder/Ventile pro Zylinder	4/2	4/2	4/2	4/2	4/4	4/4	4/2	4/4
Motormanagement	PD-TDI	PD-TDI	PD-TDI	PD-SDI	PD-TDI	PD-TDI	PD-TDI	PD-TDI
Kraftstoff	Diesel	Diesel	Diesel	Diesel	Diesel	Diesel	Diesel	Diesel
Wechselmengen Motoröl Liter Kühlflüssigkeit Liter	4,2 8,1	4,2 8,1	4,2 8,1	4,0 8,1	3,8 8,0	3,8 8,0	4,3 8,0	4,3 8,0

OHC = **O**ver **H**ead **C**amshaft = Oben liegende Nockenwelle; DOHC = **D**ouble **O**ver **H**ead **C**amshaft = 2 oben liegende Nockenwellen.
PD-TDI = **P**umpe-**D**üse-**T**urbo-**D**irect-**I**njection = Turbodiesel-Direkteinspritzer mit Pumpe-Düse-System. SDI = Saugdiesel-Direkt-einspritzer.
[1] Nur im TOURAN.

2,0-I-FSI-Benzinmotor

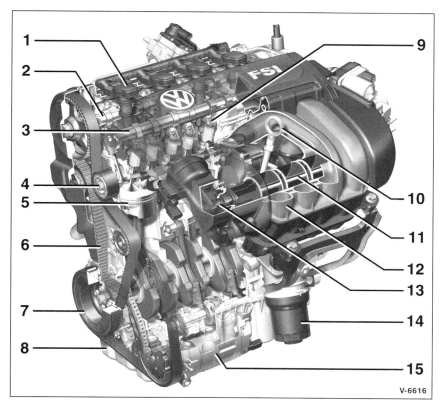

1 – Zündspule
2 – Auslass-Nockenwelle
3 – Einlass-Nockenwelle
4 – Umlenkrolle
5 – Kolben
6 – Zahnriemen
7 – Kurbelwellen-Riemenscheibe
8 – Ölwanne
9 – Rollenschlepphebel
10 – Ölmessstab
11 – Saugrohrklappen
12 – Saugrohr-Oberteil
13 – Schaltwalze für Saugrohrklappen
14 – Ölfilter
15 – Klimakompressor

V-6616

Wartung

Aus dem Inhalt:

- **Wartungsplan**
- **Wartungsarbeiten**
- **Werkzeugausrüstung**
- **Motorstarthilfe**
- **Fahrzeug abschleppen**
- **Fahrzeug aufbocken**

Der **GOLF/TOURAN** kann nach unterschiedlichen Wartungssystemen gewartet werden.

Fahrzeuge mit der PR-Nummer »QG1« werden nach dem Longlife-Service-System mit flexiblen Wartungsintervallen gewartet.

Fahrzeuge mit der PR-Nummer »QG0«, »QG2« und »QG3« werden nach festen Wartungsintervallen gewartet.

Die PR-Nummer steht auf dem Fahrzeugdatenträger, siehe Seite 12.

Erläuterung der Begriffe:

PR-Nummer = Produktions-Steuerungs-Nummer. Damit werden während der Produktion Ausstattungen, Mehrausstattungen oder länderspezifische Abweichungen gekennzeichnet.

QG0 = Fahrzeuge sind werkseitig **nicht** mit Komponenten für den Longlife-Service ausgestattet.

QG1 = Fahrzeuge sind werkseitig mit Komponenten für den Longlife-Service ausgestattet. Motorölstandssensor und Bremsverschleißanzeige sind vorhanden. Die flexible Service-Intervall-Anzeige ist aktiviert.

QG2 = Ausstattung wie QG1, aber die Service-Intervall-Anzeige ist **nicht** auf »flexible«, sondern auf »feste« Service-Intervalle eingestellt.

Longlife-Service

Die Motoren sind ab Werk mit einem alterungsbeständigen Longlifeöl befüllt. Dadurch sind je nach Motorbelastung lange Wartungsintervalle möglich.

Der Zeitpunkt für die Wartung wird dem Fahrer über die »Flexible Service-Intervall-Anzeige« nach dem Einschalten der Zündung im Display des Kombiinstruments oder im Kilometerzähler angezeigt.

Steht eine Wartung an, wird der Fälligkeitstermin nach dem Einschalten der Zündung beziehungsweise nach dem Starten des Motors folgendermaßen angezeigt: Im Display des Kombiinstruments erscheinen das Schraubenschlüssel-Symbol und die Kilometerangabe bis zur nächsten Wartung. Nach etwa 10 Sekunden schaltet die Anzeige um und es erscheinen ein »Uhr-Symbol« sowie die Anzahl der Tage bis zur nächsten Wartung.

Gleichzeitig erscheint im Kombiinstrument beispielsweise die Anzeige: »SERVICE IN 3000 km ODER 40 TAGEN«. Nach 20 Sekunden verlischt die Service-Meldung.

Bei Erreichen der vom Steuergerät berechneten Intervalldauer ertönt ein Gongsignal, das »Schraubenschlüsselsymbol« blinkt und im Display erscheint die Meldung »SERVICE JETZT« beziehungsweise »SERVICE«. Die Wartung sollte dann umgehend durchgeführt werden.

Hinweis: Eine überfällige Wartung wird durch ein Minuszeichen vor der Kilometer- oder Tagesangabe angezeigt.

Nach einer durchgeführten Wartung wird die Service-Intervallanzeige mit dem VW-Diagnosegerät zurückgesetzt (Werkstattarbeit). Ein Zurücksetzen ohne Diagnosegerät, wie bei früheren Modellen, ist beim GOLF V/TOURAN nicht möglich.

Wird im Rahmen einer Wartung oder Reparatur **kein** Longlife-Motoröl nach VW-Norm eingefüllt, dann muss das System von »flexiblen« auf »feste« Service-Intervalle umgestellt werden. Dann ist alle 15.000 km oder 12 Monate ein Ölwechsel-Service erforderlich.

Hinweis: Die Fachwerkstätten fragen bei jeder Inspektion mit Hilfe des Fehlerauslesegerätes die Fehlerspeicher der elektronischen Steuergeräte von Motor, ABS, Airbag und Wegfahrsicherung ab. Es kann daher sinnvoll sein, in regelmäßigen Abständen eine Fachwerkstatt aufzusuchen, auch wenn die Wartung in Eigenregie durchgeführt wird. Die Abfrage der Fehlerspeicher wird am Diagnoseanschluss vorgenommen. Bei dieser Gelegenheit kann auf Wunsch auch die Intervallanzeige zurückgestellt werden.

Feste Wartungsintervalle

Die Service-Intervall-Anzeige kann, falls kein Longlife-Öl verwendet wird, von den »flexiblen« Service-Intervallen (Longlife-Service) auf »feste« Service-Intervalle umgestellt werden. Dazu muss die Service-Intervall-Anzeige nach einer durchgeführten Wartung mit dem Fahrzeug-Diagnosegerät umgestellt werden. Als Maßstab für die Anzeige der Wartungszyklen in der Service-Intervall-Anzeige werden die Zeit seit dem letzten Zurücksetzen der Anzeige beziehungsweise die gefahrenen Kilometer berechnet. Bei abgeklemmter Fahrzeugbatterie bleiben die Werte der Service-Anzeige erhalten.

Ölwechsel-Service

Der Ölwechsel-Service ist entsprechend der Service-Intervall-Anzeige in folgenden Intervallen durchzuführen:

Bei **festen** Service-Intervallen oder wenn **kein Longlife-Öl** eingefüllt ist, ist der Ölwechsel **alle 15.000 km** oder **nach 1 Jahr** durchzuführen, je nachdem was zuerst eintritt.

Achtung: Bei erschwerten Betriebsbedingungen, wie überwiegend Stadt- und Kurzstreckenverkehr, häufigen Gebirgsfahrten, Anhängerbetrieb und staubigen Straßenverhältnissen, Ölwechsel-Service öfters durchführen.

● Motor: Öl wechseln, Ölfilter ersetzen.

● Scheibenbremsbeläge vorn und hinten: Dicke prüfen.

● Service-Intervallanzeige zurücksetzen (Werkstattarbeit).

Wartungsplan

Die Wartung ist entsprechend der Service-Intervall-Anzeige in folgenden Abständen durchzuführen:

Bei Fahrzeugen mit **Longlife-Service** und **flexiblen** Service-Intervallen sind beim »Intervall-Service« (**spätestens nach 2 Jahren**) die mit ● gekennzeichneten Wartungsarbeiten durchzuführen. Beim »**Intervall-Service Inspektion**« sind die mit ● und ■ gekennzeichneten Wartungsarbeiten durchzuführen. Der »Intervall-Service Inspektion« erfolgt spätestens **alle 60.000 km** oder **nach 4 Jahren**.

Bei **festen** Service-Intervallen oder wenn **kein Longlife-Öl** eingefüllt ist, sind beim »Intervall-Service« **alle 30.000 km** oder **nach 2 Jahren** die mit ● gekennzeichneten Wartungsarbeiten durchzuführen. Beim »**Intervall-Service Inspektion**« sind die mit ● und ■ gekennzeichneten Wartungsarbeiten durchzuführen. Der »Intervall-Service Inspektion« erfolgt **alle 60.000 km** oder **nach 4 Jahren**.

Im Rahmen der Wartung sind ebenfalls die zusätzlichen, mit ◆ gekennzeichneten Wartungsarbeiten entsprechend den angegebenen Intervallen durchzuführen.

Achtung: Bei häufigen Fahrten in staubiger Umgebung Wechselintervall für Motor-Luftfilter und Pollenfilter halbieren.

Motor

● Motor: Öl wechseln, Ölfilter erneuern.

■ Motor/Motorraum: Sichtprüfung auf Undichtigkeiten.

■ Kühl- und Heizsystem: Flüssigkeitsstand prüfen, Konzentration des Frostschutzmittels prüfen. Sichtprüfung auf Undichtigkeiten und äußere Verschmutzung des Kühlers.

■ Abgasanlage: Auf Beschädigungen, Undichtigkeiten und lockere Befestigung sichtprüfen.

■ Keilrippenriemen: Zustand prüfen, bei Verschleißspuren wechseln. **Hinweis:** Bei Fahrzeugen ohne automatische Spannrolle Riemenspannung prüfen.

Getriebe/Achsantrieb

■ Getriebe/Achsantrieb: Auf Undichtigkeiten und Beschädigungen sichtprüfen.

■ Automatikgetriebe: ATF-Stand prüfen, gegebenenfalls auffüllen.

Vorderachse/Lenkung

■ Spurstangenköpfe: Spiel und Befestigung prüfen, Staubkappen prüfen.

■ Achsgelenke: Staubkappen prüfen.

■ Manschetten der Antriebswellen: Auf Undichtigkeiten und Beschädigungen sichtprüfen.

Bremsen/Reifen/Räder

● Bremsen: Belagstärke der vorderen und hinteren Bremsbeläge prüfen.

● Bereifung: Profiltiefe und Reifenfülldruck prüfen; Reifen auf Verschleiß und Beschädigungen (einschließlich Reserverad) prüfen.

● Reifen-Kontroll-Anzeige, falls vorhanden: Grundeinstellung durchführen.

■ Bremsanlage: Leitungen, Schläuche, Bremszylinder und Anschlüsse auf Undichtigkeiten und Beschädigungen prüfen.

■ Bremsflüssigkeitsstand: Prüfen, gegebenenfalls auffüllen.

Karosserie/Innenausstattung

● Verbandkasten: Haltbarkeitsdatum überprüfen, gegebenenfalls Verbandkasten ersetzen.

■ Türfeststeller: Befestigungsbolzen schmieren.

■ Schiebedach: Führungsschienen reinigen und fetten.

■ Unterbodenschutz: Auf Beschädigungen sichtprüfen.

Elektrische Anlage

● Batterie: Prüfen.

● Eigendiagnose: Fehlerspeicher auslesen (Werkstattarbeit).

● Service-Intervallanzeige: Zurücksetzen (Werkstattarbeit).

■ Front- und Heckbeleuchtung, Blinkanlage, Warnblinkanlage: Funktion prüfen.

■ Sämtliche Stromverbraucher/Bedienelemente/Anzeigen/Innenbeleuchtung/Hupe: Funktion prüfen.

■ Scheibenwischerblätter: Wischergummis auf Verschleiß prüfen. Ruhestellung prüfen.

■ Scheibenwaschanlage: Funktion prüfen, Düsenstellung kontrollieren, Flüssigkeit nachfüllen, Scheinwerfer-Waschanlage prüfen.

■ Scheinwerfer: Einstellung prüfen (Werkstattarbeit).

Folgende Arbeiten zusätzlich durchführen:

Erstmalig nach 3 Jahren, dann alle 2 Jahre

◆ Bremsflüssigkeit: Erneuern.

◆ Abgasuntersuchung (AU): Leerlaufdrehzahl, CO-Gehalt, Zündzeitpunkt prüfen; Fehlerspeicher abfragen (Werkstattarbeit).

◆ TOURAN EcoFuel (2,0-l-Motor BSX): Prüfung der Gasanlage (Werkstattarbeit !). Erdgaseinfüllstutzen, Verschlussdeckel und Dichtring auf Zustand prüfen, gegebenenfalls reinigen.

Alle 30.000 km

◆ Dieselmotor, bei Verwendung von Biodiesel: Kraftstofffilter ersetzen.

◆ 1,4-/1,6-l-Benzinmotor BCA/BUD/BGU/BSE/BSF mit 55/59/75 kW: Zahnriemen für Nockenwellenantrieb auf Beschädigung sichtprüfen, gegebenenfalls ersetzen (erstmals nach 90.000 km, dann alle 30.000 km).

◆ Dieselmotor: Diesel-Partikelfilter prüfen, falls vorhanden (erstmals nach 150.000 km, dann alle 30.000 km, Werkstattarbeit).

Alle 60.000 km oder 2 Jahre

◆ Lüftung/Heizung: Staub-/Pollenfilter-Einsatz erneuern, Gehäuse reinigen.

Alle 4 Jahre

◆ Reifenreparatur-Set, falls vorhanden: Ersetzen, dabei Haltbarkeitsdatum beachten.

Alle 60.000 km oder 4 Jahre

◆ Alle Benziner außer GOLF GTI: Zündkerzen erneuern.

Alle 60.000 km

◆ Direktschaltgetriebe DSG: Öl und Filter wechseln.

◆ Allradantrieb 4MOTION: Öl für Haldexkupplung wechseln.

◆ GOLF GTI mit 169 kW: Luftfiltereinsatz erneuern, Filtergehäuse reinigen.

Alle 90.000 km

◆ Dieselmotor, bei Verwendung von normalem Diesel: Kraftstofffilter erneuern.

Alle 90.000 km oder 6 Jahre

◆ GOLF GTI mit 147/169 kW: Zündkerzen erneuern.

◆ Motor-Luftfilter: Filtereinsatz erneuern, Filtergehäuse reinigen (außer GOLF GTI mit 169 kW).

Zahnriemen-Wechselintervalle

Motor	Motor-Kennbuchstaben	Fertigung	Wechselintervall für	
			Zahnriemen	Spannrolle
TDI-Diesel	AVQ/AZV/BJB/BKC/BKD/ BLS/BMM/BMN/BRU/BXE/BXF/BXJ	bis MJ 2006	alle 120.000 km	alle 240.000 km
TDI-Diesel	AVQ/AZV/BJB/BKC/BKD/ BLS/BMM/BMN/BRU/BXE/BXF/BXJ	ab MJ 2007	alle 150.000 km	alle 300.000 km
2,0-l-SDI-Diesel	BDK	alle	alle 120.000 km	alle 240.000 km
2,0-l-Benziner	AXW/AXX/BLR/BLX/BLY/BPY/ BVX/BVY/BVZ/BWA/BYD	alle	alle 180.000 km	–

■ 1,4-/1,6-l-Benzinmotor BCA/BGU/BSE/BSF/BSX/BUD: Zahnriemenantrieb mit Prüfintervall; Zahnriemen bei Beschädigung austauschen – erstmals nach 90.000 km, dann alle 30.000 km.

■ Benzinmotor BAG/BKG/BLN/BLF/BLG/BLP/BMY/BUB/CAXA/CBRA: Wartungsfreier Kettenantrieb.

Hier lernen Sie Ihr Wunsch-Magazin kennen – gratis und unverbindlich.

Viel Spaß!

Ja, senden Sie mir die aktuelle Ausgabe von
(bitte nur 1 Magazin ankreuzen):

☐ GUTE FAHRT
☐ VW SPEED
☐ AUDI TUNING
☐ TUNING

Absender

Name, Vorname

Straße

PLZ/Wohnort

Telefon   /   Fax

E-Mail

Oder Karte per Fax an 0521/ 559 88 114.
Dieses Angebot kann nur 1x pro Haushalt genutzt werden.   PH8

Die Automagazine vom DELIUS KLASING VERLAG

DELIUS KLASING

Antwort

Delius Klasing Verlag
Postfach 10 16 71
33516 Bielefeld
DEUTSCHLAND

Wartungsarbeiten

Hier werden, nach den verschiedenen Baugruppen des Fahrzeugs aufgeteilt, alle Wartungsarbeiten beschrieben, die gemäß dem Wartungsplan durchgeführt werden müssen. Auf die erforderlichen Verschleißteile sowie das möglicherweise benötigte Sonderwerkzeug wird jeweils hingewiesen.

Es empfiehlt sich Reifendruck, Motorölstand und Flüssigkeitsstände für Kühlung, Wisch-/Waschanlage etc. mindestens alle 4 bis 6 Wochen zu prüfen und gegebenenfalls zu ergänzen.

Achtung: Beim **Einkauf von Ersatzteilen** ist zur Identifizierung des Fahrzeuges unbedingt der **KFZ-Schein** mitzunehmen, denn nur durch die Fahrzeug-Identnummer ist eine eindeutige Zuordnung von Ersatzteil und Fahrzeugmodell möglich. Sinnvoll ist es auch, das Altteil zum Ersatzteilhändler mitzunehmen, um es dort mit dem Neuteil vergleichen zu können.

Motor und Abgasanlage

Folgende Wartungspunkte müssen nach dem Wartungsplan in unterschiedlichen Intervallen durchgeführt werden:

- Motor/Motorraum: Sichtprüfung auf Undichtigkeiten.
- Motor: Öl wechseln, Ölfilter erneuern.
- Kühl- und Heizsystem: Flüssigkeitsstand prüfen, Konzentration des Frostschutzmittels prüfen. Sichtprüfung auf Undichtigkeiten und äußere Verschmutzung des Kühlers.
- Dieselmotor: Kraftstofffilter ersetzen.
- Motor-Luftfilter: Filtereinsatz erneuern, Filtergehäuse reinigen.
- Keilrippenriemen: Zustand prüfen, bei Verschleißspuren wechseln. **Hinweis:** Bei Fahrzeugen ohne automatische Spannrolle, Riemenspannung prüfen.
- Abgasanlage: Auf Beschädigungen, Undichtigkeiten und lockere Befestigung sichtprüfen.
- Zündkerzen: Erneuern.
- 1,4-/1,6-l-Benzinmotor BCA/BUD/BGU/BSE/BSF mit 55/59/75 kW: Zahnriemen für Nockenwellenantrieb auf Beschädigung sichtprüfen, gegebenenfalls ersetzen (Werkstattarbeit), siehe auch Seite 181/186.
- Dieselmotor: Zahnriemen für Nockenwellenantrieb und Zahnriemenspannrolle erneuern (Werkstattarbeit), siehe auch Seite 193/197.
- 2,0-l-(T)FSI-Benzinmotor: Zahnriemen für Nockenwellenantrieb erneuern (Werkstattarbeit), siehe auch Seite 190.
- Abgasuntersuchung (AU) durchführen; Fehlerspeicher abfragen (Werkstattarbeit).

Motor/Motorraum: Sichtprüfung auf Undichtigkeiten

Spezialwerkzeug: nicht erforderlich.

- Obere Motorabdeckung ausclipsen und abnehmen.
- Untere Motorraumabdeckung ausbauen, siehe Seite 272.
- Leitungen, Schläuche und Anschlüsse der
  - ◆ Kraftstoffanlage,
  - ◆ des Kühl- und Heizungssystems,
  - ◆ der Bremsanlage
  auf Undichtigkeiten, Scheuerstellen, Porosität und Brüchigkeit sichtprüfen.

Ölundichtigkeit suchen

Bei ölverschmiertem Motor und hohem Ölverbrauch überprüfen, wo das Öl austritt. Dazu folgende Stellen überprüfen:

- Öleinfülldeckel öffnen und Dichtung auf Porosität oder Beschädigung prüfen.
- Kurbelgehäuse-Entlüftung: Zum Beispiel Belüftungsschlauch vom Zylinderkopfdeckel zum Luftansaugschlauch.
- Zylinderkopfdeckel-Dichtung.
- Zylinderkopf-Dichtung.
- Ölablassschraube (Dichtring).
- Ölfilterdichtung: Ölfilter am Ölfilterflansch.
- Ölwannendichtung.
- Wellendichtringe links und rechts für Nockenwelle(n) und Kurbelwelle.

Da sich bei Undichtigkeiten das Öl meistens über eine größere Motorfläche verteilt, ist der Austritt des Öls nicht auf den ersten Blick zu erkennen. Bei der Suche geht man zweckmäßigerweise wie folgt vor:

● Motorwäsche durchführen: Generator mit Plastiktüte abdecken. Motor mit handelsüblichem Kaltreiniger einsprühen und nach einer kurzen Einwirkungszeit an einer Autowaschanlage mit Wasser abspritzen.

● Trennstellen und Dichtungen am Motor von außen mit Kalk oder Talkumpuder bestäuben.

● Ölstand kontrollieren, gegebenenfalls auffüllen.

● Probefahrt durchführen. Da das Öl bei heißem Motor dünnflüssig wird und dadurch schneller an den Leckstellen austreten kann, sollte die Probefahrt über eine Strecke von ca. 30 km auf einer Schnellstraße durchgeführt werden.

● Anschließend Motor mit Lampe anstrahlen, undichte Stelle lokalisieren und Fehler beheben.

Kühlsystem prüfen

● Kühlmittelschläuche durch Zusammendrücken und Verbiegen auf poröse Stellen untersuchen, hart gewordene und aufgequollene Schläuche erneuern.

● Die Schläuche dürfen nicht zu kurz auf den Anschlussstutzen sitzen.

● Festen Sitz der Schlauchschellen kontrollieren, gegebenenfalls Schellen erneuern.

● Dichtung des Verschlussdeckels für den Ausgleichbehälter auf Beschädigungen überprüfen.

Achtung: Ein zu niedriger Kühlmittelstand kann auch von einem nicht richtig aufgeschraubten Verschlussdeckel herrühren.

● Deutlicher Kühlmittelverlust und/oder Öl in der Kühlflüssigkeit sowie weiße Abgaswolken bei warmem Motor deuten auf eine defekte Zylinderkopfdichtung hin.

Achtung: Mitunter ist es schwierig, die Leckstelle ausfindig zu machen. Dann empfiehlt sich eine Druckprüfung durch die Werkstatt (Spezialgerät erforderlich). Hierbei kann ebenfalls das Überdruckventil des Verschlussdeckels geprüft werden.

● Obere Motorabdeckung einbauen.

● Motorraumabdeckung unten einbauen, siehe Seite 272.

Motorölstand prüfen/Motoröl auffüllen

Der Motor soll auf einer Fahrstrecke von ca. 1.000 km nicht mehr als 1,0 Liter Öl verbrauchen. Mehrverbrauch ist ein Anzeichen für verschlissene Ventilschaftabdichtungen und/oder Kolbenringe beziehungsweise Öldichtungen.

Spezialwerkzeug: nicht erforderlich.

Erforderliche Betriebsmittel/Verschleißteile:

■ Nur ein von VW freigegebenes Motoröl verwenden, siehe Seite 204.

Prüfen

● Motor warm fahren und auf einer ebenen, waagerechten Fläche abstellen.

● Nach Abstellen des Motors mindestens 3 Minuten lang warten, damit sich das Öl in der Ölwanne sammelt.

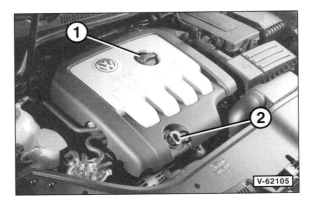

● Ölmessstab –2– herausziehen und mit einem sauberen Lappen abwischen. 1 – Öleinfülldeckel.

● Anschließend Messstab bis zum Anschlag einführen und wieder herausziehen.

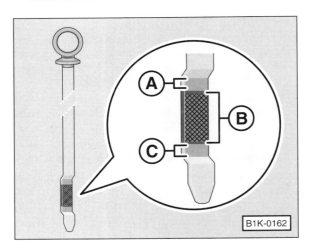

● Der Ölstand ist in Ordnung, wenn er im Bereich –B– liegt. Liegt er im Bereich –C–, muss Öl bis zum Bereich –B– nachgefüllt werden. Bei einem Ölstand im Bereich –A–, darf kein Motoröl nachgefüllt werden.

Achtung: Zu viel eingefülltes Motoröl (oberhalb von Bereich –A–) muss wieder abgesaugt werden, da sonst die Motordichtungen beziehungsweise der Katalysator beschädigt werden können.

- Bei hoher Motorbeanspruchung wie zum Beispiel längeren Autobahnfahrten im Sommer, bei Anhängerbetrieb oder Gebirgsfahrten sollte der Ölstand im oberen Teil von Bereich –B– liegen.

- Nachgefüllt wird am Verschluss des Zylinderkopfdeckels. Beim Nachfüllen richtige Ölsorte verwenden, keine Ölzusätze verwenden, siehe auch Kapitel »Motor-Schmierung«.

- Ölmessstab einsetzen, Einfülldeckel aufschrauben.

Motoröl wechseln/Ölfilter ersetzen

Erforderliches Spezialwerkzeug:

- Ein Spezialwerkzeug zum Lösen des Ölfilters (Ölfilterzange, Spannbandschlüssel oder Maulschlüssel).

- Je nach Ausführung Stecknuss SW 32 oder HAZET 2169-32 zum Lösen des Ölfilterdeckels.

Wenn das Motoröl abgesaugt wird (außer V6-Motor):

- Ölabsauggerät. Außendurchmesser der Sonde maximal 10 mm.

- Ölauffangbehälter.

Wenn das Motoröl abgelassen wird:

- Grube oder hydraulischer Wagenheber mit Unterstellböcken.

- Ölauffangwanne, die je nach Motor bis zu 5 Liter Öl fasst.

Erforderliche Betriebsmittel/Verschleißteile:

- Je nach Motor 3,5 bis 5,0 Liter Motoröl. Dabei nur ein von VW freigegebenes Motoröl verwenden, siehe Seite 204.

- Je nach Motor Ölfiltereinsatz oder Ölfilterpatrone.

- **Neue(n)** Dichtring(e) für Ölfilterdeckel.

- Nur wenn Öl abgelassen wird: **Neue** Ölablassschraube mit **neuem** Dichtring.

Hinweis: Die Öl-Verkaufsstellen nehmen die entsprechende Menge Altöl kostenlos entgegen, daher beim Ölkauf Quittung und Ölkanister für spätere Altölrückgabe aufbewahren! **Um Umweltschäden zu vermeiden, keinesfalls Altöl einfach wegschütten oder dem Hausmüll mitgeben.**

Ölwechselmenge mit Filterwechsel

1,4-l-Motor BCA/BUD	3,5 l
1,4-l-FSI/TSI-Motor BKG/BLN/BLG/BMY/CAXA	3,6 l
1,6-l-Motor BGU/BSE/BSF	4,0 l
1,6-l-FSI-Motor BAG/BLF/BLP	3,6 l
2,0-l-FSI-Motor AXW/BLR/BLX/BLY/BVX/BVY/BVZ	4,6 l
2,0-l-TFSI-Motor AXX/BWA	4,85 l
2,0-l-TSI-Motor BYD	4,6 l
2,0-l Erdgas-Motor BSX	4,0 l
3,2-l-V6-Motor BUB/CBRA	5,5 l
1,9-l-Dieselmotor BRU/BXF/BXJ/AVQ/BJB/BKC/BXE/BLS	4,2 l
2,0-l-Dieselmotor BDK	4,0 l
2,0-l-Dieselmotor AZV/BKD	3,8 l
2,0-l-Dieselmotor BMM/BMN	4,3 l

Hinweis: Die angegebenen Ölwechselmengen sind ungefähre Mengenangaben. Auf jeden Fall nach dem Ölwechsel den Ölstand mit dem Ölmessstab prüfen und gegebenenfalls korrigieren.

Das Motoröl kann entweder durch das Ölmessstab-Führungsrohr abgesaugt werden oder aus der Ölwanne abgelassen werden. Zum Absaugen ist eine geeignete Absaugpumpe erforderlich, dabei darauf achten, dass der Absaugschlauch in das Ölmessstab-Führungsrohr passt.

Achtung: Beim 6-Zylinder-Benzinmotor (V6) darf das Motoröl **nicht abgesaugt** werden.

Motoröl ablassen

● **Motor mit stehendem Ölfiltergehäuse:** Deckel am Filtergehäuse abschrauben, damit das Öl aus dem Filtergehäuse in die Ölwanne ablaufen kann.

● Motoröl mit einem Ölabsauggerät über das Ölmessstab-Führungsrohr absaugen. **Achtung:** Beim V6-Motor darf das Motoröl nur abgelassen werden.

● Steht das Ölabsauggerät nicht zur Verfügung, Motoröl ablassen. Dazu Fahrzeug waagerecht aufbocken oder über Montagegrube fahren.

Sicherheitshinweis

Beim Aufbocken des Fahrzeugs besteht Unfallgefahr! Deshalb vorher das Kapitel »Fahrzeug aufbocken« durchlesen.

● Untere Motorraumabdeckung ausbauen, siehe Seite 272.

● Altöl-Auffangwanne unter die Ölablassschraube stellen.

Sicherheitshinweis

Darauf achten, dass beim Herausdrehen der Ölablassschraube das heiße Motoröl nicht über die Hand läuft. Deshalb beim Abschrauben mit den Fingern den Arm waagerecht halten.

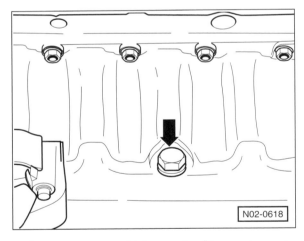

● Ölablassschraube –Pfeil– aus der Ölwanne herausdrehen und Altöl ganz ablassen.

Achtung: Werden im Motoröl Metallspäne und Abrieb in größeren Mengen festgestellt, deutet dies auf Fressschäden hin, zum Beispiel Kurbelwellen- oder Pleuellagerschäden. Um Folgeschäden nach erfolgter Reparatur zu vermeiden, ist die sorgfältige Reinigung von Ölkanälen und Ölschläuchen und das Erneuern des Ölkühlers unerlässlich.

● Anschließend **neue** Ölablassschraube mit Dichtring einschrauben. **Achtung:** Das zulässige Anzugsdrehmoment darf nicht überschritten werden, sonst kann es zu Undichtigkeiten oder Schäden kommen.
Anzugsdrehmoment: . . . . **30 Nm**

● Fahrzeug ablassen.

Ölfilter wechseln

Achtung: Benutzte Ölfilter oder Filtereinsätze müssen als Sondermüll entsorgt werden.

1,4-l-Benzinmotor BCA/BUD

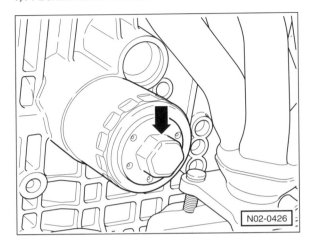

● Ölfilter von unten mit einem Gabelschlüssel SW-30 am Sechskant –Pfeil– lösen.

● Anschließend Ölfilter von Hand abschrauben. Auslaufendes Motoröl mit Lappen auffangen.

● Ölfilterflansch am Motorblock mit Kaltreiniger reinigen. Eventuell dort verbliebene Filterdichtung abnehmen.

● Gummidichtring am neuen Ölfilter dünn mit sauberem Motoröl bestreichen.

● **Neuen** Ölfilter nur mit der Hand festschrauben. Wenn die Filterdichtung am Motorblock anliegt, Filter noch um ½ Umdrehung weiterdrehen. Hinweise auf dem Ölfilter beachten.

● Fahrzeug ablassen.

1,4-/1,6-l-FSI-Motor BKG/BLN/BAG/BLF/BLP

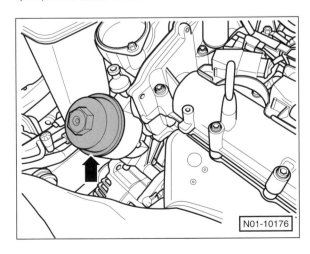

● Verschlussdeckel –Pfeil– von oben mit einem Ringschlüssel oder Steckschlüsseleinsatz abschrauben.

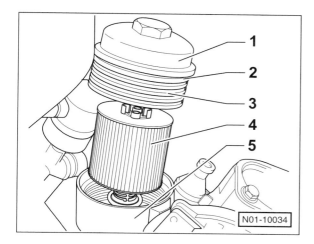

N01-10034

- Deckel –1– mit Ölfiltereinsatz –4– herausnehmen. Ablaufendes Motoröl mit Lappen auffangen.
- Alten Ölfiltereinsatz vom Deckel abziehen.
- O-Ring –2– abnehmen.
- Dichtfläche an Deckel und Filtergehäuse –5– mit Kaltreiniger und Lappen reinigen.
- **Neuen** Filtereinsatz einsetzen.
- **Neuen** Dichtring –2– einsetzen und mit neuem Motoröl leicht einölen.
- Gewinde –3– am Filterdeckel reinigen und mit neuem Motoröl leicht einölen.
- Verschlussdeckel mit Filtereinsatz ansetzen und mit **25 Nm** festschrauben.

1,4-l-TSI-Motor BLG/BMY/CAXA

- Verschlussdeckel von oben mit einem Ringschlüssel oder Steckschlüsseleinsatz abschrauben.
- Deckel mit Ölfiltereinsatz und Ventil herausnehmen. Ablaufendes Motoröl mit Lappen auffangen.
- Alten Ölfiltereinsatz vom Deckel abziehen.
- O-Ringe vom Deckel und Ventil abnehmen.
- Dichtfläche an Deckel und Filtergehäuse mit Kaltreiniger und Lappen reinigen.
- **Neuen** O-Ring unten am Ventil einsetzen und mit neuem Motoröl leicht einölen. Ventil einsetzen.
- **Neuen** Filtereinsatz einsetzen.
- **Neuen** O-Ring am Deckel einsetzen und mit neuem Motoröl leicht einölen.
- Gewinde am Filterdeckel reinigen und mit neuem Motoröl leicht einölen.
- Verschlussdeckel mit Filtereinsatz ansetzen und mit **25 Nm** festschrauben.

1,6-l-Motor BGU/BSE/BSF

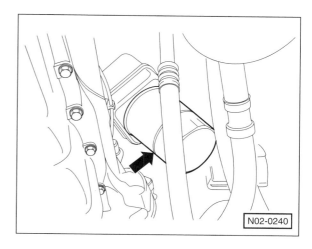

N02-0240

- Ölfilterpatrone –Pfeil– mit handelsüblichem Spannbandschlüssel oder HAZET-2172 lösen und abschrauben.
- Dichtfläche am Ölkühler reinigen.
- Gummidichtung am neuen Filter leicht mit sauberem Motoröl einölen, dadurch wird eine bessere Abdichtung beim Anziehen des Filters erzielt.
- Ölfilter anschrauben und von Hand festziehen.

2,0-l-FSI-Benzinmotor AXW/BLR/BLX/BLY/BVX/BVY/BVZ
2,0-l-TFSI-Benzinmotor AXX/BWA/BYD

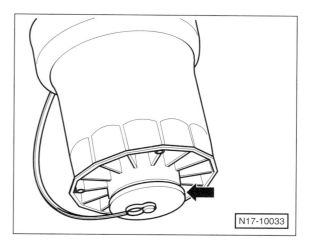

N17-10033

- Staubkappe –Pfeil– am Ölfiltergehäuse herausdrehen.

Hinweis: Bevor das Ölfiltergehäuse ausgebaut wird, muss es entleert werden.

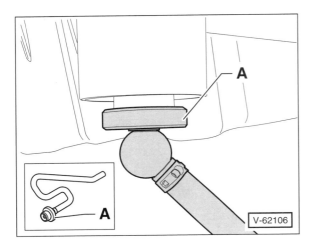

V-62106

● Die Fachwerkstatt verwendet zum Entleeren des Ölfilters den Ölablaufadapter VW-T40057 –A–. Adapter in das Ölfiltergehäuse einschrauben und Ablaufschlauch in die Ölauffangwanne halten.

Hinweis: Beim Einschrauben des Ölablaufadapters wird ein Ventil im Ölfiltergehäuse geöffnet. Beim Herausschrauben schließt das Ventil automatisch wieder.

● Altöl vollständig in die Auffangwanne ablaufen lassen.

● Ölablaufadapter herausschrauben.

● Ölfiltergehäuse abschrauben und Filtereinsatz herausnehmen.

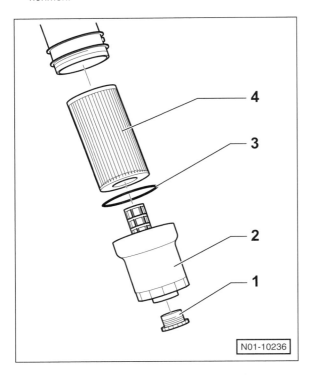

N01-10236

● **Neuen** Filtereinsatz –4– und **neuen** Dichtring –3– einsetzen.

● Filtergehäuse –2– anschrauben und mit **25 Nm** festziehen.

● Staubkappe –1– handfest in das Ölfiltergehäuse –2– einschrauben.

Dieselmotor

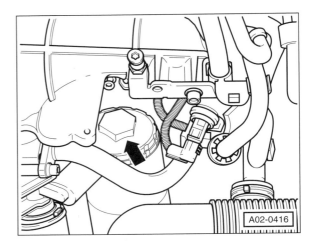

A02-0416

● Verschlussdeckel –Pfeil– von oben mit einem Steckschlüsseleinsatz SW 32 abschrauben, zum Beispiel mit HAZET 2169-32.

● Deckel mit Ölfiltereinsatz herausnehmen. Ablaufendes Motoröl mit Lappen auffangen.

● Dichtflächen an Schraubdeckel und Ölfiltergehäuse reinigen.

● Verschlussdeckel mit **neuem** Filtereinsatz und **neuen** O-Ringen ansetzen und mit **25 Nm** festschrauben.

● Fahrzeug ablassen.

Motoröl auffüllen

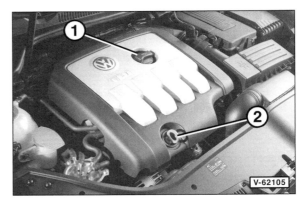

V-62105

● Verschlussdeckel –1– öffnen und neues Öl am Einfüllstutzen des Zylinderkopfdeckels einfüllen. 2 – Ölmessstab.

Achtung: Grundsätzlich empfiehlt es sich, zunächst ½ Liter Motoröl weniger einzufüllen, den Motor warm laufen zu lassen und nach einigen Minuten den Ölstand mit dem Messstab zu kontrollieren und gegebenenfalls zu ergänzen. Zu viel eingefülltes Motoröl muss wieder abgesaugt werden, da sonst die Motordichtungen beziehungsweise der Katalysator beschädigt werden können.

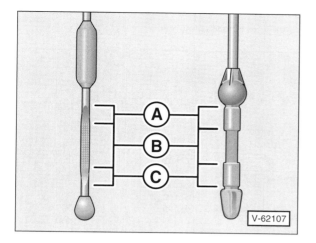

V-62107

- Der Ölstand ist in Ordnung, wenn er im Bereich –B– liegt. Liegt er im Bereich –C–, muss Öl bis zum Bereich –B– nachgefüllt werden. Bei einem Ölstand im Bereich –A– darf kein Motoröl nachgefüllt werden.

Achtung: Zu viel eingefülltes Motoröl (oberhalb von Bereich –A–) muss wieder abgesaugt werden, da sonst die Motordichtungen beziehungsweise der Katalysator beschädigt werden können.

- Nach Probefahrt Dichtigkeit der Ablassschraube und des Ölfilters überprüfen, gegebenenfalls vorsichtig nachziehen.

- Ölstand ca. 3 Minuten nach Abstellen des Motors nochmals prüfen, gegebenenfalls korrigieren.

- Motorraumabdeckung unten einbauen, siehe Seite 272.

Kühlmittelstand prüfen/auffüllen

Ein zu niedriger Kühlmittelstand wird im Display des Kombiinstruments angezeigt. Vor jeder größeren Fahrt sollte dennoch grundsätzlich der Kühlmittelstand geprüft werden.

Spezialwerkzeug: nicht erforderlich.

Erforderliche Betriebsmittel zum Nachfüllen:

- VW-Kühlkonzentrat »**G12 Plus**« (Farbe **lila**, genaue Bezeichnung »G 012 A8F«) oder ein anderes Kühlkonzentrat mit dem Vermerk »gemäß VW-TL-774-**F**«, zum Beispiel »Glysantin-Alu-Protect-Premium/G30«.

- Kalkarmes, sauberes Wasser.

Prüfen/Nachfüllen

> **Sicherheitshinweis**
> Verschlussdeckel bei heißem Motor vorsichtig öffnen. **Verbrühungsgefahr!** Beim Öffnen Lappen über den Verschlussdeckel legen. Verschlussdeckel nur bei einer Kühlmitteltemperatur unter +90° C öffnen.

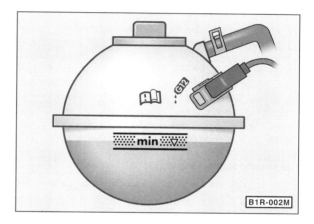

B1R-002M

- Der Kühlmittelstand soll bei kaltem Motor (Kühlmitteltemperatur ca. +20° C) zwischen der MAX- und der MIN-Markierung (gerasterter Bereich) am Ausgleichbehälter liegen. Bei warmem Motor darf der Kühlmittelstand etwas über der MAX-Markierung stehen.

- Größere Mengen **kaltes** Kühlmittel nur bei **kaltem Motor** nachfüllen, um Motorschäden zu vermeiden.

Achtung: Wenn kein »G12 Plus« beziehungsweise kein Kühlmittel nach VW-Norm TL-774-**F** zur Verfügung steht, **kein anderes** Kühlkonzentrat einfüllen, sondern Kühlsystem mit reinem Wasser auffüllen. Anschließend so bald als möglich richtiges Mischungsverhältnis mit vorgeschriebenem Kühlkonzentrat herstellen.

- Verschlussdeckel beim Öffnen zuerst etwas aufdrehen und Überdruck entweichen lassen. Danach Deckel weiterdrehen und abnehmen.

- Sichtprüfung auf Dichtheit durchführen, wenn der Kühlmittelstand in kurzer Zeit absinkt.

Frostschutz prüfen/korrigieren

Regelmäßig vor Winterbeginn sollte sicherheitshalber die Konzentration des Frostschutzmittels geprüft werden, insbesondere wenn zwischendurch reines Wasser nachgefüllt wurde.

Erforderliches Spezialwerkzeug:

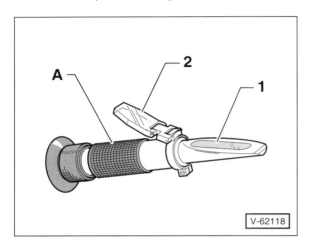

■ Prüfspindel zum Messen des Frostschutzanteils beziehungsweise ein Refraktometer –A–, zum Beispiel VW-T10007 oder HAZET-4810-B. Mit dem Refraktometer können Kühlmittel- oder Scheibenwasch-Frostschutzanteil sowie die Batterie-Säuredichte gemessen werden. **Hinweis:** Für die Messung mit einem Refraktometer wird der Umstand ausgenutzt, dass sich der Lichtbrechungsindex der Flüssigkeit abhängig von der Konzentration des gelösten Stoffes ändert.

Erforderliche Betriebsmittel zum Nachfüllen:

■ VW-Kühlkonzentrat »**G12 Plus**« (Farbe **lila**, genaue Bezeichnung »G 012 A8F«) oder ein anderes Kühlkonzentrat mit dem Vermerk »gemäß VW-TL-774-**F**«, zum Beispiel »Glysantin-Alu-Protect-Premium/G30«.

■ Kalkarmes, sauberes Wasser.

Prüfen

● Motor kurz warm fahren bis der obere Kühlmittelschlauch zum Kühler etwa handwarm ist. Bei der Frostschutzmessung soll die Kühlflüssigkeitstemperatur ca. +20° C betragen.

Sicherheitshinweis
Verschlussdeckel bei heißem Motor vorsichtig öffnen. **Verbrühungsgefahr!** Beim Öffnen Lappen über den Verschlussdeckel legen. Verschlussdeckel nur bei einer Kühlmitteltemperatur unter +90° C öffnen.

● Verschlussdeckel am Ausgleichbehälter vorsichtig öffnen.

Prüfung mit einer Prüfspindel:

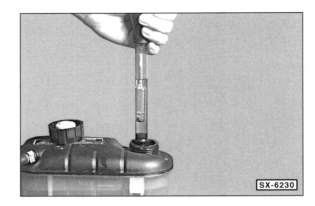

● Mit der Prüfspindel Kühlflüssigkeit ansaugen und am Schwimmer die Kühlmitteldichte ablesen.

● Der Frostschutz soll in unseren Breiten bis –25° C reichen, bei extrem kaltem Klima bis –35° C.

Prüfung mit einem Refraktometer

● Mit einer Pipette ein wenig Kühlflüssigkeit auf das Messprisma –1– des Refraktometers –A– auftragen und Deckel –2– zuklappen, siehe Abbildung V-62118.

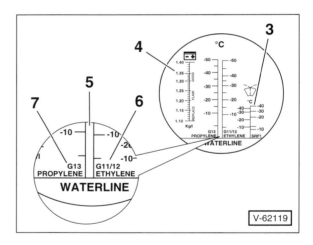

● Durch das Einblick-Okular schauen und an der Skala –6– den Frostschutzanteil ablesen.
3 – Skala zur Kontrolle des Scheibenwasch-Frostschutzes.
4 – Skala zur Kontrolle der Batterie-Säuredichte.
5 – Skala zur Kontrolle des Kühlmittel-Frostschutzes.
6 – Skala für Ethylen-Frostschutzmittel (G11/G12/G12Plus).
7 – Skala für Propylen-Frostschutzmittel (G13, nicht für GOLF/TOURAN).

Kühlkonzentrat ergänzen

Bei einem Frostschutz bis –25° C muss der Anteil an Frostschutzmittel in der Kühlflüssigkeit 40 % betragen. Soll der Frostschutz bis –35° C reichen, müssen Wasser und Kühlkonzentrat im Verhältnis 1:1 gemischt werden.

Achtung: Ist ein stärkerer Frostschutz erforderlich, kann bis auf maximal 60 % Frostschutzmittelanteil erhöht werden, dann reicht der Frostschutz bis −40° C. Wird mehr Frostschutzmittel (Kühlkonzentrat) zugegeben, verringert sich der Frostschutz wieder, außerdem verschlechtert sich die Kühlwirkung.

Die folgende Tabelle zeigt, wie viel Frostschutzmittel zugegeben werden muss, damit die gewünschte Konzentration erreicht wird. Es handelt sich nur um Richtwerte, da die Füllmengen der Kühlflüssigkeit je nach Motor unterschiedlich sind.

Frostschutz bis		Differenzmenge	
Istwert	Sollwert	Füllmenge: **8,1 l**	Füllmenge: **7,1 l**
0°	− 25°	3,5 l	3,1 l
	− 35°	4,0 l	3,6 l
− 5°	− 25°	3,0 l	2,7 l
	− 35°	3,5 l	3,1 l
− 10°	− 25°	2,0 l	1,8 l
	− 35°	3,0 l	2,7 l
− 15°	− 25°	1,5 l	1,3 l
	− 35°	2,0 l	1,8 l
− 20°	− 25°	1,0 l	0,9 l
	− 35°	1,5 l	1,3 l
− 25°	− 35°	1,0 l	0,9 l
− 30°	− 35°	0,5 l	0,4 l
− 35°	− 40°	0,5 l	0,4 l

Beispiel: Die Frostschutz-Messung mit der Spindel ergibt beim 2,0-l-FSI-Benzinmotor (Gesamt-Füllmenge: 8,1 l) einen Frostschutz bis −10° C. In diesem Fall aus dem Kühlsystem 2,0 l Kühlflüssigkeit ablassen und dafür 2,0 l reines VW-Frostschutzkonzentrat auffüllen. Der Frostschutz reicht dann bis −25° C.

● Verschlussdeckel am Kühler verschließen und nach Probefahrt Frostschutz erneut überprüfen.

Kraftstofffilter ersetzen

Dieselmotor

Achtung: Auslaufender Dieselkraftstoff muss besonders von Gummiteilen, wie beispielsweise Kühlmittelschläuchen, sofort abgewischt werden, sonst werden die Gummiteile im Lauf der Zeit zerstört.

Achtung: Dieselkraftstoff ist ein Problemstoff und darf auf keinen Fall einfach weggeschüttet oder dem Hausmüll mitgegeben werden. Gemeinde- und Stadtverwaltungen informieren darüber, wo sich die nächste Problemstoff-Sammelstelle befindet.

Hinweis: Es werden 2 verschiedene Kraftstofffilter eingebaut, Kraftstofffilter mit und ohne Verschlussschraube für Wasserabsaugung.

Erforderliches Werkzeug:

Nur Kraftstofffilter mit Verschlussschraube: Absaugvorrichtung zum Entwässern des Kraftstofffilters.

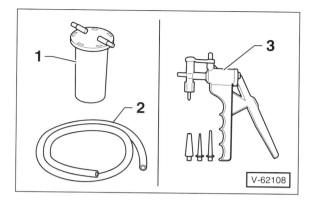

■ Geeignetes Auffanggefäß −1− zum Auffangen des Wassersatzes, zum Beispiel V.A.G-1390/1.

■ Kraftstoffresistenten Hilfsschlauch −2−.

■ Handvakuumpumpe −3−, zum Beispiel V.A.G-1390.

Erforderliche Verschleißteile:

■ O-Ring für Verschlussschraube.

■ Dichtung und Filtereinsatz beim Wechsel.

Kraftstofffilter mit Verschlussschraube
Ausbau

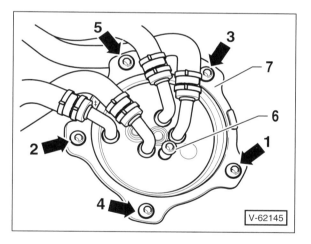

● Verschlussschraube −6− für Wasserabsaugung herausdrehen.

● Hilfsschlauch auf den Entwässerungsbehälter aufstecken und das andere Ende durch die Absaugöffnung in den Kraftstoffbehälter stecken und so weit wie möglich durchschieben.

● Handvakuumpumpe an den 2. Anschluss des Entwässerungsbehälters anschließen und etwa 100 ml Flüssigkeit heraussaugen. Diese Menge entspricht etwa dem Inhalt einer Kaffeetasse.

● Schlauch herausziehen und Verschlussschraube mit neuem Dichtring einschrauben. Anzugsdrehmoment: **3 Nm.**

● Alle Schrauben in der Reihenfolge von 1 bis 5 um ca. 1½ bis 2 Umdrehungen lockern.

- Schrauben herausdrehen und Kraftstofffilter-Oberteil –7– abnehmen.

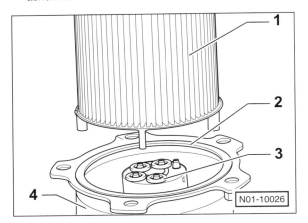

- Filtereinsatz –1– und Dichtung –2– aus dem Kraftstofffilter-Unterteil –4– herausnehmen.

Einbau

- **Neue** Dichtung –3– einsetzen.
- **Neuen** Filtereinsatz in das Kraftstofffilter-Unterteil einsetzen.
- **Neue** Dichtung –2– auf dem Kraftstofffilter-Oberteil ansetzen, Oberteil am Unterteil ansetzen und Schrauben bis zur Anlage eindrehen.
- Schrauben für Kraftstofffilter-Oberteil in der Reihenfolge von 1 bis 5 mit **5 Nm** festziehen, siehe Abbildung V-62145. **Achtung:** Schrauben nur über Kreuz anziehen, wie in der Abbildung dargestellt, sonst kann das Oberteil verkanten und die Dichtung beschädigt werden.
- Motor starten und im Leerlauf drehen lassen. Leitungen und Anschlüsse des Kraftstoffsystems auf Dichtheit sichtprüfen.
- Mehrmals Gas geben um die Kraftstoffanlage zu entlüften.

Kraftstofffilter ohne Verschlussschraube

Ausbau

- Obere Motorabdeckung ausbauen, siehe Seite 178.
- Alle Schrauben am Kraftstofffilter in der Reihenfolge von 1 bis 5 um ca. 1½ bis 2 Umdrehungen lockern, siehe Abbildung V-62145.
- Schrauben ganz herausdrehen und Kraftstofffilter-Oberteil –7– abnehmen, siehe Abbildung V-62145.
- Dichtring vom Kraftstofffilter-Oberteil abnehmen.
- Filtereinsatz aus dem Kraftstofffilter-Unterteil herausnehmen.
- Eventuell vorhandene Schmutz- und Wasserrückstände aus dem Kraftstofffilter-Unterteil entfernen. Dazu Filter-Unterteil abschrauben und in geeigneten Behälter entleeren.

Einbau

- Falls abgebaut, Kraftstofffilter-Unterteil ansetzen und mit **10 Nm** anschrauben.

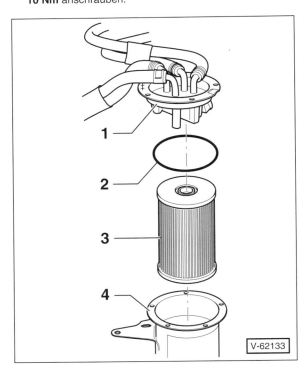

- **Neuen** Filtereinsatz –3– in das Kraftstofffilter-Unterteil –4– einsetzen. 1 – Kraftstofffilter-Oberteil, 2 – Dichtring.

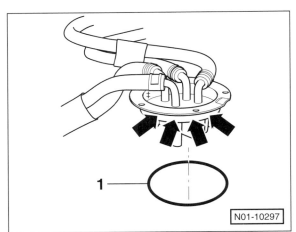

- **Neuen** Dichtring –1– in die Nut –Pfeile– am Kraftstofffilter-Oberteil einsetzen.
- Kraftstofffilter-Oberteil mit Dichtring am Unterteil ansetzen und Schrauben etwa 1 Umdrehung eindrehen.
- Schrauben für Kraftstofffilter-Oberteil in der Reihenfolge von 1 bis 5 bis zur Anlage anschrauben und schließlich mit **5 Nm** festziehen, siehe Abbildung V-62145. **Achtung:** Schrauben nur über Kreuz anziehen, wie in der Abbildung dargestellt, sonst kann das Oberteil verkanten und der Dichtring beschädigt werden.

Motor-Luftfilter:
Filtereinsatz erneuern

Spezialwerkzeug: nicht erforderlich.

Erforderliche Betriebsmittel/Verschleißteile:

■ Luftfiltereinsatz.

Achtung: Die selbstschneidenden Schrauben des Luftfilters dürfen nicht mit einem Akku-Schrauber gelöst oder angezogen werden, sonst kann das Gewinde im Saugrohr oder im Luftfiltergehäuse-Unterteil beschädigt werden. Schrauben nur von Hand lösen und anziehen. Anzugsdrehmoment: Maximal **3 Nm**.

1,4-/1,6-l-FSI-Benzinmotor BKG/BLN/BAG/BLF/BLP

Ausbau

● Obere Motorabdeckung ausbauen und mit der Oberseite auf eine weiche Unterlage legen, um Kratzer zu vermeiden, siehe Seite 178.

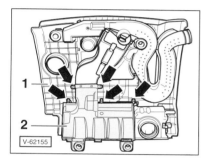

V-62155

● Luftfiltergehäuse –2– von der oberen Motorabdeckung –1– abschrauben –Pfeile–.

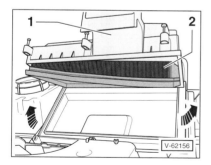

V-62156

● Luftfiltergehäuse –1– abheben –Pfeile– und Filtereinsatz –2– herausnehmen.

● Filtergehäuse mit einem Lappen auswischen.

Einbau

● Neuen Filtereinsatz in das Gehäuse legen.

● Filtergehäuse an der Motorabdeckung ansetzen und von Hand festschrauben (**3 Nm**).

● Obere Motorabdeckung einbauen, siehe Seite 178.

1,4-l-Benzinmotor BCA

Ausbau

● Obere Motorabdeckung ausbauen und mit der Oberseite auf eine weiche Unterlage legen, um Kratzer zu vermeiden, siehe Seite 178.

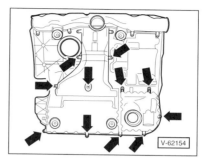

V-62154

● Luftfiltergehäuse von der oberen Motorabdeckung abschrauben –Pfeile–.

● Luftfiltergehäuse abheben und Filtereinsatz herausnehmen, siehe Abbildung V-62156.

● Filtergehäuse mit einem Lappen auswischen.

Einbau

● Neuen Filtereinsatz in das Gehäuse legen.

● Filtergehäuse an der Motorabdeckung ansetzen und von Hand festschrauben (**3 Nm**).

● Obere Motorabdeckung einbauen, siehe Seite 178.

1,4-l-Benzinmotor BUD

Ausbau

● Schlauch seitlich am Deckel des Luftfiltergehäuses vorsichtig vom Rückschlagventil abziehen.

● 3 Schrauben vorne am Luftfiltergehäuse herausdrehen und Deckel hochklappen.

● Filtereinsatz aus dem Luftfiltergehäuse herausnehmen.

● Filtergehäuse mit einem Lappen auswischen.

Einbau

● Neuen Filtereinsatz in das Gehäuse legen.

● Filterdeckel aufsetzen und von Hand festschrauben (**3 Nm**).

● Schlauch am Rückschlagventil anschließen.

1,4-l-TSI-Benzinmotor BLG/BMY

Ausbau

● Schrauben herausdrehen und Filterdeckel hochheben, siehe Abbildung N01-10049 in Abschnitt »Dieselmotor«.

● Filtereinsatz herausnehmen.

● Filtergehäuse mit einem Lappen auswischen.

Einbau

● Neuen Filtereinsatz in das Gehäuse einsetzen.

● Filterdeckel aufsetzen und von Hand festschrauben (**2 Nm**).

1,4-l-TSI-Benzinmotor CAXA
1,6-l-Benzinmotor BGU/BSE/BSF
2,0-l-FSI-Motor AXW/BLR/BLX/BLY/BVX/BVY/BVZ
2,0-l-SDI-Dieselmotor (2 Vent.) BDK

Ausbau

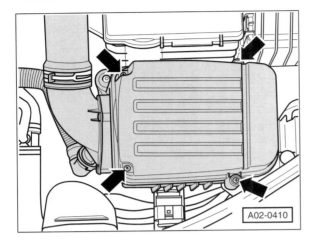

● Schrauben –Pfeile– herausdrehen und Luftfilterdeckel abnehmen.

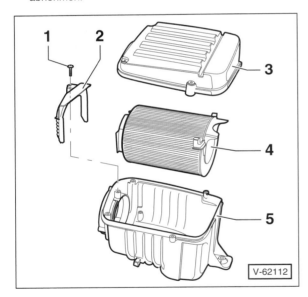

● Halter –2– abschrauben –1– und Filtereinsatz –4– herausnehmen. 3 – Filterdeckel.

● Filtergehäuse –5– mit einem Lappen auswischen.

Einbau

● Neuen Filtereinsatz in das Gehäuse legen.

● Halter und Filterdeckel von Hand festschrauben.

2,0-l-TFSI-Benzinmotor AXX/BWA/BYD

Ausbau

● Obere Motorabdeckung ausbauen und mit der Oberseite auf eine weiche Unterlage legen, um Kratzer zu vermeiden, siehe Seite 178.

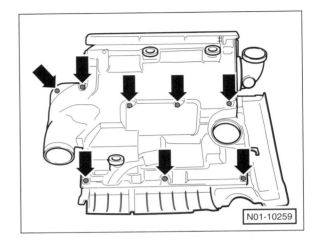

● Schrauben –Pfeile– herausdrehen und Luftfiltergehäuse von der oberen Motorabdeckung abnehmen.

● Filtereinsatz herausnehmen.

● Filtergehäuse mit einem Lappen auswischen.

Einbau

● Neuen Filtereinsatz in das Gehäuse legen.

● Filtergehäuse an der Motorabdeckung ansetzen und von Hand festschrauben (**3 Nm**).

● Obere Motorabdeckung einbauen, siehe Seite 178.

1,9-l-TDI-Dieselmotor
BRU/BXF/BXJ/AVQ/BJB/BKC/BLS/BXE
2,0-l-TDI-Dieselmotor AZV/BKD/BMN/BMM

Ausbau

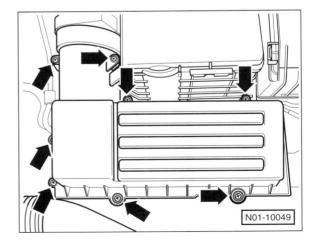

● Schrauben –Pfeile– herausdrehen und Filterdeckel hochheben.

- Filtereinsatz herausnehmen.
- Filtergehäuse mit einem Lappen auswischen.

Einbau

- Neuen Filtereinsatz in das Gehäuse einsetzen.
- Deckel aufsetzen und mit **8 Nm** (BMM: **2 Nm**) festschrauben.

Keilrippenriemen prüfen

Der Keilrippenriemen muss nicht nachgespannt werden, da eine automatische Spannrolle die Riemenspannung konstant hält. Im Rahmen der Wartung muss der Keilrippenriemen auf Beschädigungen geprüft, gegebenenfalls erneuert werden.

Spezialwerkzeug: nicht erforderlich.

Erforderliche Betriebsmittel/Verschleißteile bei defektem Keilrippenriemen:

- ■ Keilrippenriemen für die jeweilige Motorausführung.

Prüfen

- Getriebe in Leerlaufstellung bringen.

Sicherheitshinweis
Beim Aufbocken des Fahrzeugs besteht Unfallgefahr! Deshalb vorher das Kapitel »Fahrzeug aufbocken« durchlesen.

- Fahrzeug aufbocken.

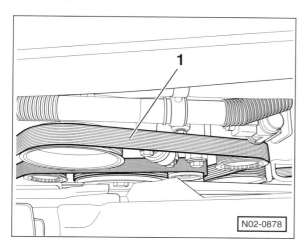

- Riemen –1– mit einem Kreidestrich quer zum Riemen markieren.
- Von der Fahrzeugunterseite her den Motor mit einer Stecknuss an der Kurbelwellen-Riemenscheibe in Motordrehrichtung, also im Uhrzeigersinn, jeweils ein Stück weiterdrehen, bis die Kreidemarkierung wieder sichtbar wird. Dabei Keilrippenriemen Stück für Stück sichtprüfen.

Keilrippenriemen auf folgende Beschädigungen prüfen:

- ■ Öl- und Fettspuren.

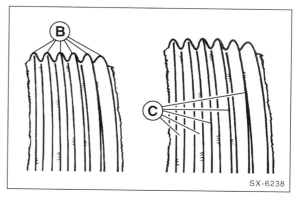

- ■ Flankenverschleiß: Rippen laufen spitz zu –B–, neu sind sie trapezförmig. Der Zugstrang ist im Rippengrund sichtbar, erkenntlich an den helleren Stellen –C–.
- ■ Flankenverhärtungen, glasige Flanken.

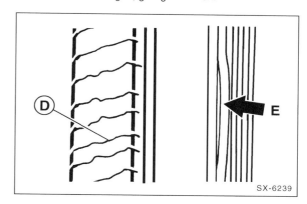

- ■ Querrisse –D– auf der Rückseite des Riemens.
- ■ Einzelne Rippen lösen sich ab –E–.

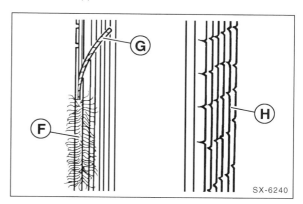

- ■ Ausfransungen der äußeren Zugstränge –F–. Zugstrang seitlich herausgerissen –G–. Querrisse –H– in mehreren Rippen.
- ■ Rippenbrüche, einzelne Rippenquerrisse. Einlagerung von Schmutz, Steinen zwischen den Rippen. Gummiknollen im Rippengrund.
- ■ Wenn eine oder mehrere dieser Beschädigungen vorhanden sind, Keilrippenriemen **unbedingt** ersetzen, siehe Seite 199.

Sichtprüfung der Abgasanlage

- Fahrzeug aufbocken.
- Befestigungsschellen auf festen Sitz prüfen.
- Abgasanlage mit Lampe anstrahlen und auf Löcher, durchgerostete Teile sowie Scheuerstellen absuchen.
- Stark gequetschte Abgasrohre ersetzen.
- Gummihalterungen durch Drehen und Dehnen auf Porosität überprüfen und gegebenenfalls austauschen.
- Fahrzeug ablassen.

Zahnriemenzustand prüfen

1,4-/1,6-l-Benzinmotor BCA/BUD/BGU/BSE/BSF

Spezialwerkzeug: nicht erforderlich

Erforderliches Verschleißteil:

- Gegebenenfalls Zahnriemen.

Prüfen

- Spannverschlüsse der oberen Zahnriemenabdeckung öffnen und Abdeckung abnehmen.

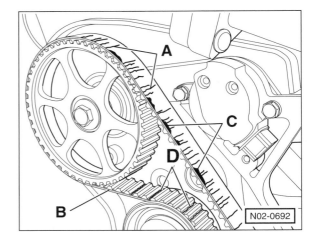

- Zahnriemen sichtprüfen auf:
    - Anrisse –A–, Querschnittbrüche in der Abdeckung.
    - Seitliches Anlaufen –B– des Zahnriemens.
    - Ausbrüche, Ausfransungen –C– der Zugstränge.
    - Risse –D– im Zahnriemengrund.
    - Lagentrennung von Zahnriemen/Zugsträngen.
    - Öl- und Fettspuren.
- Beschädigten Zahnriemen **unbedingt** ersetzen, siehe Kapitel »Motor-Mechanik«.
- Obere Zahnriemenabdeckung einbauen.

Zündkerzen erneuern

Erforderliches Spezialwerkzeug:

■ Zündkerzenschlüssel, zum Beispiel HAZET 4766-1.

■ Je nach Motor unterschiedliche Abziehwerkzeuge:

  ◆ 1,4-/1,6-l-Motor BCA/BUD/BKG/BLN/BAG/BLF/BLP: Abzieher VW-T10094 oder HAZET 1849-7.

  ◆ 1,4-l-TSI-Motor BLG/BMY/CAXA: Abzieher VW-T10094A.

  ◆ 1,6-l-Motor BGU/BSE/BSF: Abzieher VW-T10112 oder HAZET 1849-9.

  ◆ 2,0-l-FSI-Motor AXW/BLR/BLX/BLY/BVX/BVY/BVZ und 2,0-l-TFSI-Motor AXX/BWA/BYD: Abzieher VW-T40039.

Achtung: Wenn die erforderlichen Spezialwerkzeuge nicht vorliegen, dann müssen die Teile, welche den freien Zugang zu den Zündspulen beziehungsweise Steckern verhindern, ausgebaut werden. Es besteht aber immer, insbesondere beim 2,0-l-Motor die Gefahr, dass beim Ausbau mit einem anderen Werkzeug die Zündspule beschädigt wird.

Erforderliche Verschleißteile:

■ 4 Zündkerzen. Die richtige Zündkerze, siehe Seite 36.

Achtung: Zündkerzen nur bei kaltem oder handwarmem Motor wechseln. Wenn die Zündkerzen bei heißem Motor herausgedreht werden, kann das Zündkerzengewinde des Leichtmetall-Zylinderkopfes ausreißen.

1,4-l-Benzinmotor BCA/BUD mit 55/59 kW (75/80 PS)

Ausbau

● Obere Motorabdeckung ausbauen und mit der Oberseite auf eine weiche Unterlage legen, um Kratzer zu vermeiden, siehe Seite 178.

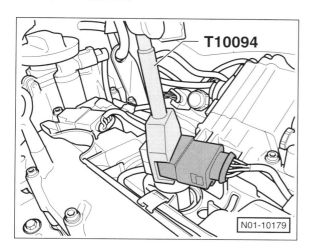

● Zündspulen mit geeignetem Abzieher etwas nach oben abziehen, zum Beispiel mit VW-T10094 oder HAZET-1849-7.

● Stecker in Richtung Zündspulen drücken, von Hand auf die Stecker-Verriegelung drücken und Stecker von den Zündspulen abziehen.

● Zündspulen herausnehmen.

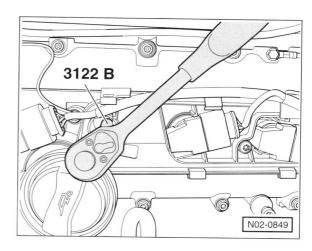

● Zündkerzen mit Zündkerzenschlüssel, zum Beispiel VW-3122B oder HAZET 4766-1, herausdrehen.

Einbau

● Neue Zündkerzen vorsichtig einschrauben und mit **30 Nm** festziehen.

● Stecker auf die Zündspulen aufstecken und einrasten.

● Zündspulen auf die Zündkerzen stecken, in den Aussparungen des Zylinderkopfdeckels ausrichten und fest aufdrücken. **Achtung:** Die Zündspulen müssen spürbar einrasten.

● Obere Motorabdeckung einbauen, siehe Seite 178.

1,4-/1,6-l-FSI-Motor BKG/BLN/BAG/BLF/BLP mit 66/85 kW (90/115 PS)

Ausbau

● Obere Motorabdeckung ausbauen und mit der Oberseite auf eine weiche Unterlage legen, um Kratzer zu vermeiden, siehe Seite 178.

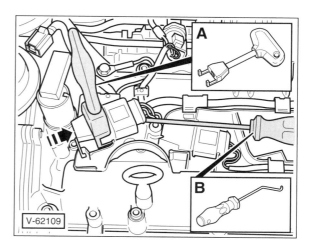

● Zündspulen mit geeignetem Abzieher –A– etwas nach oben abziehen, zum Beispiel mit VW-T10094 oder HAZET-1849-7.

● Stecker mit Haken –B– entriegeln und abziehen, zum Beispiel mit VW-T10118.

- Zündspulen herausnehmen.

- Zündkerzen mit Zündkerzenschlüssel, zum Beispiel VW-3122B oder HAZET 4766-1, herausdrehen.

Einbau

- Neue Zündkerzen vorsichtig einschrauben und mit **30 Nm** festziehen.

- Abzieher VW-T10094 oder HAZET-1849-7 auf die Zündspulen aufstecken.

- Stecker auf die Zündspulen aufstecken und einrasten.

- Zündspulen auf die Zündkerzen stecken, in den Aussparungen des Zylinderkopfdeckels ausrichten und mit dem Auszieher fest nach unten drücken.

- Obere Motorabdeckung einbauen, siehe Seite 178.

1,4-l-TSI-Benzinmotor BLG/BMY/CAXA

Ausbau

- Obere Motorabdeckung ausbauen und mit der Oberseite auf eine weiche Unterlage legen, um Kratzer zu vermeiden, siehe Seite 178.

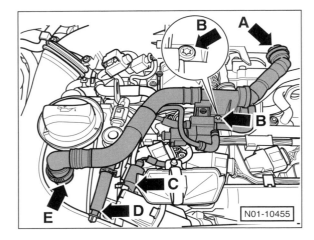

- Stecker –Pfeil C– abziehen.

- Schlauchenden –Pfeil A– und –Pfeil E– zusammendrücken, dadurch entriegeln, und abziehen.

- Schlauch –Pfeil D– abziehen.

- Schraube –Pfeil B– herausdrehen.

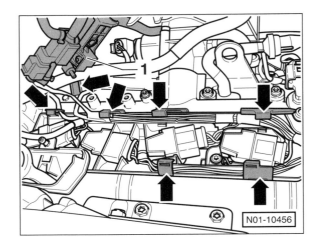

- Schlauch mit Halter und Magnetventil für Ladedruckbegrenzung –1– anheben und zur Seite legen.

- Leitungsführung ausclipsen –Pfeile–.

Achtung: Einbaulage der Zündspulen markieren.

Hinweis: Beim Herausziehen der Zündspulen können die Leitungen beziehungsweise die Stecker der Zündspulen angeschlossen bleiben. **Achtung:** Die Leitungen dürfen nicht geknickt oder beschädigt werden.

Achtung: Es wird ein modifizierter Abzieher benötigt, VW-T10094A. Die Eingreiftiefe wurde auf 18 mm vergrößert, entsprechend der Dicke des Zündspulenkopfes. Gegebenenfalls Werkzeug VW-T10094 auf neues Maß abfeilen.

- Der weitere Ausbau erfolgt wie beim 1,4-l-Benzinmotor BCA.

Einbau

- Neue Zündkerzen vorsichtig einschrauben und mit **30 Nm** festziehen.

- Zündspulen auf die Zündkerzen stecken, in den Aussparungen des Zylinderkopfdeckels ausrichten und fest aufdrücken. **Achtung:** Die Zündspulen müssen spürbar einrasten.

- Kabel in der Kabelführung wie vor dem Ausbau verlegen.

- Leitungsführung einclipsen.

- Schlauch mit Halter und Magnetventil für Ladedruckbegrenzung in die ursprüngliche Einbaulage bringen.

- Stecker –Pfeil C– aufstecken.

- Schlauch –Pfeil D– aufstecken.

- Schraube –Pfeil B– festziehen.

- Schlauchenden aufstecken und einrasten.

- Obere Motorabdeckung einbauen, siehe Seite 178.

1,6-l-Benzinmotor BGU/BSE/BSF mit 75 kW (102 PS)

Ausbau

- Obere Motorabdeckung ausbauen und mit der Oberseite auf eine weiche Unterlage legen, um Kratzer zu vermeiden, siehe Seite 178.

- Stecker für die Einspritzventile des 1. und 4. Zylinders abziehen. Die Zylinder werden in der Reihenfolge von 1 bis 4 gezählt, Zylinder 1 befindet sich an der Keilrippenriemenseite des Motors.

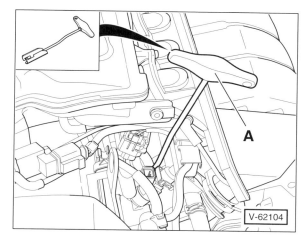

- Zündkerzenstecker mit Abzieher −A− abziehen, zum Beispiel VW-T10112 oder HAZET 1849-9.

Hinweis: Wenn das Spezialwerkzeug nicht vorliegt, dann müssen alle Bauteile, die die Zugänglichkeit der Kerzenstecker behindern, ausgebaut werden. Es empfiehlt sich in diesem Fall die Zündkerzen in der Werkstatt wechseln zu lassen.

- Zündkerzen mit Zündkerzenschlüssel, zum Beispiel VW-3122B oder HAZET 4766-1, herausdrehen.

Einbau

- Neue Zündkerzen vorsichtig einschrauben und mit **25 Nm** festziehen.

- Stecker aufschieben und einrasten. Stecker durch leichtes Ziehen auf festen Sitz prüfen.

- Obere Motorabdeckung einbauen, siehe Seite 178.

2,0-l-(T)FSI-Motor mit 110/147/169 kW

Ausbau

- Obere Motorabdeckung ausbauen und mit der Oberseite auf eine weiche Unterlage legen, um Kratzer zu vermeiden, siehe Seite 178.

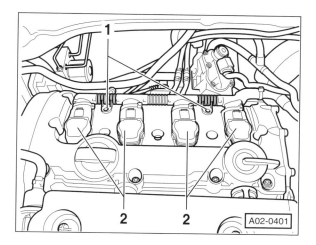

- 2 Schrauben −1− herausdrehen und Leitungsführung abnehmen.

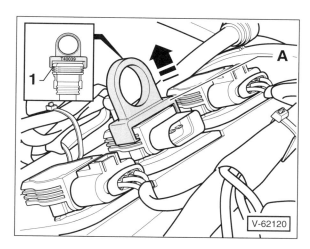

- Abzieher VW-T40039 −A− auf die Zündspulen aufschieben. Dabei darauf achten, dass der Abzieher nur an der obersten, dicken Rippe −1− der Zündspule angesetzt werden darf. Werden die unteren Rippen benutzt, dann können diese beschädigt werden.

- Zündspulen mit dem Abzieher etwa 3 cm aus dem Zylinderkopf herausziehen −Pfeil−.

- Stecker der Zündspulen −2− in Richtung Zündspulen drücken, von Hand auf die Verriegelung drücken und Stecker abziehen, siehe Abbildung A02-0401.

- Zündspulen aus dem Zylinderkopf herausziehen.

- Zündkerzen mit Zündkerzenschlüssel, zum Beispiel VW-3122B oder HAZET 4766-1, herausdrehen.

Einbau

- Neue Zündkerzen vorsichtig einschrauben und mit **25 Nm** festziehen.

- Zündspulen locker in den Zündkerzenschacht stecken.

- Alle Zündspulen zu den abgezogenen Zündspulensteckern ausrichten.

- Stecker auf die Zündspulen aufstecken und einrasten.

- Zündkerzenstecker der Zündspulen mit einer leichten Drehung von Hand auf die Zündkerzen aufdrücken. **Achtung:** Die Zündkerzenstecker müssen spürbar einrasten.

- Leitungsführung anschrauben.

- Obere Motorabdeckung einbauen, siehe Seite 178.

Zündkerzengewinde erneuern

Hinweis: Falls festgestellt wird, dass das Zündkerzengewinde beschädigt ist, muss dieses erneuert werden. Dazu gibt es unter anderem von BERU einen entsprechenden Werkzeug- und Reparatursatz. Mit einem Spezialbohrer wird das alte Gewinde herausgeschält; der Zylinderkopf muss dazu nicht ausgebaut werden. Anschließend wird ein neues Gewinde in den Zylinderkopf geschnitten und die Zündkerze mit einem speziellen Gewindeeinsatz eingeschraubt. Nachträglich eingebaute Zündkerzen-Gewindeeinsätze sitzen sicher und sind kompressionsdicht.

Zündkerzenwerte für VW GOLF/TOURAN-Motoren

Achtung: Die technische Entwicklung geht ständig weiter. Es kann sein, dass inzwischen für einzelne Motoren andere Zündkerzenwerte gelten und daher die Tabelle möglicherweise nicht auf dem neuesten Stand ist. Um die aktuelle Zündkerze für Ihren Fahrzeugmotor zu ermitteln, benötigt der Fachhandel die **Fahrzeug-Ident-Nummer** (FIN) sowie die **3 Schlüsselnummern** aus dem Kfz-Schein. Diese Nummern sollten beim Kauf von Zündkerzen angegeben werden.

Motor	Motor-Kenn-buchstaben	BOSCH	EA*	BERU	EA*	NGK	EA*	Anzugs-drehmoment
1.4	BCA	FR 7 LDC+	0,9	14 FGH 7 DTURX	0,9 – 1,1	PFR 6 Q BKUR 6 ET-10	0,7 – 0,8 0,9 – 1,1	30 Nm
1.4 FSI 1.6 FSI	BKG/BLN BAG/BLF/BLP	FGR 6 HQE 0	1,4	–	–	ZFR6S-Q	–	30 Nm
1.4 TSI	BLG/BMY	–	–	–	–	PZFR6 R	0,9	25 Nm
1.6	BGU/BSE/BSF	FR 7 LDC+	0,9	14 FGH-7	0,9 – 1,1	BKUR 6 ET-10	0,9 – 1,1	25 Nm
2.0 FSI	AXW/BLX/BLR BLY	FR 7 HPP 332 W FR 7 DPP 22 U	0,9 1,0	–	–	AXW/BLX: PZFR5N-11TG BLY: BKR 6 E	1,0 – 1,1 –	25 Nm
2.0 TFSI	AXX/BWA	FR 6 KPP 332 S	0,7	–	–	PFR 6 Q	–	25 Nm
3.2 V6	BUB	–	–	–	–	IZKR 7 B	0,9	25 Nm

*) EA = Elektrodenabstand in mm.

Getriebe/Achsantrieb

Folgende Wartungspunkte müssen nach dem Wartungsplan in unterschiedlichen Intervallen durchgeführt werden:

- Getriebe/Achsantrieb: Auf Undichtigkeiten und Beschädigungen sichtprüfen.
- Automatikgetriebe: Getriebeölstand prüfen, gegebenenfalls auffüllen.
- Direktschaltgetriebe DSG: Öl und Ölfilter wechseln.
- Allradantrieb 4MOTION: Öl für Haldexkupplung wechseln.

Getriebe-Sichtprüfung auf Dichtheit

Spezialwerkzeug: nicht erforderlich.

Folgende Leckstellen sind möglich:

- Trennstelle zwischen Motorblock und Getriebe (Schwunggraddichtung/Wellendichtung-Getriebe).
- Antriebswelle an Getriebe.
- Öleinfüllschraube.
- Ölablassschraube.

Bei ölverschmiertem Getriebe und Ölverlust überprüfen, wo das Öl austritt. Bei der Suche nach der Leckstelle folgendermaßen vorgehen:

- Getriebegehäuse mit Kaltreiniger reinigen.
- Mögliche Leckstellen mit Kalk oder Talkumpuder bestäuben.
- Probefahrt durchführen. Damit das Öl besonders dünnflüssig wird, sollte die Probefahrt auf einer Schnellstraße über eine Entfernung von ca. 30 km durchgeführt werden.

> **Sicherheitshinweis**
> Beim Aufbocken des Fahrzeugs besteht Unfallgefahr! Deshalb vorher das Kapitel »Fahrzeug aufbocken« durchlesen.

- Fahrzeug aufbocken und Getriebe mit einer Lampe anstrahlen und nach der Leckstelle absuchen.
- Leckstelle umgehend beseitigen. Anschließend Getriebeöl auffüllen.

Hinweis: Falls erforderlich, Getrieböl durch die Kontrollbohrung für Getriebeölstand auffüllen. Dazu Innensechskant- beziehungsweise Innenvielzahn-Verschlussschraube seitlich am Getriebe beziehungsweise neben dem Gelenkwellenflansch herausdrehen. Der Ölstand muss bis zur Unterkante der Kontrollbohrung reichen. Innensechskant-Verschlussschraube mit **30 Nm**, Innenvielzahnschraube mit **45 Nm** festziehen.

Automatikgetriebe: ATF-Stand prüfen

Der ATF-Stand im Automatikgetriebe (ATF = Automatic Transmission Fluid = Automatikgetriebeöl) ist von der Temperatur des Öls abhängig. Die Fachwerkstatt verwendet zur Messung der ATF-Temperatur ein VW-Diagnosegerät. Es empfiehlt sich daher, diese Arbeit in der Werkstatt durchführen zu lassen. Das ATF muss nicht gewechselt werden. Der ATF-Stand wird lediglich im Rahmen der Wartung kontrolliert und gegebenenfalls ergänzt.

Der korrekte ATF-Stand ist Ausschlag gebend, für die ordnungsgemäße Funktion des Automatikgetriebes. Sowohl zu niedriger als auch zu hoher ATF-Stand wirkt sich nachteilig aus.

Erforderliches Spezialwerkzeug

- Einfüllbogen oder Ölspritzkanne.
- Schutzbrille.
- Auffangwanne für ATF.
- Geeignetes Öltemperatur-Messgerät.

Erforderliche Betriebsmittel/Verschleißteile

- ATF von VW, Spezifikation »G 052 025«.
- Dichtring für Verschlussschraube.
- Sicherungskappe für Verschlussstopfen.

Allgemeine Hinweise zum Automatikgetriebe und ATF

- Ohne ATF-Füllung darf der Motor nicht laufen gelassen werden. Auch darf das Fahrzeug ohne ATF-Füllung nicht abgeschleppt werden.
- Bei allen Arbeiten auf peinliche Sauberkeit achten, da geringste Verunreinigungen zu Getriebestörungen führen.

Ölstand prüfen

Achtung: Die Getriebeöltemperatur muss zu Beginn der Prüfung bei +30° C oder darunter liegen. Diese Temperatur wird schon nach kurzem Motorlauf erreicht. Die Fachwerkstatt schließt zur Temperaturüberwachung ein Diagnosegerät am Diagnoseanschluss des Fahrzeugs an. Ohne das Diagnosegerät kann die Temperatur nur abgeschätzt werden.

> **Sicherheitshinweis**
> Augen schützen, ATF läuft aus. **Schutzbrille tragen.**

- Sicherstellen, dass die Notlauffunktion nicht aktiv ist.
- Wählhebel steht in Stellung »P«, Klimaanlage und Heizung sind ausgeschaltet.

Sicherheitshinweis

Beim Aufbocken des Fahrzeugs besteht Unfallgefahr! Deshalb die Hinweise im Kapitel »Fahrzeug aufbocken« beachten.

- Fahrzeug waagerecht aufbocken.
- Motor starten und im Leerlauf laufen lassen.

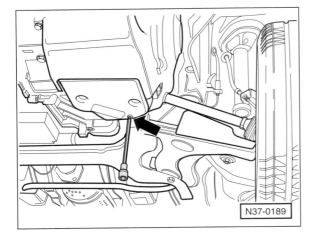

- Auffanggefäß für ATF-Öl unterstellen. Bei einer Öltemperatur von +35° bis +45° die Verschlussschraube –Pfeil– herausdrehen. Das im Überlaufrohr vorhandene ATF läuft ab.

- Wenn der ATF-Stand in Ordnung ist, dann tropft bei einer Getriebetemperatur zwischen +35° C und +45° C das ATF aus dem Überlaufrohr. Bei weiter ansteigender Temperatur sollte etwa 1 Tropfen pro Sekunde heraustropfen. In diesem Fall braucht kein ATF nachgefüllt zu werden. Verschlussschraube mit **neuem** Dichtring (alten Dichtring durchkneifen und abnehmen) einschrauben und mit **15 Nm** festziehen. Die ATF-Kontrolle ist damit beendet.

- Wenn der ATF-Stand zu niedrig ist, dann läuft beim Herausdrehen der Verschlussschraube nur ganz wenig ATF aus dem Überlaufrohr heraus und anschließend tropft nichts mehr heraus. In diesem Fall muss ATF ergänzt werden. Dazu Schraube mit altem Dichtring handfest einschrauben und Motor sofort abstellen, damit sich die Öltemperatur nicht unnötig erhöht.

ATF nachfüllen

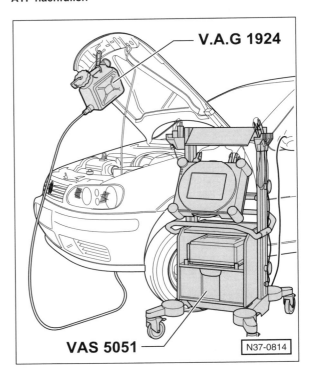

- Vorratsbehälter mit ATF der angegebenen Spezifikation an der Motorhaube aufhängen. Die Abbildung zeigt den Behälter V.A.G 1924 und das Diagnosegerät VAS 5051 zur Kontrolle der Öltemperatur.

- Halter mit Vakuumpumpe über dem Einfüllrohr abbauen und so zur Seite legen, dass er nicht in die Flügel des Lüfters gerät.

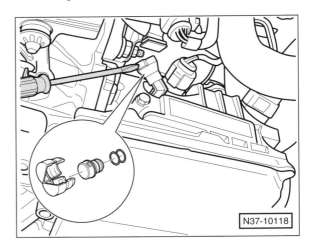

- Sicherungskappe für Verschlussstopfen mit Schraubendreher abhebeln. Die Kappe wird dabei zerstört und muss ersetzt werden. Sie sichert den Sitz des Verschlussstopfens.

- Motor starten und im Leerlauf laufen lassen.

- Verschlussstopfen vom Einfüllrohr ziehen.

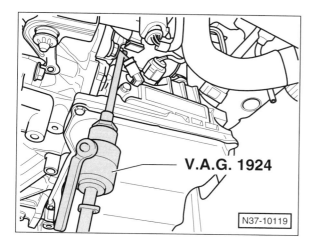

N37-10119

● Einfüllbogen V.A.G 1924 einsetzen und ATF einfüllen, bis es an der Kontrollbohrung (Überlaufbohrung) austritt.

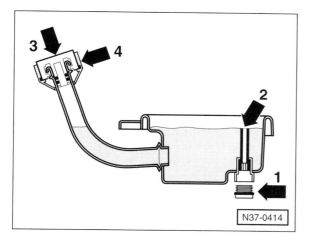

N37-0414

1 – Verschlussschraube
2 – Überlaufrohr (in der Ölwanne)
3 – Verschlussstopfen
4 – Sicherungskappe

● Verschlussschraube –1– mit **neuem** Dichtring und **15 Nm** festziehen und damit Überlaufrohr –2– verschließen.

● Zündung ausschalten, und wo verwendet, das Diagnosegerät abbauen.

● Verschlussstopfen –3– auf das Einfüllrohr stecken, **neue** Sicherungskappe –4– aufstecken und einrasten.

Achtung: Sicherungskappe immer ersetzen, sie sichert den Verschlussstopfen.

● Halter mit Vakuumpumpe über dem Einfüllrohr anbauen.

● Fahrzeug ablassen.

Direktschaltgetriebe DSG: Öl und Ölfilter wechseln

Erforderliches Spezialwerkzeug

■ Adapter zur Ölbefüllung, zum Beispiel VW-VAS-6262.

■ Auffangwanne für Getriebeöl.

■ Geeignetes Öltemperatur-Messgerät.

■ Auffahr-Hebebühne oder Arbeitsgrube.

Erforderliche Betriebsmittel/Verschleißteile

■ Ca. 5,5 l DSG-Öl gemäß VW-Spezifikation.

■ Dichtringe für Ablass- und Kontrollschrauben.

Ölfilter wechseln

● Wählhebel in Stellung »P« bringen.

● Zu Beginn der Arbeit darf die Öltemperatur nicht höher als +50° C sein.

● Motor ist ausgeschaltet.

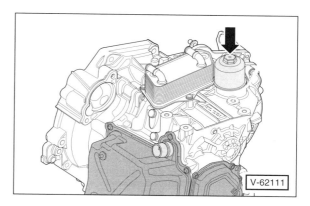

V-62111

● Filtergehäuse –Pfeil– abschrauben, dann etwas in seinem Sitz kippen, damit das Öl aus dem Filtergehäuse in das Getriebe zurückfließen kann. Danach Filtergehäuse abnehmen.

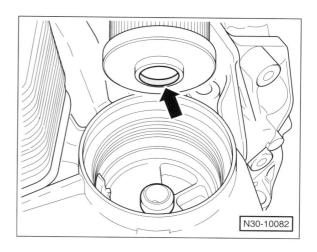

N30-10082

● Neuen Filter mit dem Bund nach unten –Pfeil– einsetzen und Gehäuse mit **20 Nm** festziehen.

Getriebeöl ablassen

● Fahrzeug waagerecht aufbocken oder über Grube fahren.

● Untere Motorraumabdeckung ausbauen, siehe Seite 272.

● Auffangwanne für Altöl unter das Getriebe stellen.

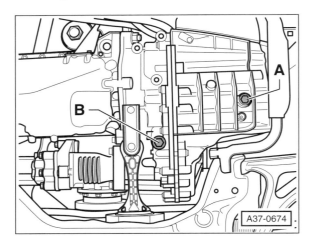

● Ablassschraube –A– herausdrehen und Getriebeöl in die Auffangwanne abfließen lassen. Dabei laufen etwa 5 Liter Öl heraus.

Achtung: Ablassschraube –A– und Kontrollschraube –B– nicht verwechseln. Die Kontrollschraube –B– befindet sich in der Nähe der Pendelstütze.

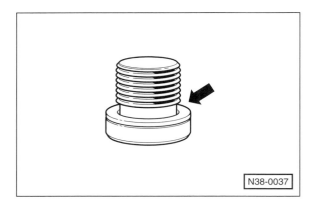

● Dichtring –Pfeil– durchschneiden und ersetzen.

● Ablassschraube mit **neuem** Dichtring einsetzen und mit **45 Nm** festziehen.

Getriebeöl auffüllen

● Ölkontrollschraube –B– (Abbildung A37-0674) herausdrehen. **Hinweis:** In dieser Bohrung befindet sich ein schwarzes Kunststoff-Überlaufrohr. Die Länge des Überlaufrohres bestimmt den Ölstand im Getriebe. Das Überlaufrohr hat einen 8 mm Innensechskant und wird mit 3 Nm angezogen.

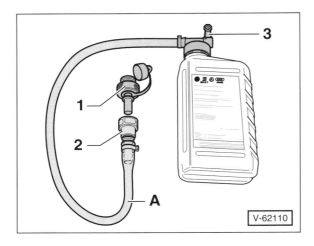

● Adapter –1– vom VAS-6262 –A– handfest in die Kontrollbohrung einschrauben. Zulaufschlauch mit der Schnellkupplung –2– an den Adapter anschließen.

● Über den Zulaufschlauch 5,5 Liter DSG-Öl einfüllen. **Achtung:** Vor dem Öffnen die Öldosen schütteln. Zum Öldosenwechsel den Dreiwegehahn –3– schließen oder den Schlauch höher als das Getriebe halten.

● Motor starten und im Leerlauf laufen lassen.

● Bremse treten und jede Wählhebelstellung für ca. 3 Sekunden einlegen. Anschließend Wählhebel wieder auf »P« stellen.

● Motor weiter laufen lassen, bis eine Getriebeöltemperatur von +35° bis +45° C angezeigt wird.

● Sicherstellen, dass das ATF-Auffanggefäß untergestellt ist.

● Nach Erreichen dieser Getriebeöltemperatur bei laufendem Motor die Schnellkupplung –2– des Adapters für Ölbefüllung –VAS-6262– trennen. Überschüssiges Öl ablaufen lassen.

● Sobald das Öl abgelaufen ist und es nur noch aus der Öffnung tropft, Adapter herausdrehen und Kontrollschraube mit **neuem** Dichtring einschrauben und mit **45 Nm** festziehen.

● Motor abstellen.

Achtung: Das herausgelaufene Öl darf nicht wieder verwendet werden, sondern muss entsorgt werden.

● Untere Motorraumabdeckung einbauen, siehe Seite 272.

● Gegebenenfalls Fahrzeug ablassen.

Allradantrieb: Öl für Haldex-Kupplung wechseln

Erforderliche Betriebsmittel/Verschleißteile:

- 0,65 l Hochleistungsöl für Haldex-Kupplung (Wechselmenge). **Hinweis:** Die Gesamtfüllmenge beträgt 0,85 l.

- Dichtringe für Ablass- und Einfüllschrauben der Haldex-Kupplung.

Erforderliches Sonderwerkzeug:

- Auffangwanne für Getriebeöl.

Öl wechseln

Sicherheitshinweis

Beim Aufbocken des Fahrzeugs besteht Unfallgefahr! Deshalb die Hinweise im Kapitel »Fahrzeug aufbocken« beachten.

- Fahrzeug aufbocken.

- Auffangwanne unter die Haldex-Kupplung stellen.

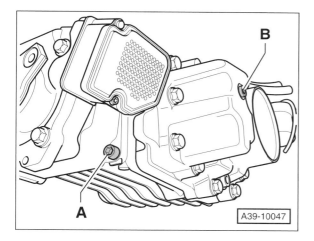

- Ablassschraube –A– unten am Kupplungsgehäuse herausschrauben, Öl ablassen und auffangen.

- Ablassschraube mit **neuem** Dichtring einschrauben und mit **30 Nm** festziehen.

- Öleinfüllschraube –B– herausschrauben.

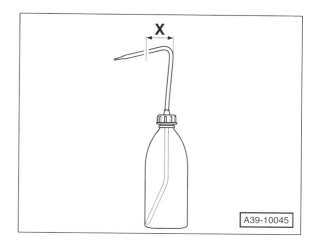

- Einfüllrohr einer handelsüblichen Befüllflasche auf X = 50 mm kürzen.

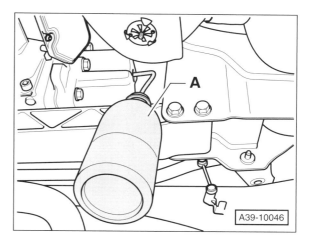

- Hochleistungsöl für Haldex-Kupplung mit der Befüllflasche –A– bis zur Unterkante der Einfüllöffnung einfüllen.

- Der Ölstand ist in Ordnung, wenn bei einer Öltemperatur zwischen +20° und +40° C das Öl bis zur Unterkante der Einfüllöffnung reicht.

- Öleinfüllschraube mit neuem Dichtring einschrauben und mit **15 Nm** festziehen.

- Fahrzeug ablassen.

Vorderachse/Lenkung

Folgende Wartungspunkte müssen nach dem Wartungsplan in unterschiedlichen Intervallen durchgeführt werden:

- ■ Spurstangenköpfe: Spiel und Befestigung prüfen, Staubkappen prüfen.
- ■ Achsgelenke: Staubkappen prüfen.
- ■ Manschetten der Antriebswellen: Auf Undichtigkeiten und Beschädigungen sichtprüfen.

Achsgelenke und Spurstangenköpfe prüfen/ersetzen

Erforderliches Spezialwerkzeug:

- ■ Werkstattwagenheber.
- ■ Lampe.

Achsgelenke:

Staubkappen prüfen

> **Sicherheitshinweis**
> Beim Aufbocken des Fahrzeugs besteht Unfallgefahr! Deshalb vorher das Kapitel »Fahrzeug aufbocken« durchlesen.

- ● Fahrzeug vorn aufbocken, die Räder müssen frei hängen.

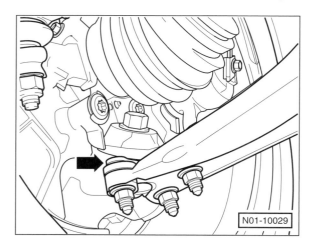

N01-10029

- ● Staubkappen –Pfeil– für untere Achsgelenke links und rechts mit Lampe anstrahlen und auf Beschädigungen überprüfen.

Spiel prüfen

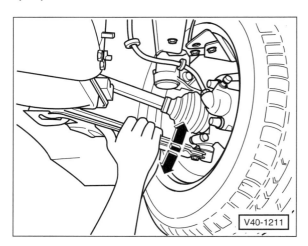

V40-1211

- ● Querlenker kräftig nach oben drücken und nach unten ziehen, dabei das Achsgelenk beobachten.
- ● Rad unten kräftig nach außen und innen drücken, dabei das Achsgelenk beobachten.
- ● Bei beiden Prüfungen darf kein fühlbares und sichtbares Spiel im Achsgelenk vorhanden sein.

Hinweis: Eventuell vorhandenes Radlagerspiel oder Spiel im Federbeinlager oben berücksichtigen.

Ersetzen

- ● Gelenkwelle aus der Radnabe herausziehen, siehe Seite 136.
- ● Einbaulage der 3 Muttern am Querlenker mit Reißnadel kennzeichnen und Muttern abschrauben.

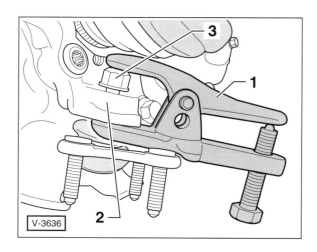

V-3636

- ● Querlenker nach unten abziehen und Achsgelenk mit Kugelgelenkabzieher –1–, zum Beispiel HAZET 779-1, aus dem Achsschenkel –2– herausdrücken.

Hinweis: Beim Abdrücken die Mutter –3– zum Schutz des Gewindes einige Gewindegänge auf dem Achsgelenk belassen.

Achtung: Einbaulage des Achsgelenkes beachten. Bei falscher Einbaulage ändert sich der Nachlauf.

- Achsgelenk in Achsschenkel einsetzen und mit **neuer, selbstsichernder Mutter** handfest anschrauben.

- Gelenkwelle in Radlager einschieben.

- Achsgelenk mit **60 Nm** festziehen. Dabei Gelenk-Kugelbolzen mit Innentorxschlüssel gegenhalten.

- Achsgelenk in den Querlenker einsetzen, Dichtungsbalg des Achsgelenks dabei nicht verdrillen oder beschädigen. **Neue selbstsichernde Muttern** aufschrauben und mit **75 Nm** festziehen.

- Nabenschraube einbauen, siehe Seite 143.

- Reifen-Laufrichtung beachten, Rad anschrauben, Fahrzeug ablassen, erst dann Radschrauben über Kreuz mit **120 Nm** festziehen. **Achtung:** Unbedingt Hinweise im Kapitel »Rad aus- und einbauen« beachten.

Spurstangenköpfe/Lenkmanschetten:

Staubkappen und Manschetten prüfen

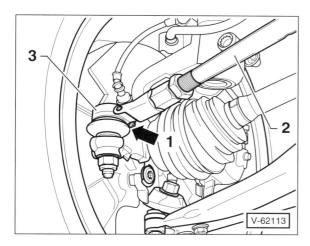

- Staubkappe für Kugelgelenk der Spurstange –Pfeil 1– links und rechts mit Lampe anstrahlen und auf Beschädigungen überprüfen.

- Bei beschädigter Staubkappe sicherheitshalber entsprechendes Gelenk mit Schutzkappe auswechseln. Eingedrungener Schmutz zerstört mit Sicherheit das Gelenk. Spurstangenkopf ersetzen, siehe Seite 150.

- Spurstange –2– links und rechts kräftig von Hand hin- und herbewegen. Das jeweilige Kugelgelenk –3– darf kein Spiel aufweisen, andernfalls Spurstangengelenk ersetzen, siehe Seite 150.

- Festsitz der Kontermutter am Spurstangenkopf und Befestigungsmutter des Kugelgelenks prüfen, ohne sie dabei zu verdrehen.

- Manschetten am Lenkgetriebe auf Beschädigung prüfen, gegebenenfalls erneuern.

Manschetten der Antriebswellen prüfen

Erforderliches Spezialwerkzeug:

- ■ Werkstattwagenheber.
- ■ Lampe.

Prüfen

> **Sicherheitshinweis**
> Beim Aufbocken des Fahrzeugs besteht Unfallgefahr! Deshalb vorher das Kapitel »Fahrzeug aufbocken« durchlesen.

- Fahrzeug aufbocken.

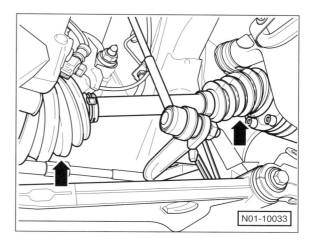

- Manschetten –Pfeile– mit Lampe anstrahlen und auf Porosität und Risse untersuchen. Eingerissene Manschetten umgehend erneuern.

- Manschetten auf der anderen Fahrzeugseite auf die gleiche Weise prüfen.

- Sollte eine Manschette durch Unterdruck im Gelenk nach innen gezogen oder defekt sein, so ist sie umgehend auszutauschen.

- Auf sichtbare Fettspuren an den Manschetten und in deren Umgebung achten.

- Festen Sitz der Klemmschellen prüfen.

- Fahrzeug ablassen.

Folgende Wartungspunkte müssen nach dem Wartungsplan in unterschiedlichen Intervallen durchgeführt werden:

■ Bremsflüssigkeitsstand: Prüfen.

■ Belagstärke der vorderen und hinteren Bremsbeläge prüfen.

■ Sichtprüfung von Bremsleitungen, -schläuchen und Anschlüssen auf Undichtigkeiten und Beschädigungen.

■ Bremsflüssigkeit: Erneuern.

■ Bereifung (einschließlich Reserverad): Profiltiefe und Reifenfülldruck prüfen; Reifen auf Verschleiß und Beschädigungen prüfen.

■ Reifenreparaturset, falls vorhanden: Haltbarkeitsdatum prüfen, gegebenenfalls Reifenreparaturset ersetzen.

■ Reifen-Kontroll-Anzeige: Grundeinstellung durchführen.

Bremsflüssigkeitsstand prüfen

Spezialwerkzeug: nicht erforderlich.

Erforderliche Betriebsmittel/Verschleißteile zum Nachfüllen:

■ Bremsflüssigkeit der Spezifikation **FMVSS 116 DOT 4.**

Der Vorratsbehälter für die Bremsflüssigkeit befindet sich im Motorraum.

Der Vorratsbehälter ist durchscheinend, so dass der Bremsflüssigkeitsstand von außen überprüft werden kann. Außerdem wird ein zu niedriger Bremsflüssigkeitsstand durch eine Warnleuchte im Kombiinstrument signalisiert. Dennoch ist es ratsam, bei der regelmäßigen Motor-Ölstandkontrolle auch einen Blick auf den Vorratsbehälter für Bremsflüssigkeit zu werfen.

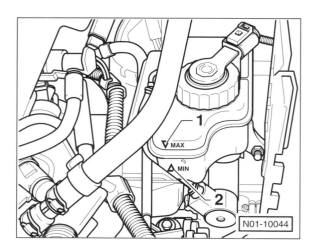

N01-10044

● Der Bremsflüssigkeitsstand soll zwischen der MAX- –1– und der MIN-Marke –2– liegen.

● Bei Bedarf nur **neue** Bremsflüssigkeit der Spezifikation **FMVSS 116 DOT 4** einfüllen.

Achtung: Durch Abnutzung der Scheibenbremsbeläge entsteht ein geringfügiges Absinken der Bremsflüssigkeit. Das ist normal. Es muss keine Bremsflüssigkeit nachgefüllt werden. Beispielsweise kann die Bremsflüssigkeit bis zur MIN-Marke absinken, wenn die Bremsbeläge annähernd die Verschleißgrenze erreicht haben. In diesem Fall **keine** Bremsflüssigkeit nachfüllen.

● Sinkt die Bremsflüssigkeit jedoch innerhalb kurzer Zeit stark ab oder liegt der Flüssigkeitsspiegel unter der MIN-Marke, ist das ein Zeichen für Bremsflüssigkeitsverlust.

● Bei Bremsflüssigkeitsverlust muss die Leckstelle sofort ausfindig gemacht werden. Sicherheitshalber sollte die Überprüfung und Reparatur der Anlage von einer Fachwerkstatt durchgeführt werden.

Bremsbelagdicke prüfen

Erforderliches Spezialwerkzeug:

■ Taschenlampe und Spiegel.

■ Schieblehre.

Prüfvoraussetzung

Hinweis: Durch Schmutzpartikel am Fahrbahnrand ist der Belagverschleiß auf der Beifahrerseite erfahrungsgemäß minimal größer als auf der Fahrerseite. Daher ist es sinnvoll, das vordere Rad auf der Beifahrerseite abzunehmen.

Sicherheitshinweis
Beim Aufbocken des Fahrzeugs besteht Unfallgefahr! Deshalb vorher das Kapitel »Fahrzeug aufbocken« durchlesen.

● Reifen-Laufrichtung mit Pfeil am Reifen markieren. Radschrauben lösen. Fahrzeug aufbocken und Räder abnehmen. **Achtung:** Unbedingt Hinweise im Kapitel »Rad aus- und einbauen« beachten.

Achtung: Bei der Belagkontrolle gleichzeitig auf durch Bremsflüssigkeit oder Öl verschmierte Beläge achten. In diesem Fall Bremsbeläge umgehend erneuern.

Vorderrad-Scheibenbremse

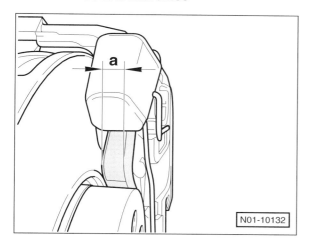

N01-10132

● Belagdicke –a–, ohne Metall-Trägerplatte, mit einer Schieblehre messen.

● Die Verschleißgrenze der vorderen Scheibenbremsbeläge ist erreicht, wenn ein Belag nur noch eine Dicke –a– von **2 mm** (ohne Metall-Trägerplatte) aufweist. In diesem Fall Bremsbeläge an der Vorderachse wechseln, siehe Seite 161.

● Reifen-Laufrichtung beachten, Räder anschrauben, Fahrzeug ablassen, erst dann Radschrauben über Kreuz mit **120 Nm** festziehen. **Achtung:** Unbedingt Hinweise im Kapitel »Rad aus- und einbauen« beachten.

Hinweis: Nach einer Faustregel entspricht 1 mm Bremsbelag einer Fahrleistung von mindestens 1000 km. Diese Faustregel gilt unter ungünstigen Bedingungen.

Hinterrad-Scheibenbremse

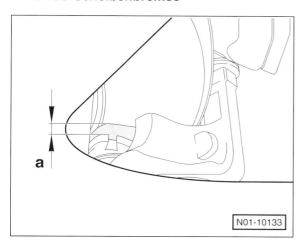

N01-10133

● Dicke der äußeren Bremsbeläge –a– durch einen Durchbruch im Scheibenrad prüfen, falls erforderlich, Lampe verwenden. Das Rad muss nicht abgenommen werden. Falls vorhanden, Radvollblende abziehen.

● Inneren Belag mit Hilfe einer Lampe und eines Spiegels sichtprüfen.

● Die Verschleißgrenze der Scheibenbremsbeläge ist erreicht, wenn ein Belag ohne Metall-Trägerplatte nur noch eine Dicke von a = **2 mm** aufweist.

Sichtprüfung der Bremsleitungen

Spezialwerkzeug: nicht erforderlich.

> **Sicherheitshinweis**
> Beim Aufbocken des Fahrzeugs besteht Unfallgefahr! Deshalb vorher das Kapitel »Fahrzeug aufbocken« durchlesen.

● Fahrzeug aufbocken.

● Verschmutzte Bremsleitungen reinigen.

Achtung: Die Bremsleitungen sind zum Schutz gegen Korrosion mit einer Kunststoffschicht überzogen. Wird diese Schutzschicht beschädigt, kann es zur Korrosion der Leitungen kommen. Daher dürfen Bremsleitungen nicht mit Drahtbürste oder Schmirgelleinen gereinigt werden.

● Bremsleitungen vom Hauptbremszylinder zur ABS-Hydraulikeinheit und den einzelnen Radbremsen mit Lampe anstrahlen und überprüfen. Der Hauptbremszylinder sitzt im Motorraum unter dem Vorratsbehälter für Bremsflüssigkeit.

● Bremsleitungen dürfen weder geknickt noch gequetscht sein. Auch dürfen sie keine Rostnarben oder Scheuerstellen aufweisen. Andernfalls Leitung bis zur nächsten Trennstelle ersetzen.

● Bremsschläuche verbinden die Bremsleitungen mit den Radbremszylindern an den beweglichen Teilen des Fahrzeugs. Sie bestehen aus hochdruckfestem Material, können aber mit der Zeit porös werden, aufquellen oder durch scharfe Gegenstände angeschnitten werden. In einem solchen Fall sind die Bremsschläuche sofort zu ersetzen.

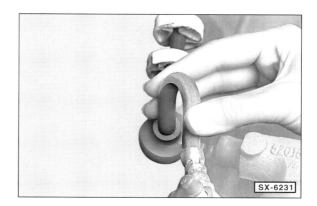

SX-6231

● Bremsschläuche mit der Hand hin- und herbiegen, um brüchige Stellen und Beschädigungen festzustellen. Die Schläuche dürfen nicht verdreht sein. Farbige Kennlinie beachten, falls vorhanden!

- Anschlussstellen von Bremsleitungen und -schläuchen dürfen nicht durch ausgetretene Flüssigkeit feucht sein.
- Lenkrad nach links und rechts bis zum Anschlag drehen. Die Bremsschläuche dürfen dabei in keiner Stellung Fahrzeugteile berühren.
- Fahrzeug ablassen.
- Lenkrad nochmals nach links und rechts bis zum Anschlag drehen und sicherstellen, dass die Bremsschläuche in keiner Stellung Fahrzeugteile berühren.

Bremsflüssigkeit wechseln

Erforderliches Spezialwerkzeug:

- Ringschlüssel für Entlüftungsschrauben.
- Durchsichtiger Kunststoffschlauch und Auffangflasche.

Erforderliches Betriebsmittel:

- 1,2 l Bremsflüssigkeit der Spezifikation **DOT 4**.

Bremsflüssigkeit nimmt durch die Poren der Bremsschläuche sowie durch die Entlüftungsöffnung des Vorratsbehälters Luftfeuchtigkeit auf. Dadurch sinkt im Laufe der Betriebszeit der Siedepunkt der Bremsflüssigkeit. Bei starker Beanspruchung der Bremse kann es deshalb zu Dampfblasenbildung in den Bremsleitungen kommen, wodurch die Funktion der Bremsanlage stark beeinträchtigt wird.

Die Bremsflüssigkeit soll alle 2 Jahre, möglichst im Frühjahr, erneuert werden. Bei vielen Gebirgsfahrten, Bremsflüssigkeit in kürzeren Abständen wechseln.

Achtung: Die Arbeitsschritte zum Wechseln der Bremsflüssigkeit sind weitgehend gleich wie beim Entlüften der Bremsanlage. In der folgenden Beschreibung wird nur auf die Unterschiede eingegangen, daher muss auf jeden Fall auch das Kapitel »Bremsanlage entlüften« durchgelesen werden, siehe Seite 171.

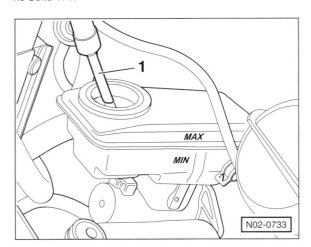

- Bremsflüssigkeitsstand auf dem Vorratsbehälter mit Filzstift markieren. Nach Erneuern der Bremsflüssigkeit ursprünglichen Flüssigkeitsstand wieder herstellen. Dadurch wird ein Überlaufen des Bremsflüssigkeitsbehälters beim Wechsel der Bremsbeläge vermieden.

- Mit einer Absaugflasche –1– aus dem Bremsflüssigkeitsbehälter so viel wie möglich Bremsflüssigkeit absaugen, maximal aber bis zu einem Stand von ca. 10 mm.

Achtung: Das Sieb im Bremsflüssigkeitsbehälter darf nicht entfernt werden. Abgesaugte Bremsflüssigkeit auf keinen Fall wieder verwenden.

- Vorratsbehälter bis zur MAX-Marke mit **neuer** Bremsflüssigkeit füllen.
- Alte Bremsflüssigkeit nacheinander aus den Bremssätteln herauspumpen. Die abfließende Bremsflüssigkeit muss in jedem Fall klar und blasenfrei sein. An jedem Bremssattel sollen ca. **250 cm^3** (¼ Liter) Bremsflüssigkeit herausgepumpt werden.

Achtung: Vorratsbehälter zwischendurch immer mit **neuer** Bremsflüssigkeit auffüllen. Er darf nie ganz leer sein, sonst gelangt Luft in das Bremssystem. **Falls der Bremsflüssigkeitsbehälter dennoch leer läuft, Bremsanlage in der Fachwerkstatt entlüften lassen, da für die Entlüftung der ABS-Hydraulik das Werkstatt-Diagnosegerät erforderlich ist.**

- Nach dem Bremsflüssigkeitswechsel das Bremspedal betätigen und Leerweg prüfen. Der Leerweg darf maximal ⅓ des gesamten Pedalwegs betragen.

Bremsflüssigkeit aus der Kupplungsbetätigung herausdrücken

Da die Kupplungsbetätigung ebenfalls mit Bremsflüssigkeit arbeitet, muss auch der Inhalt des Kupplungssystems ersetzt werden.

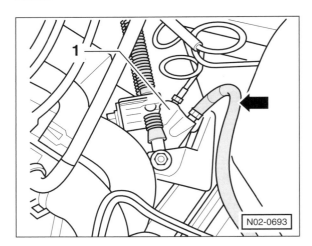

- Staubkappe vom Entlüftungsventil am Kupplungs-Nehmerzylinder –1– abziehen. Entlüftungsventil reinigen.
- Durchsichtigen, sauberen Schlauch –Pfeil– auf das Entlüftungsventil aufschieben.
- Freies Schlauchende in eine mit Bremsflüssigkeit halbvoll gefüllte Flasche stecken. Einen geeigneten Schlauch und passendes Gefäß gibt es im Autozubehör-Handel.
- Entlüftungsschraube lösen und durch Helfer Kupplungspedal betätigen lassen. Dabei ca. 0,1 l Bremsflüssigkeit herausfließen lassen.

- Kupplungspedal in gedrückter Stellung halten lassen und Entlüftungsschraube festziehen.

- Kupplungspedal zurücknehmen lassen.

- Kupplungspedal 10- bis 15-mal zügig bis Anschlag durchtreten und loslassen.

- Entlüftungsschraube lösen und durch Helfer Kupplungspedal betätigen lassen. Dabei ca. 0,05 l (50 cm³ beziehungsweise 50 ml) Bremsflüssigkeit herausfließen lassen.

- Kupplungspedal in gedrückter Stellung halten lassen und Entlüftungsschraube festziehen.

- Kupplungspedal zurücknehmen lassen.

- Kupplungspedal mehrmals bis Anschlag durchtreten und loslassen.

- Entlüftungsschlauch abziehen und mit Auffanggefäß zur Seite stellen.

- Kupplungspedal zurücknehmen.

- Bremsflüssigkeit im Vorratsbehälter bis zum markierten Stand vor dem Bremsflüssigkeitswechsel auffüllen.

- Verschlussdeckel am Behälter aufschrauben.

Achtung, Sicherheitskontrolle durchführen:
- Sind die Entlüftungsschrauben angezogen?
- Ist genügend Bremsflüssigkeit eingefüllt?
- Bei laufendem Motor Dichtheitskontrolle durchführen. Hierzu Bremspedal mit 200 bis 300 N (entspricht 20 bis 30 kg) etwa 10 Sekunden betätigen. Das Bremspedal darf nicht nachgeben. Sämtliche Anschlüsse auf Dichtheit kontrollieren.

- Anschließend einige Bremsungen auf einer Straße mit geringem Verkehr durchführen. Dabei auch mindestens eine Vollbremsung vornehmen, bei der die ABS-Regelung einsetzt, beispielsweise auf losem Untergrund. Die ABS-Regelung ist am Pulsieren des Bremspedals spürbar. **Achtung: Dabei besonders auf nachfolgenden Verkehr achten.**

Reifenprofil prüfen

Spezialwerkzeug: nicht erforderlich.

Die Reifen ausgewuchteter Räder nutzen sich bei gewissenhaftem Einhalten des vorgeschriebenen Fülldrucks und bei fehlerfreier Radeinstellung und Stoßdämpferfunktion auf der gesamten Lauffläche annähernd gleichmäßig ab. Bei ungleichmäßiger Abnutzung können verschiedene Fehler vorliegen, siehe Kapitel »Räder und Reifen«. Im Übrigen lässt sich keine generelle Aussage über die Lebensdauer bestimmter Reifenfabrikate machen, denn die Lebensdauer hängt von unterschiedlichen Faktoren ab:

- Fahrbahnoberfläche
- Reifenfülldruck
- Fahrweise
- Witterung

Vor allem sportliche Fahrweise, scharfes Anfahren und starkes Bremsen fördern den schnellen Reifenverschleiß.

Achtung: Die Rechtsprechung verlangt, dass Reifen lediglich bis zu einer Profiltiefe von 1,6 mm abgefahren werden dürfen, und zwar müssen die Profilrillen auf der gesamten Lauffläche noch mindestens 1,6 mm Tiefe aufweisen. Es empfiehlt sich jedoch, sicherheitshalber die Reifen bereits bei einer Mindestprofiltiefe von 2 mm auszutauschen.

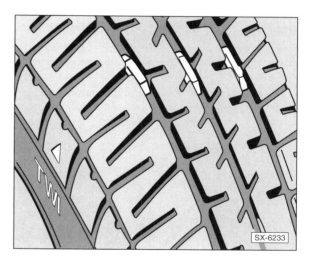

SX-6233

Nähert sich die Profiltiefe der gesetzlich zulässigen Mindestprofiltiefe, das heißt, weist der mehrmals am Reifenumfang angeordnete 1,6 mm hohe Verschleißanzeiger kein Profil mehr auf, müssen die Reifen gewechselt werden.

Achtung: »M+S«-Reifen haben auf Matsch und Schnee nur den gewünschten Grip, wenn ihr Profil noch mindestens 4 mm tief ist.

Achtung: Reifen auf Schnittstellen untersuchen und mit kleinem Schraubendreher Tiefe der Schnitte feststellen. Wenn die Schnitte bis zur Karkasse reichen, korrodiert durch eindringendes Wasser der Stahlgürtel. Dadurch löst sich unter Umständen die Lauffläche von der Karkasse, der Reifen platzt. Deshalb: Bei tiefen Einschnitten im Profil aus Sicherheitsgründen Reifen austauschen.

Reifenfülldruck prüfen

Erforderliches Spezialwerkzeug:

■ Reifenfüllgerät an der Tankstelle.

Prüfen

● Reifenfülldruck nur am kalten Reifen prüfen.

● Ventilkappe abschrauben.

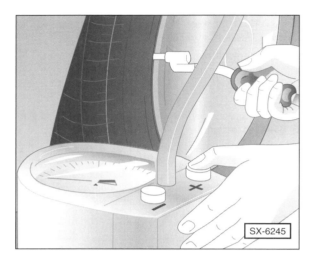

● Reifenfülldruck einmal im Monat sowie im Rahmen der Wartung (einschließlich Reserverad, falls vorhanden) prüfen.

● Zusätzlich sollte der Fülldruck vor längeren Autobahnfahrten kontrolliert werden, da hierbei die Temperaturbelastung für den Reifen am größten ist.

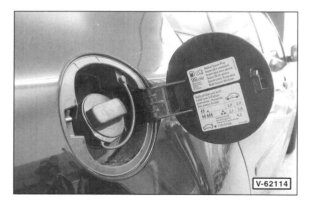

● Der richtige Fülldruck steht auf einem Aufkleber an der Innenseite der Tankklappe und gilt für Sommer- und Winterreifen.

● Falls ein **Reserverad** vorhanden ist, entspricht der richtige Fülldruck dem der hinteren Reifen bei höchster Beladung.

Reifenventil prüfen

Erforderliches Spezialwerkzeug:

■ Ventil-Metallschutzkappe oder HAZET 666-1.

Prüfen

● Staubschutzkappe vom Ventil abschrauben.

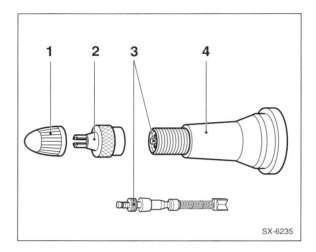

● Etwas Seifenwasser oder Speichel auf das Ventil geben. Wenn sich eine Blase bildet, Ventileinsatz –3– mit umgedrehter Metallschutzkappe –2– festdrehen.

Achtung: Zum Anziehen des Ventileinsatzes kann nur eine Metallschutzkappe –2– verwendet werden. Metallschutzkappen sind an der Tankstelle erhältlich. 1 – Gummischutzkappe, 4 – Ventil.

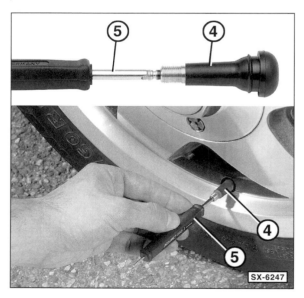

Hinweis: Anstelle der Metallschutzkappe kann auch das Werkzeug HAZET 666-1 –5– verwendet werden. 4 – Ventil.

● Ventil erneut prüfen. Falls sich wieder Blasen bilden oder das Ventil sich nicht weiter anziehen lässt, Ventileinsatz erneuern.

● Grundsätzlich Staubschutzkappe wieder aufschrauben.

Reifenreparatur-Set prüfen/ersetzen

Spezialwerkzeug: nicht erforderlich.

Prüfen/Ersetzen

Das Reifenpannen-Set befindet sich im Kofferraum in der Reserveradmulde.

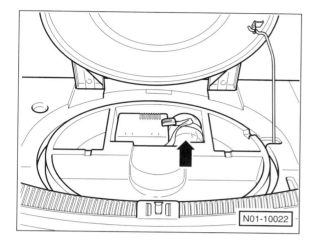

- Haltbarkeitsdatum –Pfeil– überprüfen. Bei Ablauf des Verfallsdatums Flasche erneuern. In der Regel ist das Reifenpannen-Set alle 3 Jahre zu erneuern. Das Reifendichtungsmittel darf nicht älter als 4 Jahre sein.

- Nach Benutzung muss das Reifendichtungsmittel grundsätzlich ersetzt werden.

Reifen-Kontroll-Anzeige: Grundeinstellung durchführen

GOLF

Spezialwerkzeug: nicht erforderlich.

Die Grundeinstellung der Reifen-Kontroll-Anzeige grundsätzlich nur durchführen, nachdem die Reifenfülldruckwerte, vorher auf die richtigen Werte korrigiert worden sind.

Hinweis: Wird nach einer Reifendruckwarnung kein Druckverlust und kein Reifenschaden festgestellt, so kann die irrtümliche Warnung durch eine Grundeinstellung behoben werden.

Das Reifen-Kontroll-System vergleicht mit Hilfe der ABS-Sensoren die Drehzahl und somit den Abrollumfang der einzelnen Räder. Bei Veränderung des Abrollumfanges eines Rades wird dies durch die Reifen-Kontroll-Anzeige angezeigt. Der Abrollumfang des Reifens kann sich verändern wenn:

- der Reifenfülldruck zu gering ist.
- der Reifen Strukturschäden hat.
- das Fahrzeug einseitig belastet ist.
- die Räder einer Achse stärker belastet sind (zum Beispiel bei Anhängerbetrieb oder bei Berg- und Talfahrt).
- Schneeketten montiert sind.
- ein Rad pro Achse gewechselt wurde.

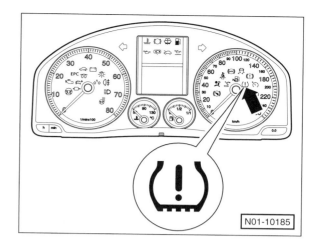

- Die Reifen-Kontroll-Anzeige erfolgt über eine gelbe Kontrollleuchte im Kombiinstrument (Schalttafeleinsatz) –Pfeil–.

- »BLINKENDE LEUCHTE« bedeutet, es wurde noch keine »ERSTMALIGE GRUNDEINSTELLUNG« durchgeführt.

- »STÄNDIGES LEUCHTEN«, in Verbindung mit einem Warnton, bedeutet, dass ein Druckverlust erkannt wurde. In diesem Fall Reifenfülldrücke prüfen und anschließend Systemgrundeinstellung durchführen.

Grundeinstellung durchführen

- Zündung einschalten.

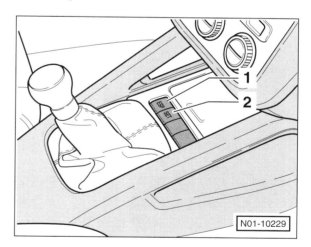

- Taste für »ESP« –1–, sowie die Taste »SET« –2– in der Mittelkonsole gleichzeitig drücken und länger als 2 Sekunden halten. **Hinweis:** Wenn »ESP« nicht vorhanden ist, stattdessen die Taste für »ASR« drücken.

- Die Kontrolllampe für Reifen-Kontroll-Anzeige im Kombiinstrument –Pfeil– leuchtet solange die Taste gedrückt wird, siehe Abbildung N01-10185. Der Beginn der Grundeinstellung wird durch einen Hinweiston bestätigt.

- Zündung ausschalten. Damit ist die Grundeinstellung durchgeführt.

Karosserie/Innenausstattung

Folgende Wartungspunkte müssen nach dem Wartungsplan in unterschiedlichen Intervallen durchgeführt werden:

■ Türfeststeller: Befestigungsbolzen schmieren.

■ Sicherheitsgurte und Airbageinheiten: Auf Beschädigungen sichtprüfen.

■ Beifahrerairbag: Schlüsselschaltung kontrollieren.

■ Schiebedach: Führungsschienen reinigen und fetten.

■ Unterbodenschutz: Auf Beschädigungen sichtprüfen.

■ Lüftung/Heizung: Staub-/Pollenfilter-Einsatz erneuern, Gehäuse reinigen.

■ Verbandkasten: Haltbarkeitsdatum überprüfen, gegebenenfalls Verbandkasten ersetzen.

Sicherheitsgurte sichtprüfen

Spezialwerkzeug und Verschleißteile/Betriebsmittel sind nicht erforderlich.

Achtung: Geräusche, die beim Aufrollen des Gurtbandes entstehen, sind funktionsbedingt. Auf keinen Fall darf zur Behebung von Geräuschen Öl oder Fett verwendet werden. Der Aufroll- und Gurtstrafferautomat darf aus Sicherheitsgründen nicht zerlegt werden.

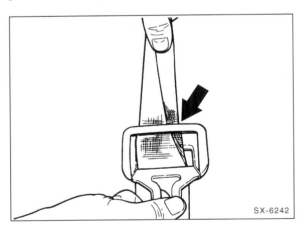

SX-6242

● Sicherheitsgurt ganz herausziehen und Gurtband auf durchtrennte Fasern prüfen.

● Beschädigungen können zum Beispiel durch Einklemmen des Gurtes oder durch brennende Zigaretten entstehen. In diesem Fall Gurt austauschen.

● Sind Scheuerstellen vorhanden, ohne dass Fasern durchtrennt sind, braucht der Gurt nicht ausgewechselt zu werden.

● Schwer gängigen Gurt auf Verdrehungen prüfen, gegebenenfalls Verkleidung an der Mittelsäule ausbauen.

● Wenn die Aufrollautomatik nicht mehr funktioniert, Gurt auswechseln (Werkstattarbeit).

● Gurtbänder nur mit Seife und Wasser reinigen, keinesfalls Lösungsmittel oder chemische Reinigungsmittel verwenden.

Airbageinheiten sichtprüfen

Spezialwerkzeug und Verschleißteile/Betriebsmittel sind nicht erforderlich.

Erkennungsmerkmal für den Airbag ist der Schriftzug »AIRBAG« auf der Polsterplatte des Lenkrades beziehungsweise auf der Abdeckung an der rechten Seite der Armaturentafel.

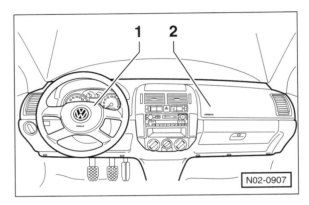

N02-0907

● Sichtprüfung der Airbageinheiten –1– und –2– durchführen. Sie dürfen keine äußeren Beschädigungen aufweisen.

> **Sicherheitshinweise**
> ● Die Abdeckungen der Airbag-Einheiten dürfen nicht beklebt, überzogen oder anderweitig verändert werden.
> ● Die Abdeckungen der Airbag-Einheiten dürfen nur mit einem trockenen oder mit Wasser angefeuchteten Lappen gereinigt werden.

Zusätzliche Hinweise:

■ Bei Ausstattung mit Seitenairbags dürfen die Sitzlehnen nur mit speziellen und von VW freigegebenen Bezügen überzogen werden.

■ Airbag-Sicherheitshinweise, siehe Seite 148.

Beifahrerairbag:
Schüsselschaltung überprüfen

Die Betätigung für »Airbag ON/OFF« befindet sich im Handschuhfach.

Funktion prüfen

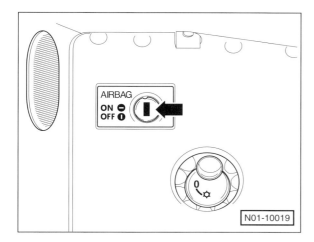

- Schlüsselschalter mit dem Fahrzeugschlüssel in die Position »AIRBAG OFF« –Pfeil– drehen. Der Schlüsselschlitz muss jetzt in Fahrtrichtung zeigen.

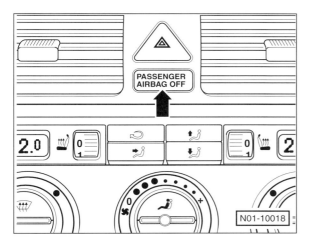

- Zündung einschalten. Die Kontrolllampe »PASSENGER AIRBAG OFF« –Pfeil– muss auch nach dem Selbstcheck leuchten. Das bedeutet, dass der Beifahrerairbag deaktiviert ist.
- Zündung ausschalten.

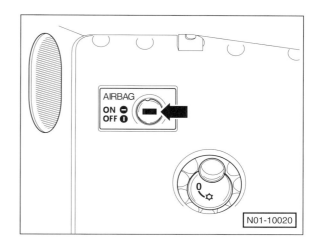

- Schlüsselschalter mit dem Fahrzeugschlüssel in die Position »AIRBAG ON« –Pfeil– drehen. Der Schlüsselschlitz muss jetzt quer zur Fahrtrichtung stehen.
- Zündung einschalten. Die Kontrollanzeige »PASSENGER AIRBAG OFF« erlischt nach dem Selbstcheck. Das bedeutet, der Beifahrerairbag ist aktiviert.
- Zündung ausschalten.

Schlüsselschalter GOLF PLUS

Die Überprüfung erfolgt in gleicher Weise wie beim GOLF; der Schlüsselschalter ist jedoch anders ausgeführt. Für die Deaktivierung und Aktivierung des Beifahrerairbags muss der Fahrzeugschlüssel in 2 verschiedene Schrägstellungen gedreht werden, entsprechend der OFF/ON-Markierungen am Schlüsselschalter.

Staub-/Pollenfilter-Einsatz erneuern

Spezialwerkzeug: nicht erforderlich.

Erforderliche Betriebsmittel/Verschleißteile:

■ Staub-/Pollenfilter.

Der Filter befindet sich unter dem Armaturenbrett.

GOLF

Ausbau

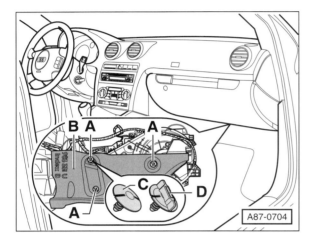

A87-0704

● Schraubclips –A– herausdrehen und Dämmmatte –B– abnehmen.

Hinweis: Anstelle der Schraubclips –A– können auch Clips der Ausführung –C– oder –D– eingebaut sein.

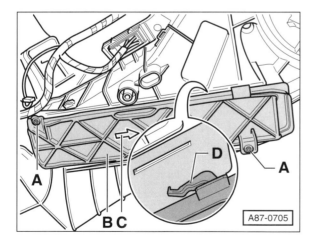

A87-0705

● Falls vorhanden, die Schrauben –A– herausdrehen. **Achtung:** Die Schrauben –A– sind nicht bei allen Fahrzeugen vorhanden. Die Schrauben sichern den Deckel –B–, falls die Verrastungen –D– nicht mehr halten.

● Deckel –B– in Pfeilrichtung –C– schieben und abnehmen.

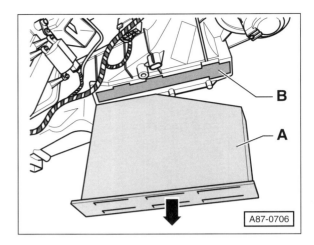

A87-0706

● Filtereinsatz –A– aus dem Schacht –B– des Klimagerätes beziehungsweise der Heizung herausnehmen.

● Schacht –B– mit einem Staubsauger reinigen.

Einbau

● Der Einbau erfolgt in umgekehrter Ausbaureihenfolge.

TOURAN

Ausbau

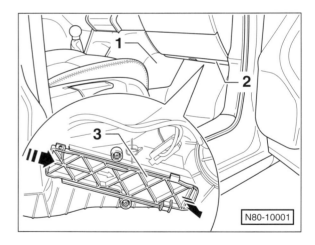

N80-10001

● Verkleidungen –1– und –2– ausbauen.

● Gehäusedeckel –3– in Pfeilrichtung abziehen.

● Filtereinsatz aus dem Gehäuse herausziehen und ersetzen.

Einbau

● Der Einbau erfolgt in umgekehrter Ausbaureihenfolge.

Schiebedach: Führungsschienen reinigen/schmieren

Spezialwerkzeug: nicht erforderlich.

Erforderliches Betriebsmittel:

■ Spezialfett VW-G 000 450 02

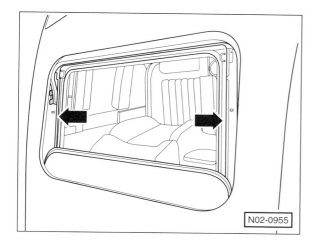

N02-0955

● Schiebedach öffnen und die sichtbar werdenden, blanken Führungsschienen –Pfeile– abwischen.

Achtung: Angrenzende Karosserieteile mit Zeitungspapier abdecken. Schmiermittel nicht auf den Autolack bringen, andernfalls sofort wieder abwischen.

● Führungsschienen mit dem Spezialfett VW-G 000 450 02 schmieren.

● Dringt bei Regen oder der Fahrzeugwäsche Wasser über das Schiebedach in den Innenraum, Undichtigkeiten von einer Fachwerkstatt beheben lassen.

Türfeststeller und Befestigungsbolzen schmieren

Spezialwerkzeug: nicht erforderlich.

Erforderliches Betriebsmittel:

■ Spezialfett VW-G 000 150

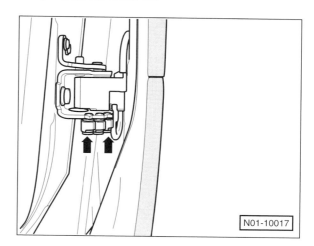

N01-10017

● Türfeststeller an den mit Pfeilen gekennzeichneten Stellen mit dem Schmierfett VW-G 000 150 schmieren.

Elektrische Anlage

Folgende Wartungspunkte müssen nach dem Wartungsplan in unterschiedlichen Intervallen durchgeführt werden:

- Alle Stromverbraucher: Funktion prüfen.

- Scheibenwischerblätter: Wischergummis auf Verschleiß sichtprüfen. Ruhestellung prüfen.

- Scheibenwaschanlage, Scheinwerfer-Waschanlage: Flüssigkeitsstand, Frostschutz und Funktion prüfen, Düsenstellung kontrollieren, siehe Kapitel »Scheibenwischeranlage«.

- Batterie: Prüfen.

- Scheinwerfereinstellung prüfen, gegebenenfalls einstellen lassen (Werkstattarbeit).

GOLF

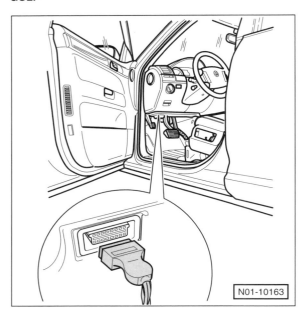

N01-10163

TOURAN

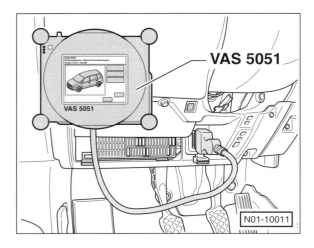

VAS 5051

N01-10011

- Eigendiagnose: Fehlerspeicher auslesen (Werkstattarbeit). Dazu wird ein geeignetes Fahrzeugdiagnosegerät, zum Beispiel VW-VAS-5051(A) oder VAS-5052 mit einem passenden Verbindungskabel, zum Beispiel VAS-5051/6A, benötigt. Diagnosegerät bei ausgeschalteter Zündung an den Diagnoseanschluss im Fahrerfußraum unter der Armaturentafel anschließen.

- Service-Intervallanzeige zurücksetzen (Werkstattarbeit). Die Service-Intervallanzeige kann nur mit einem geeigneten Fahrzeugdiagnosegerät zurückgesetzt beziehungsweise umcodiert werden. Durch Umcodieren wird die Service-Intervallanzeige von flexible Wartungsintervallen auf feste Wartungsintervalle umgestellt.

Stromverbraucher prüfen

Spezialwerkzeug: nicht erforderlich.

Folgende Funktionen prüfen, gegebenenfalls Fehler beheben. **Hinweis:** Je nach Ausstattung sind im Fahrzeug nicht alle hier aufgeführten Verbraucher vorhanden.

- Beleuchtung, Scheinwerfer, Nebellampen, Blinkleuchten, Warnblinkanlage, Schlussleuchten, Nebelschlussleuchten, Rückfahrleuchten, Bremsleuchten, Parklichtschaltung.

- Innen- und Leseleuchten (Abschaltautomatik für Innenleuchten vorn), beleuchtetes Handschuhfach, beleuchteter Ascher, Kofferraumbeleuchtung.

- Warnsummer für nicht ausgeschaltetes Licht und/oder Radio.

- Alle Schalter in der Armaturentafel beziehungsweise Mittelkonsole.

- Kombiinstrument (Schalttafeleinsatz) mit allen Anzeigen, Zählern, Leuchten und Beleuchtung.

- Hupe.

- Scheibenwisch-/Scheibenwaschanlage, Scheinwerferreinigungsanlage.

- Zigarettenanzünder.

- Elektrische Außenspiegel (beheizbar, einstellbar, anklappbar).

- Elektrische Fensterheber.

- Elektrisches Schiebe-/Ausstelldach.

- Zentralverriegelung, Funkfernbedienung, Komfortschließung.

- Elektrische Sitzverstellung, Gurthöhenverstellung.

- Beheizbare Sitze.

- Radio.

Batterie prüfen

Erforderliches Spezialwerkzeug:

- Geeignete Einfüllflasche für destilliertes Wasser.
- Säureheber.

Erforderliche Betriebsmittel/Verschleißteile:

- Bei zu niedrigem Säurestand: Destilliertes Wasser.

Batterie sichtprüfen

- Gehäuse der Batterie auf Beschädigungen sichtprüfen. Bei beschädigtem Gehäuse kann Batteriesäure auslaufen und die umliegenden Bauteile beschädigen. Bei beschädigtem Gehäuse Batterie schnellstmöglich ersetzen.

Batterie/Batterieklemmen auf festen Sitz prüfen

Eine lockere Batterie hat eine verkürzte Lebensdauer durch Rüttelschäden. Lockere Batterieanschlüsse können einen Kabelbrand oder Funktionsstörungen in der elektrischen Anlage nach sich ziehen und die Crash-Sicherheit des Fahrzeuges vermindern.

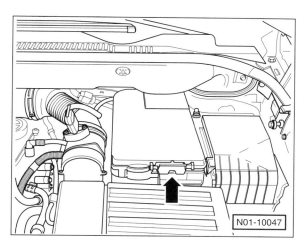

N01-10047

- Falls ein Batteriedeckel vorhanden ist, Verschluss –Pfeil– betätigen und Deckel nach vorn herausnehmen.

- Batterie kräftig hin- und herbewegen.

- Sitzt die Batterie lose, Batterie-Halteplatte mit **20 Nm** festziehen, siehe Kapitel »Batterie aus- und einbauen« auf Seite 68.

Achtung: Falls die Batterie-Plusklemme locker ist, muss vor dem Festziehen der Plusklemme wegen Kurzschlussgefahr die Masseklemme an der Batterie abgeklemmt werden. Nachdem die Plusklemme festgezogen ist, Massekabel wieder anklemmen. Batterie-Massekabel abklemmen, siehe Seite 68.

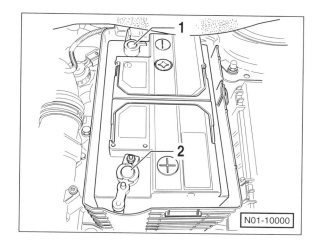

N01-10000

- Batterieklemmen –1– und –2– hin- und herbewegen und festen Sitz prüfen, gegebenenfalls Befestigungsmuttern nachziehen. Anzugsdrehmoment: **6 Nm**.

- Gegebenenfalls Batteriedeckel zurückklappen und einrasten.

Säurestand prüfen, gegebenenfalls destilliertes Wasser auffüllen.

Batterie *mit* magischem Auge und überklebten Zellverschlussstopfen:

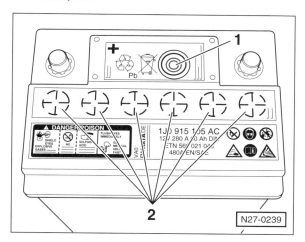

N27-0239

Achtung: Das magische Auge –1– kann sich auf der Batterie an unterschiedlichen Positionen befinden. Damit der Flüssigkeitsstand über das magische Auge ablesbar ist, muss unter Umständen der Deckel abgeclipst werden.

- Am magische Auge –1– kann der Säurestand und der Ladezustand der Batterie abgelesen werden. Magisches Auge mit einer Taschenlampe anleuchten, dabei sind 3 unterschiedliche Farbanzeigen möglich:
  - ◆ Grün – die Batterie ist ausreichend geladen
  - ◆ Schwarz – keine Ladung beziehungsweise zu geringe Ladung
  - ◆ Farblos oder gelb – niedriger Säurestand, es muss unbedingt destilliertes Wasser nachgefüllt werden

Hinweis: Durch Luftblasen unter dem magischen Auge kann die Farbanzeige verfälscht werden. Daher bei der Prüfung mit einem Gegenstand, zum Beispiel Schraubendrehergriff, leicht auf das Batteriegehäuse klopfen.

Achtung: Wenn eine Batterie älter als 5 Jahre und die Farbanzeige des magischen Auges farblos ist, sollte die Batterie gegen eine neue ausgetauscht werden.

Da sich das magische Auge nur in einer Batteriezelle befindet, ist die Anzeige auch nur für diese Zelle gültig. Eine exakte Beurteilung des Batteriezustandes ist nur durch eine Belastungsprüfung möglich (Werkstattarbeit).

Sicherheitshinweis

Nur mit einer Taschenlampe ins Innere des Batteriegehäuses leuchten. Auf keinen Fall darf dazu eine offene Flamme (Feuerzeug, Streichholz) verwendet werden. Explosionsgefahr! Nicht mit einer brennenden Zigarette in die Nähe des geöffneten Batteriegehäuses kommen.

Destilliertes Wasser nachfüllen:

● Zündung ausschalten.

● Folie über den Verschlussstopfen abziehen.

● Verschlussstopfen –2– der Batterie abschrauben, beispielsweise mit HAZET-4650-3.

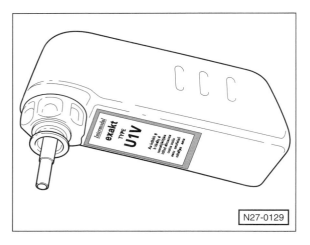

Hinweis: Die Fachwerkstatt verwendet zum Nachfüllen die Batterie-Füllflasche VAS-5045. Die Bauart des Einfüllstutzens der VW-Füllflasche verhindert ein Überfüllen der Batteriezelle und das Austreten von Batteriesäure. Bei Erreichen des maximalen Füllstandes wird der Zufluss von destilliertem Wasser in die Batteriezelle automatisch unterbrochen.

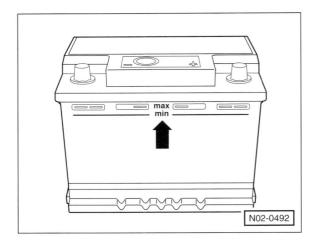

● Steht das Spezialwerkzeug nicht zur Verfügung, destilliertes Wasser bis zur äußeren MAX-Markierung –Pfeil– auffüllen.

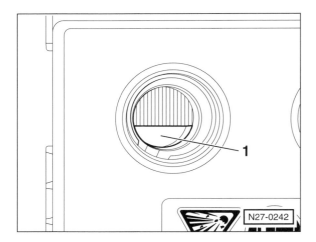

● Falls der Säurestand von außen nicht gut erkennbar ist, destilliertes Wasser bis zur inneren Säurestandsmarkierung (Kunststoffsteg) –1– auffüllen.

● Verschlussstopfen der Batterie einschrauben.

Achtung: Auf keinen Fall zu viel destilliertes Wasser einfüllen, da sonst Batteriesäure aus der Batterie austreten und die umliegenden Bauteile beschädigen kann. Bei zu hohem Flüssigkeitsstand muss Batteriesäure mit dem Säureheber abgesaugt werden.

Batterie *mit* magischem Auge und *ohne* Zellverschlussstopfen:

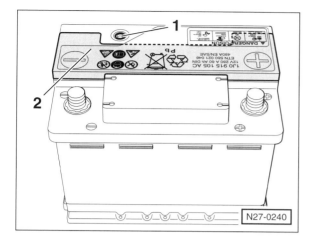

N27-0240

Achtung: Bei einer Batterie **ohne** Zellverschlussstopfen wird der Ladezustand und Säurestand auf die gleiche Weise geprüft, wie bei einer Batterie **mit** Zellverschlussstopfen. Allerdings muss die Batterie bei zu niedrigem Säurestand, das magische Auge –1– ist dann gelb oder farblos, ersetzt werden.

Hinweis: Die Abdeckung –2– dient nur zur Befüllung in der Produktion. Die Abdeckung darf auf keinen Fall abgenommen werden, sonst wird die Batterie unbrauchbar.

Batterie *ohne* magisches Auge:

Säurestand prüfen, gegebenenfalls destilliertes Wasser auffüllen.

● Säurestand am durchsichtigen Batteriegehäuse von außen sichtprüfen, siehe Abbildung N02-0492. Wenn der Säurestand in einer Zelle unter die MIN-Markierung abgesunken ist, destilliertes Wasser nachfüllen.

Achtung: Ist der Säurestand von außen nicht erkennbar, Batteriestopfen ausschrauben und in die Zellen schauen, siehe Abbildung N02-0242. **Nicht mit offener Flamme in die Batterie leuchten. Explosionsgefahr!** Taschenlampe verwenden.

Destilliertes Wasser nachfüllen:

● Zündung ausschalten.

● Jede Zelle einzeln mit destilliertem Wasser bis zur MAX-Markierung oder bis zur inneren Säurestandmarkierung (Kunststoffsteg) –1– auffüllen, siehe Abbildung N27-0242.

● Stopfen einschrauben und festziehen.

Achtung: Auf keinen Fall zu viel destilliertes Wasser einfüllen. Bei zu hohem Flüssigkeitsstand muss die Batteriesäure mit dem Säureheber abgesaugt werden.

Ruhespannung messen

● Zündung ausschalten. Alle elektrischen Verbraucher ausschalten. Zündschlüssel abziehen.

● Batterie abklemmen. **Achtung:** Hinweise im Kapitel »Batterie aus- und einbauen« beachten.

● Bis zum Messen der Ruhespannung mindestens 2 Stunden warten. Die Batterie darf in diesem Zeitraum weder geladen noch entladen werden.

● Multimeter zwischen die beiden Batteriepole anschließen und Spannung messen.

● Die Ruhespannung der Batterie ist in Ordnung, wenn der Messwert bei 12,5 Volt oder darüber liegt. Bei einem Messwert unter 12,5 Volt Batterie laden, siehe Seite 72.

● Falls die Batterie geladen wurde, nach einer Wartezeit von 2 Stunden Ruhespannung erneut prüfen. Liegt der Messwert abermals unter 12,5 Volt, empfiehlt es sich die Batterie zu ersetzen.

Ruhestellung der Wischerblätter prüfen

Achtung: Der Wischermotor läuft bei jedem 2. Ausschalten in eine Überhub-Endstellung, die dafür sorgt, dass die Lippe des Wischerblattes in die andere Richtung umgelegt wird.

Dazu läuft der Wischermotor in Endstellung nach unten und anschließend wieder ein kleines Stück nach oben. Diese Überhub-Endstellung darf nicht zum Einrichten beziehungsweise Überprüfen der Wischerkurbel benutzt werden.

Zur Überprüfung nur diejenige Endstellung verwenden, bei der der Wischermotor direkt und ohne Unterhub in die Endposition läuft. Gegebenenfalls Tippwisch-Funktion nochmals betätigen.

Frontscheibe GOLF

Prüfen

● Scheibenwischer ein- und ausschalten und in die Endstellung laufen lassen. Dabei sicherstellen, dass der Wischer nicht in Überhub-Endstellung steht, siehe Seite 88.

● Zündung ausschalten.

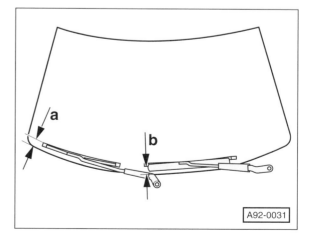

A92-0031

● Abstand der Wischerblattspitzen zur Abdeckung des Wasserkastens an der Scheibenunterkante messen und mit Sollwert vergleichen:
Maß –a/b– = 0 bis 10 mm.

- Gegebenenfalls Wischerarme ausbauen und entsprechend umsetzen, siehe Seite 88.

Heckscheibe GOLF

Prüfen

- Heckscheibenwischer ein- und ausschalten und in Endstellung laufen lassen.

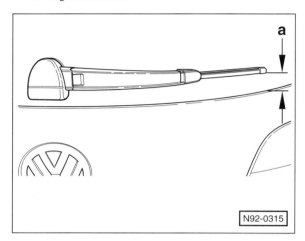

N92-0315

- Abstand der Wischerblattspitze zur Scheibenunterkante messen und mit Sollwert vergleichen:
  Maß $-a- = 15^{+5}$ mm.
- Gegebenenfalls Wischerarm ausbauen und entsprechend umsetzen, siehe Seite 90.

Frontscheibe TOURAN

Prüfen

- Scheibenwischer ein- und ausschalten und in die Endstellung laufen lassen. Dabei sicherstellen, dass der Wischer nicht in Überhub-Endstellung steht.
- Zündung ausschalten.

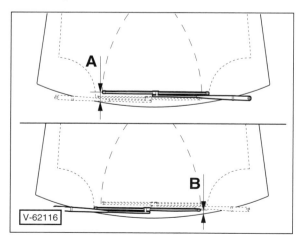

V-62116

- Abstand der Wischerblattspitzen zur Oberkante der Wasserkastenabdeckung messen und mit Sollwert vergleichen:
  Maß $-A- = 60$ mm;
  Maß $-B- = 16$ mm.

- Gegebenenfalls Wischerarme ausbauen und entsprechend umsetzen, siehe Seite 88.

Heckscheibe TOURAN

Prüfen

- Heckscheibenwischer ein- und ausschalten und in Endstellung laufen lassen.

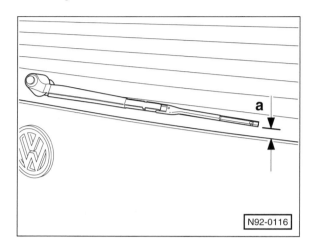

N92-0116

- Abstand der Wischerblattspitze zur Scheibenunterkante messen und mit Sollwert vergleichen:
  Maß $-a- = 25$ mm.
- Gegebenenfalls Wischerarm ausbauen und entsprechend umsetzen, siehe Seite 90.

Werkzeugausrüstung

Langfristig zahlt es sich immer aus, wenn man qualitativ hochwertiges Werkzeug kauft. Neben einer Grundausstattung mit Maul- und Ringschlüsseln in den gängigen Größen und verschiedenen Torxschraubendrehern sowie einem Satz Steckschlüssel empfiehlt sich auch der Kauf eines Drehmomentschlüssels. Darüber hinaus ist bei manchen Arbeitsgängen der Einsatz von Spezialwerkzeug zwingend erforderlich.

Gutes und stabiles Werkzeug wird von der Firma HAZET (42804 Remscheid, Postfach 100461) angeboten. In den Tabellen sind die Werkzeuge mit der HAZET-Bestellnummer aufgeführt. Vertrieben wird das Werkzeug über den Fachhandel.

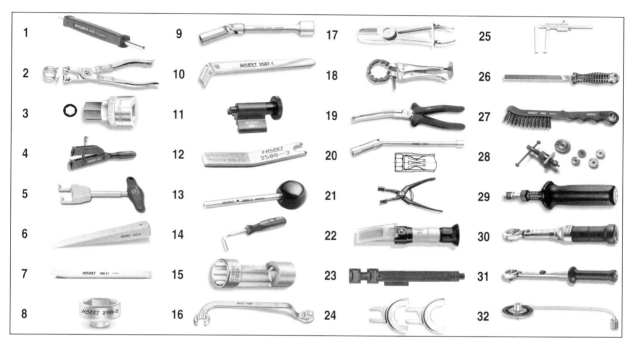

Abb.	Werkzeug	Hazet-Nr.
1	Ventildreher für Reifenventile	666-1
2	Zange für Federbandschellen der Kühlmittelschläuche	798-5
3	Innensechskantschlüssel für Getriebeöl-Kontrollschraube	985-17
4	Spannzange für Edelstahlklammern der Gelenkwellenmanschetten	1847
5	Zündkerzenstecker-Abzieher	1849-7
6	Montagekeil	1965-20
7	Montagekeil	1965-21
8	Steckschlüssel für Ölfilterwechsel	2169-32
9	Gelenkschlüssel für Glühkerzenausbau	2530
10	Spannrollendreher zum Zahnriemen entspannen	2587-1
11	Kurbelwellenstop (Zahnriemen PD-TDI)	2588-1
12	Sperrplättchen (Zahnriemen PD-TDI)	2588-2
13	Absteckstift für Nockenwellenrad (Zahnriemen PD-TDI)	2588-3
14	Innensechskantschlüssel SW-7	2593-1
15	Offener Steckschlüssel für Federbeinmutter	2593-21

Abb.	Werkzeug	Hazet-Nr.
16	Offener Ringschlüssel für Einspritzleitungen (Diesel)	4560
17	Abklemmzangen-Satz	4590/2
18	Ketten-Abgasrohrschneider	4682
19	Glühkerzenstecker-Zange	4760-5
20	Zündkerzenschlüssel	4766-1
21	Relais-Zange	4770-1
22	Messgerät für Säuredichte und Frostschutzanteil	4810 B
23	Spanngerät für Federbeine	4900-2A
24	Federspanner-Spannplatten-Paar vorn/hinten	4900-11/10
25	Bremsscheiben-Messschieber	4956-1
26	Bremssattelfeile	4968-1
27	Bremssatteldrahtbürste	4968-3
28	Bremskolbendrehwerkzeug für hintere Scheibenbremsen	4970/6
29	Drehmomentschlüssel 1 – 6 Nm	6003 CT
30	Drehmomentschlüssel 4 – 40 Nm	6109-2 CT
31	Drehmomentschlüssel 40 – 200 Nm	6122–1CT
32	Winkelscheibe für drehwinkelgesteuerten Schraubenanzug	6690

Motorstarthilfe

Sicherheitshinweise

Werden die vorgeschriebenen Anschlusshinweise nicht genau eingehalten, besteht die Gefahr der Verätzung durch austretende Batteriesäure. Außerdem können Verletzungen oder Schäden durch eine Batterieexplosion entstehen oder Defekte an der Fahrzeugelektrik auftreten.

■ Batterieflüssigkeit von Augen, Haut, Gewebe und lackierten Flächen fern halten. Die Flüssigkeit ist ätzend. Säurespritzer sofort mit klarem Wasser gründlich abspülen. Gegebenenfalls einen Arzt aufsuchen.

■ Keine Funken oder offenen Flammen in Batterienähe, da aus der Batterie brennbare Gase austreten können.

■ Augenschutz tragen.

■ Darauf achten, dass die Starthilfekabel nicht durch drehende Teile wie zum Beispiel den Kühlerventilator beschädigt werden.

● Die Starthilfekabel sollten einen Leitungsquerschnitt von 25 mm^2 aufweisen und mit isolierten Kabelzangen ausgestattet sein. In der Regel ist der Leitungsquerschnitt auf der Packung der Starthilfekabel angegeben.

● Bei beiden Batterien muss die Spannung 12 Volt betragen. Die Kapazität der stromgebenden Batterie darf nicht wesentlich unter der der entladenen Batterie liegen.

● Falls vorhanden, Deckel über der Fahrzeugbatterie öffnen.

● Eine entladene Batterie kann bereits bei –10° C gefrieren. Vor Anschluss der Starthilfekabel muss eine gefrorene Batterie unbedingt aufgetaut werden.

● Die entladene Batterie muss ordnungsgemäß am Bordnetz angeklemmt sein.

● Wenn möglich, Säurestand der entladenen Batterie prüfen, gegebenenfalls destilliertes Wasser auffüllen und Batterie verschließen.

● Fahrzeuge so weit auseinander stellen, dass kein metallischer Kontakt besteht. Andernfalls könnte bereits beim Verbinden der Pluspole ein Strom fließen.

● Bei beiden Fahrzeugen Handbremse anziehen. Schaltgetriebe in Leerlaufstellung, automatisches Getriebe in Parkstellung »P« schalten.

● Alle Stromverbraucher, auch das Autotelefon, ausschalten.

● Grundsätzlich Motor des Spenderfahrzeuges ca. 1 Minute vor dem Startvorgang und während des Startvorganges mit Leerlaufdrehzahl drehen lassen. Dadurch wird eine Beschädigung des Generators durch Spannungsspitzen beim Startvorgang vermieden.

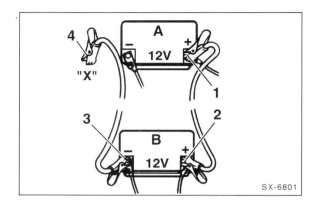

SX-6801

● Starthilfekabel in folgender Reihenfolge anschließen:
1. Rotes Kabel –1– an den Pluspol (+) der entladenen Batterie –A– anklemmen.
2. Das andere Ende des roten Kabels –2– an den Pluspol (+) der Strom gebenden Batterie –B– anklemmen.
3. Schwarzes Kabel –3– an den Minuspol (–) der Strom gebenden Batterie anklemmen.
4. Das andere Ende des schwarzen Kabels –4– an eine gute Massestelle –X– des Empfängerfahrzeuges anschließen. **Achtung: Nicht an den Minuspol (–) der leeren Batterie.** Am besten eignet sich ein mit dem Motorblock verschraubtes Metallteil. Unter ungünstigen Umständen könnte beim Anschließen des Kabels an den Minuspol der leeren Batterie, durch Funkenbildung und Knallgasentwicklung, die Batterie explodieren.

Achtung: Die Klemmen der Starthilfekabel dürfen bei angeschlossenen Kabeln nicht in Kontakt miteinander kommen, beziehungsweise die Plusklemmen dürfen keine Massestellen (Karosserie oder Rahmen) berühren – Kurzschlussgefahr!

● Motor des Empfängerfahrzeuges (leere Batterie) starten und laufen lassen. Beim Starten Anlasser nicht länger als 10 Sekunden ununterbrochen betätigen, da sich durch die hohe Stromaufnahme Polzangen und Kabel erwärmen. Deshalb zwischendurch eine »Abkühlpause« von mindestens ½ Minute einlegen.

● Bei Startschwierigkeiten nicht unnötig lange den Anlasser betätigen. Während des Anlassens wird permanent Kraftstoff eingespritzt. Fehlerursache ermitteln und beseitigen.

● Nach erfolgreichem Start beide Fahrzeuge mit der »Strombrücke« noch 3 Minuten laufen lassen.

● Um Spannungsspitzen beim Trennen abzubauen, im Fahrzeug mit der leeren Batterie Heizgebläse und Heckscheibenheizung einschalten. Nicht das Fahrlicht einschalten. Glühlampen brennen bei Überspannung durch.

● **Nach der Starthilfe** Kabel in **umgekehrter** Reihenfolge abklemmen: Zuerst schwarzes Kabel –4– (–) am Empfängerfahrzeug, dann am stromgebenden Fahrzeug abklemmen. Rotes Kabel –2– zuerst am stromgebenden und dann am Empfängerfahrzeug abklemmen.

Fahrzeug abschleppen

Das Fahrzeug darf nur an den dafür vorgesehenen Abschleppösen abgeschleppt werden.

Achtung: Abschleppöse nach Gebrauch wieder zum Bordwerkzeug legen. Abschleppöse immer im Fahrzeug mitführen.

GOLF

Vordere Abschleppöse anbringen

● Abschleppöse aus dem Bordwerkzeug im Kofferraum entnehmen.

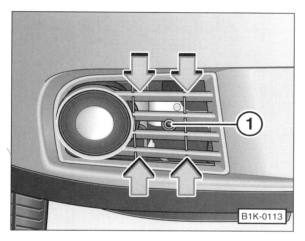

B1K-0113

● Rechte Abdeckung für Nebelscheinwerfer ausbauen. Dazu Schraube –1– herausdrehen, Abdeckung zusammendrücken –Pfeile– und nach vorn herausziehen.

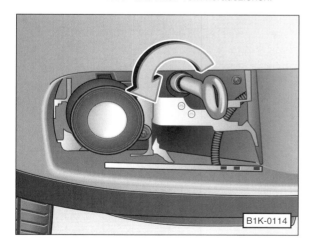

B1K-0114

● Abschleppöse von Hand linksherum –Pfeilrichtung– in das Gewinde bis zum Anschlag einschrauben, dann Schraubendreher oder Radschlüssel seitlich in die Öse stecken und Abschleppöse festziehen.

● Nach dem Abschleppen und Entfernen der Abschleppöse Abdeckung einclipsen und anschrauben.

Hintere Abschleppöse anbringen

● Abdeckkappe rechts unten in der hinteren Stoßfängerabdeckung herausziehen und am Fahrzeug hängen lassen.

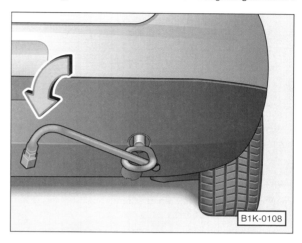

B1K-0108

● Abschleppöse von Hand linksherum –Pfeilrichtung– in das Gewinde bis zum Anschlag einschrauben, dann Schraubendreher oder Radschlüssel seitlich in die Öse stecken und Abschleppöse festziehen.

TOURAN

Vordere Abschleppöse anbringen

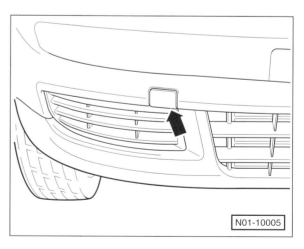

N01-10005

● Abdeckung –Pfeil– aus dem Stoßfänger vorn rechts herausdrücken.

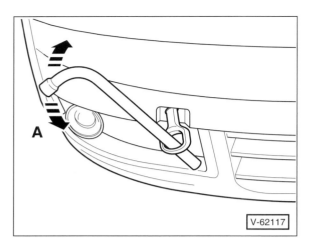

V-62117

- Abschleppöse von Hand linksherum, also gegen den Uhrzeigersinn, einschrauben und mit dem Radschlüssel in Pfeilrichtung –A– festziehen.

Hintere Abschleppöse anbringen

- Abdeckkappe im hinteren Stoßfänger durch Eindrücken der unteren Seite öffnen.

- Abschleppöse auf die gleiche Weise wie vorn einschrauben und festziehen.

Regeln beim Abschleppen

- Zündung einschalten, damit das Lenkrad nicht blockiert ist und Blinkleuchten, Signalhorn, Scheibenwischer sowie Scheibenwischanlage betätigt werden können.

- Getriebe in Leerlaufstellung bringen, Automatikgetriebe in Wählhebelstellung »N« bringen.

- Warnblinkanlage bei beiden Fahrzeugen einschalten.

- Da der Bremskraftverstärker und die Servolenkung nur bei laufendem Motor arbeiten, müssen bei nicht laufendem Motor das Bremspedal und das Lenkrad entsprechend kräftiger betätigt werden!

- Ohne Öl im Schaltgetriebe beziehungsweise Automatikgetriebe darf der Wagen nur mit angehobenen Antriebsrädern abgeschleppt werden.

- **Empfehlenswert ist die Verwendung einer Abschleppstange.** Die Gefahr des Auffahrens ist bei Verwendung eines Abschleppseils groß. Ein Abschleppseil soll elastisch sein, damit das schleppende und das gezogene Fahrzeug geschont werden. Nur Kunstfaserseile oder Seile mit elastischen Zwischengliedern verwenden.

- Bei der Verwendung eines Abschleppseils muss der Fahrer des ziehenden Wagens beim Schalten weich einkuppeln. Der Fahrer des gezogenen Wagens hat darauf zu achten, dass das Seil stets straff ist.

- Maximale Schleppgeschwindigkeit: **50 km/h!**

- **Automatikgetriebe:** Maximale Schleppentfernung: **50 km.**

Fahrzeug anschleppen
(Starten des Motors durch das rollende Fahrzeug)

- Vorher versuchen, Starthilfe durch Batterie eines anderen Fahrzeugs geben. **Hinweis:** Fahrzeuge mit **Automatikgetriebe** können **nicht** angeschleppt werden.

- Beim Benzinmotor darf nur über eine Strecke von maximal 50 Metern angeschleppt werden, da sonst die Gefahr von Katalysatorschäden besteht.

- Vor dem Anschleppen den 2. oder 3. Gang einlegen, Kupplungspedal treten und halten.

- Zündung einschalten.

- Langsam einkuppeln, wenn beide Fahrzeuge in Bewegung sind.

- Sobald der Motor angesprungen ist, Kupplung treten und Gang herausnehmen, um nicht auf das ziehende Fahrzeug aufzufahren.

Fahrzeug aufbocken

Bei Arbeiten unter dem Fahrzeug muss dieses, falls es nicht auf einer Hebebühne steht, auf zwei oder vier stabilen Unterstellböcken stehen.

Sicherheitshinweis
Wenn unter dem Fahrzeug gearbeitet werden soll, muss es mit geeigneten Unterstellböcken sicher abgestützt werden. Abstützen nur mit dem Wagenheber ist unzureichend. **Lebensgefahr!**

- Das Fahrzeug nur in unbeladenem Zustand auf ebener, fester Fläche aufbocken.

- Fahrzeug mit Unterstellböcken so abstützen, dass jeweils ein Bein seitlich nach außen zeigt.

Anheb- und Aufbockpunkte für Bordwagenheber

GOLF: Die Aufnahmepunkte für den Bordwagenheber sind je nach Ausstattung am Unterholm durch Einprägungen gekennzeichnet.

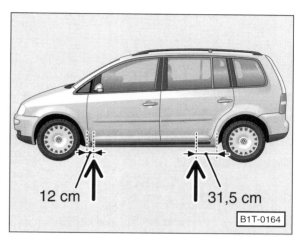

TOURAN: Der Abstand der Aufnahmepunkte zum vorderen Radlauf beträgt 12 cm, zum hinteren Radlauf 31,5 cm.

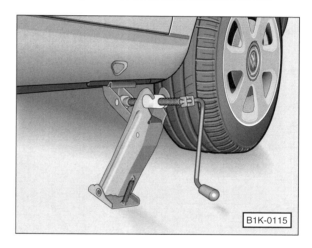

- Wagenheber am Unterholm so ansetzen, dass der Steg von der Klaue des Wagenhebers umfasst wird. Wagenheberspindel drehen, bis der Fuß mit der ganzen Fläche sicher auf dem Boden steht.

- Wagenheber hochkurbeln, bis das Rad vom Boden abgehoben hat. Fahrzeug mit Unterstellböcken abstützen.

- Die Räder, die beim Anheben auf dem Boden stehen bleiben, mit Keilen gegen Vor- oder Zurückrollen sichern. Nicht nur auf die Feststellbremse verlassen, diese muss bei einigen Reparaturen gelöst werden.

Aufnahmepunkte für Hebebühne und Werkstattwagenheber

Achtung: Um Beschädigungen am Unterbau zu vermeiden, geeignete Gummi- oder Holzzwischenlage verwenden. Der Wagen darf keinesfalls am Antriebsaggregat, der Motorölwanne oder an Vorder- oder Hinterachse angehoben werden, da dadurch große Schäden entstehen können.

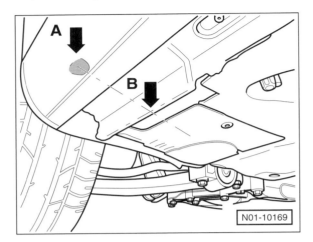

● **Vorn** an der senkrechten Versteifung des Unterholms –B– in Höhe der eingeprägten Markierung –A– für den Bordwagenheber. Die Versteifung des Unterholms muss mittig auf dem Aufnahmeteller der Hebebühne aufliegen.

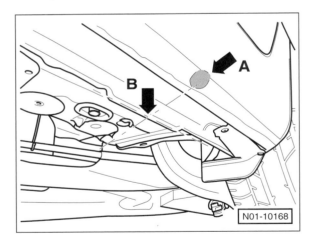

● **Hinten** an der senkrechten Versteifung des Unterholms –B– in Höhe der eingeprägten Markierung –A– für den Bordwagenheber angesetzt wird. Die Versteifung des Unterholms muss mittig auf dem Aufnahmeteller der Hebebühne aufliegen.

Elektrische Anlage

Aus dem Inhalt:

- **Sicherungen auswechseln**
- **Batterie ausbauen**
- **Generator prüfen**
- **Anlasser ausbauen**
- **Scheibenwischer**
- **Beleuchtungsanlage**
- **Armaturen/Schalter**

Steckverbinder trennen

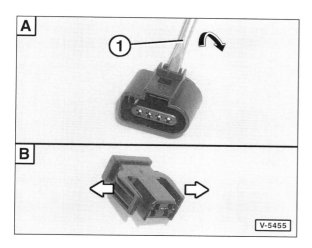

- **–A–:** Lasche mit einem Schraubendreher –1– herunterdrücken –Pfeil–, Stecker dabei ziehen und Verbindung trennen. Stecker beim Aufschieben hörbar einrasten lassen. **Hinweis:** An schwer zugänglichen Stellen kann es hilfreich sein, zum Entriegeln der Lasche einen abgewinkelten Schraubendreher, zum Beispiel HAZET 818-1, oder ein ähnliches selbst gefertigtes Werkzeug zu verwenden.

- **–B–:** 2 Laschen nach außen spreizen –Pfeile– und Steckverbindung trennen.

Lichtwellenleiter

Es kommen vermehrt Lichtwellenleiter als Steuerleitungen zum Einsatz, die sich durch verlustarme Datenübertragung sowie eine hohe Bandbreite auszeichnen.

Sicherheitshinweise im Umgang mit Lichtwellenleitern beachten:

- Steckverbindungen für Lichtwellenleiter vorsichtig trennen.

- Die Übergangsstellen des Lichtwellenleiters dürfen nicht verschmutzt oder verkratzt werden.

- Lichtwellenleiter nicht knicken, strecken oder quetschen.

- **Kontaktstellen mit Abdeckkappen und Stopfen schützen.**

Hupe aus- und einbauen

GOLF/TOURAN

Ausbau

Hinweis: Jeweils ein Signalhorn der Hupe befindet sich unterhalb des linken und rechten Längsträgers. Beide Signalhörner werden auf die gleiche Weise ausgebaut.

- Batterie abklemmen. **Achtung:** Hinweise im Kapitel »Batterie aus- und einbauen« beachten.

- **GOLF:** Stoßfängerabdeckung vorn ausbauen, siehe Seite 276.

- **TOURAN:** Untere Motorraumabdeckung ausbauen, siehe Seite 272.

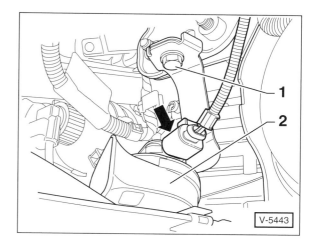

- Stecker –Pfeil– an der Hupe abziehen.

- Schraube –1– herausdrehen und Signalhorn –2– herausnehmen.

Einbau

- Der Einbau erfolgt in umgekehrter Ausbaureihenfolge.

Batterien für Schlüssel mit Funkfernbedienung aus- und einbauen

GOLF/TOURAN, Klappschlüssel

Ausbau

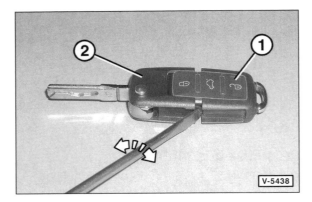

● Sendeeinheit –1– vom Schlüssel –2– trennen. Dazu Schraubendreher in den Schlitz einsetzen und in Pfeilrichtung drehen.

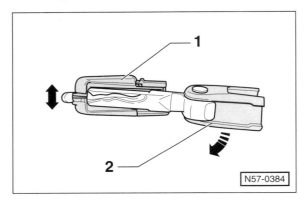

● Sendeeinheit –1– mit dem Schlüsselbart des Schlüssels –2– auseinander drücken.

● Batterie mit kleinem Schraubendreher nach oben aus der Halterung ausclipsen.

Achtung: Beim Ausbau der Batterien prüfen, ob die Polarität auf den Batterien eingeprägt ist, andernfalls Einbaulage notieren.

Einbau

● Batterie mit dem Pluspol nach unten in die Sendeeinheit einlegen und mit leichtem Druck einrasten lassen.

● Deckel auflegen und zusammen mit der Sendeeinheit am Schlüssel einrasten. Dabei darauf achten, dass die Dichtung nicht beschädigt wird.

Sensoren für Einparkhilfe aus- und einbauen

GOLF/TOURAN

Die Sensoren sind in der hinteren Stoßfängerabdeckung eingesetzt.

Ausbau

● Batterie abklemmen. **Achtung:** Hinweise im Kapitel »Batterie aus- und einbauen« beachten.

● Stoßfängerabdeckung hinten ausbauen, siehe Seite 277.

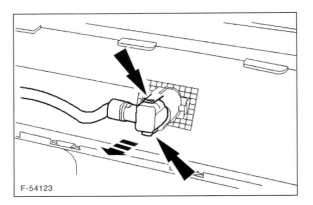

● An der Rückseite der Stoßfängerabdeckung Stecker vom Sensor abziehen.

● Haltelaschen auseinanderdrücken und Sensor herausziehen.

Einbau

● Sensor in Halterung stecken und einrasten lassen.

● Der weitere Einbau erfolgt in umgekehrter Ausbaureihenfolge.

Sicherungen auswechseln

GOLF/TOURAN

Um Kurzschluss- und Überlastungsschäden an den Leitungen und Verbrauchern der elektrischen Anlage zu verhindern, sind die einzelnen Stromkreise durch Schmelzsicherungen geschützt.

● Vor dem Auswechseln einer Sicherung immer alle Stromverbraucher und die Zündung ausschalten.

● Es empfiehlt sich, stets einige Ersatzsicherungen im Wagen mitzuführen und diese nach Gebrauch zu ersetzen.

● Brennt eine neu eingesetzte Sicherung nach kurzer Zeit wieder durch, muss der entsprechende Stromkreis überprüft werden.

Achtung: Auf keinen Fall Sicherung durch Draht oder ähnliche Hilfsmittel ersetzen, weil dadurch ernste Schäden an der elektrischen Anlage auftreten können.

Hinweis: Die Sicherungen sind in 2 Sicherungskästen eingesetzt. Der erste Sicherungskasten sitzt in der Armaturentafel
und der zweite Sicherungskasten im Motorraum.

● Eine Übersicht der aktuellen Sicherungsbelegung befindet sich in der Bedienungsanleitung. **Hinweis:** Die Sicherungsbelegung ist abhängig von der Ausstattung und
vom Baujahr des Fahrzeuges.

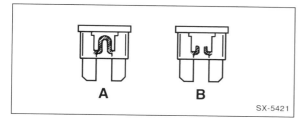

SX-5421

● Eine durchgebrannte Sicherung erkennt man am durch-
geschmolzenen Metallstreifen. A – Sicherung in Ordnung, B – Sicherung durchgebrannt.

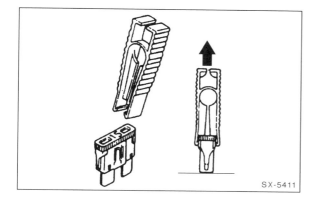

SX-5411

● Defekte Sicherung herausziehen. Eine Kunststoffklam-
mer befindet sich an der Innenseite der Klappe des Si-
cherungskastens in der Armaturentafel.

Nennstromstärke in Ampere	Kennfarbe (kleine Sicherung)
5	beige/hellbraun
7,5	braun
10	rot
15	blau
20	gelb
25	transparent
30	grün
40	orange

● Neue Sicherung **gleicher Sicherungsstärke** einsetzen.
Die Nennstromstärke der Sicherung ist aufgedruckt. Außerdem ist die Sicherung durch eine Farbe gekennzeichnet, an der ebenfalls die Nennstromstärke zu erkennen
ist.

Achtung: Es werden auch Sicherungen mit höherer Nennstromstärke benutzt; diese Sicherungen sind wesentlich
größer. Die Nennstromstärke ist aufgedruckt.

Hinweis: Die Relais befinden sich beim GOLF/TOURAN im
Sicherungskasten im Motorraum sowie hinter dem Ablagefach in der Armaturentafel. Um an die Relais in der Armaturentafel zu gelangen, muss das Ablagefach auf der Fahrerseite aus der Armaturentafel ganz herausgezogen werden.

Sicherungskasten in der Armaturentafel

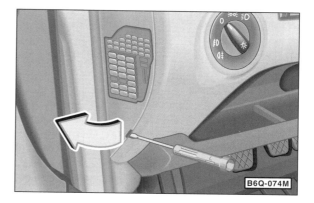

B6Q-074M

● **GOLF:** Mit einem Schraubendreher oder einem Kunststoffkeil, zum Beispiel HAZET 1965-20, seitliche Klappe
links aus der Armaturentafel heraushebeln –Pfeil–. Der
Sicherungskasten befindet sich hinter der Klappe.

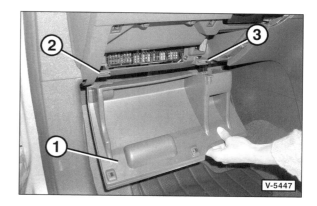

V-5447

● **TOURAN:** Ablagefach –1– öffnen. Ablagefach kräftig
nach hinten ziehen und unten an den Scharnieren –2/3–
ausrasten. Ablagefach dabei zuerst aus dem äußeren
Scharnier –2– herausziehen. Ablagefach aus der Armaturentafel herausziehen. Schutzgitter vom Sicherungskasten abziehen.

Sicherungskasten im Motorraum

● Motorhaube öffnen.

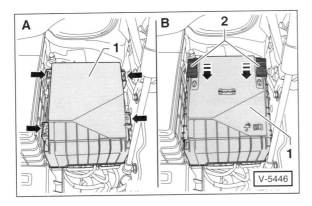

● **Bis 04/04 –A–:** Haltelaschen –Pfeile– entriegeln und Deckel –1– nach oben vom Sicherungskasten abnehmen. Beim Einbau Deckel auf den Sicherungskasten setzen und Haltelaschen einrasten.

● **Ab 05/04 –B–:** Verriegelungsschieber –2– nach vorne schieben –Pfeile– und Deckel –1– nach oben vom Sicherungskasten abnehmen. Beim Einbau Deckel auf den Sicherungskasten setzen, andrücken und dabei die Schieber zum Verriegeln nach hinten drücken.

Batterie aus- und einbauen

GOLF/TOURAN

Achtung: Durch das Abklemmen der Batterie werden einige **elektronische Speicher gelöscht**:

■ Je nach Ausführung des Radios Radiocode vor Abklemmen der Batterie oder Ausbau des Radios feststellen. Ansonsten kann das Radio nur durch die Fachwerkstatt oder den Hersteller wieder in Betrieb genommen werden. Die Code-Nummer ist in der Radio-Bedienungsanleitung angegeben. Sie sollte nicht im Fahrzeug aufbewahrt werden. **Hinweis:** Die VW-Radioanlagen sind auf das Fahrzeug abgestimmt. Daher ist bei diesen Geräten keine Codeeingabe erforderlich.

■ Nach dem Anklemmen der Batterie die elektrischen Fensterheber neu aktivieren:
   ◆ Alle Türen schließen.
   ◆ Alle Fenster ganz öffnen und wieder schließen.
   ◆ An jedem Fenster Fensterheberschalter mindestens 1 Sekunde lang ziehen und so Fenster in Schließstellung halten.
   ◆ Gesamten Vorgang ein zweites Mal durchführen.

Hinweis: Damit die gespeicherten Daten nicht verloren gehen, sollte möglichst ein Ruhestrom-Erhaltungsgerät verwendet werden. Das Gerät wird vor Abklemmen der Batterie nach Herstelleranweisung am Zigarettenanzünder angeschlossen.

Hinweis: Wird die Autobatterie ersetzt, unbedingt die Altbatterie zum Händler mitnehmen und zurückgeben. Sonst muss Pfand für die neue Batterie bezahlt werden.

Ausbau

● Alle elektrischen Verbraucher ausschalten. Zündung ausschalten. Dadurch werden Schäden an elektronischen Steuergeräten vermieden.

● Motorhaube öffnen.

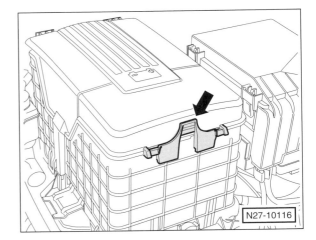

● Verriegelungslasche –Pfeil– drücken, Batteriedeckel nach oben schwenken und an der Gegenseite der Batterie aushängen.

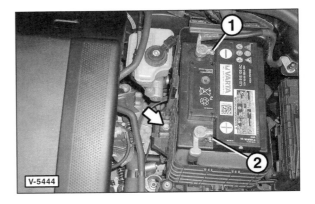

● **Zuerst Massekabel** von der Batterie abklemmen. Dazu Mutter –1– lockern, Klemme vom Minuspol (–) abziehen und Massekabel zur Seite legen.

Achtung: Niemals die Batterie-Plusklemme ab- oder anschrauben, wenn die Minusklemme angeschlossen ist. Kurzschlussgefahr.

Hinweis: Wird die Batterie lediglich abgeklemmt und nicht ausgebaut, aus Sicherheitsgründen **grundsätzlich beide Batterieklemmen von der Batterie entfernen**.

● Mutter –2– lockern, Klemme vom Pluspol (+) abziehen und Pluskabel zur Seite legen.

● **Dieselmotor:** Obere Motorabdeckung sowie Luftfiltergehäuse mit Luftmassenmesser ausbauen, siehe Seite 178/230.

● Schraube –Pfeil– herausdrehen und Halteplatte am Batteriefuß abnehmen.

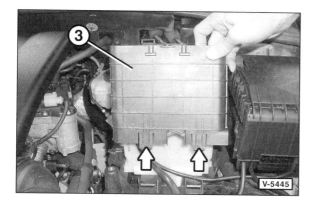

V-5445

- 2 Haltelaschen unten drücken –Pfeile– und vordere Batterieabdeckung –3– nach oben aus den seitlichen Führungen herausziehen.

- Batterie unter der Halteschiene hervorziehen und nach oben aus dem Batterieträger herausheben. **Hinweis:** Je nach Ausstattung sind oben an der Batterie 2 aufklappbare Haltegriffe angebracht.

Einbau

- Sicherstellen, dass nur Batterien mit gleichen Abmessungen gegeneinander ausgetauscht werden.

- Sicherheitshinweise an der Batterie beachten. Originalteile-Batterien sind mit Sicherheitshinweisen ausgestattet.

- Vor dem Einbau Batteriepole blank kratzen, geeignet ist dazu eine Messingdrahtbürste.

- Batterie einsetzen und Batteriefuß unter die Halteschiene schieben. Dabei auf richtige Lage der Batterie auf dem Batterieträger achten.

- Batterie mit Schlauch für die Zentralentgasung: Darauf achten, dass der Schlauch nicht abgeklemmt wird.

- Bei einer Batterie ohne Schlauch für die Zentralentgasung darauf achten, dass eine Öffnung an der oberen Deckelseite der Batterie nicht verstopft ist.

- Halteplatte einsetzen und über den Batteriefuß legen, Schraube eindrehen und mit **20 Nm** festziehen.

- Vordere Batterieabdeckung von oben in die seitlichen Führungen einschieben und einrasten.

- Vor dem Anklemmen der Batterie sicherstellen, dass die Zündung und alle Stromverbraucher ausgeschaltet sind.

Achtung: Batteriepole nicht einfetten, andernfalls können sich die Polklemmen lockern.

- **Zuerst Pluskabel** am Pluspol (+) anklemmen, danach Massekabel am Minuspol (–). Muttern mit **6 Nm** festziehen. **Niemals** Batterie-Pluskabel anschließen, wenn die Minusklemme an der Batterie angeschlossen ist.

Achtung: Um Beschädigungen des Batteriegehäuses zu vermeiden, dürfen die Batterie-Polklemmen nur gewaltfrei von Hand aufgesteckt werden.

Hinweis: Durch eine falsch angeschlossene Batterie können erhebliche Schäden am Generator und an der elektrischen Anlage entstehen.

- Batteriedeckel hinten einhängen und nach unten klappen, bis die Verriegelungslasche einrastet.

- Anbauteile wie Wärmeschutzmantel, Entgasungsbehälter oder Entgasungsschlauch wieder ordnungsgemäß einbauen.

- Wenn nötig, Radiocode eingeben.

- Radioprogramme, falls erforderlich, neu eingeben.

- Zeituhr prüfen und gegebenenfalls neu einstellen.

- Elektrischen Fensterheber neu aktivieren.

- Wenn möglich, Fehlerspeicher mit einem Diagnosegerät auslesen und gegebenenfalls Reparaturmaßnahmen durchführen.

Batterieträger aus- und einbauen
GOLF/TOURAN

Ausbau

- Batterie ausbauen, siehe entsprechendes Kapitel.

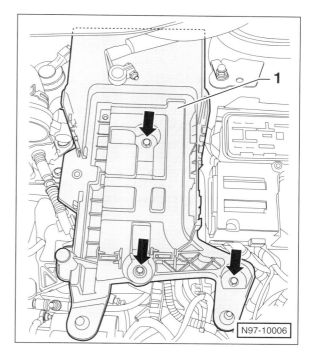

N97-10006

- Schrauben –Pfeile– herausdrehen und Batterieträger –1– aus dem Motorraum herausziehen.

Einbau

- Der Einbau erfolgt in umgekehrter Ausbaureihenfolge.

Batterie prüfen

Vor Beginn des Winters sollte die Batterie unbedingt überprüft werden. Bei großer Kälte sinkt die Batteriespannung einer nur mäßig geladenen Batterie während des Anlassvorgangs stark ab.

Wartungsarme Batterie

Bei einer wartungsarmen Batterie fehlen die Zellverschluss-Stopfen auf der Batterieoberseite. Kontrollmessungen des Säurestands oder der Säuredichte entfallen, da keine Flüssigkeit entweicht oder entgast.

In Fahrzeugen, in denen eine wartungsarme Batterie eingebaut ist, ist an der Batterie oftmals ein »magisches Auge« angebracht. Durch diese optische Anzeige werden der Säurestand und der Ladezustand der Batterie angegeben, und zwar durch unterschiedliche Farbkennung. Dazu das magische Auge mit einer Taschenlampe von oben anleuchten.

■ Bevor eine Sichtprüfung am magischen Auge vorgenommen wird, vorsichtig mit dem Griff eines Schraubendrehers auf das magische Auge klopfen. Luftblasen, die die Anzeige beeinträchtigen könnten, steigen hierdurch auf. Die Farbanzeige des magischen Auges wird dadurch genauer.

■ Anzeige **grün**: Batterie ist in gutem Zustand.

■ Anzeige **schwarz**: Batterie muss geladen werden.

■ Andere Farbanzeige: Kritischer Säurezustand. Die wartungsarme Batterie muss ausgetauscht werden.

Hinweis: Batterien neuester Generation sind mit einem Rückzündungsschutz, einer so genannten »Fritte«, ausgestattet. Das bei der Ladung entstehende Gas tritt durch eine Öffnung an der oberen Deckelseite aus, in die die Fritte eingesetzt ist. Die Fritte besteht aus einer kleinen, runden Glasfasermatte und arbeitet ähnlich wie ein Ventil.

Herkömmliche Batterie

Eine herkömmliche Batterie ist an abnehmbaren Zellverschluss-Stopfen beziehungsweise einer Verschluss-Leiste auf der Batterieoberseite erkennbar. Eine regelmäßige Kontrolle des Säurestands ist erforderlich.

Säurestand prüfen

Der Säurestand muss in den Batteriezellen etwa 5 mm über den Zellen-Elementen liegen. Ist bei manchen Batterien der Säurestand von außen erkennbar, muss dieser zwischen der oberen (MAX) und der unteren (MIN) Marke liegen. Bei Batterien mit einem Kunststoffsteg in den Einfüllöffnungen muss der Flüssigkeitsstand in dessen Höhe liegen. Einfüllöffnungen mit einer Taschenlampe von oben anleuchten – auf keinen Fall mit offener Flamme.

● Verschluss-Stopfen mit breitem Schraubendreher oder HAZET 4650-3 herausdrehen beziehungsweise Verschluss-Leiste mit Schraubendreher vorsichtig aufhebeln.

● Wenn nötig, destilliertes Wasser mit einem Trichter in die Einfüllöffnungen bis zur Markierung nachfüllen.

● Verschluss-Stopfen wieder eindrehen beziehungsweise Verschluss-Leiste aufdrücken.

● Batterie anschließend laden und unter Belastung prüfen, siehe entsprechende Kapitel.

Säuredichte prüfen

Die Säuredichte ergibt in Verbindung mit einer Spannungsmessung genauen Aufschluss über den Ladezustand der Batterie. Zur Prüfung der Säuredichte dient ein Säureheber, zum Beispiel HAZET 4650-1. Die Temperatur der Batteriesäure muss für die Prüfung mindestens +10° C betragen.

● Zündung ausschalten.

● Verschluss-Stopfen mit breitem Schraubendreher oder HAZET 4650-3 herausdrehen beziehungsweise Verschluss-Leiste mit Schraubendreher vorsichtig aufhebeln.

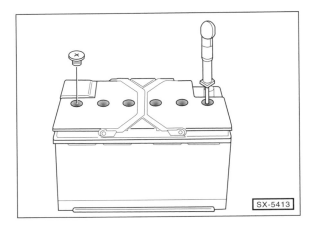

SX-5413

● Säureheber in eine der Batteriezellen eintauchen und soviel Säure ansaugen, bis der Schwimmer frei in der Säure schwimmt.

● Je größer das spezifische Gewicht (Säuredichte) der angesaugten Batteriesäure ist, desto mehr taucht der Schwimmer auf.

● An der Skala kann man die Säuredichte in spezifischem Gewicht (g/ml) oder Baumégrad (+°Bé) ablesen. Die Säuredichte muss mindestens 1,24 g/ml betragen. Ist die Säuredichte zu gering, Batterie laden.

Ladezustand	+°Bé	g/ml
entladen	16	1,12
halb entladen	24	1,20
gut geladen	30	1,28

● Nacheinander jede Batteriezelle prüfen, alle Zellen müssen die gleiche Säuredichte (maximale Differenz 0,04 g/ml) haben. Bei größeren Differenzen ist die Batterie wahrscheinlich defekt.

● Verschluss-Stopfen wieder eindrehen beziehungsweise Verschluss-Leiste aufdrücken.

Herkömmliche und wartungsarme Batterie

Batterie unter Belastung prüfen

- Voltmeter an die Batteriepole anschließen. Anschlusskabel **nicht** abklemmen.

- Motor starten und Spannung ablesen.

- Während des Startvorganges darf bei einer **vollen** Batterie die Spannung nicht unter 10 Volt (bei einer Säuretemperatur von ca. +20° C) abfallen.

- Bricht die Spannung sogar zusammen und wurde in den Zellen eine unterschiedliche Säuredichte festgestellt, ist die Batterie defekt.

Ruhespannung prüfen

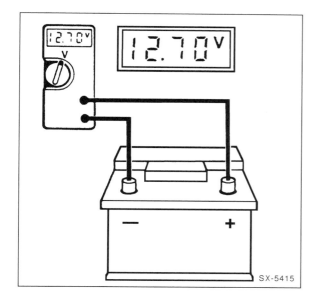

SX-5415

Der Batterie-Zustand wird durch Messen der Spannung mit einem Voltmeter zwischen den Batteriepolen überprüft.

- Batterie vom Stromnetz abklemmen, siehe Kapitel »Batterie aus- und einbauen«.

- Vor der Prüfung muss die Batterie mindestens zwei Stunden abgeklemmt sein.

- Voltmeter an die Batteriepole anschließen und Spannung messen.

- **Beurteilung des Spannungsmesswertes:**
  12,7 Volt oder darüber: Batterie in gutem Zustand.
  unter 12,7 Volt: Batterie in schlechtem Zustand, Batterie laden oder ersetzen.

- Batterie anklemmen. Zuerst Batterie-Pluskabel (+) und dann Batterie-Massekabel (–) bei ausgeschalteter Zündung anklemmen.

Batterie entlädt sich selbstständig

Je nach Fahrzeugausstattung addiert sich zur natürlichen Selbstentladung der Batterie auch die Stromaufnahme der verschiedenen Stromverbraucher im Ruhezustand. Daher sollte die Batterie in einem abgestellten Fahrzeug alle 6 Wochen nachgeladen werden. Wenn der Verdacht auf Kriechströme besteht, Bordnetz nach folgender Anleitung prüfen:

- Zur Prüfung eine geladene Batterie verwenden.

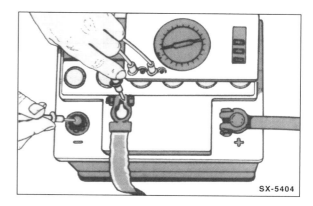

SX-5404

- Am Amperemeter den höchsten Messbereich einstellen.

- Batterie-Massekabel (–) abklemmen. **Achtung:** Hinweise im Kapitel »Batterie aus- und einbauen« beachten.

- Amperemeter zwischen Batterie-Minuspol (–) und Massekabel schalten: Amperemeter-Plus-Anschluss (+) an Massekabel und Minus-Anschluss (–) an Batterie-Minuspol (–).

Achtung: Die Prüfung kann auch mit einer Prüflampe durchgeführt werden. Leuchtet die Lampe zwischen Massekabel und Minuspol der Batterie jedoch nicht auf, ist auf jeden Fall ein Amperemeter zu verwenden.

- Alle Verbraucher ausschalten, vorhandene Zeituhr (und andere Dauerverbraucher) abklemmen, Türen schließen.

- Vom Amperebereich solange auf den Milliamperebereich zurückschalten bis eine ablesbare Anzeige erfolgt (1–3 mA sind zulässig).

- Durch Herausnehmen der Sicherungen nacheinander die verschiedenen Stromkreise unterbrechen. Geht bei einem unterbrochenen Stromkreis die Anzeige auf Null zurück, ist hier die Fehlerquelle zu suchen.

- Fehler können sein: korrodierte und verschmutzte Kontakte, durchgescheuerte Leitungen, interner Kurzschluss in Aggregaten.

- Wird in den abgesicherten Stromkreisen kein Fehler gefunden, so sind die Leitungen an den nicht abgesicherten Aggregaten, wie Generator und Anlasser, abzuziehen.

- Geht beim Abklemmen von einem der ungesicherten Aggregate die Anzeige auf Null zurück, betreffendes Bauteil überholen oder austauschen. Bei Stromverlust in der Anlasser- oder Zündanlage immer auch den Zünd-Anlassschalter nach Schaltplan prüfen.

- Batterie-Massekabel (–) anklemmen. **Achtung:** Hinweise im Kapitel »Batterie aus- und einbauen« beachten.

Batterie laden

Sicherheitshinweise

- Batterie **nicht** bei laufendem Motor abklemmen.

- Batterie **niemals kurzschließen,** das heißt Plus- (+) und Minuspol (–) dürfen nicht verbunden werden. Bei Kurzschluss erhitzt sich die Batterie und kann platzen.

- Nicht mit offener Flamme in die Batterie leuchten. Batteriesäure ist ätzend und darf nicht in die Augen, auf die Haut oder die Kleidung gelangen, gegebenenfalls mit viel Wasser abspülen.

- Die Verschluss-Stopfen bleiben bei einer Batterie mit Zentralentgasung beim Laden fest eingeschraubt. Sicherstellen, dass der Entgasungsschlauch nicht abgeklemmt ist.

- Gefrorene Batterie vor dem Laden auftauen. Eine geladene Batterie gefriert bei ca. –65° C, eine halbentladene bei ca. –30° C und eine entladene bei ca. –12° C. Aufgetaute Batterie vor dem Laden auf Gehäuserisse prüfen, gegebenenfalls ersetzen. Die von der ausgelaufenen Säure betroffenen Fahrzeugteile müssen umgehend mit Seifenlauge behandelt oder ausgetauscht werden.

- Batterie nur in gut belüftetem Raum oder im Freien laden. Beim Laden der eingebauten Batterie Motorhaube geöffnet lassen.

Zum Laden der Batterie mit einem **Normal- oder Schnellladegerät** Batterie ausbauen. Zumindest aber Massekabel (–) sowie Pluskabel (+) abklemmen. **Achtung:** Erfolgt das Laden der Batterie bei angeklemmten Batteriekabeln können Teile der Fahrzeugelektronik beschädigt werden.

Beim Laden muss die Batterie eine Temperatur von mindestens +10° C aufweisen.

Laden

- Batterie ausbauen, siehe entsprechendes Kapitel.

- Herkömmliche Batterie: Säurestand prüfen, gegebenenfalls destilliertes Wasser nachfüllen, siehe entsprechendes Kapitel.

- Falls am Ladegerät der Ladestrom eingestellt werden kann, Ladestrom für Normalladung auf ca. 10 % der Batteriekapazität einstellen. Bei einer 50-Ah-Batterie also etwa 5,0 A. Als Richtwert für die Ladezeit können dann 10 Stunden genommen werden.

- **Bei ausgeschaltetem Ladegerät** Pluskabel (+) des Ladegerätes an den Pluspol (+) der Batterie anschließen. Minuskabel (–) des Ladegerätes mit dem Minuspol (–) der Batterie verbinden.

- Netzstecker des Ladegerätes in die Steckdose stecken. Falls erforderlich, Ladegerät einschalten.

- Wird die Batterie mit einem konstanten Ladestrom geladen, Temperatur der Batterie durch Auflegen der Hand prüfen. Die Säuretemperatur darf während des Ladens ca. +55° C nicht überschreiten, gegebenenfalls Ladung unterbrechen oder Ladestrom herabsetzen.

- Nach dem Laden der Batterie Ladegerät ausschalten (wenn möglich) und Netzstecker des Ladegerätes ziehen.

- Anschlusskabel des Ladegerätes von der Batterie abklemmen.

- Geladene Batterie prüfen, siehe entsprechendes Kapitel.

- Batterie einbauen, siehe entsprechendes Kapitel.

Hinweise für Batterien ohne Zentralentgasung

- Vor dem Laden Verschluss-Stopfen abnehmen und leicht auf die Öffnungen legen. Dadurch werden Säurespritzer aus den Einfüllöffnungen heraus vermieden, während die beim Laden entstehenden Gase entweichen können.

- So lange laden, bis alle Zellen lebhaft gasen und bei drei im Abstand von je einer Stunde aufeinander folgenden Messungen das spezifische Gewicht der Säure und die Spannung nicht mehr angestiegen sind.

- Nach dem Laden Batterie ca. 20 Minuten ausgasen lassen. Dann Verschluss-Stopfen einsetzen.

Tiefentladene und sulfatierte Batterie laden

Eine Batterie, die längere Zeit unbenutzt war (zum Beispiel Fahrzeug stillgelegt), entlädt sich allmählich selbst und sulfatiert.

Wenn die Ruhespannung der Batterie unter 11,6 Volt liegt, bezeichnet man sie als tiefentladen. Ruhespannung prüfen, siehe unter »Batterie prüfen«.

Bei einer tiefentladenen Batterie besteht die Batteriesäure (Schwefelsäure-Wassergemisch) fast nur noch aus Wasser. **Achtung:** Bei Minustemperaturen kann diese Batterie einfrieren und das Gehäuse kann dann platzen.

Eine tiefentladene Batterie sulfatiert, das heißt die gesamte Plattenoberfläche der Batterie verhärtet. Die Batteriesäure ist dann nicht klar, sie hat eine schwach weißliche Einfärbung.

Wenn die tiefentladene Batterie unmittelbar nach der Entladung wieder geladen wird, bildet sich die Sulfatierung wieder zurück. Andernfalls verhärten die Batterieplatten weiter und die Ladungsaufnahme bleibt dauerhaft eingeschränkt.

- Eine tiefentladene und sulfatierte Batterie muss mit einem geringen Ladestrom von ca. 5 % der Batteriekapazität geladen werden. Der Ladestrom beträgt dann beispielsweise bei einer 60 Ah-Batterie ca. 3 A.

- Die Ladespannung darf maximal 14,4 Volt betragen.

Achtung: Eine tiefentladene Batterie darf keinesfalls mit einem Schnellladegerät geladen werden.

Schnellladen/Starthilfe

● Mit einem Schnellladegerät darf die Batterie nur ausnahmsweise geladen beziehungsweise durch Starthilfe belastet werden. Beim Schnellladen beträgt die Stromstärke des Ladestroms 20 bis 50% der Batteriekapazität. Durch Schnellladen wird die Batterie geschädigt, da sie kurzfristig einer sehr hohen Stromstärke ausgesetzt wird. Länger gelagerte und tiefentladene Batterien sollten nicht mit einem Schnellladegerät aufgeladen werden, da es sonst zur so genannten Oberflächenladung kommt.

Batterie lagern

Wird das Fahrzeug länger als 2 Monate stillgelegt, Batterie ausbauen und im aufgeladenen Zustand lagern. Die günstigste Lagertemperatur liegt zwischen 0° C und +27° C. Bei diesen Temperaturen hat die Batterie die günstigste Selbstentladungsrate. Spätestens nach 2 Monaten Batterie erneut aufladen, da sie sonst unbrauchbar wird.

Wenn eine über längere Zeit gelagerte Batterie mit einem Schnellladegerät geladen wird, nimmt sie unter Umständen keinen Ladestrom auf oder wird durch so genannte Oberflächenladung zu früh als »voll« ausgewiesen. Sie ist anscheinend defekt.

Bevor solch eine Batterie als defekt angesehen wird, ist sie folgendermaßen zu prüfen:

● Säuredichte prüfen. Weicht die Säuredichte in allen Zellen nicht mehr als 0,04 g/ml voneinander ab, so ist die Batterie mit einem Normalladegerät zu laden.

● Batterie nach der Ladung durch eine Belastungsprüfung testen, siehe entsprechendes Kapitel. Bei einem Spannungswert unter ca. 9,6 Volt ist die Batterie defekt.

● Weicht die Säuredichte in einer oder in zwei benachbarten Zellen merklich nach unten ab, hat die Batterie einen Kurzschluss und ist defekt.

● Tiefentladene und sulfatierte Batterie laden, siehe entsprechendes Kapitel.

Batteriepole reinigen

Batteriepole auf Korrosion überprüfen. Korrosion an den Batteriepolen zeigt sich in Form von weißen oder gelblichen pulverartigen Ablagerungen an den Polen.

● Batterie ausbauen, siehe entsprechendes Kapitel.

● Zur Entfernung von Korrosion Batteriepole mit einer Lösung aus Wasser und Soda bestreichen. Es kommt zu einer chemischen Reaktion mit Blasenbildung und einer braunen Verfärbung an den Polen.

● Gegebenenfalls Batteriepole mit einem Polreiniger oder einer Drahtbürste von Korrosionsrückständen reinigen.

● Nach Abklingen dieser Reaktion Batteriepole und Batterie mit klarem Wasser abwaschen und Batterie abtrocknen.

● Batterie einbauen, siehe entsprechendes Kapitel.

Zentralentgasung

Bei der Zentralentgasung tritt das Gas an einer definierten Stelle aus der Batterie aus. Mit Hilfe eines Entgasungsschlauches kann die Ableitung des Gases gezielt zu einer unkritischen Seite erfolgen. Je nach Einbau kann die Batterie von einer unterschiedlichen Seite entgasen.

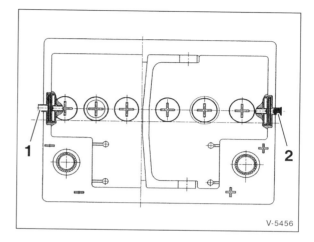

V-5456

In der Regel sind Original-VW-Batterien mit jeweils einer Entgasungsöffnung −1/2− an jeder Polseite versehen. Von diesen beiden Öffnungen muss eine immer verschlossen sein −2−. Damit ist sichergestellt, dass die Entgasung nur gezielt über den angeschlossenen Schlauch erfolgt. Sollten beide Öffnungen verschlossen sein, unbedingt einen Stopfen aus der Entgasungsöffnung gemäß der Einbauanleitung der Batterie entfernen.

Störungsdiagnose Batterie

Störung	Ursache	Abhilfe
Abgegebene Leistung ist zu gering, Spannung fällt stark ab.	Batterie entladen.	■ Batterie nachladen.
	Ladespannung zu niedrig.	■ Spannungsregler prüfen, gegebenenfalls austauschen.
	Anschlussklemmen lose oder oxydiert.	■ Anschlussklemmen reinigen, Klemmenmuttern anziehen.
	Masseverbindungen Batterie/Motor/Karosserie sind schlecht.	■ Masseverbindung überprüfen, gegebenenfalls metallische Verbindungen herstellen oder Schraubverbindungen festziehen. Korrodierte Schrauben durch verzinnte ersetzen.
	Zu große Selbstentladung der Batterie.	■ Batterie austauschen.
	Batterie sulfatiert.	■ Batterie mit geringer Stromstärke laden. Falls die abgegebene Leistung immer noch zu gering ist, Batterie austauschen.
	Batterie verbraucht, aktive Masse der Platten ausgefallen.	■ Batterie austauschen.
Nicht ausreichende Ladung der Batterie.	Fehler an Generator, Spannungsregler oder Leitungsanschlüssen.	■ Generator und Spannungsregler überprüfen, gegebenenfalls Generator austauschen.
	Keilrippenriemen locker, Spannvorrichtung defekt.	■ Spannvorrichtung prüfen, gegebenenfalls Keilrippenriemen ersetzen.
	Zu viele Verbraucher angeschlossen.	■ Stärkere Batterie einbauen; eventuell auch leistungsstärkeren Generator verwenden.
Säurestand zu niedrig.*⁾	Überladung oder Verdunstung, besonders im Sommer.	■ Bei geladener Batterie destilliertes Wasser bis zur vorgeschriebenen Höhe nachfüllen.
Säuredichte zu niedrig.*⁾	Batterie entladen.	■ Batterie laden.
	Kurzschluss im Leitungsnetz.	■ Elektrische Anlage überprüfen.
Säuredichte in einer Zelle deutlich niedriger als in den übrigen Zellen.*⁾	Kurzschluss in einer Zelle.	■ Batterie austauschen.
Säuredichte in zwei benachbarten Zellen deutlich niedriger als in den übrigen Zellen.*⁾	Zellen-Trennwand undicht, so dass eine leitende Verbindung zwischen den Zellen entsteht und sich die Zellen entladen.	■ Batterie austauschen.

*⁾ Diese Punkte gelten nur für die herkömmliche Nassbatterie.

Generator aus- und einbauen/ Generator-Ladespannung prüfen

Das Fahrzeug ist mit einem Drehstromgenerator ausgerüstet. Je nach Modell und Ausstattung können Generatoren mit unterschiedlichen Leistungen eingebaut sein. **Achtung:** Wenn nachträglich elektrisches Zubehör mit hohem Stromverbrauch in das Fahrzeug eingebaut wird, sollte überprüft werden, ob die bisherige Generatorleistung noch ausreicht; gegebenenfalls stärkeren Generator einbauen.

Ladespannung prüfen

Wenn die Batterie nicht ausreichend geladen wird, Generatorspannung prüfen:

● Voltmeter zwischen Plus- und Minuspol der Batterie anschließen.

● Motor starten. Die Spannung darf beim Startvorgang bis etwa 8 Volt (bei + 20° C Außentemperatur) absinken.

● Motordrehzahl auf 3.000/min erhöhen. Die Spannung soll dann 13 bis 14,5 Volt betragen. Dies ist ein Beweis, dass Generator und Regler arbeiten. Die Generatorspannung (Bordspannung) muss höher als die Batteriespannung sein, damit die Batterie im Fahrbetrieb wieder aufgeladen wird.

● Regelstabilität prüfen. Dazu Fernlicht einschalten und Messung bei 3.000/min wiederholen. Die gemessene Spannung darf nicht mehr als 0,4 Volt über dem vorher gemessenen Wert liegen.

● Liegen die gemessenen Werte außerhalb der Sollwerte, Generator und Regler von Fachwerkstatt überprüfen lassen.

Sicherheitshinweise

Bei Arbeiten an der elektrischen Anlage im Motorraum grundsätzlich die Batterie abklemmen. **Achtung:** Dadurch werden elektronische Speicher gelöscht, wie zum Beispiel die Daten im Motor-Fehlerspeicher. Vor dem Abklemmen der Batterie bitte Hinweise im Kapitel »Batterie aus- und einbauen« beachten.

■ Batterie oder Spannungsregler **nicht** bei laufendem Motor abklemmen.

■ Generator **nicht** bei angeschlossener Batterie ausbauen.

■ Beim Elektroschweißen Batterie grundsätzlich vom Bordnetz abklemmen.

1,4-l-Benzinmotor BCA

Ausbau

● Batterie abklemmen. **Achtung:** Hinweise im Kapitel »Batterie aus- und einbauen« beachten.

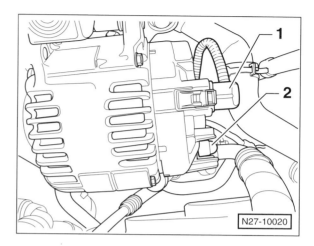

N27-10020

● Stecker –1– an der Rückseite des Generators abziehen und dünne (D+)-Leitung abnehmen.

● Kappe –2– abziehen, dahinter sitzende Mutter abschrauben und dicke (B+)-Leitung abnehmen.

● Untere Motorabdeckung ausbauen, siehe Seite 272.

● Laufrichtung des Keilrippenriemens markieren, Keilrippenriemen entspannen und abnehmen, siehe Seite 199.

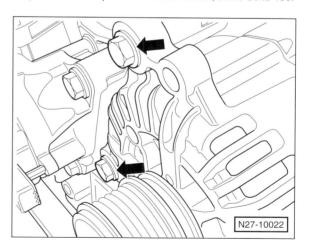

N27-10022

● 2 Schrauben –Pfeile– für Generator herausdrehen.

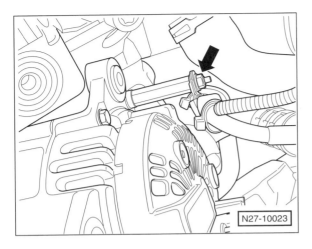

N27-10023

- Kabelhalterung –Pfeil– vom Generator abschrauben.
- Generator nach oben aus dem Fahrzeug herausziehen.

Einbau

- 2 Gewindebuchsen an der Anschlussseite des Generators etwa 4 mm nach außen heraustreiben.
- Der Einbau erfolgt in umgekehrter Ausbaureihenfolge.
  Anzugsdrehmomente:
  Schrauben für Generator . . . . **20 Nm**
  Mutter für (B+)-Leitung . . . . **15 Nm**

1,6-l-Benzinmotor BGU/BSE/BSF

Ausbau

- Batterie abklemmen. **Achtung:** Hinweise im Kapitel »Batterie aus- und einbauen« beachten.
- Obere Motorabdeckung ausbauen, siehe Seite 178.
- (D+)- und (B+)-Leitung am Generator abklemmen, siehe Abschnitt »1,4-l-Benzinmotor«.

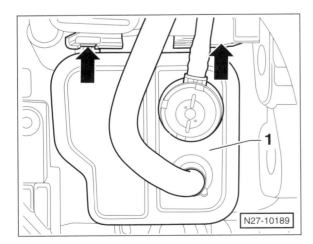

N27-10189

- Behälter für Aktivkohlefilter –1– nach oben aus der Halterung –Pfeile– herausziehen und mit angeschlossenen Schläuchen zur Seite legen.
- Keilrippenriemen ausbauen, siehe Seite 199.

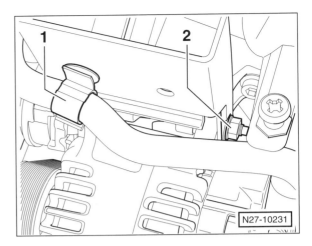

N27-10231

- Kühlmittelschlauch aus der Halterung –1– herausziehen.
- Halter mit Riemenspanner ausbauen, dazu Mutter –2– abschrauben.

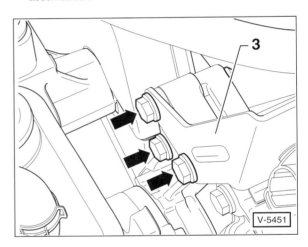

V-5451

- 3 Schrauben –Pfeile– herausdrehen und Halter –3– zusammen mit Riemenspanner herausnehmen.
- Der weitere Ausbau erfolgt wie beim 1,4-l-Benzinmotor.

Einbau

- 2 Gewindebuchsen an der Anschlussseite des Generators etwa 4 mm nach außen heraustreiben.
- Der Einbau erfolgt in umgekehrter Ausbaureihenfolge.
  Anzugsdrehmomente:
  Schrauben für Generator . . . . **23 Nm**
  Schrauben für Riemenspannerhalter . . . . **23 Nm**
  Mutter für (B+)-Leitung . . . . **15 Nm**

1,4/1,6-l-FSI-Benzinmotor BKG/BLN/BAG/BLF/BLP

Ausbau

- Batterie abklemmen. **Achtung:** Hinweise im Kapitel »Batterie aus- und einbauen« beachten.
- Keilrippenriemen ausbauen, siehe Seite 199.

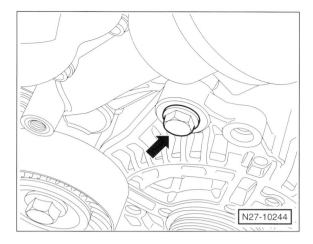

N27-10244

- Obere Schraube –Pfeil– für Generator herausdrehen.
- Untere Motorabdeckung ausbauen, siehe Seite 272.

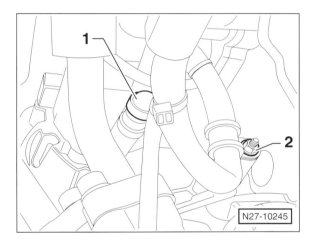

N27-10245

- Kabelhalterung –2– vom Generator abschrauben.
- Kappe –1– für (B+)-Leitung abziehen.

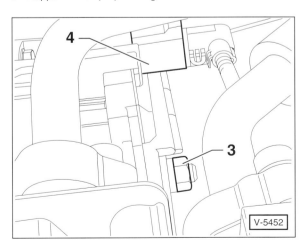

V-5452

- Mutter –3– abschrauben und dicke (B+)-Leitung vom Generator abnehmen.

- Stecker –4– an der Rückseite des Generators abziehen und dünne (D+)-Leitung abnehmen.
- **Fahrzeuge mit Klimaanlage:** 3 Schrauben herausdrehen. Klimakompressor mit angeschlossenen Kälteschläuchen mit Draht an der Karosserie befestigen, dabei darauf achten, dass die Kälteschläuche nicht unter Zug stehen oder geknickt werden. **Kältekreislauf nicht öffnen.**
- Untere Schraube herausdrehen und Generator nach unten aus dem Fahrzeug herausziehen.

Einbau

- 2 Gewindebuchsen an der Anschlussseite des Generators etwa 4 mm nach außen heraustreiben.
- Der Einbau erfolgt in umgekehrter Ausbaureihenfolge.
  Anzugsdrehmomente:
  Schrauben für Generator . . . . **23 Nm**
  Schrauben für Klimakompressor . . . . **25 Nm**
  Mutter für (B+)-Leitung . . . . **15 Nm**

2,0-l-FSI-Benzinmotor AXW/BLR/BLX/BLY

Ausbau

- Batterie abklemmen. **Achtung:** Hinweise im Kapitel »Batterie aus- und einbauen« beachten.
- Obere Motorabdeckung ausbauen, siehe Seite 178.
- Luftfiltergehäuse ausbauen, siehe Seite 230.
- Oberes Saugrohr abbauen.
- (D+)- und (B+)-Leitung am Generator abklemmen, siehe Abschnitt »1,4-l-Benzinmotor«.
- **GOLF:** Behälter für Aktivkohlefilter –1– nach oben aus der Halterung –Pfeile– herausziehen und mit angeschlossenen Schläuchen zur Seite legen, siehe Abbildung N27-10189 im Abschnitt 1,6-l-Benzinmotor.
- Keilrippenriemen ausbauen, siehe Seite 199.
- 3 Schrauben am Generatorhalter herausdrehen und Riemenspanner zusammen mit Transportöse herausnehmen.
- Der weitere Ausbau erfolgt wie beim 1,4-l-Benzinmotor.

Einbau

- 2 Gewindebuchsen an der Anschlussseite des Generators etwa 4 mm nach außen heraustreiben.
- Der Einbau erfolgt in umgekehrter Ausbaureihenfolge.
  Anzugsdrehmomente:
  Schrauben für Generator . . . . **23 Nm**
  Schrauben für Riemenspanner . . . . **23 Nm**
  Mutter für (B+)-Leitung . . . . **15 Nm**

2,0-I-TFSI-Benzinmotor AXX

Ausbau

● Batterie abklemmen. **Achtung:** Hinweise im Kapitel »Batterie aus- und einbauen« beachten.

● 2 Schrauben an der Luftansaughutze herausdrehen.

● Stecker für Luftmassenmesser am Luftkanal herausziehen.

● Federbandschelle mit Spezialzange, zum Beispiel HAZET 798-5, spreizen und Luftansaugschlauch vom Luftmassenmesser trennen.

● Obere Motorabdeckung ausbauen, siehe Seite 178.

● Ladeluftleitung an den Verbindungsanschlüssen trennen. Dazu mit einem Schraubendreher Sicherungsklammer ziehen und Steckkupplung entriegeln. An der Gegenseite Schlauchschelle mit Spezialzange, zum Beispiel HAZET 798-5, spreizen und Ladeluftleitung abziehen.

● Schrauben herausdrehen und Ladeluftleitung aus dem Motorraum herausziehen.

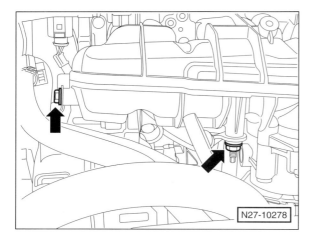

● Schraube/Mutter –Pfeile– für Kühlmittelrohr herausdrehen. **Hinweis:** Das Kühlmittelrohr muss nicht ausgebaut werden.

● Behälter für Aktivkohlefilter aus der Halterung herausziehen und zur Seite legen, siehe Abbildung N27-10189.

● Der weitere Ausbau erfolgt wie beim 2,0-I-FSI-Benzinmotor.

Einbau

● 2 Gewindebuchsen an der Anschlussseite des Generators etwa 4 mm nach außen heraustreiben.

● Der Einbau erfolgt in umgekehrter Ausbaureihenfolge. Dabei darauf achten, dass die Haltenasen der Steckkupplung sicher einrasten.
  Anzugsdrehmomente:
  Schrauben für Generator . . . . **23 Nm**
  Mutter für (B+)-Leitung . . . . **15 Nm**

1,9-I-Dieselmotor

Ausbau

● Batterie abklemmen. **Achtung:** Hinweise im Kapitel »Batterie aus- und einbauen« beachten.

● Obere Motorabdeckung ausbauen, siehe Seite 178.

● Schaumstoff-Dämmung um den Motor abziehen.

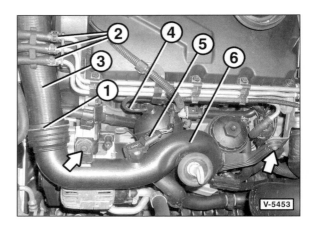

● Steckkupplungen der Ladeluftleitung –3– trennen. Dazu mit einem Schraubendreher Sicherungsklammer –1– ziehen, Steckkupplung entriegeln und Ladeluftleitung abziehen.

● Kraftstoffschläuche –2– trennen. Dazu Schlauchschelle mit Spezialzange, zum Beispiel HAZET 798-5, spreizen und Kraftstoffschlauch von der Leitung abziehen.

● Ladeluftleitung –3– aus dem Motorraum herausnehmen.

● Unterdruckschlauch –4– abziehen.

● Stecker –5– abziehen.

● 2 Schrauben –Pfeile– für Ladeluftrohr –6– oben herausdrehen.

● Untere Motorabdeckung ausbauen, siehe Seite 272.

● Untere Schraube für Ladeluftrohr herausdrehen, Steckkupplung unten entriegeln und Ladeluftrohr –6– nach oben aus dem Motorraum herausziehen.

● Kraftstofffilter mit angeschlossenen Schläuchen aus der Halterung herausziehen und zur Seite legen, siehe Seite 229.

● Der weitere Ausbau erfolgt wie beim 1,4-I-Benzinmotor.

Einbau

● 2 Gewindebuchsen an der Anschlussseite des Generators etwa 4 mm nach außen heraustreiben.

● Der Einbau erfolgt in umgekehrter Ausbaureihenfolge. Dabei darauf achten, dass die Haltenasen der Steckkupplung sicher einrasten.
  Anzugsdrehmomente:
  Schrauben für Generator . . . . **20 Nm**
  Mutter für (B+)-Leitung . . . . **15 Nm**

2,0-l-Dieselmotor

Ausbau

● Batterie abklemmen. **Achtung:** Hinweise im Kapitel »Batterie aus- und einbauen« beachten.

● Obere Motorabdeckung ausbauen, siehe Seite 178.

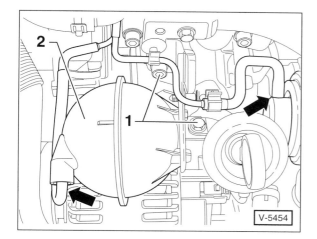

● **Turbodieselmotor AZV/BKD:** Unterdruckschläuche –Pfeile– abziehen. Schrauben –1– herausdrehen und Unterdruckbehälter –2– herausnehmen.

● Kraftstofffilter mit angeschlossenen Schläuchen aus der Halterung herausziehen und zur Seite legen, siehe Seite 229.

● Der weitere Ausbau erfolgt wie beim 1,4-l-Benzinmotor.

Einbau

● 2 Gewindebuchsen an der Anschlussseite des Generators etwa 4 mm nach außen heraustreiben.

● Der Einbau erfolgt in umgekehrter Ausbaureihenfolge.
  Anzugsdrehmomente:
  Schrauben für Generator . . . . **20 Nm**
  Mutter für (B+)-Leitung . . . . **15 Nm**

Störungsdiagnose Generator

Störung	Ursache	Abhilfe
Ladekontrolllampe brennt nicht bei eingeschalteter Zündung.	Batterie leer.	■ Laden.
	Anschlusskabel an der Batterie locker oder korrodiert.	■ Kabel auf festen Sitz prüfen, Anschlüsse reinigen.
	Kabel am Generator locker oder korrodiert.	■ Kabel auf einwandfreien Kontakt prüfen, Mutter festziehen.
	Kontrolllampe durchgebrannt.	■ Ersetzen.
	Regler defekt.	■ Regler prüfen, gegebenenfalls austauschen.
	Unterbrechung in der Leitungsführung zwischen Generator, Zündschloss und Kontrolllampe.	■ Mit Ohmmeter nach Schaltplan untersuchen. Leitung gegebenenfalls reparieren beziehungsweise ersetzen.
	Kohlebürsten liegen nicht auf dem Schleifring auf.	■ Freigängigkeit der Kohlebürsten und Mindestlänge prüfen. Anpresskraft der Bürstenfedern prüfen lassen.
Ladekontrolllampe erlischt nicht bei Drehzahlsteigerung.	Keilrippenriemen locker, Riemen rutscht durch.	■ Keilrippenriemen prüfen, Spannvorrichtung prüfen, gegebenenfalls ersetzen.
	Kohlebürsten im Spannungsregler abgenutzt.	■ Kohlebürsten prüfen, gegebenenfalls austauschen.
	Verkabelung schadhaft oder locker.	■ Verkabelung überprüfen, gegebenenfalls instand setzen.

Anlasser aus- und einbauen

Zum Starten des Verbrennungsmotors ist ein elektrischer Motor erforderlich, der Anlasser. Damit der Motor überhaupt anspringen kann, muss der Anlasser den Verbrennungsmotor auf eine Drehzahl von mindestens 300 Umdrehungen in der Minute beschleunigen. Das funktioniert aber nur, wenn der Anlasser einwandfrei arbeitet und die Batterie hinreichend geladen ist.

Da zum Starten eine hohe Stromaufnahme erforderlich ist, ist im Rahmen der Wartung auf eine einwandfreie Kabelverbindung zu achten. Korrodierte Anschlüsse säubern und mit Polschutzfett einstreichen.

Schaltgetriebe

Ausbau

Der Anlasser sitzt vorne am Motorblock über dem Getriebe. **Hinweis:** Der Ausbau des Anlassers erfolgt bei allen Motoren auf die gleiche Weise. Je nach Motor sind jedoch unterschiedliche Vorarbeiten nötig.

- Massekabel (–) und Pluskabel (+) von der Batterie abklemmen. **Achtung:** Hinweise im Kapitel »Batterie aus- und einbauen« beachten.

- **2,0-l-TFSI-Benzinmotor AXX/Dieselmotor:** Obere Motorabdeckung ausbauen, siehe Seite 178.

- **Alle Motoren, außer 1,4-l- und 1,4/1,6-l-FSI-Motor:** Luftfiltergehäuse ausbauen, siehe Seite 230.

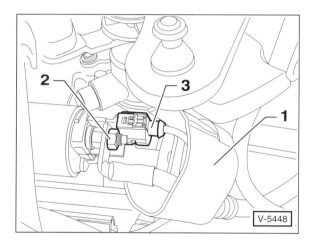

- Schutzkappe –1– am Magnetschalter abziehen.

- Mutter –2– an Klemme 30 abschrauben und dickes Pluskabel abnehmen.

- Stecker –3– an Klemme 50 entriegeln und abziehen.

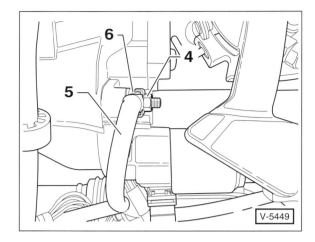

- Mutter –4– abschrauben und Massekabel –5– von der oberen Befestigungsschraube des Anlassers abnehmen.

- Obere Befestigungsschraube –6– des Anlassers herausdrehen.

- Untere Motorabdeckung ausbauen, siehe Seite 272.

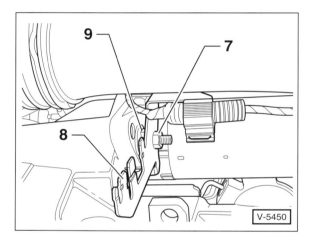

- Mutter –7– abschrauben und Kabelhalterung –8– von der unteren Befestigungsschraube des Anlassers abnehmen.

- Untere Befestigungsschraube –9– des Anlassers herausdrehen und Anlasser vom Motorblock abnehmen.

Einbau

- Der Einbau erfolgt in umgekehrter Ausbaureihenfolge.

- Anlasser einsetzen und mit **75 Nm** festschrauben.

- Muttern für Kabelhalterung, Massekabel und Pluskabel mit **15 Nm** festziehen.

Automatikgetriebe

Ausbau

Hinweis: Der Ausbau des Anlassers erfolgt im Prinzip auf die gleiche Weise wie bei Fahrzeugen mit Schaltgetriebe. Hier werden nur die Unterschiede dazu aufgeführt.

- **Dieselmotor:** Obere Motorabdeckung ausbauen, siehe Seite 178.

- **Alle Motoren, außer 1,4-l- und 1,4/1,6-l-FSI-Motor:** Luftfiltergehäuse ausbauen, siehe Seite 230.

- Schutzkappe am Magnetschalter abziehen, Mutter abschrauben und dickes Pluskabel abnehmen. Stecker an Klemme 50 abziehen.

- Untere Motorabdeckung ausbauen, siehe Seite 272.

- Mutter abschrauben und Kabelhalterung von der unteren Befestigungsschraube des Anlassers abnehmen. Untere Befestigungsschraube herausdrehen.

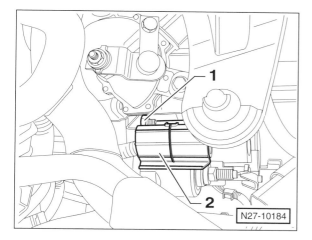

- Mutter –1– abschrauben und Kabelhalterung –2– von der oberen Befestigungsschraube des Anlassers abnehmen.

- Obere Befestigungsschraube des Anlassers herausdrehen.

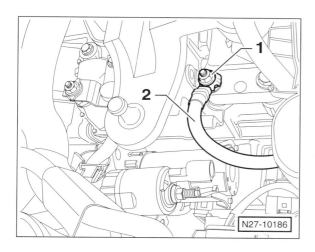

- Mutter –1– abschrauben und Massekabel –2– zur Seite legen.

- Anlasser vom Motorblock abnehmen und nach oben aus dem Fahrzeug herausziehen.

Einbau

- Der Einbau erfolgt in umgekehrter Ausbaureihenfolge.

Speziell 1,9-/2,0-l-Dieselmotor mit Direktschaltgetriebe

- Obere Motorabdeckung ausbauen, siehe Seite 178.

- Luftfiltergehäuse ausbauen, siehe Seite 230.

- Schutzkappe am Magnetschalter abziehen, Mutter abschrauben und dickes Pluskabel abnehmen. Stecker an Klemme 50 abziehen.

- **2,0-l-Motor:** Kabelstrang aus dem Halter ausclipsen.

- Obere Befestigungsschraube des Anlassers herausdrehen.

- Untere Befestigungsschraube des Anlassers herausdrehen und Anlasser nach oben aus dem Fahrzeug herausziehen.

- Beim Einbau Anlasser mit **60 Nm** festschrauben.

Speziell 2,0-l-Benzinmotor AXX mit Direktschaltgetriebe

- 2 Schrauben an der Luftansaughutze herausdrehen.

- Stecker für Luftmassenmesser am Luftkanal herausziehen.

- Federbandschelle mit Spezialzange, zum Beispiel HAZET 798-5, spreizen und Luftansaugschlauch vom Luftmassenmesser trennen.

- Obere Motorabdeckung ausbauen, siehe Seite 178.

- Schutzkappe am Magnetschalter abziehen, Mutter abschrauben und dickes Pluskabel abnehmen. Stecker an Klemme 50 abziehen.

- Obere Befestigungsschraube des Anlassers herausdrehen.

- Untere Befestigungsschraube des Anlassers herausdrehen und Anlasser nach oben aus dem Fahrzeug herausziehen.

- Beim Einbau Anlasser mit **60 Nm** festschrauben.

Störungsdiagnose Anlasser

Störung	Ursache	Abhilfe
Anlasser dreht sich nicht beim Betätigen des Zündanlassschalters.	Batterie entladen.	■ Batterie laden.
	Anlasser läuft an nach Überbrücken der Klemmen 30 und 50; dann ist die Leitung vom Zündanlassschalter unterbrochen, oder der Anlassschalter ist defekt.	■ Unterbrechung beseitigen, defekte Teile ersetzen.
	Kabel oder Masseanschluss ist unterbrochen, oder die Batterie ist entladen.	■ Batteriekabel und Anschlüsse prüfen. Batteriespannung messen, ggf. laden.
	Ungenügender Stromdurchgang infolge lockerer oder oxydierter Anschlüsse.	■ Batteriepole und -klemmen reinigen. Stromsichere Verbindungen zwischen Batterie, Anlasser und Masse herstellen.
	Keine Spannung an Klemme 50.	■ Leitung unterbrochen, Zündanlassschalter defekt.
Anlasserwelle dreht sich zu langsam und zieht den Motor nicht durch.	Batterie teilentladen.	■ Batterie laden.
	Ungenügender Stromdurchgang infolge lockerer oder oxydierter Anschlüsse.	■ Batteriepole und -klemmen und Anschlüsse am Anlasser reinigen, Anschlüsse festziehen.
	Kohlebürsten liegen nicht auf dem Kollektor auf, klemmen in ihren Führungen, sind abgenutzt, gebrochen, verölt oder verschmutzt.	■ Kohlebürsten überprüfen, reinigen beziehungsweise auswechseln. Führungen prüfen.
	Ungenügender Abstand zwischen Kohlebürsten und Kollektor.	■ Kohlebürsten ersetzen und Führungen für Kohlebürsten reinigen.
	Kollektor riefig oder verbrannt und verschmutzt.	■ Anlasser ersetzen.
	Spannung an Klemme 50 zu niedrig (weniger als 10 Volt).	■ Zündanlassschalter oder Magnetschalter überprüfen.
	Lager ausgeschlagen.	■ Lager prüfen, gegebenenfalls auswechseln.
	Magnetschalter defekt.	■ Magnetschalter auswechseln.
Anlasserritzel spurt ein und zieht an, Motor dreht nicht oder nur ruckweise.	Ritzelgetriebe defekt.	■ Anlasser ersetzen.
	Ritzel verschmutzt.	■ Ritzel reinigen.
	Zahnkranz am Schwungrad defekt.	■ Schwungrad erneuern.
Ritzelgetriebe spurt nicht aus.	Ritzelgetriebe oder Steilgewinde verschmutzt beziehungsweise beschädigt.	■ Anlasser ersetzen.
	Magnetschalter defekt.	■ Magnetschalter ersetzen.
	Rückzugfeder schwach oder gebrochen.	■ Magnetschalter ersetzen.
Anlasserwelle läuft weiter, nachdem der Zündschlüssel losgelassen wurde.	Magnetschalter hängt, schaltet nicht ab.	■ Zündung sofort ausschalten, Magnetschalter ersetzen.
	Zündanlassschalter schaltet nicht ab.	■ Sofort Batterie abklemmen, Zündanlassschalter ersetzen.

Scheibenwischanlage

Scheibenwischergummi ersetzen

Sicherheitshinweis

Bei Wartungs- und Reparaturarbeiten an der Scheibenwischanlage besteht Verletzungsgefahr der Hände durch Klemmen oder Quetschen. Im Extremfall durch Abscheren von Gliedmaßen bei Eingriffen in die Scheibenwischermechanik. Vor jeglichen Reparaturarbeiten ist stets der Zündschlüssel abzuziehen.

Aero-Wischer/Frontscheibe

Das Wischerblatt besteht aus dem Wischergummi, in das eine Metallversteifung eingearbeitet ist.

Ausbau

● Wischerarme in die »Servicestellung« fahren: Dazu Zündung ausschalten und innerhalb von 10 Sekunden Wischerschalter kurz nach unten drücken beziehungsweise antippen.

● Wischerarm hochklappen.

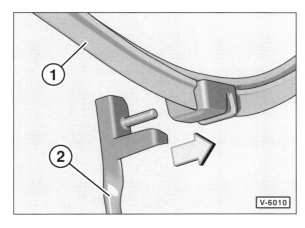

● Wischergummi –1– rechtwinklig zum Wischerarm –2– stellen und von der Achse abziehen –Pfeil–.

Einbau

● Der Einbau erfolgt in umgekehrter Ausbaureihenfolge. Beim GOLF darauf achten, dass das längere Wischergummi auf der Fahrerseite eingesetzt wird.

Aero-Wischer/Heckscheibe

Ausbau

● Wischerarm hochklappen.

● Wischergummi rechtwinklig zum Wischerarm stellen.

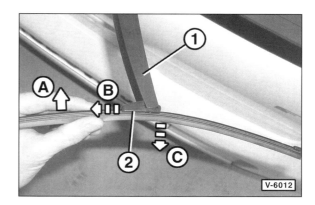

● Wischergummi gegen den Anschlag drücken –Pfeil A–. **Hinweis:** Dadurch rastet der Schieber –2– aus.

● Schieber –2– in Pfeilrichtung –B– ziehen und entriegeln.

● Wischergummi in Pfeilrichtung –C– vom Wischerarm –1– abziehen.

Einbau

● Wischergummi mit der Aufhängung auf den Steg des Wischerarms setzen.

● Wischergummi umklappen und parallel zum Wischerarm stellen, Schieber zurückdrücken und hörbar einrasten.

Standardwischer/Heckscheibe TOURAN

Hinweis: Bei einigen Modellen des TOURAN wird an der Heckscheibe noch der herkömmliche Wischer eingesetzt.

Ausbau

● Wischerarm hochklappen.

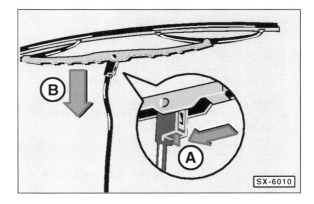

● Wischerblatt rechtwinklig zum Wischerarm stellen.

● Federklammer niederdrücken –Pfeil A– und Wischerblatt nach unten –Pfeil B– aus dem Haken am Wischerarm schieben. Wischerblatt vom Haken des Wischerarmes abnehmen.

Achtung: Im Handel werden sowohl komplette Scheibenwischerblätter (Wischergummi mit Träger) als auch einzelne Wischergummis angeboten. Wird nur das Wischergummi ersetzt, darauf achten, dass der Träger nicht verbogen wird.

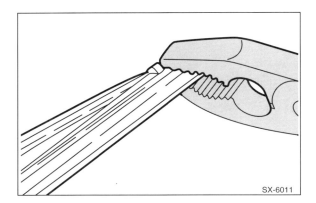

SX-6011

● An der geschlossenen Seite des Wischergummis beide Stahlschienen mit Kombizange zusammendrücken und diese seitlich aus der oberen Klammer herausnehmen. Anschließend Gummi komplett mit Schienen aus den restlichen Klammern des Wischerblattes herausziehen.

Einbau

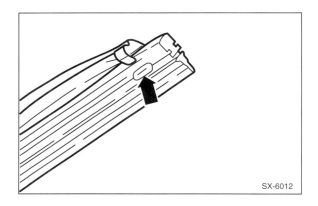

SX-6012

● Neues Wischergummi ohne Halteschienen in die unteren Klammern des Wischerblattes lose einlegen.

● Beide Schienen so in die erste Rille des Wischergummis einführen, dass die Aussparungen zum Gummi zeigen und in die Gumminasen der Rille einrasten.

● Wischergummi an der geschlossenen Seite mit Seifenwasser einstreichen, damit es besser in die Haltebügel gleitet.

● Beide Stahlschienen und das Gummi mit Kombizange zusammendrücken und so in die obere Klammer einsetzen, dass die Klammernasen beidseitig in die Haltenuten –Pfeil– des Wischergummis einrasten.

● Wischerblatt über den Wischerarm schieben und Federklammer in den Haken des Wischerarms einclipsen.

● Wischerarm zurückklappen. Darauf achten, dass das Wischergummi überall an der Scheibe anliegt, gegebenenfalls Träger vorsichtig nachbiegen.

Scheibenwaschdüse für Frontscheibe aus- und einbauen
GOLF/TOURAN

Ausbau

● Motorhaube öffnen.

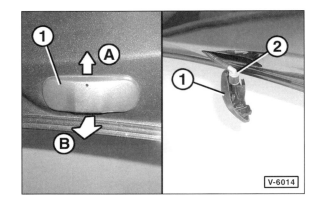

V-6014

● Scheibenwaschdüse –1– nach oben drücken –Pfeil A– und unten aus der Motorhaube herausziehen –Pfeil B–.

● Scheibenwaschdüse –1– herausziehen.

● Sicherungsring am Schlauchanschluss –2– zum Entriegeln verdrehen und Wasserschlauch abziehen.

● Gegebenenfalls Stecker für Düsenbeheizung abziehen.

Einbau

● Wenn nötig, Spritzdüse reinigen. Dabei Spritzdüse mit Wasser entgegen der Spritzrichtung durchspülen. Dann Düse mit Druckluft in beiden Richtungen durchblasen.

● Der Einbau erfolgt in umgekehrter Ausbaureihenfolge, die Scheibenwaschdüse muss dabei hörbar einrasten.

Scheibenwaschdüse einstellen

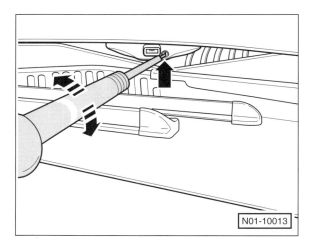

N01-10013

● Mit einem Schraubendreher Spritzrichtung durch Drehen an der Einstellschraube –Pfeil– in der Höhe verstellen. **Hinweis:** Drehen im Uhrzeigersinn bewirkt eine Verstellung nach unten.

Scheibenwaschdüse für Heckscheibe aus- und einbauen

GOLF/TOURAN

Ausbau

- Heckwischer in Endstellung laufen lassen. Dazu Heckscheibe mit Wasser benetzen, Heckwischer kurze Zeit laufen lassen und mit dem Wischerschalter ausschalten.

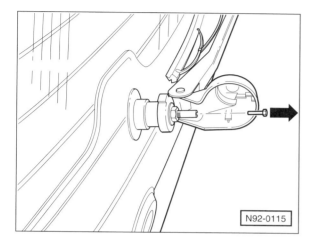

- Abdeckkappe am Wischerarm hochklappen und Spritzdüse mit Spitzzange vorsichtig herausziehen –Pfeil–.

Einbau

- Wenn nötig, Spritzdüse reinigen. Dabei Spritzdüse mit Wasser entgegen der Spritzrichtung durchspülen. Dann Düse mit Druckluft in beiden Richtungen durchblasen.

- Spritzdüse bis zum Anschlag so in die Wischerwelle einschieben, dass die Spritzdüsenöffnung senkrecht nach oben zeigt.

- Spritzdüse einstellen, siehe entsprechendes Kapitel.

- Abdeckkappe zurückklappen und hörbar einrasten.

Scheibenwaschdüse einstellen

- Abdeckkappe am Wischerarm hochklappen.

- Spritzrichtung der Spritzdüse mit einem Dorn, ⌀ 0,8 mm, zum Beispiel HAZET 4850-1, einstellen. Dazu Dorn in die Düse einführen und Zielpunkt in der Mitte des Wischfelds auf der Scheibe anpeilen.

- Abdeckkappe zurückklappen und hörbar einrasten.

Spritzdüse für Scheinwerfer-Reinigungsanlage aus- und einbauen

GOLF/TOURAN

Ausbau

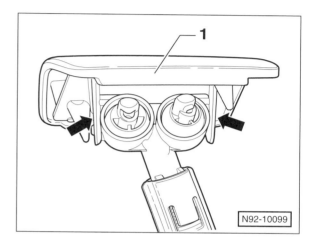

- Spritzdüse mit Abdeckkappe –1– mit der Hand bis zum Anschlag aus der Stoßfängerabdeckung herausziehen.

- Abdeckkappe von der Aufhängung –Pfeile– an der Spritzdüse abclipsen.

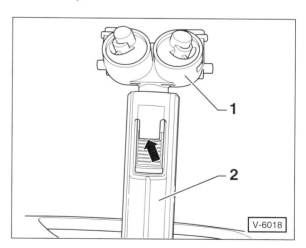

- Rasthaken –Pfeil– etwas anheben und Spritzdüse –1– aus dem Hubzylinder –2– herausziehen.

Einbau

- Spritzdüse in den Hubzylinder einschieben und einrasten.

- Abdeckkappe auf die Spritzdüse setzen und einrasten.

- Hubzylinder mit Spritzdüse in die Stoßfängerabdeckung absenken.

- Prüfen, ob die Spritzdüse gänzlich in der Stoßfängerabdeckung verschwindet und die Abdeckkappe korrekt verschlossen wird. Falls nötig, Spritzdüse auf eine andere Raststellung im Hubzylinder verschieben. **Hinweis:** Eine zu stark eingeschobene Spritzdüse kann die Abdeckkappe sowie die Stoßfängerabdeckung verformen.

- Scheinwerfer-Reinigungsanlage entlüften, siehe entsprechenden Abschnitt.

Scheinwerfer-Reinigungsanlage entlüften

- Scheibenwaschbehälter auffüllen.

- Motor starten und Abblendlicht einschalten.

- Scheinwerfer-Reinigung auslösen. Dazu Scheibenwischerhebel 5-mal anziehen und beim 5. Mal für 3 Sekunden halten.

- Vorgang gegebenenfalls wiederholen.

Wasserschlauchverbindungen lösen

Beim Anschluss der Schläuche an Pumpen und Spritzdüsen werden im GOLF/TOURAN verschiedene Sicherungsarten verwendet.

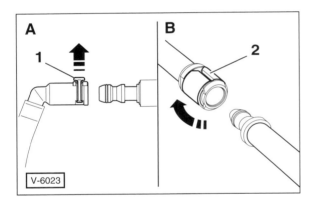

- Sicherungsclip –1– etwa 1 mm hochziehen –Pfeil A– und Schlauchanschluss abziehen. Zum Verbinden Schlauchanschluss aufstecken, Sicherungsclip eindrücken und einrasten.

- Sicherungsring –2– um 90° verdrehen –Pfeil B– und Schlauchanschluss abziehen. Zum Verbinden Schlauchanschluss aufstecken, dabei Sicherungsring verdrehen, und einrasten.

Scheibenwaschbehälter aus- und einbauen

GOLF

Ausbau

- Zündung ausschalten und Zündschlüssel abziehen.

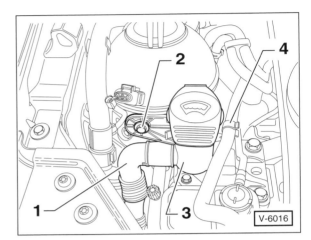

- **Benzinmotor:** Schlauchhalterung –4– für Aktivkohlefilter vom Einfüllstutzen –3– abziehen.

- Schraube –2– herausdrehen und Verbindungsrohr –1– vom Einfüllstutzen –3– abziehen.

- Stoßfängerabdeckung vorn ausbauen, siehe Seite 276.

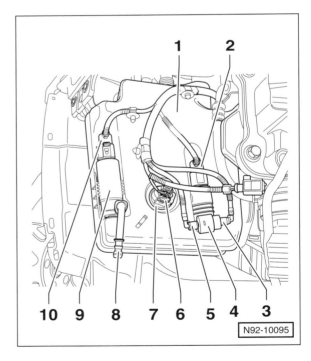

- Sicherungsring an den Schlauchanschlüssen –3/5– zum Entriegeln verdrehen und Schläuche von der Scheibenwaschpumpe –4– abziehen. Zuvor einen Auffangbehälter für ausfließende Flüssigkeit unterstellen.

Hinweis: Die Anschlüsse an der Scheibenwaschpumpe sowie an den Schläuchen für vordere und hintere Scheibendüsen sind zur Unterscheidung farblich gekennzeichnet.

- Stecker –6– vom Wasserstandgeber –7– abziehen. **Hinweis:** Wasserstandgeber zum Ausbau aus der Gummidichtung herausziehen.

- Scheibenwaschpumpe –4– nach oben aus der Halterung am Scheibenwaschbehälter –1– herausziehen.

- Stecker –2– von der Scheibenwaschpumpe abziehen.

- Je nach Ausstattung Schlauch –8– abziehen und Pumpe –9– für Scheinwerfer-Reinigungsanlage nach oben aus der Halterung herausziehen. Stecker –10– abziehen.

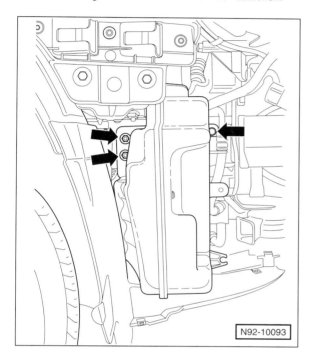

N92-10093

- 3 Schrauben –Pfeile– herausdrehen und Scheibenwaschbehälter mit dem Verbindungsrohr aus dem Motorraum herausziehen.

Einbau

- Scheibenwaschbehälter zusammen mit dem Verbindungsrohr einsetzen und mit **8 Nm** anschrauben.

- Der weitere Einbau erfolgt in umgekehrter Ausbaureihenfolge, dabei Verbindungsrohr so am Einfüllstutzen einstecken, dass die Führungen ineinander greifen. Die untere Nase am Einfüllstutzen muss in die Bohrung im Motorlager eingesteckt werden.

- Scheinwerfer-Reinigungsanlage entlüften, siehe entsprechendes Kapitel.

TOURAN

Hinweis: Der Aus- und Einbau erfolgt in ähnlicher Weise wie beim GOLF.

Ausbau

- Zündung ausschalten und Zündschlüssel abziehen.

- Schraube für Einfüllstutzen herausdrehen.

- Verbindungsrohr vom Anschlussstutzen des Scheibenwaschbehälters abziehen und zusammen mit Einfüllstutzen aus dem Motorraum herausziehen.

- Stoßfängerabdeckung vorn ausbauen, siehe Seite 276.

- Schlossträger in Servicestellung bringen, siehe Seite 274.

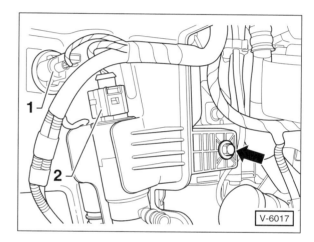

V-6017

- Schraube –Pfeil– für Scheibenwaschbehälter herausdrehen.

- Stecker vom Wasserstandgeber –1– und von der Pumpe für Scheinwerfer-Reinigungsanlage –2– abziehen.

- Schlauchanschlüsse von der Scheibenwaschpumpe abziehen und Scheibenwaschpumpe nach oben aus der Halterung herausziehen. Stecker von der Scheibenwaschpumpe abziehen.

- Waschwasserleitung aus den Haltern am Scheibenwaschbehälter ausclipsen.

- Scheibenwaschbehälter nach vorne aus den Führungen herausziehen.

Einbau

- Scheibenwaschbehälter in den Motorraum einsetzen, in die Führungen setzen und einrasten.

- Der weitere Einbau erfolgt in umgekehrter Ausbaureihenfolge, dabei muss die untere Nase am Einfüllstutzen in die Bohrung im Motorlager eingesteckt werden.

Wischerarm an der Frontscheibe aus- und einbauen

GOLF/TOURAN

Ausbau

● Frontscheibe mit Wasser benetzen, Scheibenwischer kurze Zeit laufen lassen und über den Wischerschalter abschalten. Dadurch läuft der Wischer nach jedem 2. Abschalten in die Endstellung; Wischer dabei beobachten.

Hinweis: Die Scheibenwischeranlage beim GOLF/TOURAN ist mit der so genannten APS-Funktion ausgestattet. Sie bewirkt, dass der Wischer nach jedem 2. Abschalten entweder in der Endstellung zum Stillstand kommt, oder aus der Endstellung in die »**a**lternierende **P**ark**s**tellung« vorgeschoben wird.

● Stellung der Wischergummis auf der Frontscheibe markieren. Dazu Klebeband neben den Wischergummis auf die Scheibe kleben.

● Motorhaube öffnen. Mit einem Schraubendreher Abdeckkappe –1– am Wischerarm abhebeln.

● Mutter um ca. 2 Umdrehungen lockern, noch nicht ganz abschrauben.

● Wischerarm leicht hin und her bewegen, bis er sich von der Wischerwelle löst. Mutter ganz abschrauben und Wischerarm von der Welle abziehen. Es kann auch ein geeignetes Abziehwerkzeug verwendet werden, zum Beispiel Spindel HAZET 4855-8 mit Abziehkopf 4855-1.

Einbau

● Sicherstellen, dass der Scheibenwischermotor in Endstellung steht. Gegebenenfalls Motor kurz laufen lassen und mit Wischerschalter abschalten.

● Wischerarm auf die Wischerwelle aufsetzen und anhand der beim Ausbau angebrachten Klebeband-Markierung ausrichten.

● Mutter aufschrauben und handfest anziehen.

● Endstellung der Wischerarme überprüfen. Dazu Motorhaube schließen, Scheibe mit Wasser benetzen und Scheibenwischer kurz laufen lassen. Die Wischerarme müssen nach jedem 2. Abschalten in die eingestellte Endstellung zurückkehren und dürfen sich beim Wischen nicht über den Scheibenrand hinausbewegen.

● Gegebenenfalls Mutter lösen und Einstellung erneut vornehmen, siehe auch Seite 57.

● Mutter mit **20 Nm** festziehen.

● Abdeckkappe aufdrücken.

Wischermotor an der Frontscheibe aus- und einbauen

GOLF

Ausbau

● Sicherstellen, dass sich der Scheibenwischer in Endstellung befindet, siehe Kapitel »Wischerarm aus- und einbauen«.

● Batterie abklemmen. **Achtung:** Hinweise im Kapitel »Batterie aus- und einbauen« beachten.

● Wischerarme ausbauen, siehe entsprechendes Kapitel.

● Windlaufgrill ausbauen, siehe Seite 273.

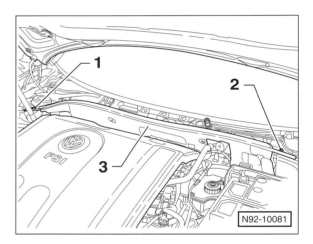

● Schraube –1– herausdrehen, Mutter –2– abschrauben und Stirnblech –3– des Wasserkastens nach oben herausnehmen.

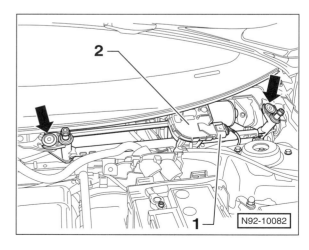

● Stecker –1– vom Wischermotor abziehen.

● Schrauben –Pfeile– am Wischerrahmen –2– herausdrehen und Wischerrahmen komplett mit Wischergestänge sowie Wischermotor nach oben herausschwenken.

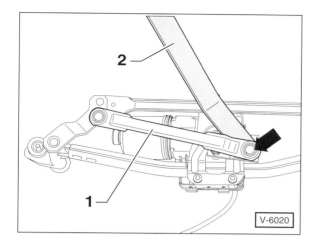

V-6020

● Kugelkopf –Pfeil– des Gestänges –1– mit dem VW-Abdrückhebel 80-200 –2– oder einem großen Schraubendreher von der Kurbel des Scheibenwischermotors abhebeln.

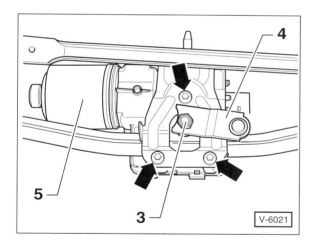

V-6021

● Mutter –3– abschrauben und Kurbel –4– von der Motorwelle abnehmen.

● 3 Schrauben –Pfeile– herausdrehen und Scheibenwischermotor –5– vom Wischerrahmen abnehmen.

Einbau

Achtung: Vor dem Einbau prüfen, ob sich der Wischermotor in Endstellung befindet. Dazu kurzzeitig Anschlussstecker aufschieben und Batterie anklemmen. Motor kurz laufen lassen und anschließend mit Wischerschalter ausschalten; der Motor bleibt nach jedem 2. Abschalten in Endstellung stehen.

● Wischermotor am Wischerrahmen mit **8 Nm** anschrauben.

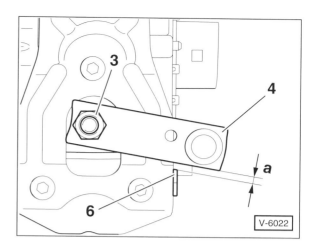

V-6022

● Kurbel –4– auf die Motorwelle aufsetzen, dabei beträgt der Abstand –a– zum Anschlag –6– a = 3 ± 1 mm. In dieser Stellung Mutter –3– mit **18 Nm** anziehen.

● Kugelkopf des Gestänges auf die Kurbel aufdrücken und einrasten.

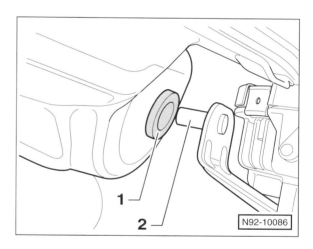

N92-10086

● Wischerrahmen mit Motor und Gestänge einsetzen, dabei darauf achten, dass der Zapfen –2– des Wischerrahmens in das Gummistück –1– der Aufnahme an der Spritzwand gesteckt wird.

● Wischerrahmen mit **8 Nm** an der Karosserie festschrauben.

● Stecker am Wischermotor aufschieben.

● Der weitere Einbau erfolgt in umgekehrter Ausbaureihenfolge.

● Einstellung der Wischerarme überprüfen.

Wischerrahmen/TOURAN

Hinweis: Der linke und der rechte Scheibenwischer werden jeweils durch einen eigenen Motor angetrieben. Beide Wischeranlagen sind mechanisch voneinander getrennt und können daher einzeln ausgebaut werden. Der synchrone Lauf der beiden Wischer wird durch Steuergeräte an den Wischermotoren gewährleistet.

Hier wird der Ausbau der einzelnen Wischerrahmen beschrieben. Der Aus- und Einbau der Wischermotoren vom Wischerrahmen erfolgt wie beim GOLF.

Ausbau

● Scheibenwischer in Endstellung bringen, siehe Kapitel »Wischerarm aus- und einbauen«.

● Batterie abklemmen. **Achtung:** Hinweise im Kapitel »Batterie aus- und einbauen« beachten.

● Wischerarm ausbauen, siehe entsprechendes Kapitel.

● Windlaufgrill ausbauen, siehe Seite 273.

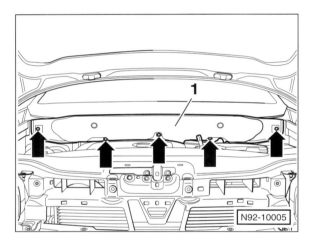

N92-10005

● Schrauben –Pfeile– herausdrehen und Stirnblech –1– des Wasserkastens herausnehmen.

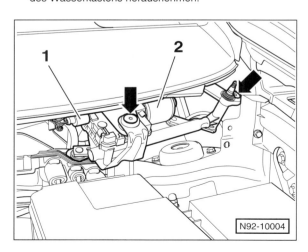

N92-10004

● Stecker –1– vom Wischermotor abziehen.

● Schrauben –Pfeile– am Wischerrahmen –2– herausdrehen.

● Wischerrahmen –2– komplett mit Wischergestänge sowie Wischermotor nach vorne herausziehen.

Hinweis: In der Abbildung ist der Wischerrahmen auf der linken Seite dargestellt. Der Ausbau auf der rechten Seite erfolgt in gleicher Weise.

Einbau

● Der Einbau erfolgt in umgekehrter Ausbaureihenfolge, dabei darauf achten, dass der Zapfen des Wischerrahmens in das Gummistück der Aufnahme an der Spritzwand gesteckt wird. Wischerrahmen mit **10 Nm** an der Karosserie festschrauben.

Wischerarm an der Heckscheibe aus- und einbauen
GOLF/TOURAN

Ausbau

● Heckscheibe mit Wasser benetzen.

● Heckscheibenwischer kurze Zeit laufen lassen und über den Scheibenwischerschalter abschalten. Dadurch läuft der Wischer in die Endstellung.

● Stellung des Wischergummis auf der Heckscheibe markieren. Dazu Klebeband neben dem Wischergummi auf die Scheibe kleben.

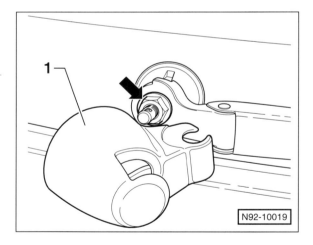

N92-10019

● Abdeckkappe –1– hochklappen und vom Wischerarm abziehen.

● Mutter –Pfeil– um ca. 2 Umdrehungen lockern.

● Wischerarm hochklappen und seitlich hin- und herbewegen. Dadurch wird der Wischerarm vom Konus der Wischerwelle gelöst.

● Mutter abschrauben und Wischerarm abnehmen.

Einbau

- Sicherstellen, dass der Scheibenwischermotor in Endstellung steht. Gegebenenfalls Motor kurz laufen lassen und mit Wischerschalter abschalten.

- Wischerarm auf die Wischerwelle aufsetzen und anhand der beim Ausbau angebrachten Klebeband-Markierung ausrichten.

- Mutter aufschrauben und mit **12 Nm** festziehen.

- Abdeckkappe zurückklappen und hörbar einrasten.

- Heckscheibe mit Wasser benetzen.

- Heckscheibenwischer kurze Zeit laufen lassen und über den Scheibenwischerschalter abschalten. Stellung des Wischerarms kontrollieren, gegebenenfalls korrigieren, siehe auch Seite 57.

Wischermotor an der Heckscheibe aus- und einbauen

GOLF/TOURAN

Ausbau

- Sicherstellen, dass sich der Scheibenwischer in Endstellung befindet, siehe Kapitel »Wischerarm aus- und einbauen«.

- Batterie abklemmen. **Achtung:** Hinweise im Kapitel »Batterie aus- und einbauen« beachten.

- Wischerarm ausbauen, siehe entsprechendes Kapitel.

- Heckklappe öffnen und untere Heckklappenverkleidung ausbauen, siehe Seite 290/291.

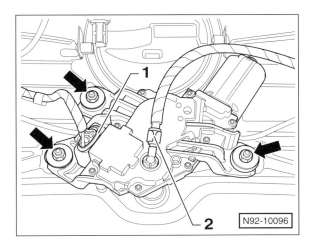

- Stecker –1– vom Wischermotor abziehen.

- Auffangbehälter für ausfließende Flüssigkeit unterstellen.

- Sicherungsclip –2– am Schlauchanschluss zum Entriegeln verdrehen und Schlauch für Waschdüse abziehen.

- Muttern –Pfeile– abschrauben und Wischermotor vorsichtig aus der Heckklappe herausziehen.

Einbau

Achtung: Vor dem Einbau prüfen, ob sich der Wischermotor in Endstellung befindet. Dazu kurzzeitig Anschlussstecker aufschieben und Batterie anschließen. Motor kurz laufen lassen und anschließend mit Wischerschalter ausschalten, damit der Motor in Endstellung stehen bleibt.

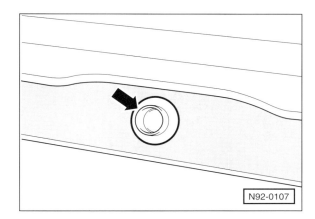

- Wischermotor vorsichtig durch die Öffnung in der Heckscheibe einsetzen. Dabei auf richtigen Sitz der Dichtung –Pfeil– achten.

- Wischermotor mit **8 Nm** anschrauben.

- Der weitere Einbau erfolgt in umgekehrter Ausbaureihenfolge. Einstellung des Wischerarms überprüfen.

Regensensor aus- und einbauen

GOLF

Ausbau

- Zündung ausschalten und Zündschlüssel abziehen.

- Innenspiegel ausbauen, siehe Seite 241.

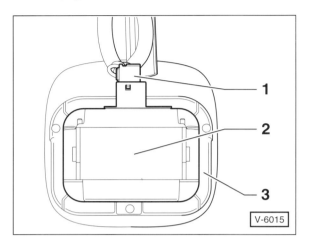

- Stecker –1– vom Regensensor –2– abziehen.

- Mit einem Schraubendreher Regensensor –2– aus der Halterung –3– herausbehen. Dabei darauf achten, dass nicht der Deckel für den Sensor abgehebelt wird.

Einbau

- Der Einbau erfolgt in umgekehrter Ausbaureihenfolge, dabei darauf achten, dass die Frontscheibe an der Halterung sowie die Auflagefläche des Sensors frei von Verschmutzung sind. Es dürfen sich keine Luftblasen zwischen Auflagefläche des Sensors und der Frontscheibe bilden.

Störungsdiagnose Scheibenwischergummi

Wischbild	Ursache	Abhilfe
Schlieren.	Wischergummi verschmutzt.	■ Wischergummi mit harter Nylonbürste und einer Waschmittellösung oder Spiritus reinigen.
	Ausgefranste Wischlippe, Gummi ausgerissen oder abgenutzt.	■ Wischergummi erneuern.
	Wischergummi gealtert, rissige Oberfläche.	■ Wischergummi erneuern.
Im Wischfeld verbleibende Wasserreste ziehen sich sofort zu Perlen zusammen.	Frontscheibe durch Lackpolitur oder Öl verschmutzt.	■ Frontscheibe mit sauberem Putzlappen und einem Fett-Öl-Silikonentferner reinigen.
Wischerblatt wischt einseitig gut, einseitig schlecht, rattert.	Wischergummi einseitig verformt, »kippt nicht mehr«.*)	■ Neues Wischergummi einbauen.
	Wischerarm verdreht, Blatt steht schief auf der Scheibe.*)	■ Wischerarm vorsichtig verdrehen, bis richtige Stellung erreicht ist, siehe »Scheibenwischerarme einstellen« im Kapitel »Wartung«.
Nicht gewischte Flächen.	Wischergummi aus den Klammern herausgerissen.*)	■ Wischergummi vorsichtig in die Klammern einsetzen.
	Wischerblatt liegt nicht mehr gleichmäßig an der Scheibe an, da Federschienen oder Bleche verbogen.*)	■ Wischerblatt ersetzen. Dieser Fehler tritt vor allem bei unsachgemäßem Montieren eines Ersatzblattes auf.
	Anpressdruck durch Wischerarm zu gering.*)	■ Wischerarmgelenke und Feder leicht einölen oder neuen Wischerarm einbauen.

*) Diese Punkte gelten nur für den herkömmlichen Wischer.

Lampentabelle

12-V-Glühlampe für	Typ	Leistung
Fernlicht	H7	55 W
Abblendlicht	H7	55 W
Abblendlicht, Xenon-Scheinwerfer	D2S	35 W
Bi-Xenon-Scheinwerfer [1]	D1S	35 W
Abbiegeleuchte [1]	H8	35 W
Standlicht	W	5 W
Blinklicht vorn	PY	21 W
Blinklicht vorn, (Bi)-Xenon-Scheinw. [2]	H	21 W
Nebelleuchten [3]	HB4	55 W
Nebelleuchten [4]	H11	55 W
Hintere Blinkleuchten (GOLF Lim.) [5]	H	6 W
Hintere Blinkleuchten (JETTA)	P	21 W
Hintere Blinkleuchten (TOURAN)	PY	21 W
Schlussleuchten (GOLF) [5], [6]	P	21 W
Schlussleuchten (TOURAN)	R	5 W
Bremsleuchten [5]	P	21 W
Nebelschlussleuchte	P	21 W
Rückfahrleuchte	P	21 W
Kennzeichenleuchten	C	5 W
Einstiegsleuchten (GOLF)	W	6 W
Einstiegsleuchten (TOURAN)	C	5 W

Hinweis: H: Halogenlampe; P/R: Bajonett-Sockel; W: Glassockel; C: Soffitte; Y: Leuchtenfarbe orange.

[1] Modell mit Kurvenlicht; [2] außer TOURAN;
[3] GOLF Limousine, TOURAN ab Fgll-Nr. 1T-5-083 128;
[4] GOLF VARIANT, JETTA, TOURAN bis Fgll-Nr. 1T-5-083 127;
[5] GOLF PLUS: LED; [6] JETTA: LED.

Hinweis: Glühlampen grundsätzlich nur durch solche gleicher Ausführung ersetzen. Vor einem Lampenwechsel sicherstellen, dass der betreffende Schalter ausgeschaltet ist.

Achtung: Halogen-Lampen stehen unter Druck und können platzen. Deshalb beim Lampenwechsel Schutzbrille und Handschuhe tragen.

Achtung: Den Glaskolben einer leistungsstarken Glühlampe nicht mit bloßen Fingern berühren. Dies gilt insbesondere für die Haupt- und Nebelscheinwerfer. Am besten ein sauberes Stofftuch dazwischen legen oder Baumwollhandschuhe anziehen. Versehentlich entstandene Berührungsflecken auf dem Glaskolben mit einem sauberen, nicht fasernden Tuch und etwas Spiritus abwischen.

Achtung: Die mit einem Schutzlack beschichteten Kunststoffscheiben der Hauptscheinwerfer dürfen auf keinen Fall mit einem trockenen oder gar scheuernden Lappen gesäubert werden. Es dürfen auch keine Reinigungs- oder Lösungsmittel benutzt werden. Die Scheiben nur mit einem weichen, feuchten Tuch reinigen.

Glühlampen am Scheinwerfer auswechseln

GOLF

Hinweise für den **GOLF PLUS** stehen am Kapitelende.

- Zündung und Schalter des Scheinwerfers ausschalten.
- Batterie abklemmen. **Achtung:** Hinweise im Kapitel »Batterie aus- und einbauen« beachten.

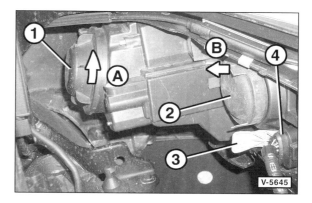

- An der Rückseite des Scheinwerfers äußere Abdeckkappe –1– für Abblendlicht gegen den Uhrzeigersinn drehen –Pfeil A– und abnehmen.
- Abdeckkappe –2– innen für Fern- und Standlicht abziehen –Pfeil B–. 3 – Fassung für Blinkleuchte, 4 – Stecker für Scheinwerfer.
- Beim Einbau Abdeckkappe –1/2– korrekt aufsetzen, so dass kein Wasser in den Scheinwerfer eindringen kann.
- Neue Glühlampe auf Funktion überprüfen. Gegebenenfalls Scheinwerfer-Einstellung von einer Werkstatt kontrollieren und einstellen lassen.

Abblendlicht (Halogen-Scheinwerfer)

Ausbau

- Abdeckkappe für Abblendlicht abnehmen.

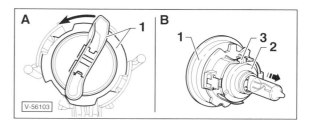

- Lampenfassung –1– am Griffstück gegen den Uhrzeigersinn drehen –Pfeil A– und mit Glühlampe aus dem Reflektor herausziehen.
- Glühlampe –2– aus der Lampenfassung –1– herausziehen –Pfeil B–.

Einbau

● Neue Glühlampe –2– so in die Lampenfassung –1– einsetzen, dass der Zapfen –3– an der Lampe in der Aussparung der Lampenfassung sitzt.

● Lampenfassung mit Glühlampe so in den Reflektor einführen, dass die Markierung »TOP« auf der Fassung oben steht. Fassung im Uhrzeigersinn drehen, bis sie einrastet.

● Abdeckkappe an der Scheinwerferrückseite in die Aussparungen einsetzen und im Uhrzeigersinn festdrehen.

Fernlicht (Halogen- und Xenon-Scheinwerfer)

Ausbau

● Abdeckkappe für Fern- und Standlicht abziehen.

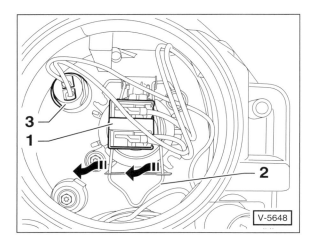

● Stecker –1– von der Glühlampe für Fernlicht abziehen. 3 – Glühlampe für Standlicht.

● Drahtbügel –2– zum Entriegeln nach vorne und gleichzeitig in Pfeilrichtung drücken.

● Drahtbügel aufklappen und Glühlampe für Fernlicht aus dem Reflektor herausziehen.

Einbau

● Neue Glühlampe so einsetzen, dass die Rastnasen an der Lampe in die entsprechenden Aussparungen in der Lampenfassung passen.

● Drahtbügel zurückklappen und einhängen.

● Stecker an der Glühlampe für Fernlicht aufschieben.

● Abdeckkappe an der Scheinwerferrückseite aufstecken.

Standlicht (Halogen-Scheinwerfer)

Ausbau

● Abdeckkappe für Fern- und Standlicht abziehen.

● Fassung –3– mit Glühlampe am Stecker aus dem Reflektor herausziehen, siehe Abbildung V-5648.

● Glühlampe für Standlicht aus der Fassung herausziehen.

Einbau

● Der Einbau erfolgt in umgekehrter Ausbaureihenfolge.

Blinklicht vorn (Halogen-Scheinwerfer)

Ausbau

Hinweis: Die Blinkleuchte sitzt unter dem Fernlicht.

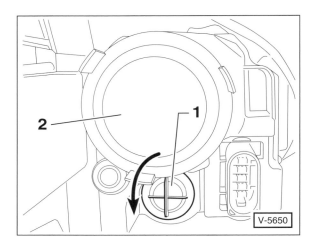

● Fassung –1– am Griffstück gegen den Uhrzeigersinn drehen –Pfeil– und Glühlampe mit der Fassung aus dem Reflektor herausziehen. 2 – Abdeckkappe für Fern- und Standlicht.

● Glühlampe in die Fassung eindrücken, gegen den Uhrzeigersinn drehen und aus der Fassung herausziehen.

Einbau

● Neue Glühlampe in die Fassung einsetzen und Glühlampe mit der Fassung in den Reflektor einführen.

● Fassung im Uhrzeigersinn drehen, bis sie einrastet. Dabei auf den richtigen Sitz des Dichtringes achten.

Abblendlicht (Xenon-Scheinwerfer)

Ausbau

> **Sicherheitshinweis/Xenon-Scheinwerfer**
> Vorsicht beim Lampenwechsel an Xenon-Scheinwerfern. Verletzungsgefahr durch Hochspannung! **Auf jeden Fall Scheinwerfer ausschalten und Batterie vom Stromnetz abklemmen.** Anschließend Scheinwerferschalter kurz ein- und wieder ausschalten, um Restspannungen abzubauen. Sicherheitshalber Schutzbrille, Handschuhe sowie Schuhe mit Gummisohlen tragen.

● Scheinwerfer ausbauen, siehe entsprechendes Kapitel.

● An der Rückseite des Scheinwerfers äußere Abdeckkappe –1– für Abblendlicht gegen den Uhrzeigersinn drehen –Pfeil A– und abnehmen, siehe Abbildung V-5645, Seite 93.

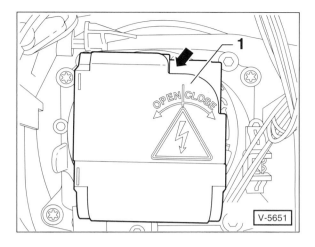

V-5651

- Stecker –Pfeil– vom Zündgerät abziehen.

- Zündgerät –1– gegen den Uhrzeigersinn drehen –Pfeil OPEN–. Zündgerät von der Lampe abziehen.

Achtung: Die Scheinwerfer dürfen bei abgezogenem Zündgerät nicht eingeschaltet werden.

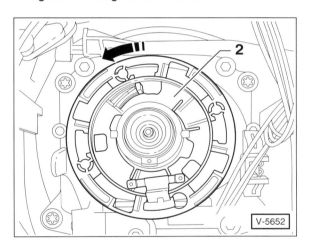

V-5652

- Sicherungsring –2– gegen den Uhrzeigersinn drehen –Pfeil– und abnehmen.

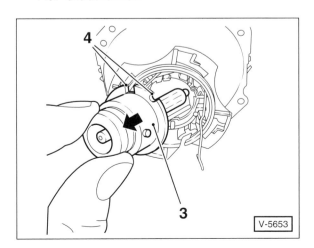

V-5653

- Xenon-Glühlampe –3– aus dem Reflektor herausziehen.

Einbau

- Neue Xenon-Glühlampe in den Reflektor einsetzen, dabei darauf achten, dass die Führungsnasen am Reflektor in die entsprechenden Aussparungen –4– greifen.

- Sicherungsring durch Drehen im Uhrzeigersinn anschrauben.

- Zündgerät auf die Lampe stecken, im Uhrzeigersinn drehen –Pfeil CLOSE– und verriegeln.

- Stecker am Zündgerät anschließen.

- Abdeckkappe an der Scheinwerferrückseite in die Aussparungen einsetzen und im Uhrzeigersinn festdrehen.

- Scheinwerfer einbauen, siehe entsprechendes Kapitel.

Standlicht (Xenon-Scheinwerfer)

Ausbau

Hinweis: Die Stand- und die Blinkleuchte sitzen unter dem Fernlicht hinter einer gemeinsamen Abdeckkappe.

- Abdeckkappe für Stand- und Blinklicht abziehen.

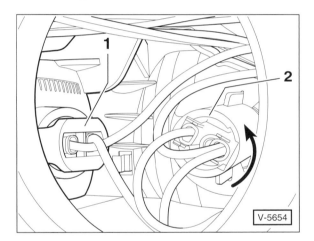

V-5654

- Fassung –1– mit Glühlampe für Standlicht am Stecker aus dem Reflektor herausziehen. 2 – Glühlampe für Blinklicht.

- Glühlampe für Standlicht aus der Fassung herausziehen.

Einbau

- Der Einbau erfolgt in umgekehrter Ausbaureihenfolge.

Blinklicht vorn (Xenon-Scheinwerfer)

Ausbau

Hinweis: Die Stand- und die Blinkleuchte sitzen unter dem Fernlicht hinter einer gemeinsamen Abdeckkappe.

- Abdeckkappe für Stand- und Blinklicht abziehen.

- Fassung –2– gegen den Uhrzeigersinn drehen –Pfeil– und Glühlampe mit der Fassung aus dem Reflektor herausziehen, siehe Abbildung V-5654.

- Glühlampe in die Fassung eindrücken, gegen den Uhrzeigersinn drehen und aus der Fassung herausziehen.

Einbau

● Neue Glühlampe in die Fassung einsetzen und Glühlampe mit der Fassung in den Reflektor einführen.

● Fassung im Uhrzeigersinn drehen, bis sie einrastet.

● Abdeckkappe an der Scheinwerferrückseite aufstecken.

Speziell GOLF PLUS

Hinweis: Es werden 2 verschiedene Halogenscheinwerfer eingebaut – von HELLA und VALEO. Der Aus- und Einbau der Glühlampen erfolgt zum Teil wie bei der GOLF Limousine. Hier werden nur die Unterschiede beschrieben.

Vorarbeiten für Fern- und Standlicht (Halogen-Scheinwerfer)

● **Scheinwerfer links:** Wenn nötig, Luftfiltergehäuse ausbauen, siehe Seite 230.

● **Scheinwerfer rechts, Benzinmotor:** Aktivkohlebehälter abbauen und mit angeschlossenen Leitungen zur Seite legen.

● **Scheinwerfer rechts, Dieselmotor:** Kraftstofffilter abbauen und mit angeschlossenen Leitungen zur Seite legen, siehe Seite 229.

Fernlicht – Scheinwerfer von HELLA

● Lampenfassung für Fernlicht am Griffstück gegen den Uhrzeigersinn drehen und mit Glühlampe aus dem Reflektor herausziehen.

● Glühlampe aus der Lampenfassung herausziehen.

Abdeckung für Abblendlicht – Scheinwerfer von VALEO

● An der Rückseite des Scheinwerfers Haltebügel zur Seite drücken, Abdeckkappe für Abblendlicht an der Außenseite aushängen und abnehmen.

Fernlicht – Scheinwerfer von VALEO

● Stecker mit Lampenfassung nach unten drücken, bis die Fassung entriegelt ist.

● Glühlampe am Stecker aus dem Reflektor herausziehen und danach nach oben aus dem Scheinwerfergehäuse herausführen.

● Stecker von der Glühlampe abziehen.

● Beim Einbau Glühlampe in den Reflektor einsetzen und hörbar einrasten. Danach Stecker aufschieben.

Xenon-Lampe (Bi-Xenon-Scheinwerfer)

● Scheinwerfer ausbauen, siehe entsprechendes Kapitel.

● An der Rückseite des Scheinwerfers Abdeckung abschrauben.

● Sicherungslasche drücken und Stecker entriegeln. Stecker nach unten vom Zündgerät abziehen.

● Haltering am Zündgerät um 45° gegen den Uhrzeigersinn drehen und Xenon-Lampe mit Zündgerät aus dem Reflektor ziehen.

● Sicherungslasche am Haltering nach unten drücken und vom Haltering abziehen. Haltering öffnen und von der Xenon-Lampe abnehmen.

Standlicht (Bi-Xenon-Scheinwerfer)

● Vorarbeiten für Fern- und Standlicht durchführen, siehe Abschnitt »Halogen-Scheinwerfer«.

● Große Abdeckkappe für Standlicht und Abbiegelicht gegen den Uhrzeigersinn drehen und abnehmen.

● Fassung am Griffstück aus dem Reflektor herausziehen.

● Glühlampe für Standlicht aus der Fassung herausziehen.

Blinklicht (Bi-Xenon-Scheinwerfer)

● Vorarbeiten für Fern- und Standlicht durchführen, siehe Abschnitt »Halogen-Scheinwerfer«.

● Kleine Abdeckkappe für Blinklicht gegen den Uhrzeigersinn drehen und abnehmen.

● Glühlampe in die Fassung eindrücken, gegen den Uhrzeigersinn drehen und aus der Fassung herausziehen.

Glühlampen am Scheinwerfer auswechseln
TOURAN

Achtung: Halogen-Lampen stehen unter Druck und können platzen. Deshalb beim Lampenwechsel Schutzbrille und Handschuhe tragen.

● Zündung und Schalter des Scheinwerfers ausschalten.

● Motorhaube öffnen.

● Batterie abklemmen. **Achtung:** Hinweise im Kapitel »Batterie aus- und einbauen« beachten.

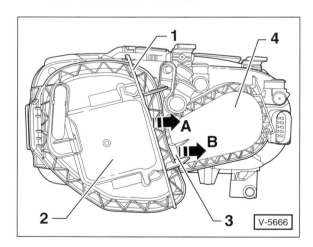

● An der Rückseite des Scheinwerfers Haltebügel –1– zur Seite drücken –Pfeil A– und äußere Abdeckkappe –2– für Abblendlicht abnehmen.

● Lasche –3– in Pfeilrichtung –B– ziehen und Abdeckkappe –4– innen für Fern-, Stand- und Blinklicht abnehmen.

● Beim Einbau Abdeckkappe –2/4– so aufsetzen, dass kein Wasser in den Scheinwerfer eindringen kann.

● Nach dem Einbau neue Glühlampe auf Funktion überprüfen. Gegebenenfalls Scheinwerfer-Einstellung von einer Werkstatt kontrollieren und einstellen lassen.

Abblendlicht (Halogen-Scheinwerfer)

Ausbau

● Abdeckkappe für Abblendlicht abnehmen.

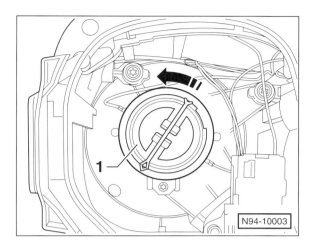

N94-10003

● Lampenfassung −1− gegen den Uhrzeigersinn drehen −Pfeil− und mit Glühlampe aus dem Reflektor herausziehen.

● Glühlampe aus der Lampenfassung herausziehen.

Einbau

● Neue Glühlampe so in die Lampenfassung einsetzen, dass der Zapfen an der Lampe in der Aussparung in der Lampenfassung sitzt.

● Lampenfassung mit Glühlampe in den Reflektor einführen und im Uhrzeigersinn drehen, bis sie einrastet.

● Abdeckkappe −2− an der Scheinwerferrückseite einhängen und andrücken. Abdeckkappe mit Haltebügel −1− sichern, siehe Abbildung V-5666.

Fernlicht

Ausbau

● Innere Abdeckkappe abnehmen.

Hinweis: Je nach Fahrzeugmodell ist die Glühlampe für Fernlicht mit einem Drahtbügel gesichert oder in einer drehbaren Fassung eingesetzt.

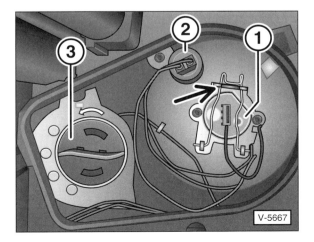

V-5667

● **Fernlicht mit Drahtbügel:** Stecker von der Glühlampe für Fernlicht −1− abziehen. Drahtbügel −Pfeil− entriegeln und aufklappen. Glühlampe für Fernlicht aus dem Reflektor herausziehen. 2 − Standlicht, 3 − Blinklicht.

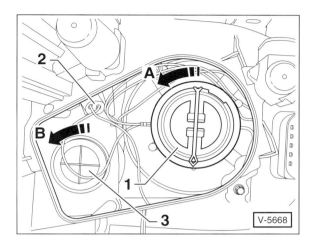

V-5668

● **Fernlicht mit Fassung:** Lampenfassung −1− gegen den Uhrzeigersinn drehen −Pfeil A− und mit Glühlampe aus dem Reflektor herausziehen. Glühlampe aus der Lampenfassung herausziehen. 2 − Glühlampe für Standlicht, 3 − Glühlampe für Blinklicht.

Einbau

● **Fernlicht mit Drahtbügel:** Neue Glühlampe so einsetzen, dass die Rastnasen in die entsprechenden Aussparungen passen. Drahtbügel zurückklappen und einhängen. Stecker an der Glühlampe für Fernlicht aufschieben.

● **Fernlicht mit Fassung:** Neue Glühlampe so in die Lampenfassung einsetzen, dass der Zapfen an der Lampe in der Aussparung der Lampenfassung sitzt.

● **Fernlicht mit Fassung:** Lampenfassung mit Glühlampe in den Reflektor einführen und im Uhrzeigersinn drehen, bis sie einrastet.

● Abdeckkappe −4− an der Scheinwerferrückseite einhängen und einrasten, siehe Abbildung V-5666, Seite 96.

Standlicht/Blinklicht

Ausbau

● Innere Abdeckkappe abnehmen.

● **Standlicht:** Fassung −2− mit Glühlampe am Stecker aus dem Reflektor herausziehen und Glühlampe aus der Fassung herausziehen, siehe Abbildung V-5667/V-5668.

● **Blinklicht:** Fassung −3− gegen den Uhrzeigersinn drehen −Pfeil− und Glühlampe mit der Fassung aus dem Reflektor herausziehen, siehe Abbildung V-5667/V-5668. Glühlampe in die Fassung eindrücken, gegen den Uhrzeigersinn drehen und aus der Fassung herausziehen.

Einbau

● Der Einbau erfolgt in umgekehrter Ausbaureihenfolge, dabei Fassung für Blinklicht im Uhrzeigersinn drehen, bis sie einrastet.

Abblendlicht (Xenon-Scheinwerfer)

● Scheinwerfer ausbauen, siehe entsprechendes Kapitel.

● An der Rückseite des Scheinwerfers Haltebügel –1– zur Seite drücken –Pfeil A– und äußere Abdeckkappe –2– für Abblendlicht abnehmen, siehe Abbildung V-5666, Seite 96.

● Der weitere Aus- und Einbau erfolgt wie beim GOLF, siehe entsprechendes Kapitel.

Scheinwerfer aus- und einbauen

Ausbau

● Zündung und Lichtschalter ausschalten.

● Motorhaube öffnen. Batterie abklemmen. **Achtung:** Hinweise im Kapitel »Batterie aus- und einbauen« beachten.

● Stecker an der Scheinwerferrückseite entriegeln und abziehen, siehe Abbildung V-5645, Seite 93.

GOLF

● **VARIANT/JETTA:** Stoßfängerabdeckung ausbauen, siehe Seite 276.

● **Limousine:** Kühlergrill ausbauen, siehe Seite 278.

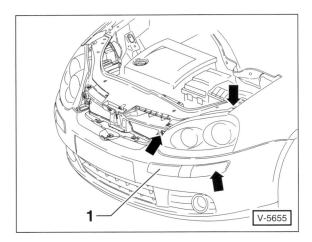

V-5655

● **Limousine:** Mit einem Kunststoffkeil, zum Beispiel HAZET 1965-20, Stoßleiste –1– unter dem Scheinwerfer vorsichtig an den Einraststellen lösen und von der Stoßfängerabdeckung abnehmen.

● 3 Schrauben –Pfeile– herausdrehen.

● **Limousine/VARIANT/JETTA:** Scheinwerfer nach vorne herausziehen.

Speziell GOLF PLUS – Halogenscheinwerfer

● Abdeckkappe für Abblendlicht abnehmen.

● Stoßfängerabdeckung unterhalb des Scheinwerfers zum Schutz mit Klebeband abkleben.

● Kühlergrill ausbauen, siehe Seite 278.

● Stoßleiste aus der Stoßfängerabdeckung ausbauen.

● 3 Schrauben für Scheinwerfer herausdrehen.

● Scheinwerfer ein Stück vorziehen, hinten anheben und Stellschraube sowie Gehäuse-Oberkante unter den Karosserieteilen herausheben. Scheinwerfer vorsichtig zurückschieben, dabei Stellschraube über den Schlossträger führen und Kotflügelspitze in die Scheinwerferöffnung einführen. Scheinwerfer vorne vorsichtig anheben und nach vorne herausfädeln.

Speziell GOLF PLUS – Xenonscheinwerfer

● Stoßfängerabdeckung ausbauen, siehe Seite 276.

● Je 2 Schrauben oben und unten am Scheinwerfer herausdrehen und Scheinwerfer nach vorne herausziehen.

TOURAN

● Stoßfängerabdeckung ausbauen, siehe Seite 276.

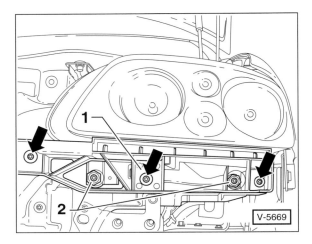

V-5669

● 3 Schrauben –Pfeile– herausdrehen. und Führungsteil –1– vom Schlossträger abnehmen.

● 2 Schrauben –2– unten am Scheinwerfer herausdrehen.

● 2 Schrauben oben am Scheinwerfer herausdrehen und Scheinwerfer nach vorne herausziehen.

Einbau

● Der Einbau erfolgt in umgekehrter Ausbaureihenfolge, dabei Scheinwerfer mit **4 Nm** festschrauben.

● **TOURAN:** Führungsteil mit **2 Nm** festschrauben.

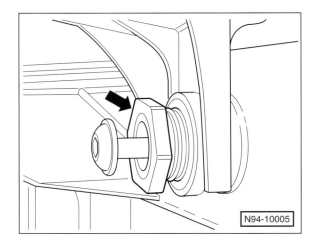

N94-10005

- Auf gleichmäßige Fugenmaße und Bündigkeit zu den anschließenden Karosserieteilen achten. Wenn nötig, Einstellbuchsen an den unteren Befestigungsschrauben –Pfeil– hinein- und herausdrehen.

- Scheinwerfer-Einstellung so bald wie möglich von einer Werkstatt kontrollieren und gegebenenfalls einstellen lassen. **Hinweis:** Nach dem Ausbau von Xenon-Scheinwerfern muss in der Fachwerkstatt eine Grundeinstellung vorgenommen werden.

Achtung: Für die Verkehrssicherheit ist die exakte Einstellung der Scheinwerfer von großer Bedeutung.

Einstellen/GOLF (außer GOLF PLUS)

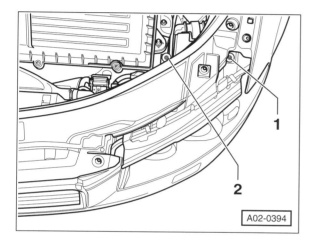

A02-0394

- ■ Höheneinstellung mit Schraube –1– und –2–. Seiteneinstellung nur mit Schraube –2–.

Einstellen/TOURAN

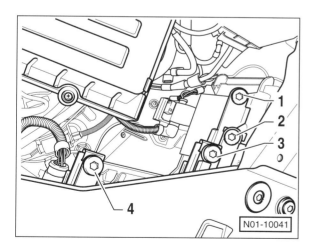

N01-10041

- ■ **Abblendlicht:** Höheneinstellung mit Schraube –1– und Seiteneinstellung mit Schraube –2–.

- ■ **Fernlicht:** Höheneinstellung mit Schraube –4– und Seiteneinstellung mit Schraube –3–.

Hinweis: Die richtige Einstellung der Scheinwerfer wird mit einem Spezialgerät in einer Werkstatt durchgeführt.

Stellmotor für Leuchtweitenregelung aus- und einbauen

GOLF/Scheinwerfer von HELLA

Ausbau

- Motorhaube öffnen.

- Batterie abklemmen. **Achtung:** Hinweise im Kapitel »Batterie aus- und einbauen« beachten.

- Scheinwerfer ausbauen, siehe entsprechendes Kapitel.

- An der Rückseite des Scheinwerfers äußere Abdeckkappe –1– für Abblendlicht gegen den Uhrzeigersinn drehen –Pfeil A– und abnehmen, siehe Abbildung V-5645, Seite 93.

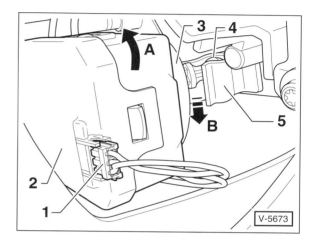

V-5673

- Stecker –1– vom Stellmotor –2– abziehen.

- Stellmotor gegen den Uhrzeigersinn drehen –Pfeil A– und aus der Aufnahme –3– am Scheinwerfer lösen.

- Kugelkopf –4– des Stellmotors aus der Kugelkopfführung –5– herausziehen –Pfeil B–.

Einbau

- Kugelkopf der Motor-Stellachse vorsichtig in die Kugelkopfführung einschieben und einrasten.

- Stellmotor in die Aufnahme einsetzen und im Uhrzeigersinn festdrehen.

- Der weitere Einbau erfolgt in umgekehrter Ausbaureihenfolge.

Speziell Scheinwerfer von Automotive Lighting und Scheinwerfer beim TOURAN

Der Aus- und Einbau erfolgt in ähnlicher Weise. Der Stellmotor wird jedoch mit 2 Schrauben vom Scheinwerfer abgeschraubt.

Nebelscheinwerfer aus- und einbauen

GOLF

Ausbau

● Zündung und Lichtschalter ausschalten.

● Batterie abklemmen. **Achtung:** Hinweise im Kapitel »Batterie aus- und einbauen« beachten.

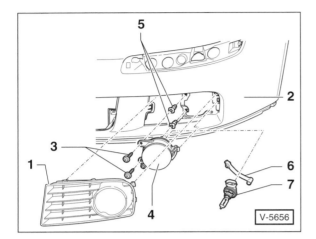

● Mit einem Kunststoffkeil, zum Beispiel HAZET 1965-20, Lüftungsgitter –1– aus der Stoßfängerabdeckung –2– ausclipsen. **Hinweis:** Gegebenenfalls am Lüftungsgitter zunächst eine Schraube herausdrehen. 5 – Spreizmuttern, 6 – Entlüftungsschlauch, 7 – Glühlampe.

● 2 Schrauben –3– herausdrehen, Nebelscheinwerfer –4– nach vorne aus der Stoßfängerabdeckung herausziehen und Stecker an der Rückseite abziehen.

Einbau

● Der Einbau erfolgt in umgekehrter Ausbaureihenfolge. Dabei auf korrekten Sitz des Lüftungsgitters achten.

● Scheinwerfer-Einstellung von einer Werkstatt kontrollieren und, wenn nötig, einstellen lassen.

Glühlampe wechseln

● Nebelscheinwerfer ausbauen.

● Lampenfassung an der Rückseite des Nebelscheinwerfers gegen den Uhrzeigersinn drehen und mit Glühlampe aus dem Reflektor herausziehen.

Hinweis: Die Glühlampe kann nicht aus der Fassung herausgezogen werden.

● Neue Glühlampe mit der Fassung einsetzen und im Uhrzeigersinn drehen, bis sie einrastet.

● Der weitere Einbau erfolgt in umgekehrter Ausbaureihenfolge.

● Neue Glühlampe auf Funktion überprüfen.

Speziell TOURAN

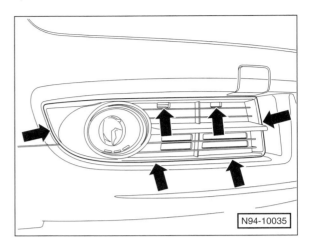

● Mit einem Kunststoffkeil, zum Beispiel HAZET 1965-20, Lüftungsgitter an den Einraststellen –Pfeile– aus der Stoßfängerabdeckung ausclipsen.

● 3 Schrauben für Nebelscheinwerfer herausdrehen und Nebelscheinwerfer nach vorne aus der Stoßfängerabdeckung herausziehen.

Hinweis: Der weitere Aus- und Einbau des Nebelscheinwerfers sowie der Wechsel der Glühlampe erfolgt beim TOURAN in ähnlicher Weise wie beim GOLF.

Heckleuchte aus- und einbauen

GOLF

Die Heckleuchte bei der Limousine, beim JETTA sowie beim GOLF PLUS ist geteilt. Ein Leuchtensegment ist im hinteren Seitenteil des Fahrzeugs eingesetzt, das andere ist in der Heckklappe integriert. Der Aus- und Einbau erfolgt beim JETTA und GOLF VARIANT ähnlich wie bei der GOLF Limousine. Spezielle Hinweise befinden sich am Ende des Kapitels.

● Zündung und Schalter der Leuchte ausschalten.

● Batterie abklemmen. **Achtung:** Hinweise im Kapitel »Batterie aus- und einbauen« beachten.

● Beim Einbau der Heckleuchte auf gleichmäßige Fugenmaße und Bündigkeit zu den anschließenden Karosserieteilen achten. Der Stecker muss hörbar einrasten. Neue Glühlampe auf Funktion überprüfen.

Limousine: Leuchte im hinteren Seitenteil

Ausbau

Hinweis: Die Heckleuchte lässt sich bei Fahrzeugen ab 11/05 auf Bündigkeit zur Stoßfängerabdeckung einstellen. Ab diesem Zeitpunkt wird nur der neue Heckleuchtentyp angeboten. Wird die Heckleuchte bei Fahrzeugen vor 11/05 ausgetauscht, muss an der Rückseite der Heckleuchte ein Adapterstück angeschraubt werden.

● Heckklappe öffnen und Seitenverkleidung im Bereich der Heckleuchte umschlagen.

Hinweis: Die Seitenverkleidung ist an dieser Stelle geschlitzt.

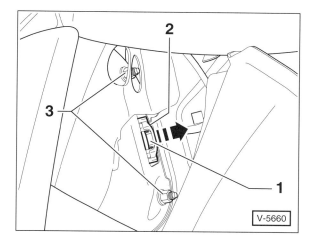

● Sicherungsclip –1– mit einem Schraubendreher entriegeln und Stecker –2– von der Heckleuchte abziehen –Pfeil–.

● 2 Muttern –3– abschrauben und Heckleuchte nach hinten aus der Seitenwand herausziehen.

Einbau

● **GOLF Limousine bis 11/05:** Adapterstück an der Rückseite der Heckleuchte anschrauben.

● Der Einbau erfolgt in umgekehrter Ausbaureihenfolge.

● Heckleuchte mit **4 Nm** festschrauben. Der Stecker muss hörbar einrasten.

● **GOLF Limousine ab 11/05:** Gegebenenfalls Heckleuchte am Einstellelement auf Bündigkeit zur Stoßfängerabdeckung einstellen. Zuvor Muttern nochmals lockern.

Glühlampe wechseln

● Heckleuchte ausbauen und auf einer geeigneten Unterlage ablegen.

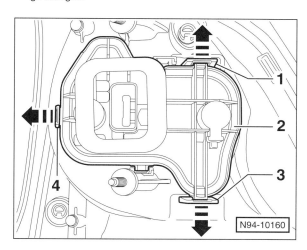

● 3 Laschen –1/3/4– nach außen drücken –Pfeile– und Lampenträger –2– von der Heckleuchte abnehmen. **Achtung:** Die Laschen können leicht abbrechen.

● Glühlampe eindrücken, gegen den Uhrzeigersinn drehen und aus dem Lampenträger herausziehen.

● Neue Glühlampe in den Lampenträger einsetzen, im Uhrzeigersinn drehen und einrasten.

● Lampenträger auf die Heckleuchte setzen und einrasten.

Limousine: Leuchte in der Heckklappe

Ausbau

● Heckklappe öffnen und untere Heckklappenverkleidung ausbauen, siehe Seite 290.

● Stecker von der Leuchte abziehen.

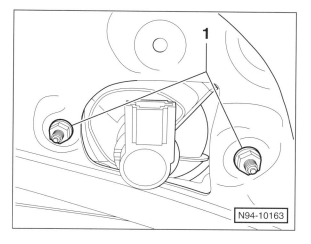

● 2 Muttern –1– abschrauben und Heckleuchte nach hinten von der Heckklappe abnehmen.

Einbau

Achtung: Vor dem Einbau 2 Unterlegscheiben mit etwas Klebstoff auf die Gewindebolzen der Heckleuchte auflegen, damit sie beim Einbau nicht abfallen.

● Der Einbau erfolgt in umgekehrter Ausbaureihenfolge, dabei Heckleuchte mit **4 Nm** festschrauben.

Glühlampe wechseln

● Heckklappe öffnen.

● Mit einem Kunststoffkeil, zum Beispiel HAZET 1965-20, Klappe an der Seite aus der Heckklappenverkleidung heraushebeln.

● Stecker von der Leuchte abziehen.

● Lampenfassung an der Rückseite der Heckleuchte drehen und mit Glühlampe aus dem Reflektor herausziehen. Nebelschlussleuchte (links): Gegen den Uhrzeigersinn drehen, Rückfahrleuchte (rechts): Im Uhrzeigersinn drehen.

● Glühlampe eindrücken, gegen den Uhrzeigersinn drehen und aus der Fassung herausziehen.

● Neue Glühlampe in die Fassung einsetzen, im Uhrzeigersinn drehen und einrasten.

● Der weitere Einbau erfolgt in umgekehrter Ausbaureihenfolge.

GOLF PLUS: Leuchte im hinteren Seitenteil

● Serviceklappe in der Seitenverkleidung heraushebeln, dabei Kunststoffkeil oben an der Klappe ansetzen.

● Sicherungsclip ziehen, entriegeln und Stecker von der Heckleuchte abziehen.

● 2 Muttern abschrauben und Heckleuchte nach hinten aus der Seitenwand herausziehen.

● Beim Einbau Heckleuchte gegebenenfalls am Einstellelement auf gleichmäßige Spaltmaße ausrichten.

Hinweis: Die Lampen im Seitenteil bestehen aus LEDs. Bei einem Defekt muss die Heckleuchte komplett ausgetauscht werden.

GOLF PLUS: Leuchte in der Heckklappe

● Serviceklappe aus der Heckklappenverkleidung heraushebeln. Stecker von der Heckleuchte abziehen.

● 2 Muttern abschrauben und Heckleuchte nach hinten aus der Heckklappe herausziehen.

● Beim Einbau zuerst obere Mutter festziehen.

Rückfahrlicht/Nebellicht: Glühlampe wechseln

● Serviceklappe aus der Heckklappenverkleidung heraushebeln. Stecker von der Heckleuchte abziehen.

● 2 Haltelaschen nach außen drücken und Lampenfassung aus der Heckleuchte herausziehen.

● Glühlampe eindrücken, gegen den Uhrzeigersinn drehen und aus dem Lampenträger herausziehen.

JETTA: Leuchte im hinteren Seitenteil

● Seitenverkleidung im Bereich der Heckleuchte umschlagen. Stecker von der Heckleuchte abziehen.

● 2 Muttern abschrauben und Heckleuchte nach hinten aus der Seitenwand herausziehen.

Bremslicht/Blinklicht: Glühlampe wechseln

● Stecker von der Heckleuchte abziehen. 2 Haltelaschen unten an der Heckleuchte nach oben drücken, Lampenträger entriegeln und aus der Heckleuchte aushängen.

● Glühlampe eindrücken, gegen den Uhrzeigersinn drehen und aus dem Lampenträger herausziehen.

Hinweis: Die **Schlussleuchte** besteht aus LEDs. Bei einem Defekt muss die Heckleuchte komplett ausgetauscht werden.

JETTA: Leuchte in der Heckklappe

● Serviceklappe aus der Heckklappenverkleidung heraushebeln. Stecker von der Heckleuchte abziehen.

● 2 Muttern abschrauben und Heckleuchte nach hinten aus der Heckklappe herausziehen.

Achtung: Vor dem Einbau Unterlegscheiben mit etwas Klebstoff auf die Gewindebolzen der Heckleuchte auflegen, damit sie beim Einbau nicht abfallen.

Rückfahrlicht/Nebellicht: Glühlampe wechseln

● Serviceklappe aus der Heckklappenverkleidung heraushebeln. Stecker von der Heckleuchte abziehen.

● 2 Haltelaschen nach außen drücken und Lampenfassung aus dem Reflektor in der Kofferraumklappe herausziehen.

● Glühlampe eindrücken, gegen den Uhrzeigersinn drehen und aus dem Lampenträger herausziehen.

VARIANT: Heckleuchte

● Seitenverkleidung im Bereich der Heckleuchte zur Seite drücken. Stecker von der Heckleuchte abziehen.

● 3 Muttern abschrauben und Heckleuchte nach hinten aus der Seitenwand herausziehen.

Glühlampe wechseln

● Seitenverkleidung im Bereich der Heckleuchte zur Seite drücken. Stecker von der Heckleuchte abziehen.

● 2 Haltelaschen zusammendrücken und Lampenfassung aus der Heckleuchte herausziehen.

● Glühlampe eindrücken, gegen den Uhrzeigersinn drehen und aus dem Lampenträger herausziehen.

Heckleuchte aus- und einbauen
TOURAN

Ausbau

● Zündung und Schalter der Leuchte ausschalten.

● Batterie abklemmen. **Achtung:** Hinweise im Kapitel »Batterie aus- und einbauen« beachten.

● Heckklappe öffnen.

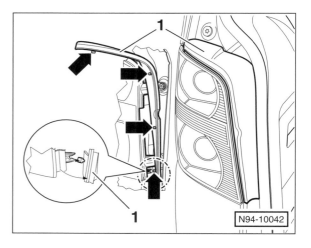

● Blende –1– an den Einraststellen –Pfeile– ausclipsen. Dazu einen Haken aus einem abgewinkelten Draht in die kleine Bohrung unten an der Innenseite der Blende einführen und Blende zuerst unten, dann oben von der Heckleuchte abziehen.

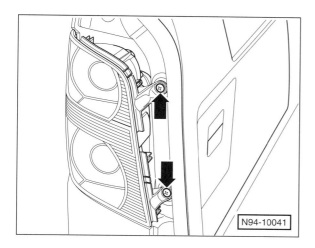

N94-10041

- 2 Schrauben –Pfeile– herausdrehen.

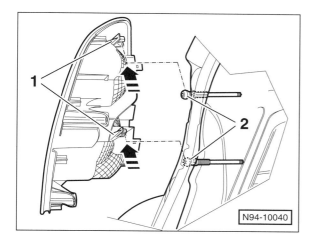

N94-10040

- Heckleuchte etwas nach außen drücken –Pfeile–. Dabei werden die Aufnahmen –1– an der Heckleuchte von den Kugelbolzen –2– abgezogen.

- Stecker an der Rückseite abziehen und Heckleuchte abnehmen.

Einbau

- Der Einbau erfolgt in umgekehrter Ausbaureihenfolge, dabei die Aufnahmen der Heckleuchte auf die Kugelbolzen setzen, Heckleuchte nach innen drücken, bis die Aufnahmen einrasten.

- Auf gleichmäßige Fugenmaße und Bündigkeit zu den anschließenden Karosserieteilen achten. Das Fugenmaß soll dabei 0,5 mm betragen. Wenn nötig, Fugenmaß durch Hinein- und Herausdrehen der Kugelbolzen einstellen.

- Blende erst im unteren Bereich an die Heckleuchte ansetzen und anclipsen, dabei darauf achten, dass die Rastnasen der Blende nicht beschädigt werden.

Glühlampe wechseln

- Heckleuchte ausbauen und auf einer geeigneten Unterlage ablegen.

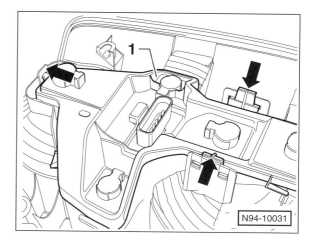

N94-10031

- 3 Laschen nach außen drücken –Pfeile– und Lampenträger –1– von der Heckleuchte abnehmen.

- Glühlampe eindrücken, gegen den Uhrzeigersinn drehen und aus dem Lampenträger herausziehen.

- Neue Glühlampe in den Lampenträger einsetzen, im Uhrzeigersinn drehen und einrasten.

- Lampenträger auf die Heckleuchte setzen und einrasten.

- Neue Glühlampe auf Funktion überprüfen.

Seitliche Blinkleuchte aus- und einbauen

GOLF

Die seitliche Blinkleuchte sitzt im Außenspiegel. In der Leuchte sind LEDs eingesetzt. Bei einem Defekt muss die komplette Blinkleuchte ausgetauscht werden.

Ausbau

- Zündung und Schalter der Leuchte ausschalten.

- Spiegelglas ausbauen, siehe Seite 309.

- Spiegelgehäuse mit Blende ausbauen, siehe Seite 310.

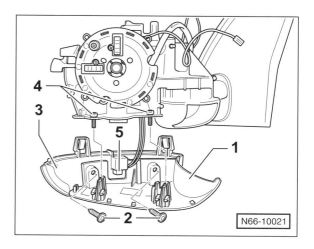

N66-10021

- 2 Schrauben –4– herausdrehen und unteres Gehäuseteil –1– nach unten vom Spiegelträger abnehmen.

- Stecker –5– von der Blinkleuchte abziehen.

- 2 Schrauben –2– herausdrehen und Blinkleuchte –3– vom unteren Gehäuseteil –1– abnehmen.

Einbau

- Der Einbau erfolgt in umgekehrter Ausbaureihenfolge.

Speziell TOURAN

- Spiegelglas ausbauen, siehe Seite 309.

- Spiegelgehäuse ausbauen, siehe Seite 310.

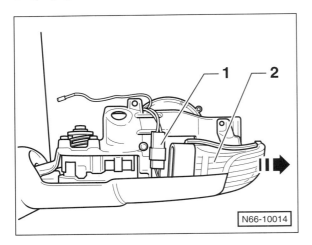

- Stecker –1– abziehen und Blinkleuchte –2– nach außen –Pfeil– aus dem Spiegelträger herausziehen.

Einstiegsleuchte aus- und einbauen
GOLF

Je nach Ausstattung ist eine Einstiegsleuchte im Außenspiegel eingesetzt.

Ausbau

- Zündung ausschalten.

- Außenspiegel aus der Normalstellung gegen den Widerstand nach vorne klappen.

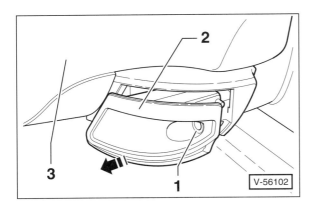

- Schraube –1– aus der Einstiegsleuchte –2– herausdrehen.

- Einstiegsleuchte –2– in Pfeilrichtung aus dem Außenspiegel –3– herausziehen und dabei an den Einraststellen ausclipsen.

- Lampenfassung aus der Einstiegsleuchte herausziehen.

Glühlampe wechseln

- Einstiegsleuchte ausbauen.

- Glühlampe aus der Fassung herausziehen und ersetzen.

- Neue Glühlampe auf Funktion überprüfen.

Kennzeichenleuchte aus- und einbauen

Ausbau

- Zündung und Schalter der Leuchte ausschalten.

- Batterie abklemmen. **Achtung:** Hinweise im Kapitel »Batterie aus- und einbauen« beachten.

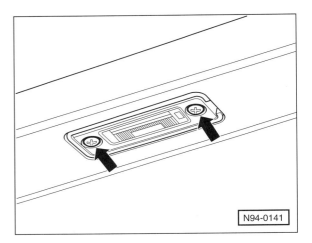

- Kennzeichenleuchte abschrauben –Pfeile– und aus der Stoßfängerabdeckung beziehungsweise Heckklappe herausziehen.

- Soffittenlampe aus der Halterung herausnehmen.

Einbau

- Neue Soffittenlampe in die Halterung einsetzen.

- Der weitere Einbau erfolgt in umgekehrter Ausbaureihenfolge.

Zusatzbremsleuchte aus- und einbauen

Ausbau

- Zündung ausschalten.

- Batterie abklemmen. **Achtung:** Hinweise im Kapitel »Batterie aus- und einbauen« beachten.

- Heckklappe öffnen und Heckklappenverkleidung unten sowie Fensterrahmenverkleidung ausbauen, siehe Seite 290/291.

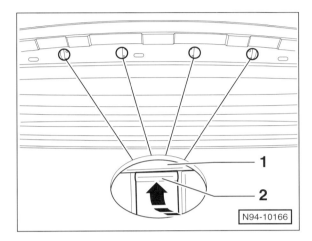

- **GOLF:** Rastnasen –2– in Pfeilrichtung unter das Halteblech –1– drücken und Zusatzbremsleuchte aus der Heckklappe herausziehen.

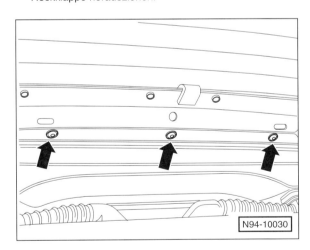

- **TOURAN:** Schrauben –Pfeile– herausdrehen und Zusatzbremsleuchte aus der Heckklappe herausziehen.

- Stecker an der Zusatzbremsleuchte entriegeln und abziehen.

Einbau

- Der Einbau erfolgt in umgekehrter Ausbaureihenfolge, dabei auf korrekten Sitz der Dichtung an der Zusatzbremsleuchte achten.

Glühlampen für Innenleuchten auswechseln

GOLF

- Zündung und Schalter der Leuchte ausschalten.

- Batterie abklemmen. **Achtung:** Hinweise im Kapitel »Batterie aus- und einbauen« beachten.

- Stelle, an der ein Schraubendreher für den Ausbau der Leuchte angesetzt wird, zum Schutz mit Klebeband abdecken.

Hinweis: Nach dem Einbau neue Glühlampe auf Funktion überprüfen.

Deckenleuchte vorn

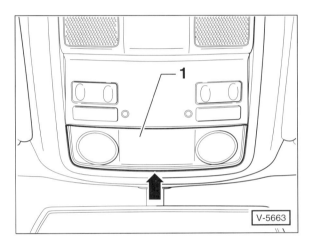

- Leuchtenglas –1– mit einem Kunststoffkeil, zum Beispiel HAZET 1965-20, vorsichtig aus der Deckenleuchte heraushebeln –Pfeil–.

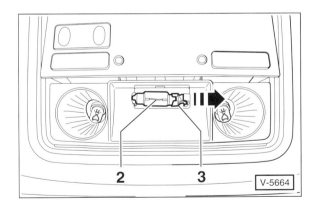

- Kontaktblech –3– in Pfeilrichtung drücken und Soffittenlampe –2– mit dem Kontaktblech aus der Halterung herausnehmen.

- Kontaktblech von der Soffittenlampe abziehen.

- Neue Soffittenlampe mit Kontaktblech in die Halterung einsetzen.

Leseleuchte vorn

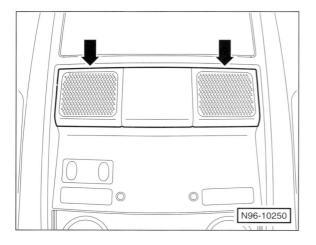

N96-10250

- Mit einem Kunststoffkeil Blende vorsichtig aus der Deckenleuchte heraushebeln –Pfeile–.

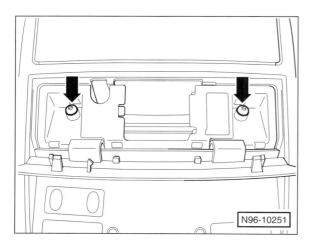

N96-10251

- 2 Schrauben –Pfeile– herausdrehen und Deckenleuchte aus dem Dachhimmel herausziehen.

- Stecker an der Rückseite der Deckenleuchte abziehen.

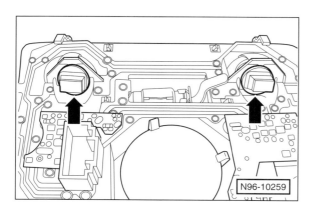

N96-10259

- Fassung –Pfeile– an der Rückseite der Deckenleuchte gegen den Uhrzeigersinn drehen und mit Glühlampe herausnehmen.

- Defekte Glühlampe aus der Fassung herausziehen und ersetzen.

Deckenleuchte hinten

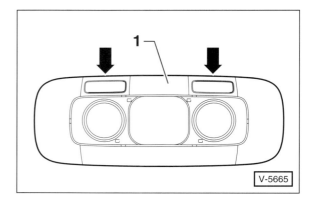

V-5665

- **Deckenleuchte ohne Diebstahlwarnsensoren:** Mit einem Kunststoffkeil, zum Beispiel HAZET 1965-20, Rasthaken entriegeln und Blende –1– mit Leuchtenglas und Reflektoren von der Deckenleuchte abhebeln –Pfeile–.

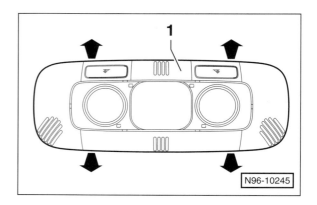

N96-10245

- **Deckenleuchte mit Diebstahlwarnsensoren:** Blende –1– mit Leuchtenglas und Reflektoren nach unten aus der Deckenleuchte herausziehen –Pfeile–.

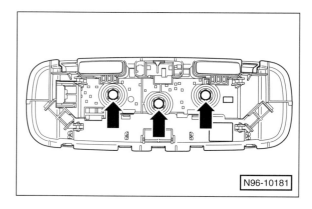

N96-10181

- Defekte Glühlampe –Pfeile– vorsichtig aus der Fassung herausziehen und ersetzen.

Hinweis: Soll die Deckenleuchte ausgebaut werden, müssen nach Abnehmen der Leuchtenblende 2 Rasthaken entriegelt werden. Anschließend Leuchte aus dem Dachhimmel herausziehen.

Handschuhfachleuchte/Fußraumleuchte

● Handschuhfachleuchte: Handschuhfach öffnen.

● Leuchte mit flachem Schraubendreher aus der Einbauöffnung heraushebeln und herausziehen.

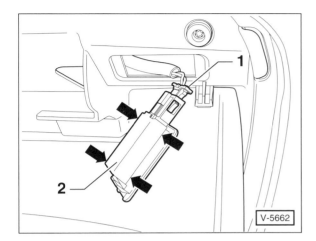

V-5662

● Stecker –1– von der Leuchte abziehen.

● Schutzblech –2– abclipsen –Pfeile– und vom Streuglas abnehmen.

● Mit einem Schraubendreher Glühlampe vorsichtig aus der Fassung heraushebeln und herausnehmen.

● Neue Glühlampe in die Fassung einsetzen, Leuchte an der Steckerseite einsetzen und einrasten.

Leuchte für Kosmetikspiegel/Kofferraumleuchte

● Kosmetikleuchte im Dachhimmel: Sonnenblende nach vorne klappen.

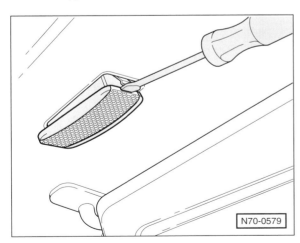

N70-0579

● Flachen Schraubendreher an der seitlichen Aussparung ansetzen und Leuchte heraushebeln.

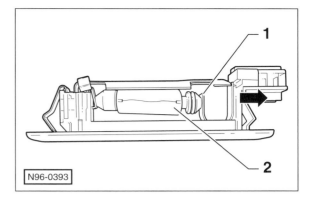

N96-0393

● Kontaktblech –1– in Pfeilrichtung drücken und Soffittenlampe –2– aus der Halterung herausnehmen.

● Neue Soffittenlampe in die Halterung einsetzen, Leuchte an der Steckerseite einsetzen und einrasten.

Glühlampen für Innenleuchten auswechseln

TOURAN

● Zündung und Schalter der Leuchte ausschalten.

● Batterie abklemmen. **Achtung:** Hinweise im Kapitel »Batterie aus- und einbauen« beachten.

● Stelle, an der ein Schraubendreher für den Ausbau der Leuchte angesetzt wird, zum Schutz mit Klebeband abdecken.

Hinweis: Nach dem Einbau neue Glühlampe auf Funktion überprüfen.

Deckenleuchte/Leseleuchte vorn

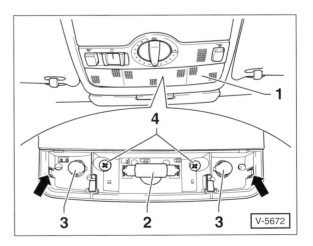

V-5672

● Leuchtenglas –1– mit einem Kunststoffkeil, zum Beispiel HAZET 1965-20, vorsichtig aus der Deckenleuchte heraushebeln, dabei Keil vorne am Leuchtenglas ansetzen.

● Soffittenlampe –2– der Deckenleuchte aus der Halterung herausnehmen und ersetzen.

● Glühlampe –3– für die Leseleuchte vorsichtig aus der Fassung herausziehen und durch neue ersetzen.

Hinweis: Soll die Deckenleuchte ausgebaut werden, 2 Schrauben –4– herausdrehen, 2 Rasthaken –Pfeile– an den Seiten entriegeln und Leuchte aus dem Dachhimmel herausziehen.

Deckenleuchte hinten

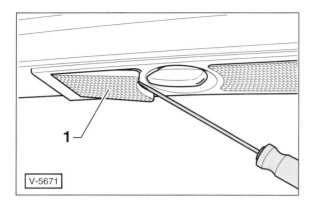

V-5671

● Mit einem Schraubendreher Leuchtenglas –1– vorsichtig aus der Leuchte heraushebeln.

● Soffittenlampe aus der Halterung herausnehmen und ersetzen.

Hinweis: Soll die Deckenleuchte ausgebaut werden, müssen beide Leuchtenglasscheiben aus der Leuchte herausgehebelt werden. Dann 4 Rastnasen entriegeln und Leuchte aus dem Dachhimmel herausziehen.

Hinweis: Beim TOURAN mit Diebstahlwarnsensoren in der hinteren Deckenleuchte erfolgt der Ausbau der Glühlampen sowie der Leuchte wie beim GOLF.

Einstiegsleuchte

● Tür öffnen und Einstiegsleuchte mit einem flachen Schraubendreher aus der Türverkleidung heraushebeln.

● Einstiegsleuchte aus der Türverkleidung herausziehen.

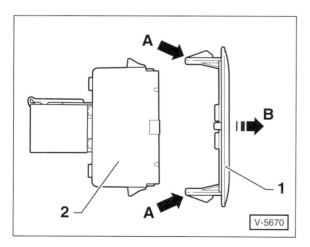

V-5670

● Leuchtenglas –1– an den Rastnasen –Pfeile A– von der Leuchte –2– abclipsen.

● Soffittenlampe aus der Halterung herausnehmen und ersetzen.

Handschuhfachleuchte

● Handschuhfach öffnen.

● Flachen Schraubendreher oder Kunststoffkeil unten an der Leuchte ansetzen, Leuchte aus der Einbauöffnung heraushebeln und herausziehen.

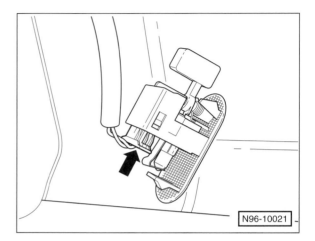

N96-10021

● Stecker –Pfeil– von der Leuchte abziehen.

● Soffittenlampe aus der Halterung herausnehmen und ersetzen.

Leuchte für Kosmetikspiegel/Kofferraumleuchte

Die Glühlampe sowie die Leuchte werden wie beim GOLF ausgebaut, siehe entsprechendes Kapitel.

Kombiinstrument aus- und einbauen

GOLF/TOURAN

Hinweis: In den Kontrollleuchten des Kombiinstrumentes sind Leuchtdioden eingesetzt. Bei einem Defekt wird das Kombiinstrument komplett ausgetauscht.

Ausbau

- Batterie abklemmen. **Achtung:** Hinweise im Kapitel »Batterie aus- und einbauen« beachten.

> **Sicherheitshinweis**
> Unbedingt Airbag-Sicherheitshinweise befolgen, siehe Seite 148.

- Airbageinheit am Lenkrad ausbauen, siehe Seite 149.
- Lenkrad ausbauen, siehe Seite 150.
- Obere Lenksäulenverkleidung ausbauen, siehe Seite 251.

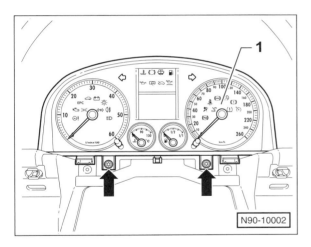

N90-10002

- 2 Schrauben –Pfeile– herausdrehen und Kombiinstrument –1– nach hinten aus der Armaturentafel herausziehen. **Hinweis:** Die Steckverbindung des Kombiinstruments wird beim Herausziehen getrennt.

Einbau

- Der Einbau erfolgt in umgekehrter Ausbaureihenfolge.
- Wird das Kombiinstrument ausgetauscht, Service-Intervallanzeige, Wegstreckenzähler, Schlüsselcodes sowie spezifische Ausstattungsmerkmale mit einem Diagnosegerät anpassen lassen (Werkstattarbeit).
- Zündung einschalten und Kontrollleuchten sowie Anzeigeinstrumente im Kombiinstrument auf Funktion prüfen.

Lenkstockschalter aus- und einbauen

GOLF/TOURAN

Als Lenkstockschalter bezeichnet man die beiden Schalter an der Lenksäule für Blinker/Fernlicht und Scheibenwischer.

Ausbau

- Batterie abklemmen. **Achtung:** Hinweise im Kapitel »Batterie aus- und einbauen« beachten.

> **Sicherheitshinweis**
> Unbedingt Airbag-Sicherheitshinweise befolgen, siehe Seite 148.

- Airbageinheit am Lenkrad ausbauen, siehe Seite 149.
- Räder in Geradeausstellung bringen und Lenkrad ausbauen, siehe Seite 150.
- Lenksäulenverkleidung ausbauen, siehe Seite 251.

Hinweis: Die folgenden Abbildungen zeigen den Lenkstockschalterblock in ausgebautem Zustand.

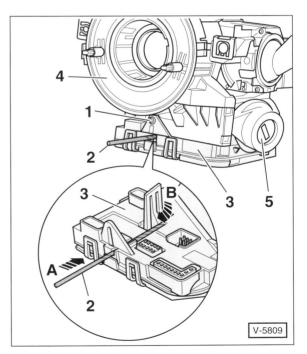

V-5809

- Schraube –1– unterhalb der Drehkontaktspirale –4– herausdrehen. 5 – Zündschloss.
- Bohrer –2– oder Draht mit ⌀ 2,5 mm etwa 45 mm tief in die Bohrung des Steuergerätes –3– für Lenksäulenelektronik einschieben –Pfeil A–. Hierdurch wird die innere Rastlasche entriegelt –Pfeil B–.

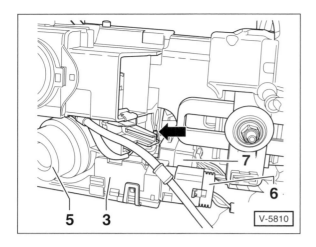

V-5810

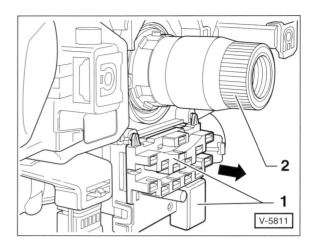

V-5811

- Mit einem Schraubendreher zum Entriegeln gegen die Rastlasche –Pfeil– hinten am Steuergerät –3– drücken.

- Steuergerät vorsichtig nach unten vom Lenkstockschalterblock abziehen. 5 – Zündschloss.

- Stecker –6– entriegeln und vom Steuergerät abziehen.

- Sicherungsriegel am Stecker –7– herausziehen, Stecker entriegeln und vom Steuergerät abziehen.

Achtung: Beim Einbau des Steuergerätes dürfen die Kontaktstifte der Steckverbindungen nicht verbogen werden. Die Stecker müssen hörbar einrasten.

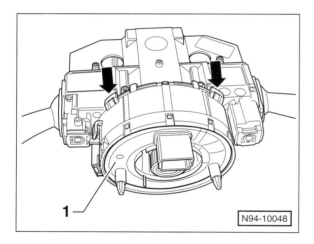

N94-10048

- Rastlaschen –Pfeile– etwas anheben und Drehkontaktspirale –1– von der Lenksäule und dem Lenkstockschalterträger abziehen.

Achtung: Die Drehkontaktspirale darf nicht aus der Mittelstellung verdreht werden; gegebenenfalls mit einem Klebestreifen fixieren.

Hinweis: Zur Kennzeichnung der Mittelstellung ist auf der Drehkontaktspirale eine Markierung angebracht, die in einem kleinem Sichtfenster erscheinen muss.

- Lenkwinkelsensor –1– nach hinten –Pfeil– von dem Lenkstockschalterträger abziehen. 2 – Lenksäule.

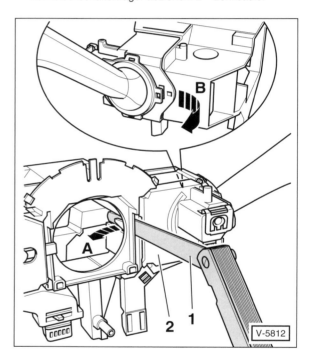

V-5812

- Fühlerblattlehre –1– mit 1,0 mm Stärke in den Spalt zwischen Lenkstockschalter und Träger einschieben und Halteklammern entriegeln –Pfeil A–.

- Scheibenwischerschalter –2– nach hinten vom Lenkstockschalterträger abziehen –Pfeil B–.

- Blinkerschalter in gleicher Weise ausbauen.

Einbau

- Der Einbau erfolgt in umgekehrter Ausbaureihenfolge, der Lenkstockschalter muss dabei hörbar einrasten.

- Wird ein neuer Lenkwinkelsensor eingebaut, muss in der Fachwerkstatt eine Grundeinstellung vorgenommen werden. Auch bei Austausch des Steuergerätes muss das Steuergerät in der Werkstatt codiert werden.

Lichtschalter aus- und einbauen

GOLF/TOURAN

Ausbau

● Zündung ausschalten und Zündschlüssel abziehen.

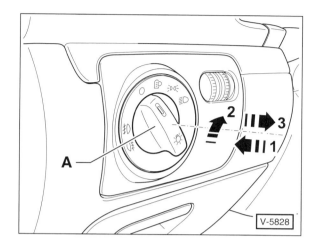

● Drehgriff –A– des Lichtschalters in Stellung »0« drehen.

● Drehgriff des Lichtschalters fest hineindrücken –1– und gleichzeitig etwas nach rechts drehen –2–, bis er senkrecht steht.

● Drehgriff in dieser Stellung halten und Lichtschalter am Drehgriff aus der Armaturentafel herausziehen –3–.

● Stecker an der Rückseite des Schalters abziehen.

Einbau

● Stecker am Schalter aufschieben.

● Zum Einbau Lichtschalter festhalten, Drehgriff für Lichtschalter fest hineindrücken und gleichzeitig nach rechts drehen. Dadurch werden die beiden Verriegelungshaken des Schalters versenkt.

● Drehgriff in dieser Stellung halten und Lichtschalter in die Öffnung der Armaturentafel eindrücken.

● Drehgriff in Stellung »0« drehen und Schalter einrasten.

● Sämtliche Positionen des Schalters durchschalten und festen Sitz des Schalters prüfen.

Leuchtweitenregler

Ausbau

● Zündung ausschalten und Zündschlüssel abziehen.

● Lichtschalter ausbauen, siehe entsprechendes Kapitel.

● Verkleidung Armaturentafel Fahrerseite unten ausbauen, siehe Seite 252.

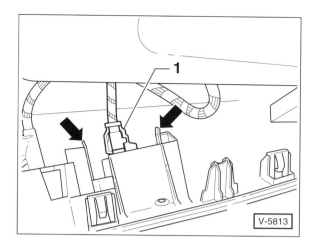

● Stecker –1– an der Rückseite der Verkleidung vom Leuchtweitenregler abziehen.

● 2 Rasthaken zusammendrücken –Pfeile– und Leuchtweitenregler aus der Verkleidung herausdrücken.

Einbau

● Der Einbau erfolgt in umgekehrter Ausbaureihenfolge.

Kontaktschalter für Türen, Motorhaube und Heckklappe
GOLF/TOURAN

Der Kontaktschalter ist in das jeweilige Schloss eingebaut. Bei einem Defekt muss das komplette Schloss ausgetauscht werden.

Schalterbeleuchtung
GOLF/TOURAN

Die Beleuchtung der Schalter im Fahrzeuginnenraum ist in den jeweiligen Schaltern beziehungsweise Tastern integriert und kann nicht einzeln ersetzt werden. Bei einem Defekt muss der komplette Schalter ausgetauscht werden.

Schalter im Fahrzeuginnenraum aus- und einbauen

GOLF

Schalter für Warnblinkleuchte

Ausbau

- Zündung ausschalten und Zündschlüssel abziehen.
- Mittlere Luftaustrittsdüse ausbauen, siehe Seite 124.
- Stecker an der Rückseite der Düsenblende abziehen.
- 2 Rastnasen an der Rückseite der Düsenblende zusammendrücken und Schalter herausnehmen.

Einbau

- Der Einbau erfolgt in umgekehrter Ausbaureihenfolge.

Schlüsselschalter für Airbagabschaltung

Ausbau

- Zündung ausschalten und Zündschlüssel abziehen.
- Handschuhfach ausbauen, siehe Seite 254.

> **Sicherheitshinweis**
> Unbedingt Airbag-Sicherheitshinweise befolgen, siehe Seite 148.

- An der Rückseite des Handschuhfachs Stecker vom Schlüsselschalter abziehen, 2 Rastnasen entriegeln und Schalter aus dem Handschuhfach herausziehen.

Einbau

- Der Einbau erfolgt in umgekehrter Ausbaureihenfolge.

Schalter für Handschuhfachleuchte

Ausbau

- Zündung ausschalten und Zündschlüssel abziehen.
- Handschuhfach ausbauen, siehe Seite 254.
- Rastnase entriegeln und Schalter an der Rückseite des Handschuhfachs herausnehmen.

Einbau

- Der Einbau erfolgt in umgekehrter Ausbaureihenfolge.

Schalter in der Mittelkonsole

Ausbau

- Zündung ausschalten und Zündschlüssel abziehen.
- Faltenbalg aus der Abdeckung in der Mittelkonsole ausclipsen und nach oben über den Schalthebel stülpen, siehe Kapitel «Abdeckung für Schalt-/Wählhebel aus- und einbauen», Seite 243.
- Ablagefach beziehungsweise Aschenbecher vorne aus der Mittelkonsole ausbauen, siehe Kapitel »Mittelkonsole aus- und einbauen«, Seite 244.

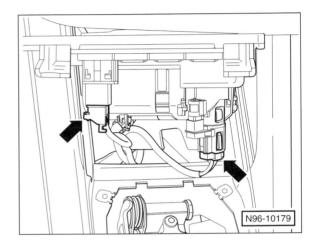

N96-10179

- Stecker –Pfeile– an der Rückseite der Schalterblende von den Schaltern abziehen.
- Rastnasen entriegeln und Schalter aus der Blende herausziehen.

Einbau

- Der Einbau erfolgt in umgekehrter Ausbaureihenfolge.

Schalter für Fensterheber und Spiegelverstellung in der Fahrertür

Ausbau

- Zündung ausschalten und Zündschlüssel abziehen.

- Mit einem Kunststoffkeil Griffschale nach oben aus der Türverkleidung heraushebeln, siehe Kapitel »Türverkleidung aus- und einbauen«, Seite 307.

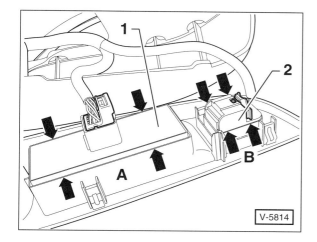

V-5814

- Steckverbindungen an der Rückseite der Griffschale abziehen.

- 4 Rastnasen –Pfeile A– entriegeln und Schalter –1– für Fensterheber aus der Griffschale herausnehmen.

- 4 Rastnasen –Pfeile B– entriegeln und Schalter –2– für Spiegelverstellung aus der Griffschale herausnehmen.

Einbau

- Der Einbau erfolgt in umgekehrter Ausbaureihenfolge.

Taster für Zentralverriegelung, Fahrertür

Ausbau

- Zündung ausschalten und Zündschlüssel abziehen.

- Türverkleidung Fahrertür ausbauen, siehe Seite 307.

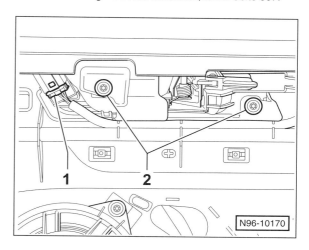

N96-10170

- Stecker –1– an der Rückseite der Türverkleidung vom Taster abziehen.

- 2 Schrauben –2– herausdrehen und inneren Türöffner zusammen mit dem Taster aus der Türverkleidung herausziehen.

- 4 Rastnasen entriegeln und Taster von der Türöffnerblende abnehmen.

Einbau

- Der Einbau erfolgt in umgekehrter Ausbaureihenfolge.

Taster für Tankdeckelentriegelung, Fahrertür

Ausbau

- Zündung ausschalten und Zündschlüssel abziehen.
- Türverkleidung Fahrertür ausbauen, siehe Seite 307.

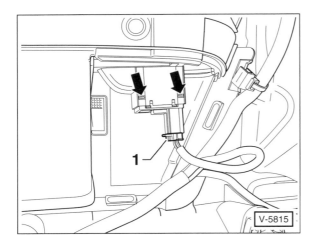

- Stecker –1– an der Rückseite der Türverkleidung abziehen.
- 2 Rastnasen –Pfeile– entriegeln und Schalter aus der Türverkleidung herausziehen.

Einbau

- Der Einbau erfolgt in umgekehrter Ausbaureihenfolge.

Schalter für Fensterheber in der Beifahrertür und der Hintertür

Ausbau

- Zündung ausschalten und Zündschlüssel abziehen.
- Mit einem Kunststoffkeil Blende vom Türgriff abhebeln, siehe Kapitel »Türverkleidung aus- und einbauen«, Seite 307.
- Stecker vom Schalter in der Türverkleidung abziehen.
- 2 Rastnasen entriegeln und Schalter aus der Türverkleidung herausziehen. **Hinweis:** Der Ausbau erfolgt wie beim Taster für Tankdeckelentriegelung, siehe Abbildung V-5815.

Einbau

- Der Einbau erfolgt in umgekehrter Ausbaureihenfolge.

Taster in der B-Säulenverkleidung, links

Ausbau

- Tür mit der Funkfernbedienung am Zündschlüssel öffnen; damit ist die Diebstahlwarnanlage deaktiviert.
- Zündung ausschalten und Zündschlüssel abziehen.
- Taster für Innenraumüberwachung und Abschleppschutz mit einem Schraubendreher aus der linken B-Säulenverkleidung unten heraushebeln.
- Stecker entriegeln und vom Taster abziehen.

Einbau

- Der Einbau erfolgt in umgekehrter Ausbaureihenfolge.

Schalter im Lenkrad

Ausbau

- Batterie abklemmen. **Achtung:** Hinweise im Kapitel »Batterie aus- und einbauen« beachten.

> **Sicherheitshinweis**
> Unbedingt Airbag-Sicherheitshinweise befolgen, siehe Seite 148.

- Airbageinheit am Lenkrad ausbauen, siehe Seite 149.

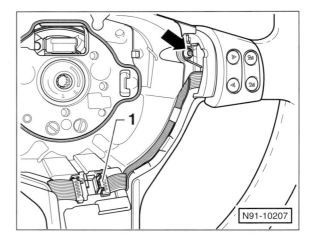

- Stecker –1– am Steuergerät abziehen.
- Schraube –Pfeil– herausdrehen und Tastenblock am Lenkrad herausziehen.

Einbau

- Der Einbau erfolgt in umgekehrter Ausbaureihenfolge.

Schalter im Fahrzeuginnenraum aus- und einbauen

TOURAN

Hinweis: Der Schalter für Handschuhfachleuchte, der Schlüsselschalter für Airbagabschaltung sowie der Taster in der linken B-Säulenverkleidung werden in gleicher Weise ausgebaut wie beim GOLF, siehe entsprechende Abschnitte.

Schalter für Warnblinkleuchte

Ausbau

- Zündung ausschalten und Zündschlüssel abziehen.
- Blende der Radio-/Heizungskonsole ausbauen, siehe Seite 250.
- Mittlere Luftaustrittsdüse ausbauen, siehe Seite 125.
- Stecker von der Airbag-Kontrolllampe abziehen.
- Stecker vom Schalter der Warnblinkleuchte abziehen.
- 2 Rastnasen an der Rückseite der Düsenblende zusammendrücken und Schalter für Warnblinkleuchte herausnehmen.

Einbau

- Der Einbau erfolgt in umgekehrter Ausbaureihenfolge.

Schalter in der Mittelkonsole

Ausbau

- Zündung ausschalten und Zündschlüssel abziehen.
- Vorderes Ablagefach aus der Mittelkonsole ausbauen, siehe Kapitel »Mittelkonsole aus- und einbauen«, Seite 247.

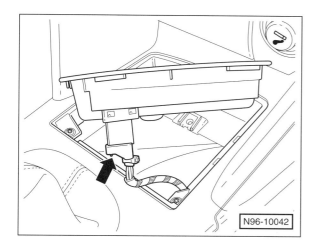

N96-10042

- Stecker –Pfeil– an der Rückseite des Ablagefachs von den Schaltern abziehen.
- Rastnasen entriegeln und Schalter herausziehen.

Einbau

- Der Einbau erfolgt in umgekehrter Ausbaureihenfolge.

Schalter für Spiegelverstellung und Taster für Zentralverriegelung in der Fahrertür

Ausbau

- Zündung ausschalten und Zündschlüssel abziehen.
- Türverkleidung Fahrertür ausbauen, siehe Seite 308.

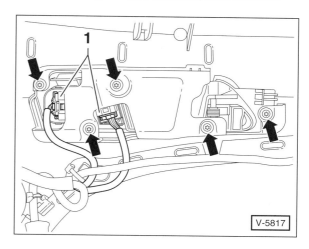

V-5817

- Steckverbindungen –1– an der Rückseite des inneren Türöffners abziehen.
- 5 Schrauben –Pfeile– herausdrehen, Abdeckung abnehmen und Blende des inneren Türöffners zusammen mit den Schaltern aus der Türverkleidung herausziehen.
- Schalterblende aus der Türöffnerblende herausclipsen.
- Rastnasen entriegeln und Schalter beziehungsweise Taster von der Schalterblende abnehmen.

Einbau

- Der Einbau erfolgt in umgekehrter Ausbaureihenfolge.

Schalter für Fensterheber in der Fahrertür

Ausbau

- Zündung ausschalten und Zündschlüssel abziehen.
- Mit einem Kunststoffteil Griffschale nach oben aus der Türverkleidung heraushebeln, siehe Kapitel »Türverkleidung aus- und einbauen«, Seite 308.
- Steckverbindung an der Rückseite der Griffschale abziehen.
- 4 Rastnasen entriegeln und Schalter für Fensterheber aus der Griffschale herausnehmen.

Einbau

- Der Einbau erfolgt in umgekehrter Ausbaureihenfolge.

Taster für Tankdeckelentriegelung, Fahrertür

Ausbau

- Zündung ausschalten und Zündschlüssel abziehen.
- Türverkleidung Fahrertür ausbauen, siehe Seite 308.
- An der Rückseite der Türverkleidung Stecker vom Taster abziehen.
- Haltefeder drücken und Taster aus der Türverkleidung herausziehen. **Hinweis:** Der Taster ist in ähnlicher Weise befestigt wie der Fensterheberschalter an der Beifahrertür.

Einbau

- Der Einbau erfolgt in umgekehrter Ausbaureihenfolge.

Schalter für Fensterheber in der Beifahrertür und der Hintertür

Ausbau

- Zündung ausschalten und Zündschlüssel abziehen.
- Türverkleidung ausbauen, siehe Seite 308.

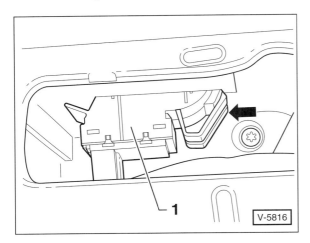

- Haltefeder drücken –Pfeil– und Schalter –1– aus der Türverkleidung herausziehen.
- Stecker vom Schalter abziehen.

Einbau

- Der Einbau erfolgt in umgekehrter Ausbaureihenfolge.

Radio aus- und einbauen

GOLF/GOLF PLUS/TOURAN

Serienmäßig ist ein Radio mit **Anti-Diebstahl-Codierung** eingebaut. Diese verhindert die unbefugte Inbetriebnahme des Gerätes, wenn die Stromversorgung unterbrochen wurde. Die Stromversorgung ist beispielsweise unterbrochen beim Abklemmen der Batterie, beim Ausbau des Radios oder wenn die Radiosicherung durchgebrannt ist.

Die VW-Radioanlagen werden über das Werkstatt-Diagnosegerät auf das Fahrzeug abgestimmt. Daher ist beim Trennen und Wiederanschließen der Stromversorgung, beziehungsweise beim Aus- und Einbau desselben Radios keine Codeingabe erforderlich.

Beim Einbau eines **neuen** Radios oder bei einem Defekt muss das Radio in der Fachwerkstatt auf das Fahrzeug angepasst und codiert werden.

Achtung: Bei einem nachträglich eingebauten Radio muss der Diebstahlcode vor dem Abklemmen der Batterie oder Ausbau des Radios festgestellt werden. Ansonsten kann das Radio nur durch den Hersteller wieder in Betrieb genommen werden. Die Code-Nummer ist in der Radio-Bedienungsanleitung angegeben. Sie sollte nicht im Fahrzeug aufbewahrt werden.

Ausbau

- Batterie abklemmen. **Achtung:** Hinweise im Kapitel »Batterie aus- und einbauen« beachten.
- Blende der Radio-/Heizungskonsole ausbauen, siehe Seite 250.

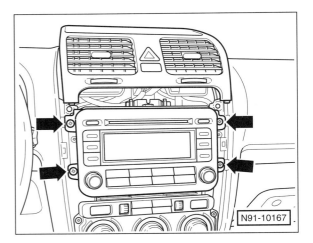

- 4 Schrauben –Pfeile– herausdrehen und Radio soweit aus dem Einbauschacht herausziehen, dass die Anschlüsse an der Rückseite des Radios zugänglich sind.

Hinweis: In der Abbildung ist die Armaturentafel beim GOLF dargestellt.

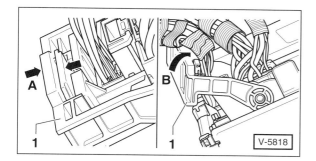

V-5818

- Steckerarretierung an der Rückseite des Radios zusammendrücken –Pfeile A–, Verriegelungsbügel –1– hochschwenken –Pfeil B– und Stecker abziehen.

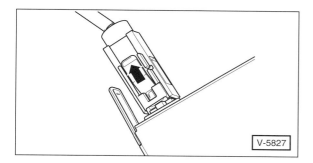

V-5827

- Stecker entriegeln –Pfeil– und Antennenkabel an der Rückseite des Radios abziehen. **Hinweis:** Je nach Radiomodell können auch 2 Antennenkabel angeschlossen sein.

Einbau

- Stecker sowie Antennenkabel an der Rückseite des Radios anschließen und Radio in den Einbauschacht schieben. Dabei nicht auf das Display und die Bedienungstasten drücken, das Radio könnte sonst beschädigt werden.

- Radio mit 4 Schrauben festschrauben.

- Blende der Radio-/Heizungskonsole einbauen, siehe Seite 250.

- Batterie anklemmen. **Achtung:** Hinweise im Kapitel »Batterie aus- und einbauen« beachten.

- Wenn nötig, Radiocode eingeben, Radio einschalten und auf Funktion überprüfen.

- Je nach Modell, Transportsicherung des CD-Wechslers laut Bedienungsanleitung deaktivieren.

Hinweis: Der Aus- und Einbau des Radio-/Navigationsgerätes erfolgt in gleicher Weise.

Speziell Radio-/Navigationsgerät Blaupunkt DX-R4

Hinweis: Zum Ausbau des Gerätes sind 2 Ausziehbügel V/160 von VW nötig. Sie können über einen VW-Fachbetrieb bezogen werden.

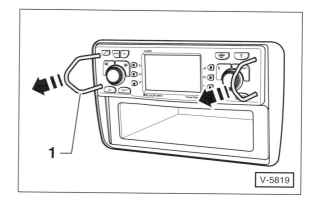

V-5819

- VW-Ausziehbügel –1– bis zum Einrasten in die Öffnungen rechts und links einführen.

- Radio-/Navigationsgerät aus dem Einbauschacht herausziehen –Pfeile–, Stecker an der Rückseite entriegeln und abziehen.

- Ausziehbügel an den Seiten des Gerätes ausrasten und herausziehen.

- Nach dem Einbau Diebstahlcode eingeben.

CD-Wechsler in der Mittelarmkonsole aus- und einbauen

GOLF/GOLF PLUS

Ausbau

Hinweis: Zum Ausbau des Gerätes sind 2 Entriegelungsschlüssel 3316 von VW nötig. Sie können über einen VW-Fachbetrieb bezogen werden.

- Batterie abklemmen. **Achtung:** Hinweise im Kapitel »Batterie aus- und einbauen« beachten.

- Mittlelarmlehne hochklappen.

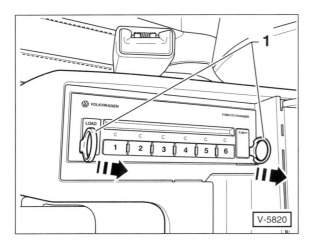

- VW-Entriegelungsschlüssel 3316 −1− in die Schlitze rechts und links am CD-Wechsler einschieben, bis sie einrasten. **Achtung:** Entriegelungsschlüssel nicht zur Seite drücken oder verkanten.

- CD-Wechsler an den Griffösen der Entriegelungsschlüssel aus dem Einbauschacht in der hinteren Mittelkonsole herausziehen.

- Steckverbindung entriegeln und trennen.

- Seitliche Rastnasen am CD-Wechsler nach innen drücken und Entriegelungsschlüssel aus den Schlitzen herausziehen.

Einbau

- Der Einbau erfolgt in umgekehrter Ausbaureihenfolge.

Lautsprecher aus- und einbauen

GOLF/GOLF PLUS

Tieftonlautsprecher

Ausbau

- Zündung ausschalten und Zündschlüssel abziehen.

- Türverkleidung ausbauen, siehe Seite 307.

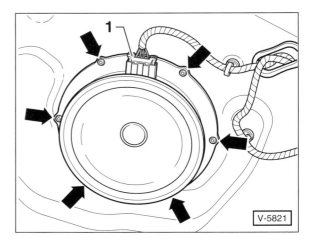

- Stecker −1− entriegeln und abziehen.

Hinweis: In der Abbildung ist der Lautsprecher in der Vordertür dargestellt.

- Nieten −Pfeile− mit einem geeigneten Bohrer ausbohren und defekten Lautsprecher von der Tür abnehmen.

- Sämtliche Bohrspäne aus der Tür entfernen. Eventuell entstandene Lackschäden reparieren.

Einbau

- Neuen Lautsprecher mit handelsüblichen Blindnieten oder mit Blechschrauben befestigen.

- Stecker für Lautsprecher aufschieben.

- Türverkleidung einbauen, siehe Seite 307.

Mitteltonlautsprecher

Ausbau

Hinweis: Der Mitteltonlautsprecher ist auf der Rückseite der vorderen Türverkleidung befestigt.

- Zündung ausschalten und Zündschlüssel abziehen.

- Türverkleidung vorn ausbauen, siehe Seite 307.

- Stecker entriegeln und vom Mitteltonlautsprecher abziehen.

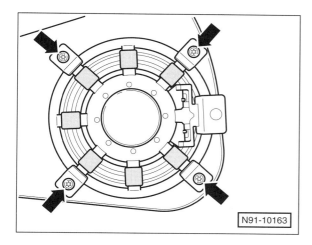

N91-10163

- Schrauben –Pfeile– herausdrehen und Mitteltonlautsprecher von der Türverkleidung abnehmen.

Einbau

- Der Einbau erfolgt in umgekehrter Ausbaureihenfolge.

Hochtonlautsprecher vorn

Ausbau

Hinweis: Der Hochtonlautsprecher ist in der Dreieckblende der vorderen Tür integriert. Ein defekter Lautsprecher muss zusammen mit der Dreieckblende ersetzt werden.

- Zündung ausschalten und Zündschlüssel abziehen.
- Türverkleidung vorn ausbauen, siehe Seite 307.
- Steckverbindung für Hochtonlautsprecher trennen.
- Schraube für Dreieckblende herausdrehen.
- Mit einem Kunststoffkeil, zum Beispiel HAZET 1965-20, Dreieckblende zusammen mit dem Hochtonlautsprecher vom Fensterrahmen abhebeln.

Einbau

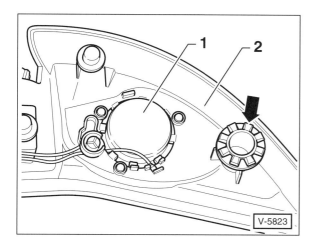

V-5823

- Der Einbau erfolgt in umgekehrter Ausbaureihenfolge. Wenn der Halteclip –Pfeil– in der Dreieckblende –2– sitzt, Halteclip abziehen und in die entsprechende Bohrung am Fensterrahmen stecken. 1– Hochtonlautsprecher.

Hochtonlautsprecher hinten/4-Türer

Ausbau

Hinweis: Der Hochtonlautsprecher ist auf der Rückseite der hinteren Türverkleidung befestigt.

- Zündung ausschalten und Zündschlüssel abziehen.
- Türverkleidung hinten ausbauen, siehe Seite 307.
- Stecker vom Hochtonlautsprecher abziehen.

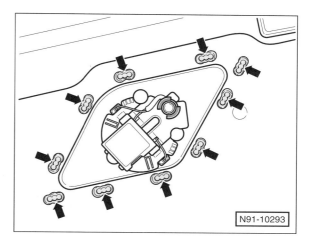

N91-10293

- Schweißclips –Pfeile– um die Lautsprecherblende abschneiden.

Hinweis: In der Abbildung ist der Hochtonlautsprecher beim GOLF dargestellt. Der Lautsprecher beim GOLF PLUS ist anders geformt und mit 4 Schweißclips befestigt.

- Blende zusammen mit Hochtonlautsprecher aus der Türverkleidung herausnehmen.

Einbau

- Blende zusammen mit Hochtonlautsprecher in die Türverkleidung einpassen.
- Mit einem Lötkolben Schweißclips aus Kunststoff verschweißen.
- Stecker am Hochtonlautsprecher aufschieben.
- Türverkleidung hinten einbauen, siehe Seite 307.

Lautsprecher hinten/2-Türer

Ausbau

Hinweis: Der Hochtonlautsprecher ist auf der Rückseite der hinteren Seitenverkleidung befestigt. Der Tieftonlautsprecher ist an der Seitenwand festgenietet.

- Zündung ausschalten und Zündschlüssel abziehen.
- Seitenverkleidung hinten ausbauen, siehe Seite 258.

Achtung: Das Lautsprecherkabel des Hochtonlautsprechers ist sehr kurz ausgelegt. Dadurch kann der Lautsprecher von der Seitenverkleidung abgerissen werden.

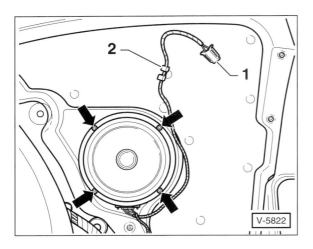

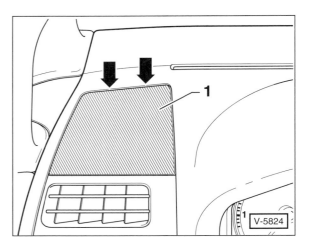

- Stecker –1– vom Hochtonlautsprecher abziehen. 2 – Kabelbefestigung an der Seitenwand.

- Stecker für Tieftonlautsprecher entriegeln und abziehen.

- Nieten –Pfeile– mit einem geeigneten Bohrer ausbohren und Tieftonlautsprecher von der Seitenwand abnehmen.

- Schweißclips an der Seitenverkleidung um die Blende für den Hochtonlautsprecher abschneiden, siehe Abbildung N91-10293.

- Blende zusammen mit Hochtonlautsprecher aus der Seitenverkleidung herausnehmen.

Einbau

- Blende zusammen mit Hochtonlautsprecher in die Seitenverkleidung einpassen und Schweißclips aus Kunststoff mit einem Lötkolben verschweißen.

- Tieftonlautsprecher mit handelsüblichen Blindnieten oder mit Blechschrauben befestigen.

- Stecker für Tieftonlautsprecher aufschieben.

- Stecker am Hochtonlautsprecher aufschieben.

- Seitenverkleidung hinten einbauen, siehe Seite 258.

Lautsprecher aus- und einbauen
TOURAN

Lautsprecher in der Armaturentafel
Ausbau

Hinweis: In der Armaturentafel sind links und rechts jeweils ein Mittel- und ein Hochtonlautsprecher eingesetzt. Beide Lautsprecher können nur gemeinsam als Original-VW-Ersatzteil ersetzt werden.

- Zündung ausschalten und Zündschlüssel abziehen.

- Mit einem Kunststoffkeil, zum Beispiel HAZET 1965-20, Blende über den Lautsprechern aus der Armaturentafel herausheben. Kunststoffkeil dabei vorne an der Blende ansetzen –Pfeile–.

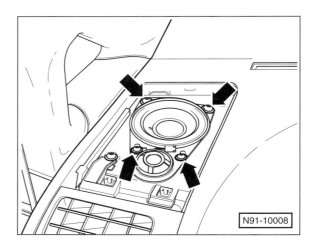

- Schrauben –Pfeile– herausdrehen, Trägerplatte mit beiden Lautsprechern aus der Armaturentafel herausziehen und Stecker von den Lautsprechern abziehen.

Hinweis: Die Abmessungen der Lautsprecher-Trägerplatte sind ab 05/03 geändert worden. Zum Einbau dieser Trägerplatte in Fahrzeuge bis 04/03 müssen 2 neue Löcher in die Aufnahme der Armaturentafel gebohrt werden.

Einbau

- Der Einbau erfolgt in umgekehrter Ausbaureihenfolge.

Tieftonlautsprecher

Die Tieftonlautsprecher in den Vorder- und Hintertüren werden beim TOURAN in gleicher Weise ausgebaut wie beim GOLF.

Hochtonlautsprecher hinten

Der Hochtonlautsprecher ist an der Rückseite der hinteren Türverkleidung befestigt und mit einer Blende verschweißt. Er wird zusammen mit der Blende ersetzt. Die Blende muss farblich auf die Türverkleidung abgestimmt sein.

Antennenverstärker aus- und einbauen

GOLF/GOLF PLUS

Ausbau

Hinweis: In der Heckscheibe sind 2 Radio-Antennen integriert. 2 Antennenverstärker an beiden Seiten der Heckklappe verstärken die empfangenen Signale. Beide Verstärker werden in der gleichen Weise aus- und eingebaut.

● Zündung ausschalten und Zündschlüssel abziehen.

● Heckklappenverkleidung ausbauen, siehe Seite 290.

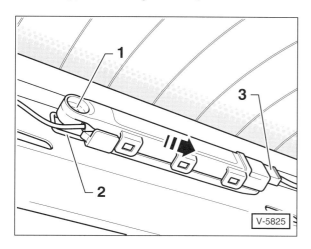

● Schraube –1– herausdrehen und Antennenverstärker in Pfeilrichtung schieben. Gegebenenfalls Blechmutter –2– etwas aufweiten.

● Antennenverstärker aus der Aufnahme in der Heckklappe herausziehen und dabei Stecker –3– für Heckscheibenantenne vorsichtig abziehen.

Achtung: Die Leitung zur Radio-Antenne in der Heckscheibe ist sehr dünn und empfindlich. Wird die Leitung zerrissen, muss die Heckscheibe ersetzt werden.

● Steckverbindung in der Halterung an der Heckklappe trennen.

● Antennenverstärker mit Kabel von der Heckklappe abnehmen.

Einbau

● Der Einbau erfolgt in umgekehrter Ausbaureihenfolge.

Dachantenne aus- und einbauen

GOLF/GOLF PLUS

Ausbau

● Zündung ausschalten und Zündschlüssel abziehen.

● Obere C-Säulenverkleidung ausbauen, siehe Seite 257.

● Hintere Haltegriffe am Dach ausbauen, siehe Seite 243.

● Dachabschlussleiste ausbauen, siehe Seite 260.

● Dachhimmel hinten etwas nach unten herunterdrücken.

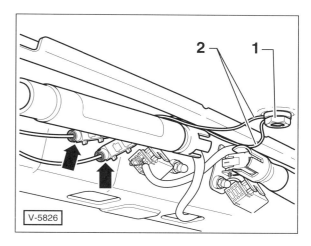

● Stecker –Pfeile– entriegeln und abziehen. **Hinweis:** In der Abbildung ist die Antenne beim GOLF dargestellt.

● Mutter –1– abschrauben und Funk-Antenne vom Dach abnehmen, dabei Antennenkabel –2– aus der Bohrung herausziehen.

Einbau

● Antennenkabel durch die Bohrung im Dach hindurchziehen und Funk-Antenne aufsetzen. Dabei darauf achten, dass die Dichtung korrekt am Antennenfuß sitzt.

● Mutter im Fahrzeuginnern anschrauben, dabei darauf achten, dass die Antennenkabel –2– richtig verlegt werden.

● Stecker für Antenne anschließen, dabei auf die farblichen Markierungen am Stecker achten:
Violett – Telefon.
Blau – Navigationsgerät.

● Der weitere Einbau erfolgt in umgekehrter Ausbaureihenfolge.

Heizung/Klimatisierung

Aus dem Inhalt:

- **Klimaanlage**
- **Heizungsbedieneinheit**
- **Stellmotor**
- **Frischluft-/Heizgebläse**
- **Vorwiderstand**
- **Luftaustrittsdüsen**
- **Außentemperaturfühler**

Beim GOLF/TOURAN wird die Frischluft für die Heizungs- und Belüftungsanlage von einem elektrischen Gebläse angesaugt. Bevor die Luft in den Innenraum gelangt, wird sie von einem Staub- und Pollenfilter gereinigt.

Erwärmt wird die Luft für den Fahrzeuginnenraum über den Wärmetauscher oder sie wird, sofern vorhanden, im Verdampfer der Klimaanlage abgekühlt und dann auf die Luftaustrittsdüsen im Fahrzeuginnenraum verteilt.

Der Wärmetauscher wird ständig von der heißen Motorkühlflüssigkeit durchströmt, so dass er die Wärme für den Fahrzeuginnenraum schnell an die vorbeiströmende Frischluft abgibt. Um den Luftdurchsatz im Fahrzeuginnenraum zu erhöhen, kann das integrierte Frischluftgebläse in mehreren Leistungsstufen betrieben werden.

Soll keine Frischluft von außen angesaugt werden, zum Beispiel bei schlechter Außenluft, kann auf Umluftbetrieb umge-

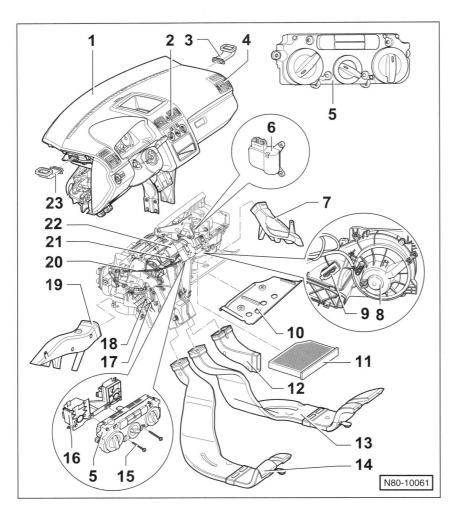

N80-10061

GOLF/Heizung

Hinweis: Der Aufbau der Heizung ist beim TOURAN sehr ähnlich.

1 – **Armaturentafel**

2 – **Luftaustrittsdüse Mitte**

3 – **Luftführungskanal rechts**

4 – **Luftaustrittsdüse rechts**

5 – **Heizungbedieneinheit**

6 – **Stellmotor für Frischluft-/Umluftklappe**

7 – **Luftaustrittsdüse Fußraum rechts**

8 – **Gebläsemotor**

9 – **Vorwiderstand für Gebläsemotor** Mit Überhitzungssicherung.

10 – **Abdeckung für Heizgerät** 2 Kunststoffschrauben herausdrehen und Abdeckung abnehmen.

11 – **Staub- und Pollenfilter** Mit Aktivkohlefilter.

12 – **Verbindungsstück der Luftführung für Mittelkonsole**

13 – **Luftführungskanal rechts für Fußraum hinten**

14 – **Luftführungskanal links für Fußraum hinten**

15 – **8 Schrauben für Bedieneinheit**

16 – **Adapter für Bedieneinheit**

17 – **Heizelement für Zusatzheizung** Nur Dieselmotor.

18 – **Wärmetauscher**

19 – **Luftaustrittsdüse Fußraum links**

20 – **Bowdenzug für Temperaturklappe**

21 – **Biegsame Welle für Stelleinheit Luftverteilerklappe**

22 – **Heizgerät**

23 – **Luftführungskanal links**

schaltet werden. In dieser Betriebsart wird nur die im Fahrzeug befindliche Luft umgewälzt. Geschieht das über einen längeren Zeitraum, können die Scheiben innen beschlagen.

> **Achtung:** Wenn im Rahmen von Arbeiten an der Heizung auch Arbeiten an der elektrischen Anlage durchgeführt werden, **grundsätzlich** die Batterie abklemmen. Dazu unbedingt Hinweise im Kapitel »Batterie aus- und einbauen« beachten.

Wird der GOLF/TOURAN von einem Dieselmotor angetrieben, ist zusätzlich ein **PTC-Zuheizelement** (Positive Temperature Coefficient) vorhanden, um bei tiefen Außentemperaturen das Heizungsdefizit zu verbessern. Die Zusatzheizung ist im Heizgerät unter dem Wärmetauscher eingebaut. Nach dem Start des Motors erwärmt sich der elektrische PTC-Zuheizer in Abhängigkeit von der Außentemperatur und gibt innerhalb von Sekunden die Wärme an die vorbeiströmende kalte Luft ab.

Tritt ein Fehler in der Heizungs- oder Klimaanlage auf, wird er in einem elektronischen Speicher abgelegt. Über ein Fehlerauslesegerät kann der entsprechende Speicher ausgelesen werden. Eine exakte Fehlerdiagnose ohne Auslesegerät ist nicht möglich.

Klimaanlage

Auf Wunsch ist der GOLF/TOURAN mit einer Klimaanlage ausgestattet. Die Klimaanlage ist eine kombinierte Kühl- und Heizanlage. Im Kühlbetrieb arbeitet die Klimaanlage im Prinzip wie ein Kühlschrank. Der Kompressor verdichtet das dampfförmige FCKW-freie Kältemittel R 134 A. Dieses erhitzt sich dabei und wird in den Kondensator geleitet. Dort wird das Kältemittel abgekühlt und verflüssigt sich. Über das Expansionsventil wird das Kältemittel entspannt und in den Verdampfer eingespritzt, wo es auf Grund seines niedrigen Druckes verdampft. Es kühlt dabei stark ab.

Durch diesen Verdampfungs- und Abkühlungsprozess wird der von außen vorbeistreichenden Luft Wärme entzogen. Die Luft kühlt sich ab und mitgeführte Luftfeuchtigkeit wird zu Kondenswasser, das ins Freie geleitet wird. Die Intensität der Kühlung ist abhängig von der eingestellten Temperatur und von der Gebläseschalterstellung.

> **Sicherheitshinweis**
> Der **Kältemittelkreislauf der Klimaanlage darf nicht geöffnet** werden, da das Kältemittel bei Hautberührung Erfrierungen hervorrufen kann.
> Bei versehentlichem Hautkontakt betroffene Stelle sofort mindestens 15 Minuten lang mit kaltem Wasser spülen. Kältemittel ist farb- und geruchlos sowie schwerer als Luft. Bei austretendem Kältemittel besteht am Boden beziehungsweise in unteren Räumen Erstickungsgefahr. Das Kältemittelgas ist nicht wahrnehmbar.

Durch das Abschalten der Kühlanlage läuft der Klimakompressor nicht mit, so dass Kraftstoff eingespart wird. Bei Dieselfahrzeugen wird außerdem die Zusatzheizung abgeschaltet. Auch diese Maßnahme dient der Kraftstoffeinsparung.

Hinweis: Die Klimaanlage sollte, vor allem in der kalten Jahreszeit, einmal im Monat für einige Zeit bei höchster Gebläsestufe eingeschaltet werden, und zwar bei normaler und gleichmäßiger Fahrzeuggeschwindigkeit und bei betriebswarmem Motor. Dadurch wird sichergestellt, dass das im Kältemittel enthaltene Schmieröl in Umlauf gebracht wird, die beweglichen Teile der Klimaanlage regelmäßig geschmiert werden und die Dichtungen nicht porös werden.

Achtung: Arbeiten an der Klimaanlage dürfen nur von einer Fachwerkstatt durchgeführt werden. Deshalb werden Reparaturen an der Klimaanlage nicht beschrieben.

Optional gibt es für den GOLF/TOURAN auch eine **elektronisch gesteuerte Klimaanlage (»Climatronic«)**. Der Automatikmodus sorgt für konstante Temperaturen im Innenraum und entfeuchtet die Luft im Fahrzeuginnern, so dass die Scheiben nicht beschlagen. Außerdem werden Lufttemperatur, Luftmenge und Luftverteilung automatisch geregelt und Schwankungen der Außentemperatur ausgeglichen. Im Econ-Betrieb wird die Kühlanlage ausgeschaltet; dennoch wird die Heizungs- und Belüftungsanlage automatisch geregelt.

Außentemperaturfühler aus- und einbauen

Ausbau

Der Temperaturfühler sitzt hinter der Stoßfängerabdeckung vor dem Kühler.

● Stoßfängerabdeckung vorn ausbauen, siehe Seite 276.

Hinweis: Der Ausbau des mittleren Lüftungsgitters ist nicht ratsam, da dabei die Rasthaken des Lüftungsgitters zu Bruch gehen.

● Kunststofflaschen unten zusammendrücken und Temperaturfühler nach oben aus der Halterung ziehen.

● Stecker am Temperaturfühler abziehen.

Einbau

● Der Einbau erfolgt in umgekehrter Ausbaureihenfolge.

Luftaustrittsdüse Mitte aus- und einbauen

GOLF

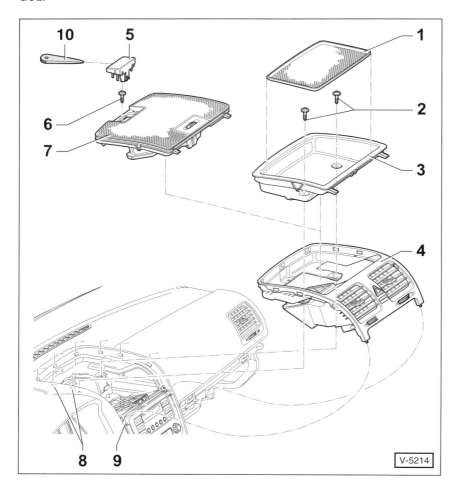

V-5214

GOLF

1 – **Auskleidungsmatte**

2 – **2 Schrauben**

3 – **Ablagefach**

4 – **Luftaustrittsdüse Mitte**

5 – **Sonnensensor**

6 – **Schraube**

7 – **Abdeckung**

8 – **Einraststellen vorne**

9 – **2 Aufnahmen in der Radio-/Heizungsblende**

10 – **Kunststoffkeil**
Zum Beispiel HAZET 1965-20.

Ausbau

● **Fahrzeuge ohne »Climatronic«:** Auskleidungsmatte –1– aus dem Ablagefach –3– herausnehmen. 2 Schrauben –2– herausdrehen und Ablagefach –3– aus der Armaturentafel herausnehmen.

● **Fahrzeuge mit »Climatronic«:** Zündung ausschalten und Zündschlüssel abziehen. Mit einem Kunststoffkeil –10–, zum Beispiel HAZET 1965-20, Sonnensensor –5– aus der Abdeckung –7– heraushebeln. Stecker vom Sonnensensor abziehen. Schraube –6– herausdrehen und Abdeckung –7– aus der Armaturentafel herausnehmen.

● Mit einem Kunststoffkeil mittlere Luftaustrittsdüse –4– an den vorderen Einraststellen –8– ausclipsen.

● Luftaustrittsdüse –4– aus den 2 Aufnahmen –9– in der Radio-/Heizungsblende herausziehen. Mittlere Luftaustrittsdüse aus der Armaturentafel herausziehen.

● Schalter für Warnblinkleuchte aus der Luftaustrittsdüse ausbauen, siehe Seite 112.

Einbau

● Der Einbau erfolgt in umgekehrter Ausbaureihenfolge.

Luftaustrittsdüsen seitlich aus- und einbauen

GOLF

Ausbau

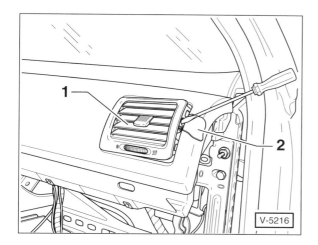

- Mit einem Schraubendreher oder einem Kunststoffkeil, zum Beispiel HAZET 1965-20, Luftaustrittsdüse –1– an der Seite aus der Armaturentafel heraushebeln. **Hinweis:** Zum Schutz eine Unterlage –2–, zum Beispiel einen Lappen, unterlegen.

- Stecker an der Rückseite der Luftaustrittsdüse abziehen.

Einbau

- Stecker an der Rückseite der Luftaustrittsdüse aufschieben, Luftaustrittsdüse in den Lüftungskanal einsetzen und einrasten.

Luftaustrittsdüsen aus- und einbauen

TOURAN

Mittlere Luftaustrittsdüse

Ausbau

- Blende der Radio-/Heizungskonsole ausbauen, siehe Seite 250.

- Deckel des Ablagefachs in der Armaturentafel hochklappen und Schraube herausdrehen.

- Ablagefach hinten aus den Aufnahmen herausziehen und nach oben aus der Armaturentafel herausnehmen.

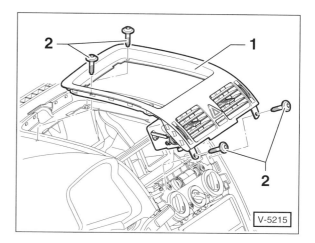

- 4 Schrauben –2– herausdrehen und mittlere Luftaustrittsdüse –1– nach hinten aus der Armaturentafel herausziehen.

- Auf der Rückseite Stecker vom Schalter für Warnblinklicht abziehen.

Einbau

- Der Einbau erfolgt in umgekehrter Ausbaureihenfolge.

Seitliche Luftaustrittsdüse

Ausbau

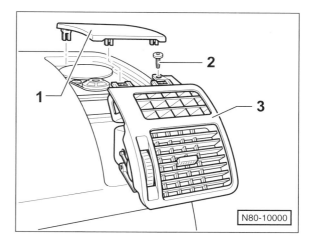

- Mit einem Kunststoffkeil, zum Beispiel HAZET 1965-20, Lautsprecherabdeckung –1– aus der Armaturentafel heraushebeln.

- Schraube –2– herausdrehen und Luftaustrittsdüse –3– an der Seite aus der Armaturentafel herausziehen.

Einbau

- Der Einbau erfolgt in umgekehrter Ausbaureihenfolge.

Heizungs-/Klimabedieneinheit aus- und einbauen

GOLF/TOURAN

Ausbau

- Zündung ausschalten und Zündschlüssel abziehen.

- Blende der Radio-/Heizungskonsole ausbauen, siehe Seite 250.

- Temperaturregler auf »**Kalt**«, Gebläseregler auf »**0**« und Drehregler für Luftverteilung auf »**Fußraum**« stellen.

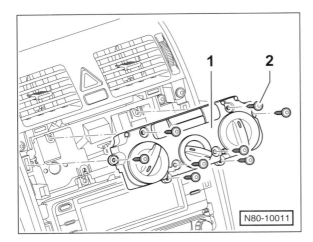

- 8 Schrauben –2– herausdrehen und Heizungbedieneinheit –1– aus dem Einbauschacht herausziehen. Dabei wird die Heizungbedieneinheit vom Adapter getrennt.

- Stecker an der Rückseite der Heizungbedieneinheit abziehen.

- Adapter vorsichtig aus dem Einbauschacht herausziehen.

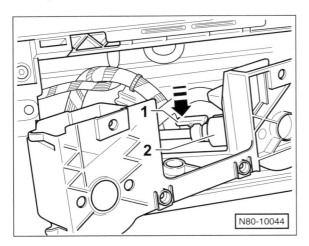

- An der Rückseite des Adapters Rastnase –1– drücken –Pfeil– und biegsame Welle –2– für Luftverteilerklappe aus dem Adapter herausziehen.

- **Fahrzeug ohne Klimaanlage:** Bowdenzug für Temperaturklappe am Adapter aushängen.

Einbau

- Der Einbau erfolgt in umgekehrter Ausbaureihenfolge, die Drehregler dabei auf dieselbe Positionen stellen wie beim Ausbau. Darauf achten, dass für den einwandfreien Betrieb der Bedieneinheit der Adapter und die Drehregler in einer bestimmten Position zueinander stehen müssen, siehe unter »Ausbau«.

Hinweis: Die Bedieneinheit für die elektronisch gesteuerte Klimaanlage (»Climatronic«) ist mit 4 Schrauben befestigt. Die Lüftungsklappen werden alle elektrisch angesteuert.

Lüftungsklappen auf Funktion prüfen

- **Luftverteilerklappe:** Gebläse auf höchster Stufe laufen lassen. Bei der Stellung »Defrost« muss die Luft auch aus der Entfrosterdüse ausströmen, darf aber nicht aus den Düsen im Fußraum strömen. Andernfalls biegsame Welle vom Adapter abbauen, Drehregler um ½ Umdrehung drehen und Welle wieder aufstecken.

- **Temperaturklappe:** Prüfen, ob sich der Regler im gesamten Einstellbereich leichtgängig drehen lässt.

Bowdenzug für Temperaturklappe aus- und einbauen

GOLF/TOURAN, Fahrzeug ohne Klimaanlage

Ausbau

- Heizungs-/Klimabedieneinheit ausbauen, siehe entsprechendes Kapitel.

- Biegsame Welle für Luftverteilerklappe aus dem Adapter für Bedieneinheit herausziehen.

- GOLF: Obere Abdeckung im Fahrerfußraum ausbauen, siehe Seite 253.

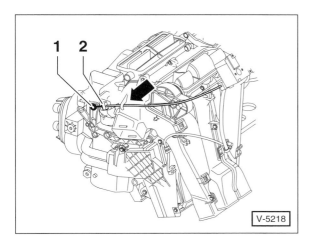

V-5218

- Bowdenzug an der Stelleinheit für Temperaturklappe –1– sowie am Gegenlager –2– aushängen.

Einbau

- Bowdenzug an der Stelleinheit für Temperaturklappe einhängen, dabei darauf achten, dass der Zug unter dem Haken verlegt wird –Pfeil–.

- Der weitere Einbau erfolgt in umgekehrter Ausbaureihenfolge. Temperaturklappe auf Funktion prüfen.

Stellmotor für Frischluft-/Umluftklappe aus- und einbauen

GOLF, Fahrzeug ohne »Climatronic«

Ausbau

Achtung: Stellung der Umluftklappe während der Ausbauarbeit nicht verändern.

- Batterie abklemmen. **Achtung:** Hinweise im Kapitel »Batterie aus- und einbauen« beachten.

- Handschuhfach ausbauen, siehe Seite 254.

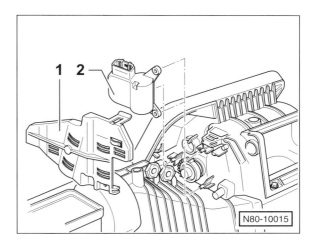

N80-10015

- Abdeckung –1– vom Heizgerät abclipsen.

- Stecker vom Stellmotor –2– abziehen und Stellmotor aus den Aufnahmen herausziehen.

Einbau

- Der Einbau erfolgt in umgekehrter Ausbaureihenfolge. Frischluft-/Umluftklappe auf Funktion prüfen.

Gebläsemotor/Vorwiderstand für Heizung aus- und einbauen

GOLF/TOURAN

Ausbau

● Batterie abklemmen. **Achtung:** Hinweise im Kapitel »Batterie aus- und einbauen« beachten.

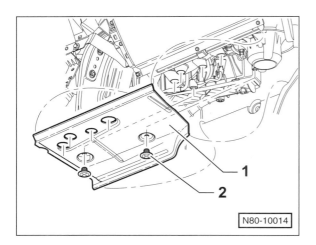

N80-10014

● 2 Kunststoffschrauben –2– herausdrehen und Abdeckung –1– oben im Beifahrerfußraum abnehmen.

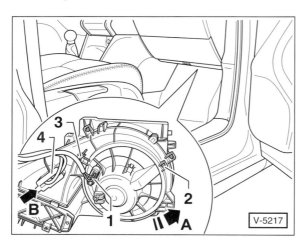

V-5217

● Stecker –1– vom Gebläsemotor abziehen.

● Schraube –2– herausdrehen.

● Rastlasche –3– entriegeln, Gebläsemotor gegen den Uhrzeigersinn drehen –Pfeil A– und nach unten aus dem Heizgerät herausziehen.

Vorwiderstand

● Stecker –4– am Vorwiderstand abziehen.

● Rastlasche –Pfeil B– drücken und Vorwiderstand aus dem Heizgerät herausziehen.

Einbau

● Der Einbau erfolgt in umgekehrter Ausbaureihenfolge.

● Neuen Lüftermotor auf Funktion prüfen.

Zuheizelement aus- und einbauen

GOLF, Dieselmotor

Ausbau

Achtung: Zuheizelement vor dem Ausbau abkühlen lassen.

● Batterie abklemmen. **Achtung:** Hinweise im Kapitel »Batterie aus- und einbauen« beachten.

● Obere Abdeckung im Fahrerfußraum ausbauen, siehe Seite 253.

● Ablagefach auf der Fahrerseite öffnen. Seitenwände des Ablagefachs zusammendrücken und Ablagefach über den Anschlag hinaus ganz aus der Armaturentafel herausklappen. Ablagefach kräftig nach hinten ziehen, dabei unten an den Scharnieren ausrasten und aus der Armaturentafel herausziehen.

● Schraube herausdrehen und Luftaustrittsdüse –19– für den linken Fußraum abziehen, siehe Abbildung N80-10061, Seite 122.

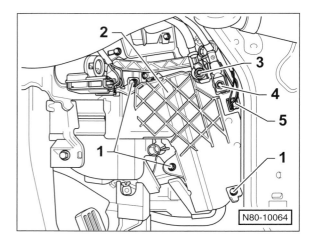

N80-10064

● Schrauben –1– aus der Abdeckung –2– herausdrehen.

● Mutter –3– für Stromversorgung sowie Mutter –4– für Masseanschluss abschrauben und Leitungen vom Zuheizelement abklemmen.

● Stecker –5– vom Zuheizelement abziehen und Zuheizelement aus dem Heizgerät herausziehen.

Einbau

● Der Einbau erfolgt in umgekehrter Ausbaureihenfolge.

Störungsdiagnose Heizung

Störung	Ursache	Abhilfe
Heizgebläse läuft nicht.	Sicherung für Gebläsemotor defekt.	■ Sicherung für Gebläse prüfen, gegebenenfalls ersetzen.
	Gebläseschalter defekt.	■ Gebläseschalter ausbauen und prüfen, gegebenenfalls ersetzen.
	Gebläsewiderstand defekt.	■ Gebläsewiderstand ausbauen und Spannung am Kontakt des Gebläsemotors bei eingeschalteter Zündung und betätigtem Gebläseschalter messen. Falls keine oder zu geringe Spannung anliegt, Gebläsewiderstand ersetzen.
	Gebläsemotor defekt.	■ Prüfen, ob bei eingeschalteter Zündung und betätigtem Gebläseschalter am Kontakt des Gebläsemotors Spannung anliegt. Dazu müssen der Motor sowie der Gebläsewiderstand ausgebaut werden. Wenn ja, Gebläsemotor auswechseln.
Heizleistung zu gering.	Kühlmittelstand zu niedrig.	■ Kühlmittelstand prüfen, gegebenenfalls Kühlmittel auffüllen.
	Staubfilter verstopft.	■ Staubfilter ersetzen.
	Wärmetauscher undicht oder verstopft.	■ Wärmetauscher ersetzen (Werkstattarbeit).
Heizgebläse läuft nur mit einer Geschwindigkeit.	Gebläsewiderstand defekt.	■ Gebläsewiderstand ersetzen.
Geräusche im Bereich des Heizgebläses.	Eingedrungener Schmutz, Laub.	■ Gebläse ausbauen, reinigen, Luftkanal säubern.
	Lüfterrad hat Unwucht, Lager defekt.	■ Gebläsemotor ausbauen und auf leichten Lauf prüfen.
Heizluft riecht süßlich, Scheiben beschlagen, wenn Heizung eingeschaltet wird.	Wärmetauscher undicht.	■ Kühlsystem abdrücken (Werkstattarbeit). Wenn Kühlflüssigkeit aus dem Heizungskasten austritt, Wärmetauscher erneuern lassen.

Fahrwerk

Aus dem Inhalt:

- **Vorderachse**
- **Federbein**
- **Stoßdämpfer**
- **Schraubenfeder**
- **Gelenkwelle**
- **Hinterachse**
- **Lenkung/Airbag**
- **Räder und Reifen**

GOLF und TOURAN sind auf dem gleichen Fahrwerk aufgebaut. Die wichtigsten Komponenten des Fahrwerks sind die McPherson-Vorderachse und die Mehrlenker-Hinterachse. Die Achskomponenten sind vorne und hinten jeweils an einem Hilfsrahmen befestigt.

Sicherheitshinweis
Schweiß- und Richtarbeiten an tragenden und radführenden Bauteilen der Vorder- und Hinterradaufhängung **sind nicht zulässig. Selbstsichernde Schrauben/Muttern** sowie korrodierte Schrauben/Muttern sind im Reparaturfall **immer zu ersetzen.**

Optimale Fahreigenschaften und geringster Reifenverschleiß sind nur dann zu erzielen, wenn die Stellung der Räder einwandfrei ist. Bei unnormaler Reifenabnutzung sowie mangelhafter Straßenlage sollte die Werkstatt aufgesucht werden, um den Wagen optisch vermessen zu lassen. Die Fahrwerkvermessung kann ohne eine entsprechende Messanlage nicht durchgeführt werden.

Der Achseinstellwert für die Gesamtspur **vorn**:
GOLF/GOLF PLUS/JETTA . . . . 10' ± 10'
TOURAN . . . . 10' ± 10'

Der Achseinstellwert für die Gesamtspur **hinten** bei vorgeschriebenem Sturz:
GOLF/JETTA . . . . +10' ± 12,5'
GOLF PLUS . . . . +10' ± 10'
TOURAN, Basis-/Schlechtwegefahrwerk . . . . . +10' ± 12'
TOURAN, Sportfahrwerk . . . . +14' ± 12'

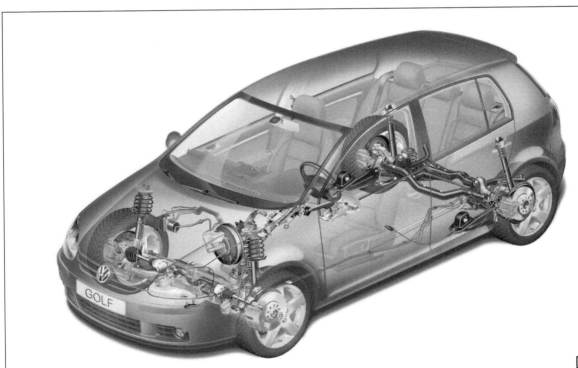

V-3646

Vorderachse

Tragendes Element der Vorderachse ist der 3-teilige Vorderachsträger aus Aluminium. Dieser Hilfsrahmen ist an 6 Punkten über Gummimetalllager mit der Karosserie verschraubt. Die Achsschenkel werden von Dreiecksquerlenkern geführt, die über Gummimetalllager am Vorderachsträger befestigt sind. Die Querlenker sind je nach Motorstärke aus Stahlguss oder Stahlblech gefertigt.

Die Radführung erfolgt durch 2 McPherson-Federbeine, die über eine Klemmverbindung mit den Achsschenkeln verbunden sind. Durch die getrennte Lagerung von Schraubenfeder und Stoßdämpfer am Federbeindom wird die Übertragung von Fahrbahngeräuschen auf die Karosserie vermindert.

Ein quer liegender Stabilisator sorgt für eine Reduzierung der Seitenneigung des Fahrzeugs. Der Stabilisator ist über 2 Koppelstangen mit den Federbeinen verbunden.

Die Übertragung der Motor-Antriebskraft auf die Räder erfolgt über zwei Gelenkwellen. Die rechte Gelenkwelle ist länger als die linke und daher als Rohrprofil ausgeführt. Bei den leistungsstärkeren Motoren ist die rechte Gelenkwelle über eine Zwischenwelle mit dem Getriebe verbunden; in diesem Fall sind beide Gelenkwellen gleich lang. Je nach Motor-/Getriebeausführung sind die inneren Gelenke der Antriebswellen als Gleichlauf-Kugelgelenke oder als Tripode-Rollengelenke ausgelegt.

Radnabe und Radlager sind zu einer kompakten Einheit zusammengefasst. Die Radlagereinheit ist mit 4 Schrauben mit dem Achsschenkel verschraubt. Das Lagerspiel muss nicht eingestellt werden.

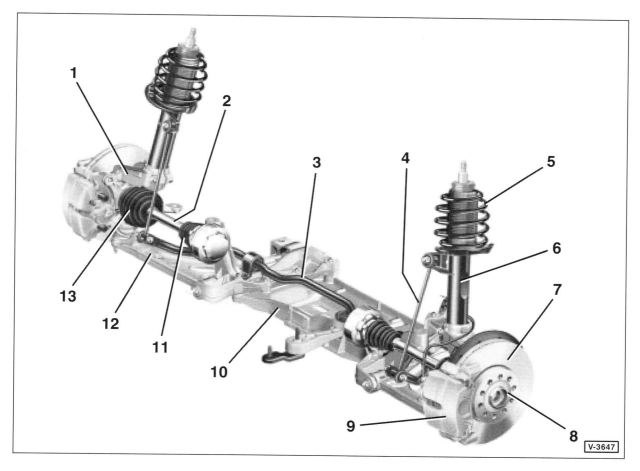

V-3647

1 – Achsschenkel
2 – Gelenkwelle
3 – Querstabilisator
4 – Koppelstange
5 – Schraubenfeder
6 – Federbeinstützrohr
7 – Bremsscheibe
8 – Radlager
9 – Bremssattel
10 – Vorderachsträger
11 – Innengelenk
12 – Querlenker
13 – Außengelenk

Federbein aus- und einbauen

Ausbau

- **GOLF:** Windlaufgrill ausbauen, siehe Seite 273.
- **GOLF PLUS/TOURAN:** Scheibenwischermotor ausbauen, siehe Seite 88.

Hinweis: Diese Ausbauarbeiten sind notwendig, um die Federbeindome freizulegen. Sie sollten ganz zu Beginn durchgeführt werden.

- Nabenschraube ausbauen, siehe entsprechendes Kapitel. **Achtung: Beim vollständigen Herausdrehen der Nabenschraube darf das Fahrzeug nicht auf dem Boden stehen.**
- Reifen-Laufrichtung mit Pfeil am Reifen markieren. Radschrauben lösen und Vorderrad abnehmen.

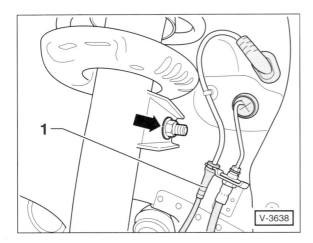

- Obere Mutter –Pfeil– für Koppelstange am Federbein-Stützrohr abschrauben. Dabei Gelenk-Kugelbolzen mit Innenvielzahnschlüssel M6 gegenhalten.
- Gelenkbolzen aus dem Federbein-Stützrohr herausziehen und Koppelstange abnehmen.
- Leitung –1– für ABS-Radsensor am Federbein-Stützrohr aushängen.
- Einbaulage der 3 Muttern am Querlenker mit Reißnadel kennzeichnen und Muttern abschrauben, siehe Abbildung V-3629, Seite 136.
- Achsgelenk aus dem Querlenker herausziehen.
- Außengelenk von Hand aus der Radnabe herausziehen, dabei nicht an der Gelenkwelle ziehen.

Hinweis: Fest sitzende Gelenkwelle mit Abdrückwerkzeug, zum Beispiel HAZET 1781-5, aus der Radnabe herausdrücken.

- Gelenkwelle mit Draht abstützen, damit die Gelenke beim Ausbau nicht bis zum Anschlag gebeugt werden.
- Achsgelenk wieder mit dem Querlenker verschrauben.
- Achsschenkel mit geeignetem Montageheber abstützen.

Achtung: Keinesfalls am Achsgelenk abstützen.

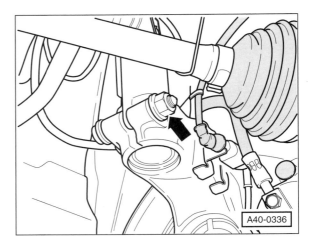

- Schraubverbindung –Pfeil– des Federbeins am Achsschenkel losdrehen und Schraube herausziehen. **Hinweis:** Beim Einbau Schraube und Mutter ersetzen.

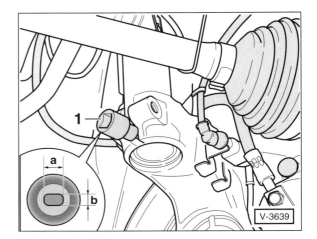

- Geeigneten Spreizer –1–, zum Beispiel VW 3424, in den Schlitz am Achsschenkel einsetzen. Knarre um 90° drehen. Spreizer eingesetzt lassen und Knarre abnehmen. Gegebenenfalls geeignetes Werkzeug selbst anfertigen: a = 8 mm, b = 5,5 mm; die Kanten müssen abgerundet sein.
- Bremsscheibe in Richtung Federbein drücken; das Federbein-Stützrohr kann sich sonst in der Bohrung des Achsschenkels verkanten.
- Montageheber langsam absenken und Achsschenkel vom Federbein-Stützrohr abziehen, bis das Federbein-Stützrohr frei hängt.
- Achsschenkel an der Konsole/Aggregateträger festbinden und Montageheber entfernen.

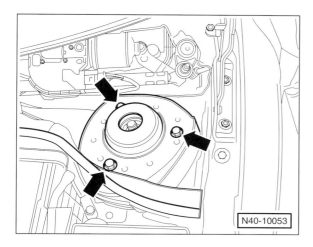

N40-10053

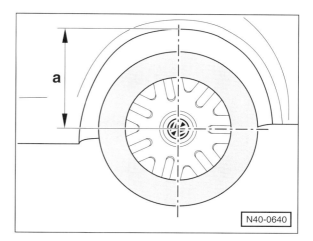

N40-0640

● 3 Schrauben –Pfeile– oben am Federbeindom heraus-drehen und Federbein nach unten aus dem Radkasten herausziehen.

Einbau

● Federbein in den Radkasten einführen und am Feder-beindom einsetzen. Dabei darauf achten, dass eine der beiden Pfeilmarkierungen auf dem oberen Federbein-La-gerteller in Fahrtrichtung zeigt.

● Federbein mit **neuen selbstsichernden Schrauben** be-festigen. Schrauben in 2 Stufen festziehen:

1. Stufe: . . mit Drehmomentschlüssel **15 Nm** anziehen.

2. Stufe: . . . . mit starrem Schlüssel **90°** weiterdrehen.

Hinweis: Um die Winkelgrade beim Anziehen einzuhalten, ist es sinnvoll, aus Pappe eine Winkelscheibe auszuschnei-den oder die Winkelscheibe HAZET 6690 zu verwenden.

● Montageheber unter den Achsschenkel stellen und Fe-derbein-Stützrohr an der Bohrung des Achsschenkels an-setzen.

● Achsschenkel losbinden und mit Montageheber vorsichtig anheben. Federbein-Stützrohr in die Bohrung des Achs-schenkels einschieben, bis die **neue Schraube** für die Federbeinbefestigung eingesetzt werden kann. **Hinweis:** Schraube so einsetzen, dass deren Spitze in Fahrtrich-tung zeigt.

Achtung: Keinesfalls mit dem Montageheber am Achs-gelenk abstützen.

● Während des Anhebens Bremsscheibe in Richtung Fe-derbein drücken. Dabei darauf achten, dass sich das Fe-derbein-Stützrohr nicht in der Bohrung des Achsschen-kels verkantet.

Achtung: Um die Gummimetalllager nicht zu beschädigen, untere Schraubverbindung erst festziehen, wenn das Fahr-zeug in die sogenannte Leergewichtslage gebracht wurde. Dazu zuvor am unbeladenen Fahrzeug das Maß a messen.

● Radlager bis auf die Leergewichtslage anheben: Achs-schenkel mit dem Montageheber soweit anheben, bis zwischen Radnabenmitte und der Unterkante des Rad-kastens das Maß a eingestellt wird.

● **Neue Mutter** für die Federbeinbefestigung am Achs-schenkel verwenden. Spreizer aus dem Schlitz heraus-nehmen und untere Schraubverbindung für Federbein in 2 Stufen festziehen:

1. Stufe: . . mit Drehmomentschlüssel **70 Nm** anziehen.

2. Stufe: . . . . mit starrem Schlüssel **90°** weiterdrehen.

Hinweis: Um die Winkelgrade beim Anziehen einzuhalten, ist es sinnvoll, aus Pappe eine Winkelscheibe auszuschnei-den oder die Winkelscheibe HAZET 6690 zu verwenden.

● Montageheber entfernen.

● 3 Muttern für Achsgelenk herausdrehen und Achsgelenk aus dem Querlenker herausziehen.

● Gelenkwelle in Radlager einsetzen. Dabei auf beschä-digungsfreie und nicht verdrillte Manschette achten.

● Achsgelenk in den Querlenker einsetzen, Staubkappe des Achsgelenks dabei nicht verdrillen oder beschädigen. **Neue selbstsichernde Muttern** aufschrauben und mit **60 Nm** festziehen.

● Leitung für ABS-Radsensor am Federbein-Stützrohr ein-hängen.

● Koppelstange mit **neuer Mutter** und **65 Nm** am Feder-bein-Stützrohr festschrauben. Dabei Gelenk-Kugelbolzen mit Innenvielzahnschlüssel M6 gegenhalten.

● Nabenschraube einbauen, siehe entsprechendes Kapitel. **Achtung: Beim ersten Anziehen der Nabenschraube darf das Fahrzeug nicht auf dem Boden stehen.**

● Reifen-Laufrichtung beachten, Rad anschrauben, Fahr-zeug ablassen, erst dann Radschrauben über Kreuz mit **120 Nm** festziehen. **Achtung:** Unbedingt Hinweise im Kapitel »Rad aus- und einbauen« beachten.

● **GOLF:** Windlaufgrill einbauen, siehe Seite 273.

● **GOLF PLUS/TOURAN:** Scheibenwischermotor einbau-en, siehe Seite 88.

Federbein zerlegen/Stoßdämpfer/ Schraubenfeder aus- und einbauen

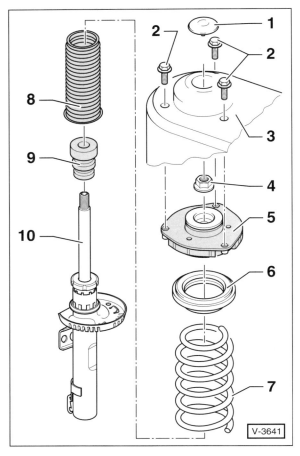

V-3641

1 – Abdeckkappe, je nach Modell in Federbeindom einge-clipst.

2 – 3 Schrauben, **15 Nm + 90°**. Selbstsichernd, nach jeder Demontage ersetzen.

3 – Federbeindom

4 – Mutter, **60 Nm**. Selbstsichernd, nach jeder Demontage ersetzen.

5 – Federbein-Lagerteller

6 – Stützlager

7 – Schraubenfeder. Auf Farbkennzeichnung achten und nur achsweise ersetzen. Pro Achse nur Schraubenfedern eines Herstellers verwenden. Oberfläche der Federwindung darf nicht beschädigt sein.

8 – Staubmanschette

9 – Anschlagpuffer

10 – Stoßdämpfer, einzeln austauschbar.

Ausbau

● Federbein ausbauen, siehe entsprechendes Kapitel.

Achtung: Die Schraubenfeder steht unter hoher Spannung. Um den Stoßdämpfer ausbauen zu können, **muss die Schraubenfeder mit einem geeigneten Federspanner zusammengedrückt werden**.

> **Sicherheitshinweis**
> **Auf keinen Fall Stoßdämpfermutter lösen, wenn die Feder nicht einwandfrei und sicher gespannt ist. Darauf achten, dass die Federwindungen sicher von den Spannplatten umfasst werden und der Federspanner nicht abrutschen kann. Nur stabiles Werkzeug verwenden. Keinesfalls Feder mit Draht zusammenbinden. Unfallgefahr!**

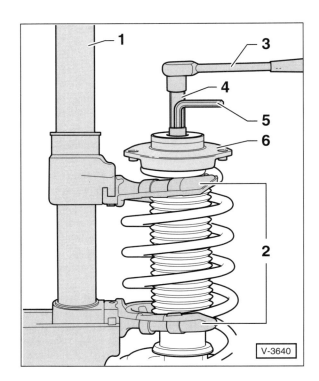

V-3640

● Federbein in geeignete Spannvorrichtung einsetzen. Dazu Federspanner –1– verwenden, zum Beispiel HAZET 4900-2A mit dem Spannplattenpaar –2– HAZET 4900-11. Spannvorrichtung selbst in einen Schraubstock einspannen. 3 – Knarre, beziehungsweise Drehmomentschlüssel, 4 – Steckschlüsseleinsatz HAZET 2593-21, 5 – Innensechskantschlüssel, 6 – Federbein-Lagerteller.

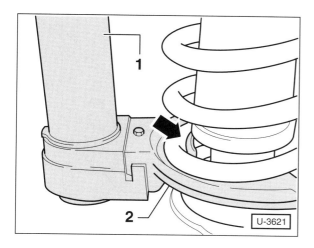

U-3621

- Federspanner –1– mit Spannplatten –2– so in die Windungen der Schraubenfeder einsetzen, dass mindestens 3 Windungen der Feder eingespannt werden. Auf richtigen Sitz der Schraubenfeder in den Spannplatten achten –Pfeil–.

- Schraubenfeder so weit vorspannen, bis der obere Federbein-Lagerteller –6– entlastet ist, siehe Abbildung V-3640.

- Mutter am Federbein mit dem Steckschlüsseleinsatz –4– HAZET 2593-21 von der Kolbenstange abschrauben, dabei mit einem Inbusschlüssel SW-7 –5–, zum Beispiel HAZET 2593-1, gegenhalten, siehe Abbildung V-3640.

Achtung: Die obere Mutter darf nur dann gelöst werden, wenn die Feder sicher gespannt ist.

- Federbein-Lagerteller und Stützlager abziehen. Staubmanschette und Anschlagpuffer von der Kolbenstange des Stoßdämpfers abziehen.

- Federspanner aus dem Schraubstock herausnehmen und Schraubenfeder mit Federspanner vom Stoßdämpfer abziehen.

- Stoßdämpfer prüfen, siehe entsprechenden Abschnitt.

- Alle Einzelteile des Federbeins auf Risse, Verschleiß, Korrosion und Alterungserscheinungen sichtprüfen. Beschädigte beziehungsweise verschlissene Teile erneuern.

- Falls die Schraubenfeder ausgewechselt werden soll, **Federspanner langsam entspannen** und Schraubenfeder herausnehmen.

Einbau

Schraubenfedern immer paarweise austauschen, also an beiden Fahrzeugseiten. Beim Einbau neuer Federn darauf achten, dass je nach Motorisierung/Fahrzeugausstattung unterschiedliche Federn eingebaut sein können. Nur gleiche Federn an einer Achse verwenden. Die Kennzeichnung der Federn erfolgt durch Farbmarkierung an einer Windung.

Hinweis: Neue Schraubenfedern sind gegen Korrosion mit einem Schutzlack versehen. Die Oberfläche darf nicht beschädigt sein.

- Wenn die Schraubenfeder ausgebaut war, Schraubenfeder in den Federspanner einsetzen und zusammendrücken.

- Federspanner in den Schraubstock einspannen.

- Anschlagpuffer und Staubmanschette auf die Kolbenstange aufschieben.

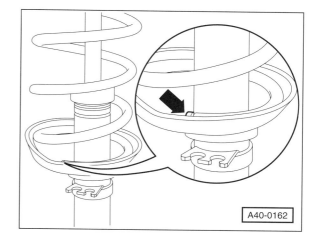

A40-0162

- Vorgespannte Schraubenfeder mit Federspanner auf die Federlagerung des Stoßdämpfers unten aufsetzen. Das Ende der Federwindung muss dabei am Anschlag –Pfeil– anliegen; Schraubenfeder gegebenenfalls bis zum Anschlag drehen.

- Stützlager mit Federbein-Lagerteller aufschieben, dabei auf richtige Einbaulage achten.

- **Neue selbstsichernde Mutter** auf die Kolbenstange aufschrauben und mit **60 Nm** anziehen. Kolbenstange dabei mit Inbusschlüssel gegenhalten.

- Schraubenfeder langsam entspannen, dabei auf richtigen Sitz der Feder am oberen Federbein-Lagerteller und an der unteren Federlagerung achten.

- Federbein aus der Spannvorrichtung herausziehen.

- Federbein einbauen, siehe entsprechendes Kapitel.

Stoßdämpfer prüfen

Folgende Fahreigenschaften weisen auf defekte Stoßdämpfer hin:

- Langes Nachschwingen der Karosserie bei Bodenunebenheiten.

- Aufschaukeln der Karosserie bei aufeinander folgenden Bodenunebenheiten.

- Springen der Räder auch auf normaler Fahrbahn.

- Ausbrechen des Fahrzeuges beim Bremsen (kann auch andere Ursachen haben).

- Kurvenunsicherheit durch mangelnde Spurhaltung, Schleudern des Fahrzeuges.

- Abnorme Reifenabnutzung mit Abflachungen (Auswaschungen) am Reifenprofil.

- Polter- und Knackgeräusche während der Fahrt.

Gelenkwelle aus- und einbauen

Es werden verschiedene Gelenkwellentypen eingebaut, die sich im Wesentlichen durch den Einsatz verschiedener Innengelenke unterscheiden: entweder werden Gleichlaufgelenke oder Tripodegelenke verwendet.

Achtung: Bei allen Arbeiten, bei denen die Gelenkwelle aus dem Radlager beziehungsweise aus dem Getriebe ausgebaut wird, darauf achten, dass **stets nur am Gelenk** und **nicht an der Welle** gezogen wird.

Achtung: Bei demontierter Gelenkwelle darf das Fahrzeug nicht mit vollem Gewicht auf den Rädern stehen und nicht geschoben werden, da bei fehlender axialer Vorspannung die Wälzkörper des Radlagers beschädigt werden.

Hinweis: Soll das Fahrzeug nach dem Ausbau der Gelenkwelle geschoben werden, muss stattdessen ein Gelenkwellenstummel oder ein Außengelenk für den Gegendruck in das Radlager eingeschoben werden. Nabenschraube in den Gelenkwellenstummel schrauben und mit **120 Nm** anziehen.

Gelenkwelle mit Gleichlaufgelenk/ Gelenkwelle mit Tripodegelenk AAR 3300i

Ausbau

- Nabenschraube ausbauen, siehe entsprechendes Kapitel. **Achtung: Beim vollständigen Herausdrehen der Nabenschraube darf das Fahrzeug nicht auf dem Boden stehen.**

- Reifen-Laufrichtung mit Pfeil am Reifen markieren. Radschrauben lösen und Vorderrad abnehmen.

- Untere Motorabdeckung ausbauen, siehe Seite 272.

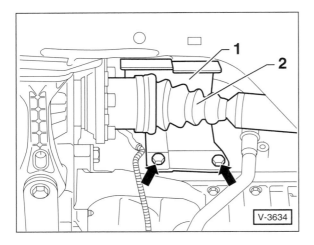

- **Rechte Gelenkwelle:** Gegebenenfalls Schutzabdeckung −1− für das Innengelenk −2− vom Motor abschrauben −Pfeile−.

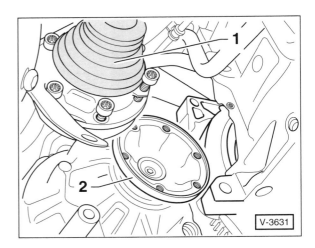

- Innengelenk −1− von der Flanschwelle −2− des Getriebes beziehungsweise der Zwischenwelle abschrauben. Hierzu wird ein Innenvielzahn-Steckschlüsseleinsatz benötigt, zum Beispiel HAZET 990 Lg-8/10.

- Außengelenk von Hand etwas aus der Radnabe herausziehen, dabei nicht an der Gelenkwelle ziehen.

Hinweis: Fest sitzende Gelenkwelle mit Abdrückwerkzeug, zum Beispiel HAZET 1781-5, aus der Radnabe herausdrücken.

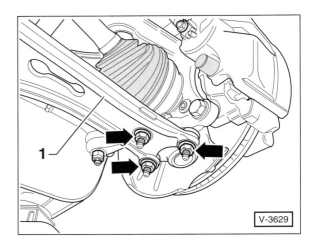

- Einbaulage der 3 Muttern −Pfeile− am Querlenker −1− mit Reißnadel kennzeichnen und Muttern abschrauben.

- Achsschenkel mit Achsgelenk aus dem Querlenker herausziehen.

- Gelenkwelle aus der Radnabe herausziehen.

Einbau

Hinweis: Korrosion, Fett beziehungsweise Klebedichtmassenreste im Gewinde und in der Verzahnung des Außengelenkes sowie der Verzahnung der Radnabe entfernen.

- Gelenkwelle in die Verzahnung der Radnabe einführen.

- Achsgelenk in den Querlenker einsetzen, Staubkappe des Achsgelenks dabei nicht verdrillen oder beschädigen. **Neue selbstsichernde Muttern** aufschrauben und mit **60 Nm** festziehen.

- Innengelenk der Gelenkwelle an der Flanschwelle des Getriebes beziehungsweise der Zwischenwelle anschrauben. Schrauben in 2 Stufen über Kreuz festziehen:

  1. Stufe: . . . . **10 Nm**.

  2. Stufe: . . . . Schrauben (M8) **40 Nm**.

  2. Stufe: . . . . Schrauben (M10) **70 Nm**.

- Untere Motorabdeckung einbauen, siehe Seite 272.

- Nabenschraube einbauen, siehe entsprechendes Kapitel. **Achtung: Beim ersten Anziehen der Nabenschraube darf das Fahrzeug nicht auf dem Boden stehen.**

- Reifen-Laufrichtung beachten, Rad anschrauben, Fahrzeug ablassen, erst dann Radschrauben über Kreuz mit **120 Nm** festziehen. **Achtung:** Unbedingt Hinweise im Kapitel »Rad aus- und einbauen« beachten.

Gelenkwelle mit Tripodegelenk AAR 2600i

Hinweis: Das Tripode-Innengelenk AAR 2600i ist nicht an einer Getriebe-Flanschwelle angeschraubt, sondern in der Getriebe-Verzahnung eingeschoben.

Ausbau

- Nabenschraube ausbauen, siehe entsprechendes Kapitel. **Achtung: Beim vollständigen Herausdrehen der Nabenschraube darf das Fahrzeug nicht auf dem Boden stehen.**

- Reifen-Laufrichtung mit Pfeil am Reifen markieren. Radschrauben lösen und Vorderrad abnehmen.

- Untere Motorabdeckung ausbauen, siehe Seite 272.

- Einbaulage der 3 Muttern am Querlenker mit Reißnadel kennzeichnen und Muttern abschrauben, siehe Abbildung V-3629.

- Achsgelenk aus dem Querlenker herausziehen.

- Außengelenk von Hand aus der Radnabe herausziehen, dabei nicht an der Gelenkwelle ziehen.

Hinweis: Fest sitzende Gelenkwelle mit Abdrückwerkzeug, zum Beispiel HAZET 1781-5, aus der Radnabe herausdrücken.

- Gelenkwelle mit Draht abstützen, damit die Gelenke beim Ausbau nicht bis zum Anschlag gebeugt werden.

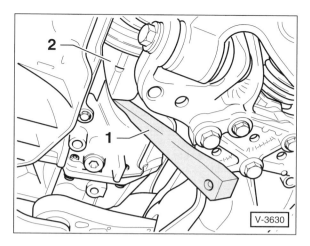

V-3630

- Montiereisen –1– zwischen Getriebegehäuse und Innengelenk –2– ansetzen und Gelenk durch einen Schlag mit einem Hammer herausdrücken.

- Gelenkwelle aus dem Getriebegehäuse herausziehen.

Achtung: Beim Herausziehen der Gelenkwelle tritt aus dem Getriebegehäuse Öl aus. Auffanggefäß unterstellen und Öffnung schnell mit geeignetem Stopfen, zum Beispiel einem sauberen Lappen, verschließen.

Einbau

- Lagerstellen und Verzahnungen im Getriebe sowie an der Radnabe säubern und mit Getriebeöl schmieren.

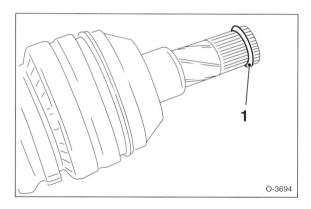

O-3694

- Mit einem Schraubendreher Sicherungsring –1– aus der getriebeseitigen Gelenknut herausheben. **Neuen Sicherungsring** einsetzen, dabei nicht überdehnen. **Hinweis:** In der Abbildung ist nicht das Tripodegelenk vom GOLF/TOURAN dargestellt.

- Verschlussstopfen am Getriebe abnehmen. Gelenkwelle in das Getriebegehäuse einführen, so dass die Verzahnungen ineinander greifen.

- Dabei Dichtring am Getriebe nicht beschädigen.

● Gelenkwelle bis zum Einrasten des Sicherungsringes von Hand in das Getriebegehäuse eindrücken. **Achtung:** Gelenkwelle auf keinen Fall mit einem Hammer einschlagen.

● Nach dem Einrasten des Sicherungsringes festen Sitz des Gelenkes durch Ziehen am Gelenk prüfen. Nicht an der Welle ziehen.

● Gelenkwelle in die Verzahnung der Radnabe einführen.

● Achsgelenk in den Querlenker einsetzen, Staubkappe des Achsgelenks dabei nicht verdrillen oder beschädigen. **Neue selbstsichernde Muttern** aufschrauben und mit **60 Nm** festziehen.

● Untere Motorabdeckung einbauen, siehe Seite 272.

● Nabenschraube einbauen, siehe entsprechendes Kapitel. **Achtung: Beim ersten Anziehen der Nabenschraube darf das Fahrzeug nicht auf dem Boden stehen.**

● Reifen-Laufrichtung beachten, Rad anschrauben, Fahrzeug ablassen, erst dann Radschrauben über Kreuz mit **120 Nm** festziehen. **Achtung:** Unbedingt Hinweise im Kapitel »Rad aus- und einbauen« beachten.

Zwischenwelle

Je nach Fahrzeugmodell führt vom Getriebe eine Zwischenwelle zur rechten Gelenkwelle, dadurch werden Drehschwingungen vermieden. Die rechte Getriebewelle ist an der Zwischenwelle angeflanscht.

Ausbau

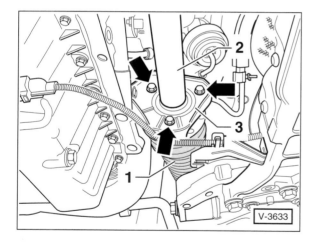

● Rechte Gelenkwelle −1− ausbauen, siehe entsprechenden Abschnitt.

● 3 Schrauben −Pfeile− am Lagerbock −3− herausdrehen.

● Zwischenwelle −2− von der Getriebewelle abziehen.

Einbau

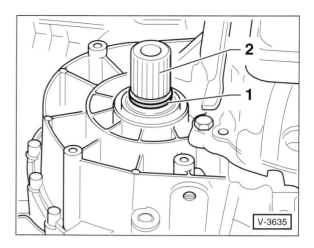

● Dichtring −1− von der Getriebewelle −2− abhebeln und **neuen Dichtring** einsetzen.

● Lagerstellen und Verzahnungen der Getriebewelle sowie an der Radnabe säubern und mit Getriebeöl schmieren.

● Zwischenwelle so auf die Getriebewelle schieben, dass das Zwischenwellenlager spaltfrei am Lagerbock aufliegt.

● 3 Schrauben für Zwischenwellenlager eindrehen und mit **20 Nm** festziehen.

● Rechte Gelenkwelle einbauen, siehe entsprechenden Abschnitt.

Gelenkwelle/Gelenkschutzhüllen/Gleichlaufgelenke

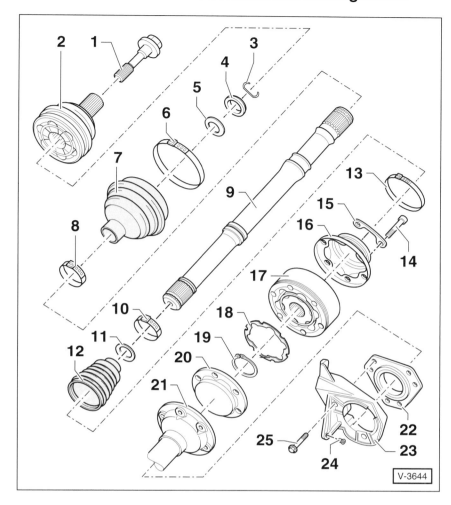

V-3644

9 – Gelenkwelle

10 – Klemmschelle *

11 – Tellerfeder
Einbaulage: Konkave Seite (großer Durchmesser) liegt am Gelenk an.

12 – Manschette innen
Auf Schadstellen prüfen.

13 – Klemmschelle *

14 – Schraube *
Mit **10 Nm** voranziehen, danach endgültig anziehen: M8 = **40 Nm**; M10 = **70 Nm**.

15 – Unterlegplatte

16 – Kappe
Mit Dorn vorsichtig abtreiben. Vor Anbau an das Gelenk Innenfläche mit Dichtmasse bestreichen. Klebefläche muss sauber und frei von Fett sein.

17 – Gleichlaufgelenk innen
Nur komplett ersetzen.

18 – Dichtung
Klebefläche am Gleichlaufgelenk muss sauber und frei von Fett sein.

19 – Sicherungsring *
In die Nut der Welle einsetzen.

20 – Deckel *
Nur VL 100/107. Mit Dorn vom Gleichlaufgelenk abtreiben.

21 – Zwischenwelle
Rechte Fahrzeugseite.

22 – Lager
Rechte Fahrzeugseite. Nur VL 107. Mit geeigneter Presse von der Zwischenwelle abdrücken.

23 – Lagerbock für Zwischenwelle.
Rechte Fahrzeugseite. Nur VL 107.

24 – 3 Schrauben für Lagerbock
Mit **5 Nm** voranziehen, danach mit **35 Nm** endgültig anziehen.

25 – 3 Schrauben, 20 Nm
Für Zwischenwelle.

———

*) Nach jeder Demontage ersetzen.

Gleichlaufgelenk VL 107

Hinweis: Die Gelenkwellen mit den Gleichlaufgelenken VL 90 und VL 100 sind im Prinzip gleich aufgebaut.

1 – Radnabenschraube *
Selbstsichernd.

Sechskantschraube: Mit **200 Nm** voranziehen, danach um **180° weiterdrehen.**

Zwölfkantschraube: Mit **70 Nm** voranziehen, danach um **90° weiterdrehen.**

2 – Gleichlaufgelenk außen
Nur komplett ersetzen.

3 – Sicherungsring *
In die Nut der Welle einsetzen.

4 – Anlaufring
Einbaulage: Konkave Seite (großer Durchmesser) zur Tellerfeder gerichtet.

5 – Tellerfeder
Einbaulage: Konkave Seite zum Gelenk gerichtet.

6 – Klemmschelle *

7 – Manschette außen
Auf Schadstellen prüfen.

8 – Klemmschelle *

Gelenkwelle/Gelenkschutzhüllen/Tripodegelenk innen

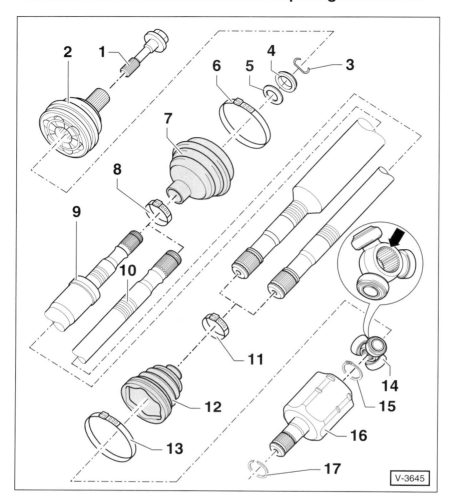

V-3645

Tripodegelenk AAR 2600i

Hinweis: Die Gelenkwelle mit dem Tripodegelenk AAR 3300i ist im Prinzip gleich aufgebaut.

1 – Radnabenschraube *
Selbstsichernd.

Sechskantschraube: Mit **200 Nm** voranziehen, danach um **180°** weiterdrehen.

Zwölfkantschraube: Mit **70 Nm** voranziehen, danach um **90°** weiterdrehen.

2 – Gleichlaufgelenk außen
Nur komplett ersetzen.

3 – Sicherungsring *
In die Nut der Welle einsetzen.

4 – Anlaufring
Einbaulage: Konkave Seite (großer Durchmesser) zur Tellerfeder gerichtet.

5 – Tellerfeder
Einbaulage: Konkave Seite zum Gelenk gerichtet.

6 – Klemmschelle *

7 – Manschette außen
Auf Schadstellen prüfen.

8 – Klemmschelle *

9 – Gelenkwelle, rechts

10 – Gelenkwelle, links

11 – Klemmschelle *

12 – Manschette innen
Auf Schadstellen prüfen.

13 – Klemmschelle *

14 – Tripodestern mit Rollen
Die abgeschrägte Kante –Pfeil– zeigt zur Verzahnung der Gelenkwelle.

15 – Sicherungsring *
In die Nut der Welle einsetzen.

16 – Gelenkgehäuse für Tripodestern
Nur AAR 2600i: Rechter und linker Gelenkwellenstummel in der Getriebe-Verzahnung eingeschoben.
Hinweis: Tripodegelenk AAR 3300i an der rechten Seite mit Zwischenwelle und Lagerbock, an der linken Seite mit Flansch.

17 – Sicherungsring *
In die Nut der Welle einsetzen.

---

*) Nach jeder Demontage ersetzen.

Gelenkwelle zerlegen/ Manschette erneuern

Achtung: Je nach Motor-/Getriebekombination ist das innere Gelenk als Gleichlauf-Kugelgelenk oder als Tripode-Gelenk ausgelegt. Das Tripodegelenk hat anstelle der 6 Kugeln 3 Rollen, die um 120° versetzt auf einem Tripodestern angeordnet sind.

● Gelenkwelle ausbauen, siehe entsprechendes Kapitel.

● Gelenkwelle mit Schutzbacken in Schraubstock einspannen.

● Einbaulage der Manschetten (Gelenkschutzhüllen) auf der Welle markieren, damit die neuen Manschetten in gleicher Lage eingebaut werden können. Beim Markieren auf keinen Fall den Lack der Gelenkwelle beschädigen.

● Klemmschellen an beiden Manschetten mit Seitenschneider aufschneiden und abnehmen. Manschette zurückschieben, wenn nötig mit einem Dorn vom Gelenk abtreiben.

Gelenk außen

Ausbau

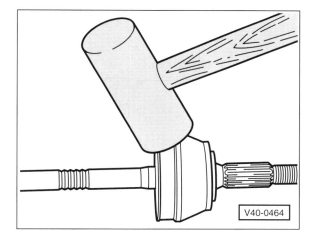

V40-0464

● Außengelenk durch kräftigen Schlag mit einem Kunststoffhammer von der Gelenkwelle abtreiben.

● Sicherungsring −3− vom Gelenk abziehen, siehe Abbildungen V-3644 und V-3645.

● Anlaufring −4− und Tellerfeder −5− von der Gelenkwelle herunterziehen, siehe Abbildung V-3644/V-3645.

● Manschette von der Gelenkwelle herunterziehen.

Einbau

● **Neue** kleine Klemmschelle auf die Gelenkwelle schieben.

● Spröde oder beschädigte Manschette ersetzen und auf die Gelenkwelle schieben.

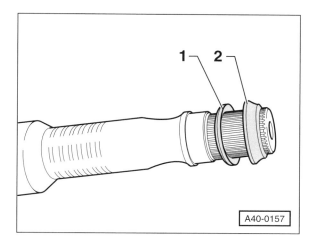

A40-0157

● Tellerfeder und Anlaufring auf die Gelenkwelle schieben. Die Tellerfeder −1− am Außengelenk zeigt mit dem großen Durchmesser nach außen, der Anlaufring −2− mit dem kleinen Durchmesser nach außen.

● **Neuen** Sicherungsring in das Gelenk einsetzen.

● Außengelenk mit einem Kunststoffhammer bis zum Anschlag auf die Gelenkwelle treiben, so dass der Sicherungsring einrastet.

● Gelenk mit Langzeitfett schmieren, zum Beispiel LM47 von Liqui Moly. Halbe Fettmenge in der Manschette verteilen, die andere Hälfte ins Gelenk eindrücken.

● Manschette über das Gelenk ziehen und mit **neuen** Klemmschellen befestigen.

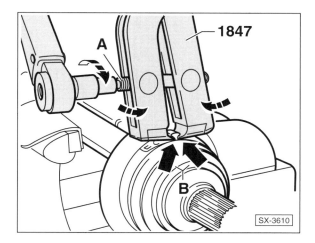

1847

SX-3610

● Zum Spannen der Klemmschellen muss eine Spezialzange verwendet werden, zum Beispiel HAZET 1847, sonst wird die erforderliche Spannkraft nicht erreicht. Die Schneiden der Zange müssen beim Ansetzen in den Ecken −Pfeile B− anliegen. In dieser Stellung Schraube −A− mit Drehmomentschlüssel und **25 Nm** anziehen und dadurch Klemmschelle spannen.

Achtung: Das Gewinde der Zange muss leichtgängig sein, gegebenenfalls vorher mit MoS_2-Fett schmieren.

● Gelenkwelle einbauen, siehe entsprechendes Kapitel.

Gleichlaufgelenk innen

Ausbau

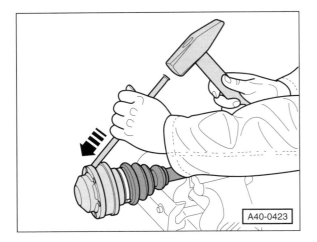

A40-0423

- **Gleichlaufgelenk VL 100/107:** Deckel mit geeignetem Dorn vom Gelenk abtreiben.

- Dichtung –18– vom Gelenk abnehmen, siehe Abbildung V-3644.

- Sicherungsring –19– mit geeigneter Zange, zum Beispiel HAZET 1847-61, vom Gelenk abziehen, siehe Abbildung V-3644.

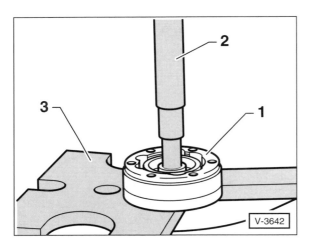

V-3642

- Innengelenk –1– mit geeigneter Presse –2– von der Gelenkwelle abpressen, dabei die Kugelnabe mit Auflageplatten –3– abstützen.

- Manschette von der Gelenkwelle herunterziehen.

Einbau

- **Neue** kleine Klemmschelle auf die Gelenkwelle schieben.

- Spröde oder beschädigte Manschette ersetzen und auf die Gelenkwelle schieben.

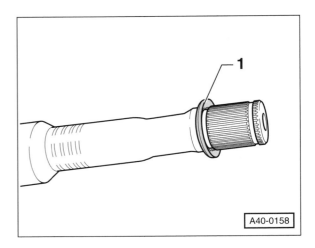

A40-0158

- Tellerfeder –1– auf die Welle schieben. Der große Durchmesser der Tellerfeder stützt sich dabei am Gelenk ab.

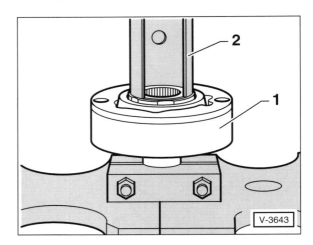

V-3643

- Innengelenk –1– mit geeigneter Presse –2– bis zum Anschlag aufpressen. **Achtung:** Die abgeschrägte Kante am Innendurchmesser der Kugelnabe (Verzahnung) muss zum Anlagebund der Gelenkwelle zeigen.

- **Neuen** Sicherungsring mit Sprengringzange HAZET 1847-61 in das Gelenk einfedern.

- **Neue** Dichtung auf das Gelenk kleben, vorher Schutzfolie von der Dichtung abziehen. **Hinweis:** Die Klebefläche am Gelenk muss frei von Fett und Öl sein.

- Gelenk mit Langzeitfett schmieren, zum Beispiel LM47 von Liqui Moly. Halbe Fettmenge in der Manschette verteilen, die andere Hälfte ins Gelenk eindrücken.

- Manschette über das Gelenk ziehen, vorher die Dichtfläche mit VW-Dichtungsmittel D 454 300 A2 bestreichen.

- Manschette mit **neuen** Klemmschellen befestigen. Klemmschellen mit Spezialzange, zum Beispiel HAZET 1847, spannen.

- **Gleichlaufgelenk VL 100/107: Neuen** Deckel am Gelenk aufdrücken.

- Gelenkwelle einbauen, siehe entsprechendes Kapitel.

Tripodegelenk innen

Ausbau

- Gelenkgehäuse von der Gelenkwelle und den Tripoderollen ziehen.

- Sicherungsring –15– mit geeigneter Zange, zum Beispiel HAZET 1846 c, an der Verzahnung von der Gelenkwelle abbauen, siehe Abbildung V-3645.

- Tripodestern mit geeigneter Presse von der Gelenkwelle abpressen.

- Manschette von der Gelenkwelle herunterziehen.

Einbau

- **Neue** kleine Klemmschelle auf die Gelenkwelle schieben.

- Spröde oder beschädigte Manschette ersetzen und auf die Gelenkwelle schieben.

- Tripodestern mit der abgeschrägten Kante auf die Gelenkwelle aufstecken und mit geeigneter Presse bis zum Anschlag aufpressen. **Hinweis:** Vorher die Verzahnung von Gelenkwelle und Tripodestern fetten.

- **Neuen** Sicherungsring einsetzen.

- Halbe Fettmenge in das Gelenk drücken und Gelenkgehäuse über die Tripoderollen schieben. Restliches Fett in das Gelenk drücken.

- Manschette über das Gelenk ziehen und mit **neuen** Klemmschellen befestigen.

- Klemmschellen spannen. **Hinweis:** Beim Tripodegelenk AAR 3300i darauf achten, dass keine Bohrung für die Getriebeflansch-Schrauben vom Klemmohr verdeckt wird.

- Gelenkwelle einbauen, siehe entsprechendes Kapitel.

Nabenschraube aus- und einbauen

Ausbau

- Schaltgetriebe in Leerlaufstellung bringen; Automatikgetriebe auf Stellung »N«. Handbremse anziehen.

- Radkappe vom Reifen abziehen, siehe Seite 154.

Achtung: Hohes Löse- und Anzugsdrehmoment der Nabenschraube! Wir empfehlen, die Nabenschraube vor dem Aufbocken des Fahrzeugs zu lockern. Fußbremse beim Losdrehen der Schraube durch Helfer betätigen lassen.

Hinweis: Es werden unterschiedliche Nabenschrauben verwendet, entweder eine Sechskant- oder eine Zwölfkant-Schraube.

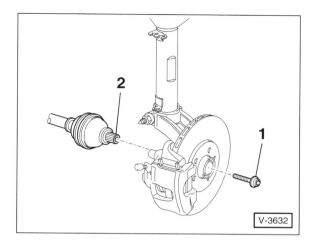

V-3632

- Nabenschraube –1– **um höchstens 90°** losdrehen.

Achtung: Nabenschraube nicht ganz herausdrehen. Das Radlager darf nicht durch das Gewicht des Fahrzeugs belastet werden.

> **Sicherheitshinweis**
> Beim Aufbocken des Fahrzeugs besteht Unfallgefahr! Hinweise im Kapitel »Fahrzeug aufbocken« beachten.

- Fahrzeug so weit anheben, dass das Rad frei hängt.

- Bremse durch Helfer betätigen lassen und Nabenschraube –1– aus der Gelenkwelle –2– herausdrehen.

Achtung: Wird die Gelenkwelle aus dem Radlager herausgezogen, darf das Fahrzeug **nicht** bewegt werden.

Einbau

Achtung: Hohes Anzugsdrehmoment der Nabenschraube!

- **Neue selbstsichernde Nabenschraube** in die Gelenkwelle schrauben und je nach Schraube mit bestimmten **Drehmoment** anziehen, dabei die Fußbremse durch Helfer betätigen lassen. **Achtung:** Beim ersten Anziehen der Nabenschraube darf das Rad den Boden noch nicht berühren.

- Fahrzeug ablassen und Nabenschraube je nach Schraube mit starrem Schlüssel um einen bestimmten Winkelgrad **weiterdrehen**, dabei die Fußbremse durch Helfer betätigen lassen.

- Anzugsdrehmoment der **Sechskant-Nabenschraube**:

  1. Stufe: . mit Drehmomentschlüssel **200 Nm** anziehen.

  2. Stufe: . . . mit starrem Schlüssel **180°** weiterdrehen.

- Anzugsdrehmoment der **Zwölfkant-Nabenschraube**:

  1. Stufe: . . mit Drehmomentschlüssel **70 Nm** anziehen.

  2. Stufe: . . . . mit starrem Schlüssel **90°** weiterdrehen.

Hinweis: Um die Winkelgrade beim Anziehen einzuhalten, ist es sinnvoll, aus Pappe eine Winkelscheibe auszuschneiden oder die Winkelscheibe HAZET 6690 zu verwenden.

Hinterachse

Die 4-Lenker-Hinterachse besteht aus dem Hilfsrahmen, den beidseitig befestigten Längslenkern, 3 Querlenkern auf jeder Seite sowie den Achsschenkeln. Durch diese aufwändige Bauweise wird eine weitgehende Entkopplung von Längs- und Querkräften erreicht, wodurch die Fahrstabilität sowie der Komfort verbessert wird.

Der Hilfsrahmen, eine geschweißte Stahlkonstruktion, ist starr mit der Karosserie verschraubt. Die Querlenker sind zum Teil aus Aluminium gefertigt. Die Längslenker sind über Gummimetalllager mit dem Aufbau verschraubt.

Ein quer über die ganze Fahrzeugbreite angeordneter Stabilisator vermindert wie bei der Vorderachse die Neigung der Karosserie beim Durchfahren von Kurven und sorgt für gute Bodenhaftung der Hinterräder.

Abgefedert wird das Fahrzeug an der Hinterachse durch 2 Schraubenfedern und 2 Stoßdämpfer. Die Schraubenfedern stützen sich dabei an den unteren Querlenkern ab, die Stoßdämpfer sind an den Achsschenkeln angeschraubt. Schraubenfedern und Stoßdämpfer sind getrennt angeordnet, so dass auf Federbeindome im Laderaum verzichtet werden kann. Dadurch vergrößert sich die Laderaumbreite.

Radnabe und Radlager bilden eine bauliche Einheit. Die Radlagereinheit ist mit einer selbstsichernden Dehnungsschraube am Achszapfen des Achsschenkels verschraubt.

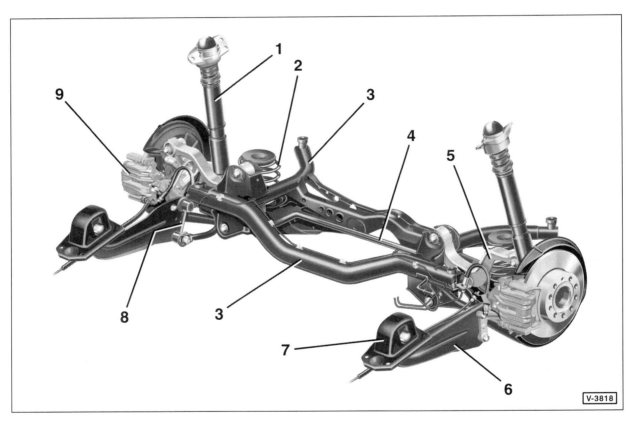

V-3818

1 – Stoßdämpfer	4 – Stabilisator	7 – Lagerbock für Längsträger
2 – Schraubenfeder	5 – Querträger oben	8 – Koppelstange
3 – Hinterachsträger	6 – Längsträger	9 – Bremssattel

Schraubenfeder an der Hinterachse aus- und einbauen

Ausbau

● Reifen-Laufrichtung mit Pfeil am Reifen markieren. Radschrauben lösen. Fahrzeug hinten aufbocken und Hinterrad abnehmen. **Achtung:** Unbedingt Hinweise im Kapitel »Rad aus- und einbauen« beachten.

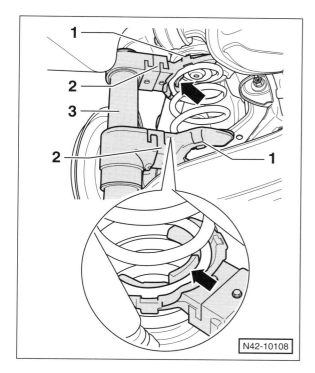

N42-10108

● Geeigneten Federspanner –3– von hinten an der Schraubenfeder ansetzen und möglichst nah an den Federwindungen anlegen, dabei mindestens 3 Windungen umgreifen.

Hinweis: Die Fachwerkstatt benutzt den Federspanner VAG 1752/1 mit den Spannplatten VAG 1752/3a und der Verlängerung –2– VAG 1752/9. Beim TOURAN kann auch der HAZET-Federspanner 4900-2A mit den Spannplatten HAZET 4900-10 verwendet werden – ohne Verlängerung.

Achtung: Während des Spannvorgangs auf korrekten Sitz der Spannplatten –1– in den Federwindungen achten –Pfeile–.

● Schraubenfeder so weit spannen, bis diese herausnehmbar ist. Federspanner mit Schraubenfeder aus dem Radkasten herausziehen.

● **Federspanner langsam entspannen** und Schraubenfeder zusammen mit oberer und unterer Federauflage herausnehmen.

Einbau

Hinweis: Schraubenfedern nur achsweise erneuern und auf Farbkennzeichnung achten. An einer Achse nur Schraubenfedern gleicher Hersteller verwenden.

● Schraubenfeder in den Federspanner einsetzen und zusammendrücken.

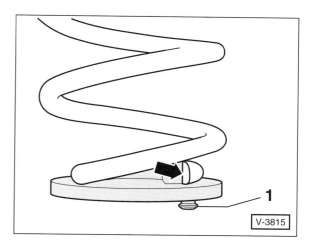

V-3815

● Untere Federauflage so in die Schraubenfeder einsetzen, dass der Federanfang –Pfeil– am Anschlag der Federauflage anliegt. 1 – Zapfen.

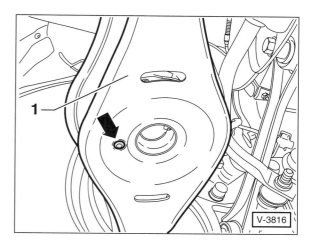

V-3816

● Gespannte Schraubenfeder zusammen mit der unteren Federauflage einsetzen. Dabei muss der Zapfen der Federauflage in die Bohrung –Pfeil– im Querlenker –1– eingesetzt werden.

● Obere Federauflage auf das obere Federende legen.

● Schraubenfeder langsam entspannen, dabei muss die obere Federauflage in die Führung oben an der Karosserie eingreifen.

● Federspanner herausnehmen. Dabei darauf achten, dass der Oberflächenschutz der Schraubenfeder nicht beschädigt wird.

● Reifen-Laufrichtung beachten, Hinterrad anschrauben, Fahrzeug ablassen, erst dann Radschrauben über Kreuz mit **120 Nm** festziehen. **Achtung:** Unbedingt Hinweise im Kapitel »Rad aus- und einbauen« beachten.

Stoßdämpfer an der Hinterachse aus- und einbauen

Ausbau

● Reifen-Laufrichtung mit Pfeil am Reifen markieren. Radschrauben lösen. Fahrzeug hinten aufbocken und Hinterrad abnehmen. **Achtung:** Unbedingt Hinweise im Kapitel »Rad aus- und einbauen« beachten.

● Innenkotflügel ausbauen, siehe Seite 281.

● Schraubenfeder ausbauen, siehe entsprechendes Kapitel.

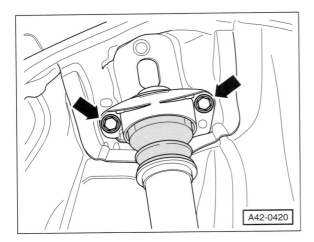

A42-0420

● 2 Schrauben –Pfeile– oben aus der Karosserie herausdrehen.

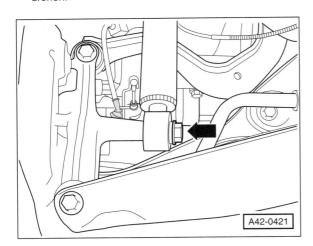

A42-0421

● Schraube –Pfeil– unten aus dem Achsschenkel herausdrehen und Stoßdämpfer aus dem Radkasten herausziehen.

Einbau

● Stoßdämpfer in den Radkasten einsetzen, oben an der Karosserie anschrauben und **neue selbstsichernde Schrauben** in 2 Stufen festziehen:

    1. Stufe: . . mit Drehmomentschlüssel **50 Nm** anziehen.

    2. Stufe: . . . . mit starrem Schlüssel **45°** weiterdrehen.

Hinweis: Um die Winkelgrade beim Anziehen einzuhalten, ist es sinnvoll, aus Pappe eine Winkelscheibe auszuschneiden oder die Winkelscheibe HAZET 6690 zu verwenden.

Achtung: Um die Gummimetalllager nicht zu beschädigen, untere Schraubverbindung erst festziehen, wenn das Fahrzeug in die sogenannte Leergewichtslage gebracht wurde. Dazu zuvor am unbeladenen Fahrzeug das Maß a messen, siehe Abbildung N40-0640, Seite 133.

● Radlager bis auf die Leergewichtslage anheben: Achsschenkel mit dem Montageheber soweit anheben, bis zwischen Radnabenmitte und der Unterkante des Radkastens das Maß a eingestellt wird. GOLF: **a = 354 mm.**

● Stoßdämpfer unten am Achsschenkel anschrauben und Schraube mit **180 Nm** festziehen.

● Schraubenfeder einbauen, siehe entsprechendes Kapitel.

● Innenkotflügel einbauen, siehe Seite 281.

● Reifen-Laufrichtung beachten, Hinterrad anschrauben, Fahrzeug ablassen, erst dann Radschrauben über Kreuz mit **120 Nm** festziehen. **Achtung:** Unbedingt Hinweise im Kapitel »Rad aus- und einbauen« beachten.

Stoßdämpfer zerlegen und zusammenbauen

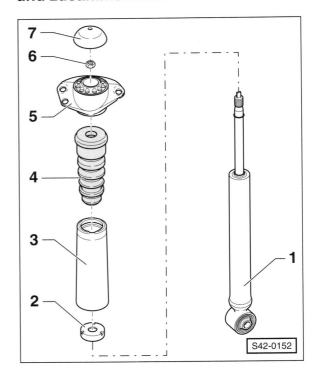

S42-0152

1 – **Gasdruck-Stoßdämpfer**
    Einzeln austauschbar.

2 – **Schutzkappe**

3 – **Schutzrohr**

4 – **Anschlagpuffer**

5 – **Stoßdämpferlager**

6 – **Mutter, 25 Nm**
    Nach jeder Demontage ersetzen. Zum Lösen und Festziehen der Mutter Kolbenstange des Dämpfers an der Spitze gegenhalten.

7 – **Abdeckung**

Hinweis: Je nach Modell kann zwischen Anschlagpuffer –4– und Schutzrohr –3– zusätzlich ein Stützring eingesetzt sein.

Lenkung/Airbag

Die Lenkung besteht im Wesentlichen aus dem Lenkrad mit der Lenksäule, dem Zahnstangen-Lenkgetriebe und den Spurstangen. Die Lenksäule überträgt die Lenkbewegungen über ein Zahnrad auf das Lenkgetriebe. Die Zahnstange wird entsprechend dem Lenkradeinschlag nach links oder rechts bewegt. Spurstangen übertragen die Lenkkräfte über Spurstangengelenke und Achsschenkel auf die Räder.

Die Zahnstangenlenkung ist spielfrei von Anschlag zu Anschlag sowie wartungsfrei, nur die Lenkmanschetten und Staubkappen der Spurstangenköpfe müssen im Rahmen der Wartung auf einwandfreien Zustand geprüft werden.

Der Kraftaufwand beim Einschlagen der Räder, insbesondere bei stehendem Fahrzeug, wird durch eine **elektromechanische Lenkhilfe** (Servolenkung) verringert. Ein am Lenkgetriebe angebrachter Elektromotor unterstützt die Bewegungen des Lenkrades. Der Elektromotor bewegt ein zweites Ritzel, das in die Verzahnung der Zahnstange im Lenkgetriebe greift. Ein Steuergerät koordiniert diesen Vorgang, bei dem die Parameter Fahrzeuggeschwindigkeit, Lenkwinkel sowie die Geschwindigkeit der Lenkbewegung mit einbezogen werden. Zusätzlich bewirkt die elektromechanische Servolenkung beim GOLF/TOURAN ein automatisch gesteuertes Korrigieren der Geradeausfahrt bei konstantem Seitenwind und geneigter Fahrbahn.

Achtung: Die angegebenen Anzugsdrehmomente sind unbedingt einzuhalten. Bei mangelnder Erfahrung sollten Arbeiten an der Lenkung von einer Fachwerkstatt durchgeführt werden.

Im Lenkrad ist der Fahrer-**Airbag** untergebracht. Der Airbag ist ein zusammengefalteter Luftsack, der im Fall einer Frontalkollision aufgeblasen wird und dadurch Oberkörper und Kopf des Fahrers vor einem Aufprall auf das Lenkrad schützt. Bei einer entsprechend starken Frontalkollision wird über ein Steuergerät eine kleine Sprengladung im Gasgenerator der Airbag-Einheit gezündet. Es entstehen Explosionsgase, die den Luftsack innerhalb weniger Millisekunden aufblasen. Diese Zeit reicht aus, um den Aufprall des nach vorn schnellenden Fahrer-Oberkörpers zu dämpfen. Der Airbag fällt anschließend innerhalb weniger Sekunden wieder in sich zusammen, da die Gase durch Austrittsöffnungen entweichen.

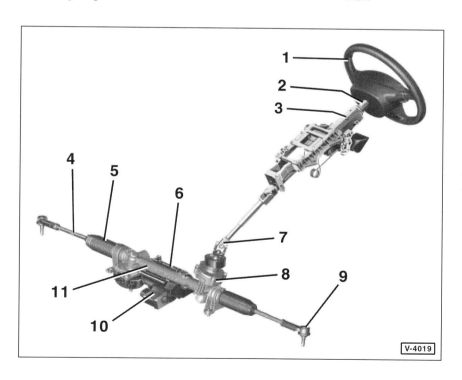

1 – Lenkrad
2 – Lenkwinkelsensor
   Am Lenkstockschalter befestigt.
3 – Lenksäule
4 – Spurstange
5 – Gummimanschette
6 – Elektromotor für Servolenkung
7 – Kreuzgelenk
8 – Sensor für Lenkmoment
9 – Spurstangenkopf
10 – Steuergerät für Servolenkung
11 – Lenkgetriebe

V-4019

Airbag-Sicherheitshinweise

Das Airbag-System besteht aus dem Aufprallsensor, dem Gasgenerator, dem Steuergerät und dem Airbag. Das Aufblasen des Airbags wird elektrisch ausgelöst.

Je nach Ausstattung ist das Fahrzeug mit Front-, Seiten- sowie Kopf-Airbags einschließlich Gurtstraffern ausgestattet.

Auf dem Beifahrersitz darf kein gegen die Fahrtrichtung angeordneter Babysitz montiert werden, wenn der Beifahrer-Airbag aktiviert ist; ausgenommen ist ein spezieller Kindersitz in Zusammenhang mit der automatischen Kindersitzerkennung.

Achtung: Aus Sicherheitsgründen keine Arbeiten an Teilen des Airbag- oder Gurtstraffer-Systems durchführen.

Folgende Hinweise unbedingt beachten:

- Zuerst Batterie-Massekabel (–) und anschließend Batterie-Pluskabel (+) abklemmen. **Achtung:** Hinweise im Kapitel »Batterie aus- und einbauen« durchlesen.

- Batteriepole isolieren, um einen versehentlichen Kontakt zu vermeiden.

Achtung: Beim Anklemmen der Batterie darf sich keine Person im Innenraum des Fahrzeuges aufhalten.

Speziell beim Fahrer-Airbag ist Folgendes zu beachten:

- Räder in Geradeausstellung, Lenkrad in Mittelstellung bringen.

- Vor dem Abnehmen (Berühren) der Airbag-Einheit elektrostatische Aufladung abbauen. Dazu kurz den Schließkeil der Tür oder die Karosserie anfassen.

Allgemeine Hinweise:

- Niemals Airbag-Komponenten eines anderen Fahrzeugs oder ein anderes Lenkrad einbauen. Beim Austausch stets neue Teile verwenden.

- Selbst nach einem leichten Unfall, der nicht zum Auslösen des Airbags führte, Airbag- und Gurtstraffer-System von einer Fachwerkstatt überprüfen lassen.

- **Das Airbag-System darf nur in der Fachwerkstatt geprüft werden. Keinesfalls mit Prüflampe, Voltmeter oder Ohmmeter prüfen.**

- Airbag-Komponenten, die aus einer Höhe von mehr als 0,5 m fallengelassen wurden, müssen grundsätzlich ersetzt werden.

- Airbag-Komponenten vor großer Hitze und direkter Flammeneinwirkung schützen und keinen Temperaturen über +100° C aussetzen, auch nicht kurzfristig.

- Airbag-Komponenten vor Kontakt mit Wasser, Fett oder Öl schützen. Sofort mit einem trockenem Lappen abwischen.

- Die Airbag-Einheit ist im ausgebauten Zustand immer so abzulegen, dass das Lenkradpolster nach oben zeigt. Bei umgekehrter Lagerung besteht die Gefahr, dass bei eventueller Zündung der Gasgenerator nach oben geschleudert wird. Dadurch erhöht sich die Verletzungsgefahr.

- Bei Arbeitsunterbrechung die Airbag-Einheit nicht unbeaufsichtigt liegen lassen.

- Die Airbag-Einheit darf nicht zerlegt werden, bei einem Defekt ist sie immer komplett zu ersetzen. Da die Airbag-Einheit Explosivstoffe enthält, ist sie unter Verschluss oder geeigneter Aufsicht aufzubewahren.

- Vor Verschrotten des Fahrzeugs müssen die Airbag-Einheiten entsorgt werden. Die Entsorgung erfolgt nur durch eine Fachwerkstatt.

- Zwischen Airbag und Insassen dürfen sich keine Gegenstände befinden. Genügend großen Abstand zum Airbag einhalten, damit sich der Airbag-Luftsack beim Auslösen entfalten kann.

- Lenkrad, Armaturentafel und Vordersitzlehnen im Bereich der Airbag-Einheit nicht bekleben und von Gegenständen freihalten.

- An den Haken der Handgriffe nur leichte Kleidungsstücke ohne Kleiderbügel aufhängen. Keine Gegenstände in den Taschen der Kleidungsstücke belassen.

- Die Airbag-Kontrolllampe im Kombiinstrument muss beim Einschalten der Zündung aufleuchten und nach etwa 4 Sekunden erlöschen. Andernfalls liegt eine Störung vor.

Speziell beim Seitenairbag ist Folgendes zu beachten:

- Es dürfen nur original Sitzbezüge und Rücksitzbezüge verbaut werden, die für Seitenairbags freigegeben sind (erkennbar am Airbag-Annäher auf dem Bezug).

- Die Rückenlehnen dürfen nicht mit Schonbezügen überzogen werden, da dadurch die Funktion des Seitenairbags beeinflusst wird.

- Sitzplatzauflagen, -matten oder Ähnliches, die die Funktion der Sitzbelegungserkennung und der Airbags beeinträchtigen, sind nicht zulässig.

- Bei Beschädigung des Bezuges (durch Risse, Brandlöcher usw.) im Bereich des Seitenairbags ist aus Sicherheitsgründen immer der Bezug zu wechseln, da sich sonst der Seitenairbag nicht richtig entfaltet.

- Nicht mit der Polsternadel oder ähnlich spitzen Gegenständen im Bereich Airbag und Sensormatte in den Bezug stechen.

Speziell beim Kopfairbag ist Folgendes zu beachten:

- Kopfairbag nicht knicken oder verdrehen.

- Beschädigte Verkleidungen an den Fahrzeugsäulen immer ersetzen, nie reparieren.

Airbag-Einheit aus- und einbauen

Ausbau

- **Airbag-Sicherheitshinweise durchlesen und befolgen.**

- **Batterie abklemmen. Achtung: Hinweise im Kapitel »Batterie aus- und einbauen« beachten.**

- **Batteriepole isolieren.**

- Lenksäulenverstellung entriegeln. Lenksäule ganz herausziehen und in oberster Position verriegeln.

- Lenkrad ¼ Umdrehung gegen den Uhrzeigersinn drehen, bis die seitlichen Lenkradspeichen senkrecht stehen.

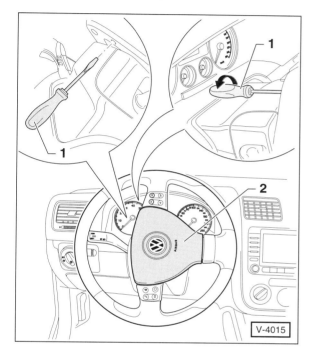

V-4015

- Einen etwa 7 mm breiten und 18 cm langen Schraubendreher –1– bis zum Anschlag in die Bohrung an der Rückseite des Lenkrads stecken.

- Schraubendreher in Pfeilrichtung drücken. Dadurch wird die Airbag-Einheit –2– entriegelt und springt ein Stück aus dem Lenkrad.

- Lenkrad um 180° zurückdrehen und zweite Verrastung an der gegenüberliegenden Seite entriegeln.

- Lenkrad um 90° auf die Mittelstellung zurückdrehen und Airbag-Einheit –2– vorsichtig ein Stück vom Lenkrad abnehmen.

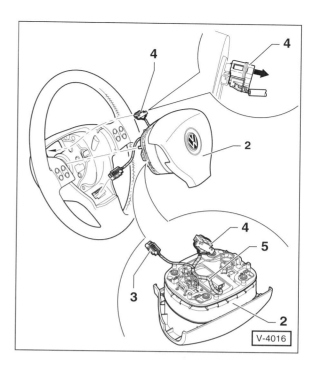

V-4016

- Multifunktionslenkrad: Stecker –3– für Lenkrad-Bedientasten an der Rückseite der Airbag-Einheit –2– entriegeln und trennen. 5 – Airbag-Leitung.

Achtung: Vor dem Trennen der Airbag-Leitung muss sich der Monteur elektrostatisch entladen. Dazu kurz den Schließkeil der Tür oder die Karosserie anfassen.

- Sicherungslasche am Stecker –4– in Pfeilrichtung herausziehen und Stecker der Airbag-Einheit trennen.

- Airbag-Einheit –2– vom Lenkrad abnehmen.

- Airbag-Einheit so ablegen, dass das Prallpolster nach oben zeigt.

Einbau

- Airbag-Leitung –5– an der Rückseite der Airbag-Einheit wie in der Abbildung dargestellt verlegen.

- Airbag-Stecker –4– verbinden und Sicherungslasche hörbar einrasten.

- Multifunktionslenkrad: Stecker –3– für Lenkrad-Bedientasten verbinden.

- Airbag-Einheit –2– ins Lenkrad einsetzen. Airbag-Einheit rechts und links eindrücken und hörbar einrasten.

- Überprüfen, ob die Airbag-Einheit korrekt im Lenkrad verrastet ist.

- Zündung einschalten.

- Isolierband an den Polen der Batterie entfernen, zuerst Pluskabel (+) und danach Massekabel (–) an der Batterie anklemmen. **Achtung:** Hinweise im Kapitel »Batterie aus- und einbauen« beachten.

Achtung: Beim Anklemmen der Batterie darf sich keine Person im Fahrzeug-Innenraum befinden!

Lenkrad aus- und einbauen

Ausbau

- Räder in Geradeausstellung bringen.
- Airbageinheit ausbauen, dabei Sicherheitshinweise befolgen, siehe entsprechende Kapitel.

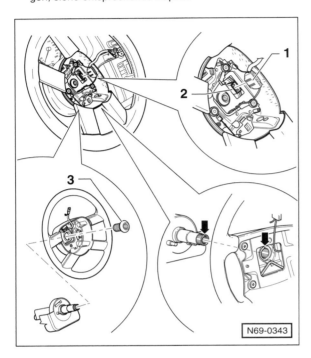

- Steckverbindung –1/2– für Lenkwinkelsensor trennen.
- Schraube –3– herausdrehen und Lenkrad von der Lenksäule abziehen.

Einbau

- Räder in Geradeausstellung bringen.
- Lenkrad so aufsetzen, dass die Markierungen –Pfeile– auf der Nabe des Lenkrades und auf der Lenksäule fluchten.
- Steckkontakt –2– für Lenkwinkelsensor in die Aussparung am Lenkrad einführen und mit Stecker –1– verbinden.
- Schraube –3– säubern, mit Sicherungsmittel, zum Beispiel LOCTITE 243, bestreichen und mit **50 Nm** festziehen.

Hinweis: Die Schraube kann bis zu 5-mal verwendet werden. Nach jeder Demontage zur Kennzeichnung einen Körnerpunkt einschlagen.

- Auf ebener Straße kontrollieren, ob das Lenkrad in Mittelstellung steht, gegebenenfalls Lenkrad umsetzen.
- Airbageinheit einbauen, siehe entsprechendes Kapitel.

Spurstangenkopf aus- und einbauen

Ausbau

- **Spurstangenspiel prüfen:** Fahrzeug vorn aufbocken, die Räder müssen frei hängen. Räder und Spurstangen bewegen. Dabei darf kein Spiel auftreten.
- Räder in Geradeausstellung bringen.
- Reifen-Laufrichtung mit Pfeil am Reifen markieren. Radschrauben lösen. Fahrzeug vorn aufbocken und Rad abnehmen. **Achtung:** Unbedingt Hinweise im Kapitel »Rad aus- und einbauen« beachten.
- Befestigung prüfen. Staubkappen auf Beschädigungen, Risse und richtigen Sitz prüfen, gegebenenfalls Gelenk austauschen.

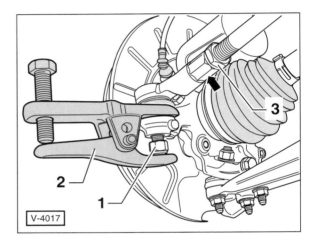

- Mutter –1– für Spurstangenkopf einige Umdrehungen losschrauben, dabei den Spurstangenkopf mit einem Innentorxschlüssel T40 gegenhalten.
- Spurstangenkopf mit handelsüblichem Ausdrücker –2–, zum Beispiel HAZET 1779-2, aus dem Achsschenkel herausdrücken, der Ausdrücker stützt sich dabei auf der Mutter ab.
- Mutter für Spurstangenkopf abschrauben und Spurstangenkopf aus dem Lenkspurhebel herausziehen.
- Markierung über Spurstange und Spurstangenkopf anbringen, damit die Kontermutter –3– beim späteren Einbau an derselben Position festgezogen werden kann.
- Kontermutter –3– lösen, dabei den Spurstangenkopf mit einem Maulschlüssel gegenhalten –Pfeil–.
- Spurstangenkopf von der Spurstange abschrauben. Dabei die Anzahl der Umdrehungen für den späteren Einbau merken.

Einbau

- Kennzeichnung auf dem Schaft des Spurstangenkopfes beachten: **A** – Spurstangenkopf **rechts**, **B** – Spurstangenkopf **links**.
- Kegelschaft des Spurstangenkopfes entfetten.

- Spurstangenkopf mit der gleichen Anzahl an Umdrehungen wie beim Ausbau auf die Spurstange aufschrauben. Dabei das ermittelte Maß für die Aufschraubtiefe, welches beim Ausbau notiert wurde, überprüfen.

- Kontermutter –3– handfest anziehen.

- Spurstange so ausrichten, dass der Zapfen des Spurstangenkopfes in Einbaulage steht. Spurstange bis zum Anschlag in den Lenkspurhebel einsetzen.

- **Neue Mutter** –1– auf Spurstangenkopf aufschrauben und mit **20 Nm** anziehen und anschließend um ¼ **Umdrehung (90°)** weiterdrehen. **Hinweis:** Damit sich der Gelenkzapfen beim Festziehen nicht mitdreht, diesen mit einem Innentorxschlüssel T40 gegenhalten.

- Kontermutter mit **55 Nm** festziehen. Beim Festziehen am Sechskant der Spurstange gegenhalten.

- Reifen-Laufrichtung beachten, Vorderrad anschrauben, Fahrzeug ablassen, erst dann Radschrauben über Kreuz mit **120 Nm** festziehen. **Achtung:** Unbedingt Hinweise im Kapitel »Rad aus- und einbauen« beachten.

- Fahrzeugvermessung durchführen lassen (Werkstattarbeit).

Manschette für Lenkung aus- und einbauen

Bei einer gerissenen oder porösen Manschette dringt Feuchtigkeit und Schmutz in das Lenkgetriebe. Defekte Manschette umgehend ersetzen. Die Schmierung der Verzahnung muss gewährleistet sein, sonst kann das Lenkgetriebe beschädigt werden.

Ausbau

- Räder in Geradeausstellung bringen.

- Reifen-Laufrichtung mit Pfeil am Reifen markieren. Radschrauben lösen. Fahrzeug vorn aufbocken und Räder abnehmen. **Achtung:** Unbedingt Hinweise im Kapitel »Rad aus- und einbauen« beachten.

- Lenkgetriebe und Spurstange außen im Bereich der Manschette säubern, dabei darf kein Schmutz durch Risse in das Innere gelangen.

- Spurstangenkopf ausbauen, siehe entsprechendes Kapitel.

- Kontermutter für Spurstangenkopf von der Spurstange abschrauben.

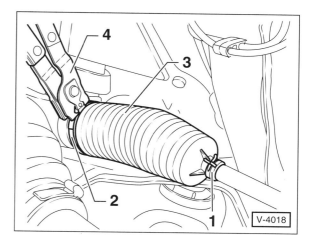

Hinweis: Die Einbaulage der Schellen –1/2– merken beziehungsweise mit Filzschreiber markieren.

- Federbandschelle –1– außen mit Spezialzange, zum Beispiel HAZET 798-5, spreizen, von der Manschette lösen und auf die Spurstange schieben. 4 – Klemmzange.

- Klemmschelle –2– innen vorsichtig durchschneiden und Manschette –3– vom Lenkgetriebe abziehen.

- Manschette von der Spurstange abziehen.

Einbau

- Spurstange reinigen und leicht einfetten.

- Lenkrad nach beiden Seiten bis zum Anschlag drehen und Zahnstange des Lenkgetriebes einfetten. Dazu ausschließlich das VW-Fett G 052 192 A1 verwenden.

- Lenkrad in Geradeausstellung bringen.

- **Neue** Schellen und **neue** Manschette über die Spurstange aufziehen.

- Manschette auf die Spurstange schieben und mit der Federbandschelle auf der Spurstange befestigen. Dabei auf den korrekten Sitz der Schelle achten.

- Kontermutter und Spurstangenkopf auf die Spurstange schrauben.

- Spurstangenkopf am Achsschenkel einsetzen und Mutter aufschrauben. Kontermutter handfest anziehen.

- Manschette über die Zahnstange bis zum Anschlag auf das Lenkgetriebegehäuse ziehen und **neue** Klemmschelle über die Manschette legen.

- Sicherstellen, dass die Manschette nicht verdreht ist.

- Klemmschelle wie vor dem Ausbau ausrichten und mit Klemmzange –4–, zum Beispiel HAZET 1847-1, festziehen, siehe Abbildung V-4018.

- **Neue Mutter** und Kontermutter für Spurstangenkopf festziehen, siehe Kapitel »Spurstangenkopf aus- und einbauen«.

- Reifen-Laufrichtung beachten, Räder anschrauben, Fahrzeug ablassen, erst dann Radschrauben über Kreuz mit **120 Nm** festziehen. **Achtung:** Unbedingt Hinweise im Kapitel »Rad aus- und einbauen« beachten.

- Fahrzeugvermessung durchführen lassen (Werkstattarbeit).

Räder und Reifen

Der GOLF/TOURAN ist je nach Modell und Ausstattung mit Rädern unterschiedlicher Größe ausgerüstet. Sofern Reifen und/oder Felgen montiert werden, die nicht in den Fahrzeugpapieren vermerkt sind, ist eine Eintragung in die Fahrzeugpapiere erforderlich. Dazu wird in der Regel eine Freigabebescheinigung vom Fahrzeughersteller benötigt.

Neben der Felgenbreite und dem Felgendurchmesser sind bei einem Wechsel der Felge auch die Einpresstiefe und der Lochkreisdurchmesser zu beachten. Die Einpresstiefe ist das Maß von der Felgenmitte (= Mitte der Reifenspur) bis zur Anlagefläche der Radschüssel an die Radnabe/Bremstrommel. Der Lochkreisdurchmesser gibt den Durchmesser des Kreises an, an dem die Radschrauben angeordnet sind.

Alle Scheibenräder sind als Hump-Felgen ausgelegt. Der Hump ist ein in die Felgenschulter eingepresster Wulst, der auch bei extrem scharfer Kurvenfahrt nicht zulässt, dass der schlauchlose Reifen von der Felge gedrückt wird. **Achtung:** In schlauchlose Reifen darf kein Schlauch eingezogen werden.

Reifenfülldruck

Der Reifenfülldruck wird vom Automobilhersteller in Abhängigkeit verschiedener Parameter festgelegt. Dazu zählen unter anderem die Zuladung und die Höchstgeschwindigkeit des Fahrzeugs. Vom Werk sind für den GOLF/TOURAN unterschiedliche Reifendimensionen und Felgengrößen zugelassen. Die vorliegende Reifentabelle listet nur einen Querschnitt möglicher Reifen-/Felgenkombinationen auf.

Hinweis: Eine komplette Liste aller zugelassenen Reifen und Felgen hat jede VW-Fachwerkstatt.

Für die Lebensdauer der Reifen und die Fahrzeugsicherheit ist das Einhalten des Reifenfülldrucks von großer Wichtigkeit. Reifenfülldruck deshalb alle 4 Wochen und vor jeder längeren Fahrt prüfen (auch am Reserverad).

Hinweis: Die Reifenfülldruckwerte stehen auf einem Aufkleber an der Innenseite der **Tankklappe**.

■ Reifenfülldruckangaben beziehen sich auf **kalte** Reifen. Der sich bei längerer Fahrt einstellende und um ca. 0,2 bis 0,4 bar höhere Überdruck darf nicht reduziert werden. **Winterreifen** (Bezeichnung M+S) können mit einem um **0,2 bar höheren Überdruck** als Sommerreifen gefahren werden. Auf jeden Fall müssen die Reifenfülldrücke bei Winterreifen entsprechend den Vorgaben des Reifenherstellers eingehalten werden. Unterliegen die Winterreifen einer Geschwindigkeitsbeschränkung, muss ein Hinweis im Blickfeld des Fahrers angebracht werden (§ 36, Absatz 1 StVZO).

■ Bei **Anhängerbetrieb** Reifenfülldruck auf den unter »volle Zuladung« angegebenen Wert erhöhen. Reifenfülldruck der Anhängerbereifung ebenfalls kontrollieren.

■ Der Reifenfülldruck für das **Reserverad** entspricht dem höchsten für das Fahrzeug vorgesehenen Fülldruck.

Eine Auswahl von Reifen-/Felgenkombinationen

Motor	Reifengröße	Scheibenrad (Felgengröße)	Einpresstiefe in mm	Reifenfülldruck (Überdruck) in bar			
				halbe Zuladung		volle Zuladung	
				vorn	hinten	vorn	hinten
GOLF/GOLF PLUS							
1,4-/1,6-l-Benzinmotor 2,0-l-Dieselmotor 55 kW	195/65 R 15	6J x 15	47	2,0/2,2 [1]	2,0/2,2 [1]	2,3/2,4 [1]	2,8/2,9 [1]
	205/55 R 16	6½J x 16	50	2,0/2,2 [1]	2,0/2,2 [1]	2,3/2,4 [1]	2,8/2,9 [1]
2,0-l-Benzinmotor 110 kW 1,9-l-Dieselmotor	195/65 R 15	6J x 15	47	2,2	2,2	2,4	2,9
	205/55 R 16	6½J x 16	50	2,2	2,2	2,4	2,9
2,0-l-Dieselmotor 100/103 kW	195/65 R 15	6J x 15	47	2,3	2,3	2,5	3,0
	205/55 R 16	6½J x 16	50	2,3	2,3	2,5	3,0
TOURAN							
1,6-l-Benzinmotor	195/65 R 15	6J x 15	47	2,2	2,3	2,4	3,0
	205/55 R 16	6½J x 16	50	2,2	2,3	2,4	3,0
2,0-l-Benzinmotor 110 kW	195/65 R 15	6J x 15	47	2,4	2,3	2,6	3,0
	205/55 R 16	6½J x 16	50	2,4	2,3	2,6	3,0
1,9-l-Dieselmotor	195/65 R 15	6J x 15	47	2,3	2,3	2,5	3,0
	205/55 R 16	6½J x 16	50	2,3	2,3	2,5	3,0
2,0-l-Dieselmotor 100/103 kW	195/65 R 15	6J x 15	47	2,5	2,3	2,7	3,0
	205/55 R 16	6½J x 16	50	2,5	2,3	2,7	3,0

[1] GOLF PLUS.

Reifen- und Scheibenrad-Bezeichnungen/Herstellungsdatum

Reifen-Bezeichnungen

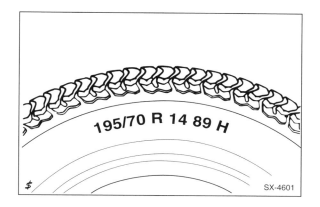

195/70 R 14 89 H

SX-4601

195 = Reifenbreite in mm.

/70 = Verhältnis Höhe zu Breite (die Höhe des Reifen-querschnitts beträgt 70 % von der Breite).

Fehlt eine Angabe des Querschnittverhältnisses (zum Beispiel 155 R 13), so handelt es sich um das »normale« Höhen-Breiten-Verhältnis. Es beträgt bei Gürtelreifen 82 %.

R = Radial-Bauart (= Gürtelreifen).

14 = Felgendurchmesser in Zoll.

89 = Tragfähigkeits-Kennzahl.

Achtung: Steht zwischen den Angaben 14 und 89 die Bezeichnung **M+S**, dann handelt es sich um einen Reifen mit Winterprofil.

H = Kennbuchstabe für zulässige Höchstgeschwindigkeit, H: bis 210 km/h.

Der Geschwindigkeitsbuchstabe steht hinter der Reifengröße. Die Geschwindigkeitsbuchstaben gelten sowohl für Sommer- als auch für Winterreifen.

Geschwindigkeits-Kennbuchstabe

Kennbuchstabe	Zulässige Höchst-geschwindigkeit
Q	160 km/h
S	180 km/h
T	190 km/h
H	210 km/h
V	240 km/h
ZR	über 240 km/h

Achtung: Steht hinter der Reifenbezeichnung das Wort »reinforced«, handelt es sich um einen Reifen in verstärkter Ausführung, beispielsweise für Vans und Transporter.

Reifen-Herstellungsdatum

Das Herstellungsdatum steht auf dem Reifen im Hersteller-Code.

Beispiel: DOT CUL2 UM8 1107 TUBELESS.

DOT = Department of Transportation (US-Verkehrsministerium).

CU = Kürzel für Reifenhersteller.

L2 = Reifengröße.

UM8 = Reifenausführung.

1107 = Herstellungsdatum = 11. Produktionswoche 2007 **Hinweis:** Falls anstelle der 4-stelligen Ziffer eine 3-stellige Ziffer gefolgt von einem ◁-Symbol aufgeführt ist, dann wurde der Reifen im vergangenen Jahrzehnt produziert. Die Bezeichnung 509◁ bedeutet beispielsweise: 50. Produktionswoche 1999.

TUBELESS = schlauchlos (TUBETYPE = Schlauchreifen).

Achtung: Neureifen müssen seit 10/98 zusätzlich mit einer ECE-Prüfnummer an der Reifenflanke versehen sein. Diese Prüfnummer weist nach, dass der Reifen dem ECE-Standard entspricht. Reifen seit 10/98 **ohne** ECE-Prüfnummer haben keine Allgemeine Betriebserlaubnis (ABE).

Scheibenrad-Bezeichnungen

Beispiel : 5½J x 15 H2, ET 38, LK 4/100.

5½ = Maulweite (Innenbreite) der Felge in Zoll.

J = Kennbuchstabe für Höhe und Kontur des Felgenhorns (B = niedrigere Hornform).

x = Kennzeichen für einteilige Tiefbettfelge.

15 = Felgen-Durchmesser in Zoll.

H2 = Felgenprofil an Außen- und Innenseite mit Hump-Schulter (Hump = Sicherheitswulst, damit der Reifen nicht von der Felge rutscht).

ET 38 = Einpresstiefe: 38 mm. Das Maß gibt in mm an, wie weit die Felgenanschraubfläche von der Felgenmitte entfernt ist.

LK 4 = Die Felge ist in diesem Beispiel mit 4 Schrauben befestigt.

/100 = Der Lochkreisdurchmesser, auf dem die Schrauben angeordnet sind, beträgt 100 mm.

Profiltiefe messen

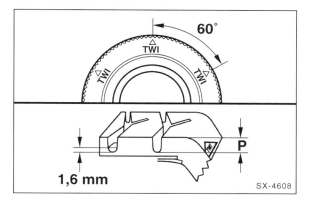

SX-4608

Reifen dürfen aufgrund gesetzlicher Vorschriften bis zu einer Profiltiefe von 1,6 mm abgefahren werden, und zwar an der gesamten Reifenlauffläche gemessen. Aus Sicherheitsgründen empfiehlt es sich, die Sommerreifen bereits bei einer Profiltiefe von **2 mm** und die Winterreifen bei einer Profiltiefe von **4 mm** auszutauschen.

Die Tiefe des Reifenprofils an den Hauptprofilrillen mit dem stärksten Verschleiß messen. Im Profilgrund der Originalbereifung sind Abnutzungsindikatoren vorhanden. An den Reifenflanken kennzeichnen Buchstaben (TWI = **T**read **W**ear **I**ndicator) oder Dreiecksymbole die Lage der Verschleißanzeiger. Die Flächen der Abnutzungsindikatoren haben eine Höhe von 1,6 mm. Sie dürfen nicht in die Messung mit einbezogen werden. Für die Messwerte entscheidend ist das Maß an der Stelle mit der geringsten Profiltiefe –P–.

Auswuchten von Rädern

Die serienmäßigen Räder werden im Werk ausgewuchtet. Das Auswuchten ist notwendig, um unterschiedliche Gewichtsverteilung und Materialungenauigkeiten auszugleichen. Im Fahrbetrieb macht sich die Unwucht durch Trampel- und Flattererscheinungen bemerkbar. Das Lenkrad beginnt dann bei höherem Tempo zu zittern. In der Regel tritt dieses Zittern nur in einem bestimmten Geschwindigkeitsbereich auf und verschwindet wieder bei niedrigerer oder höherer Geschwindigkeit. Solche Unwuchterscheinungen können mit der Zeit zu Schäden an Achsgelenken, Lenkgetriebe und Stoßdämpfern sowie am Reifenprofil führen.

Räder nach jeder Reifenreparatur und nach jeder Montage eines neuen Reifens auswuchten lassen, da sich durch Abnutzung und Reparatur die Gewichts- und Materialverteilung am Reifen ändert.

Schneeketten

Schneeketten sind nur an den **Vorderrädern** zulässig. Aus technischen Gründen ist die Verwendung von Schneeketten nur mit bestimmten Reifen-/Felgenkombinationen zulässig, siehe Bedienungsanleitung. Auf dem Notrad keine Schneeketten auflegen. Um Beschädigungen an den Radvollblenden zu vermeiden, sollten diese bei Schneekettenbetrieb abgenommen werden. Nach Entfernen der Schneeketten, Radvollblenden wieder montieren.

Achtung: Nur feingliedrige Schneeketten aufziehen, die an der Lauffläche und an den Reifeninnenseiten inklusive Schloss maximal 15 mm auftragen.

Mit Schneeketten darf in Deutschland nicht schneller als **50 km/h** gefahren werden. Auf schnee- und eisfreien Straßen Schneeketten abnehmen.

Rad aus- und einbauen

Ausbau

Hinweis: Leichtmetallfelgen sind durch einen Klarlacküberzug gegen Korrosion geschützt. Beim Radwechsel darauf achten, dass die Schutzschicht nicht beschädigt wird, andernfalls mit Klarlack ausbessern.

● Reifen-Laufrichtung mit Kreide durch einen Pfeil am Reifen markieren.

● Fahrzeug gegen Wegrollen sichern. Dazu Handbremse anziehen, Rückwärtsgang oder 1. Gang einlegen. Bei Fahrzeugen mit Automatikgetriebe Wählhebel in Stellung »P« legen. Außerdem einen Keil hinter das diagonal gegenüberliegende Rad legen. Dabei Keil immer an der von der Aufbockstelle weg zeigenden Seite unterlegen.

● **Räder mit Radvollblende:** Drahtbügel aus dem Bordwerkzeug in eine Aussparung der Radvollblende einhängen, Radschlüssel durchschieben und Blende abziehen.

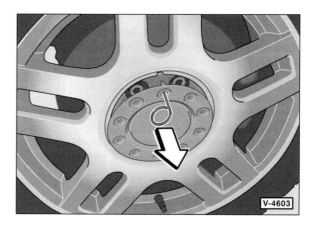

● **Räder mit Mittenabdeckung:** Mittenabdeckung mit dem Drahtbügel aus dem Bordwerkzeug abziehen.

● **Radschrauben mit Abdeckkappen:** Mit dem Drahtbügel aus dem Bordwerkzeug Abdeckkappen von den Radschrauben abziehen.

● **Radschraube mit Diebstahlsicherung:** Adapter mit Innenvielzahn-Einsatz aus dem Bordwerkzeug bis zum Anschlag in die Radschraube einschieben.

● **Radschrauben ½ Umdrehung** lockern, nicht abschrauben. **Achtung:** Dabei muss das Fahrzeug auf dem Boden stehen, ein Gang eingelegt und die Handbremse angezogen sein. Zum Lösen keinen Drehmomentschlüssel verwenden.

Sicherheitshinweis
Beim Aufbocken des Fahrzeugs besteht Unfallgefahr! Deshalb vorher das Kapitel »Fahrzeug aufbocken« durchlesen.

● Fahrzeug mit dem Wagenheber so weit anheben, bis das Rad vom Boden abgehoben hat, siehe Seite 63.

● Radschrauben herausdrehen und Rad abnehmen.

Einbau

- Zum Schutz gegen das Festrosten des Rades Zentriersitz der Felge an der Radnabe vorn und hinten vor jeder Montage des jeweiligen Rades dünn mit Wälzlagerfett einfetten.

- Verschmutzte Schrauben und Gewinde reinigen. Gewinde der Radschrauben **nicht** fetten oder ölen.

Achtung: Korrodierte oder schwergängige Schrauben umgehend erneuern. Bis dahin vorsichtshalber nur mit mäßiger Geschwindigkeit fahren.

- Rad entsprechend der beim Ausbau angebrachten Laufrichtungs-Markierung ansetzen.

- Radschrauben anschrauben und leicht mit etwa **50 Nm** über Kreuz anziehen.

- Fahrzeug absenken und Wagenheber entfernen.

- Radschrauben über Kreuz in mehreren Durchgängen anziehen. Zum Festziehen der Radschrauben sollte stets ein Drehmomentschlüssel verwendet werden. Dadurch wird sichergestellt, dass die Radschrauben gleichmäßig und fest angezogen sind. **Das Anzugsdrehmoment für die Radschrauben beträgt für Stahl- und Leichtmetallfelgen 120 Nm.**

Achtung: Wurden die Radschrauben nicht mit einem Drehmomentschlüssel festgezogen, ist es zwingend erforderlich, umgehend das Anzugsdrehmoment in einer Werkstatt kontrollieren zu lassen. Durch einseitiges oder unterschiedlich starkes Anziehen der Radschrauben können das Rad und/oder die Radnabe verspannt werden.

- **Fahrzeuge mit Radvollblenden:** Radvollblende zuerst im Bereich des Ventilausschnittes aufdrücken und anschließend gesamte Blende vollständig einrasten lassen. Blende gegebenenfalls mit dem Handballen aufschlagen.

- **Fahrzeuge mit Mittenabdeckung:** Mittenabdeckung einsetzen und einrasten lassen. Dabei darauf achten, dass die Nase an der Abdeckung in die Aussparung in der Felge eingreift, siehe Abbildung V-4603.

- **Radschrauben mit Abdeckkappen:** Kappen auf die Schraubenköpfe drücken.

Achtung: Felgen und Radschrauben sind aufeinander abgestimmt. Bei der Umrüstung von Leichtmetallfelgen auf Stahlfelgen, zum Beispiel beim Wechsel auf Winterbereifung mit Stahlfelgen, müssen deshalb die dazugehörigen Radschrauben mit der richtigen Länge und Kalottenform verwendet werden. Der Festsitz der Räder und die Funktion der Bremsanlage hängen davon ab.

- Nach dem Reifenwechsel unbedingt Reifenfülldruck prüfen und gegebenenfalls korrigieren.

Reifenkontrolle

Der GOLF verfügt als Sonderausstattung über ein Reifen-Überwachungssystem zur Erkennung von langsamen Reifendruckverlusten. Anhand der Raddrehzahlwerte, die über den ABS-Radsensor erhalten werden, wird in Abhängigkeit der Reifengröße der Abrollumfang jedes Reifens ermittelt. Eine Veränderung des Abrollumfangs wird als Absinken des Fülldrucks interpretiert und im Kombiinstrument angezeigt.

Ein weiteres Reifendruck-Kontrollsystem wird am Markt angeboten. Hierbei erfolgt die Überwachung über Sensoren in den Reifen, wodurch eine Vielzahl von Reifen-Daten zur Auswertung bereitgestellt wird.

Im Handel werden auch **RFT-Reifen** (**R**un **F**lat **T**yre) mit einer Notlauf-Eigenschaft angeboten. Diese Reifen weisen eine spezielle Verstärkung der Seitenwände auf, wodurch das Fahrzeug bei plötzlichem Reifendruckverlust weiterhin sicher gesteuert werden kann. Bei einer Höchstgeschwindigkeit von etwa 80 km/h ist es in der Lage noch bis zu 250 Kilometer zurückzulegen. RFT-Reifen dürfen nur bei Fahrzeugen mit einem Reifendruck-Kontrollsystem eingesetzt werden. Zudem muss das Fahrzeug vom Hersteller speziell für den Einsatz von Run-Flat-Reifen zugelassen sein.

Reifenpflegetipps

Reifen haben ein »Gedächtnis«. Unsachgemäße Behandlung – und dazu zählt beispielsweise auch schon schnelles oder häufiges Überfahren von Bordstein- oder Schienenkanten – führt deshalb zu Reifenpannen, mitunter sogar erst nach längerer Laufleistung.

Reifen reinigen

- Reifen generell **nicht** mit einem Dampfstrahlgerät reinigen. Wird die Düse des Dampfstrahlers zu nahe an den Reifen gehalten, dann wird die Gummischicht innerhalb weniger Sekunden irreparabel zerstört, selbst bei Verwendung von kaltem Wasser. Ein auf diese Weise gereinigter Reifen sollte sicherheitshalber ersetzt werden.

- Ersetzt werden sollte auch ein Reifen, der über längere Zeit mit Öl, Fett oder Kraftstoff in Berührung kam. Der Reifen quillt an den betreffenden Stellen zunächst auf, nimmt jedoch später wieder seine normale Form an und sieht äußerlich unbeschädigt aus. Die Belastungsfähigkeit des Reifens nimmt aber ab.

Reifen lagern

- Reifen sollten kühl, dunkel und trocken aufbewahrt werden. Sie dürfen nicht mit Fett, Öl oder Kraftstoff in Berührung kommen.

- Räder liegend oder an den Felgen aufgehängt in der Garage oder im Keller lagern. Reifen, die nicht auf einer Felge montiert sind, sollten stehend aufbewahrt werden.

- Bevor die Räder abmontiert werden, Reifenfülldruck etwas erhöhen (ca. 0,3 – 0,5 bar).

Hinweis: Für Winterreifen eigene Felgen verwenden; das Ummontieren der Reifen lohnt sich aus Kostengründen nicht.

Reifen einfahren

Neue Reifen haben vom Produktionsprozess her eine besonders glatte Oberfläche. Deshalb müssen neue Reifen – das gilt auch für das neue Ersatzrad – etwa **300 Kilometer** mit mäßiger Geschwindigkeit und vorsichtiger Fahrweise eingefahren werden; speziell auf regennasser Fahrbahn muss vorsichtig gefahren werden. Bei diesem Einfahren raut sich durch die beginnende Abnutzung die glatte Oberfläche auf, das Haftvermögen des Reifens verbessert sich.

Austauschen der Räder/Laufrichtung

Sicherheitshinweise

Reifen nicht einzeln, sondern mindestens achsweise ersetzen. Reifen mit der größeren Profiltiefe **vorn** montieren. Am Fahrzeug dürfen nur Reifen gleicher Bauart verwendet werden. An einer Achse dürfen nur Reifen desselben Herstellers und mit der selben Profilausführung eingebaut werden. Reifen, die älter als 6 Jahre sind, nur im Notfall und bei vorsichtiger Fahrweise verwenden. Keine gebrauchten Reifen verwenden, deren Ursprung nicht bekannt ist. Beim Erneuern von Felge oder Reifen grundsätzlich das Gummiventil ersetzen.

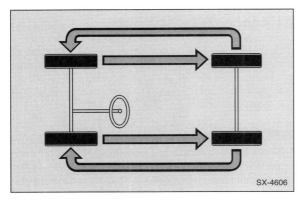

SX-4606

● Bei größerem Verschleiß der vorderen Reifen, die Vorderräder gegen die Hinterräder tauschen. Dadurch haben alle 4 Reifen etwa die gleiche Lebensdauer.

Es ist nicht zweckmäßig, bei einem Austausch der Räder die Drehrichtung der Reifen zu ändern, da sich die Reifen nur unter vorübergehend stärkerem Verschleiß der veränderten Drehrichtung anpassen.

SX-4609

● Bei Reifen **mit laufrichtungsgebundenem Profil,** erkennbar an Pfeilen auf der Reifenflanke in Laufrichtung, **muss** die Laufrichtung des Reifens **unbedingt** eingehalten werden. Dadurch werden optimale Laufeigenschaften bezüglich Aquaplaning, Haftvermögen, Geräusch und Abrieb sichergestellt.

Hinweis: Laufrichtungsgebundenes Reserverad bei einer Reifenpanne nur vorübergehend entgegen der Laufrichtung montieren. Insbesondere bei Nässe empfiehlt es sich, die Geschwindigkeit den Fahrbahnverhältnissen anzupassen.

Fehlerhafte Reifenabnutzung

■ In erster Linie ist auf vorschriftsmäßigen Reifenfülldruck zu achten, wobei alle 4 Wochen und vor jeder längeren Fahrt sowie bei hoher Zuladung eine Prüfung vorgenommen werden sollte.

■ Reifenfülldruck nur bei kühlen Reifen prüfen. Der Reifenfülldruck steigt nämlich mit zunehmender Erhitzung bei schneller Fahrt an. Dennoch ist es völlig falsch, aus erhitzten Reifen Luft abzulassen.

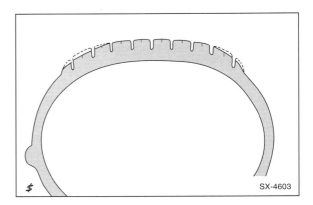

SX-4603

■ An den Vorderrädern ist eine etwas größere Abnutzung der Reifenschultern gegenüber der Lauflächenmitte normal, wobei aufgrund der Straßenneigung die Abnutzung der zur Straßenmitte zeigenden Reifenschulter (linkes Rad: außen, rechtes Rad: innen) deutlicher ausgeprägt sein kann.

■ Ungleichmäßiger Reifenverschleiß ist zumeist die Folge zu geringen oder zu hohen Reifenfülldrucks. Er kann auch auf Fehler in der Radeinstellung oder der Radauswuchtung sowie auf mangelhafte Stoßdämpfer oder Felgen zurückzuführen sein.

■ Bei zu hohem Reifenfülldruck wird die Lauflächenmitte mehr abgenutzt, da der Reifen an der Lauffläche durch den hohen Innendruck mehr gewölbt ist.

■ Bei zu niedrigem Reifenfülldruck liegt die Lauffläche an den Reifenschultern stärker auf, und die Lauflächenmitte wölbt sich nach innen durch. Dadurch ergibt sich ein stärkerer Reifenverschleiß der Reifenschultern.

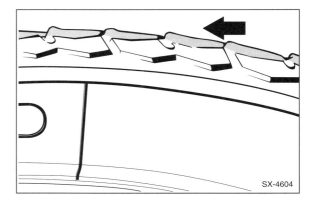

SX-4604

■ Sägezahnförmige Abnutzung des Profils ist in der Regel auf eine Überbelastung des Fahrzeugs zurückzuführen.

Bremsanlage

Aus dem Inhalt:

- Bremsbeläge wechseln
- Bremsscheibe prüfen
- Bremsscheibe wechseln
- Bremse entlüften
- Handbremse einstellen
- ABS/EDS/ASR/ESP
- Handbremsseil
- Bremskraftverstärker
- Bremslichtschalter

Das Arbeiten an der Bremsanlage erfordert peinliche Sauberkeit und exakte Arbeitsweise. Falls die nötige Arbeitserfahrung fehlt, sollten Reparaturarbeiten an der Bremsanlage von einer Fachwerkstatt durchgeführt werden.

Das Bremssystem besteht aus dem Hauptbremszylinder, dem Bremskraftverstärker und den **Scheibenbremsen** für die Vorderräder und die Hinterräder. Das hydraulische Bremssystem ist in zwei Kreise aufgeteilt, die diagonal wirken. Ein Bremskreis ist mit den Bremssätteln vorn rechts/hinten links verbunden, der zweite mit den Bremssätteln vorn links/hinten rechts. Dadurch kann bei Ausfall eines Bremskreises, zum Beispiel durch ein Leck, das Fahrzeug über den anderen Bremskreis zum Stehen gebracht werden. Der Druck für beide Bremskreise wird im Tandem-Hauptbremszylinder über das Bremspedal aufgebaut.

Der Bremsflüssigkeitsbehälter befindet sich im Motorraum über dem Hauptbremszylinder. Er versorgt das Bremssystem wie auch das hydraulische Kupplungssystem mit Bremsflüssigkeit.

Der Bremskraftverstärker speichert beim Benzinmotor einen Teil des vom Motor erzeugten Ansaugunterdruckes. Beim Betätigen des Bremspedals wird dann die Pedalkraft durch den Unterdruck verstärkt. Einige Benzinmotoren mit Automatikgetriebe benötigen eine elektrische Unterdruckpumpe zur Verstärkung des Bremsdrucks. Die Unterdruckpumpe ist vorne am Automatikgetriebe angeschraubt.

Da beim Dieselmotor der Ansaugunterdruck nicht vorhanden ist, erzeugt eine **Vakuumpumpe** den Unterdruck für den Bremskraftverstärker. Die Vakuumpumpe sitzt zusammen mit der Kraftstoffpumpe in einem Gehäuse am Zylinderkopf und wird über die Nockenwelle angetrieben.

Die Bremsbeläge sind Bestandteil der Allgemeinen Betriebserlaubnis (ABE), außerdem sind sie vom Werk auf das jeweilige Fahrzeugmodell abgestimmt. Es dürfen deshalb nur die vom Automobilhersteller beziehungsweise vom Kraftfahrtbundesamt (KBA) freigegebenen Bremsbeläge verwendet werden. Diese Bremsbeläge haben eine KBA-Freigabenummer.

Hinweis: Während des Fahrens auf stark regennassen Fahrbahnen die Fußbremse von Zeit zu Zeit betätigen, um die Bremsscheiben von Rückständen zu befreien. Während der Fahrt wird zwar durch die Zentrifugalkraft das Wasser von den Bremsscheiben geschleudert, doch bleibt teilweise ein dünner Film von Fett und Verschmutzungen zurück, der das Ansprechen der Bremse vermindert.

Eingebrannter Schmutz auf den Bremsbelägen und zugesetzte Regennuten in den Bremsbelägen führen zur Riefenbildung auf den Bremsscheiben. Dadurch kann eine verminderte Bremswirkung eintreten.

> **Sicherheitshinweis**
> Beim Reinigen der Bremsanlage fällt Bremsstaub an, der zu gesundheitlichen Schäden führen kann. Beim Reinigen der Bremsanlage Bremsstaub nicht einatmen.

ABS/HBA/EBV/EDS/ASR/ESP

Grundsätzlich dürfen Arbeiten an den elektronisch gesteuerten Brems- und Fahrwerkskomponenten nur in der Fachwerkstatt ausgeführt werden.

ABS: Das **A**nti-**B**lockier-**S**ystem verhindert bei scharfem Abbremsen das Blockieren der Räder, dadurch bleibt das Fahrzeug lenkbar.

HBA: Der **h**ydraulische **B**rems**a**ssistent erkennt aufgrund der Geschwindigkeit und der Kraft, mit der das Bremspedal heruntergedrückt wird, ob eine Notbremssituation gegeben ist. In diesem Fall erhöht der Bremsassistent innerhalb von Millisekunden automatisch den Bremsdruck über den vom Fahrer vorgegebenen Wert, bis die ABS-Regelung einsetzt. Dadurch wird der Bremsweg verkürzt.

EBV: Die **E**lektronische **B**remskraft**v**erteilung verteilt mittels ABS-Hydraulik die Bremskraft an die Hinterräder. Bei Geradeausfahrt wird die Hinterradbremse voll an der Bremsleistung beteiligt. Über die ABS-Drehzahlsensoren erkennt die EBV, ob das Fahrzeug geradeaus oder durch eine Kurve fährt. Bei Kurvenfahrt wird der Bremsdruck für die Hinterräder reduziert. Dadurch können die Hinterräder die maximale Seitenführungskraft aufbringen und ein Schleudern des Fahrzeugs beim Bremsen in der Kurve wird verhindert.

EDS: Die **E**lektronische **D**ifferenzial**s**perre bremst ein durchdrehendes Antriebsrad ab und lenkt dadurch das Antriebsdrehmoment auf das andere, greifende Rad um. Die EDS ist beim Anfahren und bis zu einer Geschwindigkeit von etwa 40 km/h voll wirksam. Danach lässt die EDS-Regelung allmählich nach. Die EDS ist ebenfalls bei Rückwärtsfahrt aktiv.

ASR: Die elektronische **A**ntriebs-**S**chlupf-**R**egelung verhindert beim Beschleunigen den Schlupf der zum Durchdrehen neigenden Räder. Dies wird durch das Abbremsen der Räder und die Reduzierung der Motorleistung erreicht. Die ASR- beziehungsweise die ESP-Warnleuchte im Kombiinstrument blinkt, wenn ein Rad die Schlupfgrenze erreicht hat. Die Antriebs-Schlupf-Regelung lässt sich über den ASR- beziehungsweise ESP-Schalter in der Mittelkonsole abschalten, dann leuchtet die Warnleuchte im Kombiinstrument.

Hinweis: Bei Fahrbahnen mit Sand, Kies oder im Tiefschnee sowie bei Schneekettenbetrieb kann es von Vorteil sein, ASR abzuschalten, um mit höherem Antriebsschlupf und ohne elektronischen Motoreingriff fahren zu können.

ESP: Über die ABS-Funktionen hinaus verringert das **E**lektronische **S**tabilitäts-**P**rogramm das Schleuderrisiko des Fahrzeugs. Im ESP sind die Funktionen der Traktionskontrolle (EDS, ASR) integriert. In schnell durchfahrenen Kurven oder bei abrupten Ausweichmanövern erkennt ESP, ob das Fahrzeug auszubrechen droht. Über Sensoren erfasst ESP den Lenkwinkel und die Drehgeschwindigkeit des Fahrzeugs um die Hochachse. Unstabile Fahrzustände werden sofort erkannt. Durch das Abbremsen einzelner Räder und die Regulierung der Motorleistung wird das Fahrzeug bestmöglichst auf dem gewünschten Kurs gehalten.

Achtung: Damit ESP ohne Störungen funktionieren kann, müssen an allen 4 Rädern die gleichen Reifen montiert sein.

Ist die ESP-Regelung aktiv, wird dies durch Blinken der ESP-Warnleuchte im Kombiinstrument signalisiert. Die Fahrweise sollte dann den Straßenverhältnissen angepasst werden, sonst besteht Unfallgefahr.

Hinweise zum ABS/ESP/EDS

Eine Sicherheitsschaltung im elektronischen Steuergerät sorgt dafür, dass sich die Anlage bei einem **Defekt** (zum Beispiel Kabelbruch) oder bei zu niedriger Betriebsspannung (Batteriespannung unter 10 Volt) selbst abschaltet. Angezeigt wird dies durch das Aufleuchten der Kontrolllampen im Kombiinstrument. Die herkömmliche Bremsanlage bleibt dabei in Betrieb. Das Fahrzeug verhält sich dann beispielsweise beim Bremsen so, als ob keine ABS/ESP/EDS-Anlage eingebaut wäre.

> **Sicherheitshinweis**
> Wenn während der Fahrt die Kontrollleuchten für das ABS und für die Bremsanlage leuchten, können bei starkem Abbremsen die Hinterräder blockieren, da die Bremskraftverteilung ausgefallen ist.

Leuchten eine oder mehrere **Kontrolllampen** im Kombiinstrument während der Fahrt auf, folgende Punkte beachten:

● Fahrzeug kurz anhalten, Motor abstellen und wieder starten.

● Batteriespannung prüfen. Wenn die Spannung unter 10,5 Volt liegt, Batterie laden.

Achtung: Wenn die Kontrolllampen am Anfang einer Fahrt aufleuchten und nach einiger Zeit wieder erlöschen, deutet das darauf hin, dass die Batteriespannung zunächst zu gering war, bis sie sich während der Fahrt durch Ladung über den Generator wieder erhöht hat.

● Prüfen, ob die Batterieklemmen richtig festgezogen sind und einwandfreien Kontakt haben.

● Fahrzeug aufbocken, Räder abnehmen, elektrische Leitungen zu den Drehzahlfühlern auf äußere Beschädigungen (Scheuerstellen) prüfen. Weitere Prüfungen der ABS/ESP/EDS-Anlage sollten von einer Fachwerkstatt durchgeführt werden.

Achtung: Vor **Schweißarbeiten** mit einem elektrischen Schweißgerät muss der Stecker von der ABS-Steuereinheit im Motorraum abgezogen werden. Stecker nur bei ausgeschalteter Zündung abziehen. Bei **Lackierarbeiten** darf das Steuergerät kurzzeitig mit max. +95° C, langzeitig (max. 2 Std.) mit +85° C belastet werden.

Technische Daten Bremsanlage

Scheibenbremse		vorn		hinten		
Bremssattel-Bezeichnung		FS-III	FN-3	C-38	C-II38	C-II41
Bremsbelagdicke neu (ohne Rückenplatte)	mm	14	14	11	11	11
Verschleißgrenze (ohne Rückenplatte)	mm	2	2	2	2	2
Bremsscheibendurchmesser	mm	280 *	288/312 *	255	286	260/286
Bremsscheibendicke – neu	mm	22	25	10	12	12
Bremsscheibendicke – Verschleißgrenze	mm	19	22	8	10	10

*) Die Bremsscheibe vorne ist innenbelüftet.

Vorderrad-Scheibenbremse FS-III

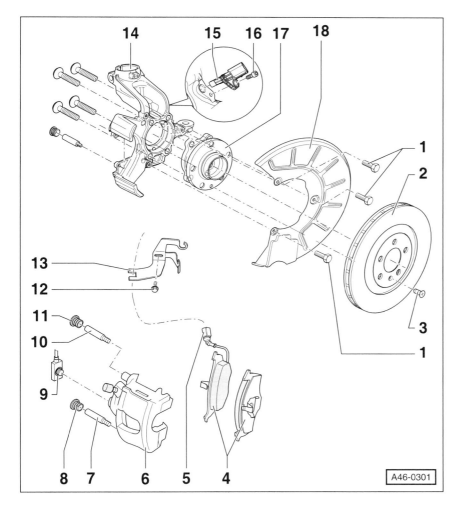

A46-0301

Motoren unterer Leistungsstufen im GOLF

1 – **Schrauben, 10 Nm**

2 – **Bremsscheibe**
Grundsätzlich achsweise ersetzen.

3 – **Sicherungsschraube, 4 Nm**
Für Bremsscheibe.

4 – **Bremsbeläge**
Mit Verschleißanzeige. Grundsätzlich achsweise ersetzen.

5 – **Verschleißanzeige**
Mit Stecker.

6 – **Bremssattel**

7 – **Führungsbolzen, 30 Nm**

8 – **Abdeckkappe**

9 – **Bremsschlauch**
Mit Ringstutzen und Hohlschraube, **35 Nm**.

10 – **Führungsbolzen, 30 Nm**

11 – **Abdeckkappe**

12 – **Schraube**

13 – **Halterung**
Für Leitung Verschleißanzeige und Bremsschlauch.

14 – **Achsschenkel**
Mit integriertem Bremsträger.

15 – **ABS-Drehzahlsensor**
Vor dem Einsetzen des Sensors die Innenfläche der Bohrung reinigen und mit Hochtemperaturfett, zum Beispiel Keramikpaste von Liqui Moly, bestreichen.

16 – **Innensechskantschraube, 8 Nm**

17 – **Radnabeneinheit**
Mit integriertem ABS-Sensorring.

18 – **Abdeckblech**

Vorderrad-Scheibenbremse FN-3

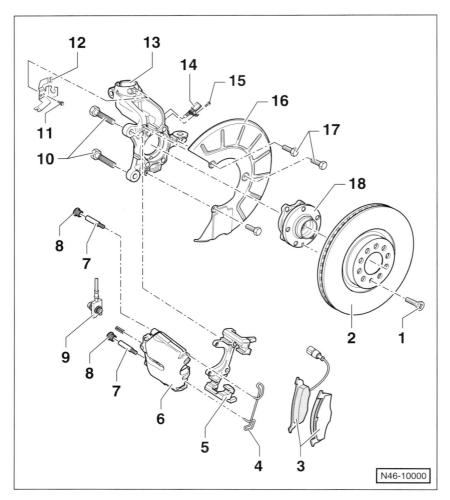

N46-10000

TOURAN und leistungsstarke Motoren im GOLF

1 – **Sicherungsschraube, 4 Nm**
Für Bremsscheibe.

2 – **Bremsscheibe**
Grundsätzlich achsweise ersetzen.

3 – **Bremsbeläge**
Mit Verschleißanzeige. Grundsätzlich achsweise ersetzen.

4 – **Haltefeder**
In beide Bohrungen des Bremssattels einsetzen.

5 – **Bremssattelträger**
Am Achsschenkel angeschraubt.

6 – **Bremssattel**

7 – **Führungsbolzen, 30 Nm**

8 – **Abdeckkappe**

9 – **Bremsschlauch**
Mit Ringstutzen und Hohlschraube, **35 Nm**.

10 – **Schrauben, 190 Nm**
Für Bremssattelträger.

11 – **Schraube**

12 – **Halterung**
Für Leitung Verschleißanzeige, ABS-Sensor und Bremsschlauch.

13 – **Achsschenkel**
Für angeschraubten Bremssattelträger.

14 – **ABS-Drehzahlsensor**
Vor dem Einsetzen des Sensors die Innenfläche der Bohrung reinigen und mit Hochtemperaturfett, zum Beispiel Keramikpaste von Liqui Moly, bestreichen.

15 – **Innensechskantschraube, 8 Nm**

16 – **Abdeckblech**

17 – **Schrauben, 10 Nm**

18 – **Radnabeneinheit**
Mit integriertem ABS-Sensorring.

Bremsbeläge vorn aus- und einbauen

Bremssattel FN-3/FS-III

Achtung: Es werden 2 unterschiedliche Bremssattel-Ausführungen an der Vorderradbremse des GOLF verwendet. Deshalb zuerst anhand der Abbildungen klären, welche Ausführung im eigenen Fahrzeug eingebaut ist. Beim TOURAN ist nur der Bremssattel FN-3 eingebaut.

Ausbau

Achtung: Bremsbeläge sind Bestandteil der Allgemeinen Betriebserlaubnis (ABE) und vom Werk auf das jeweilige Modell abgestimmt. Es dürfen deshalb nur die vom Automobilhersteller freigegebenen Bremsbeläge verwendet werden.

Achtung: Sollen die Bremsbeläge wieder verwendet werden, müssen sie beim Ausbau gekennzeichnet werden. Ein Wechsel der Beläge von der Außen- zur Innenseite oder vom rechten zum linken Rad ist nicht zulässig.

Achtung: Grundsätzlich alle Scheibenbremsbeläge einer Achse gleichzeitig ersetzen, auch wenn nur ein Belag die Verschleißgrenze erreicht hat.

● Reifen-Laufrichtung mit Pfeil am Reifen markieren. Radschrauben lösen. Fahrzeug vorne aufbocken und Rad abnehmen. **Achtung:** Unbedingt Hinweise im Kapitel »Rad aus- und einbauen« beachten.

Sicherheitshinweis

Beim Aufbocken des Fahrzeugs besteht Unfallgefahr! Hinweise im Kapitel »Fahrzeug aufbocken« beachten.

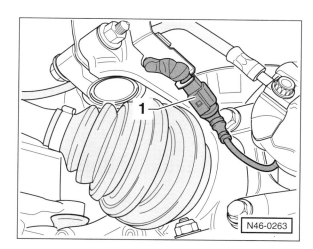

● Steckverbindung –1– für Bremsbelag-Verschleißanzeige trennen.

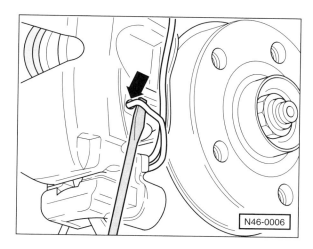

● **Bremssattel FN-3:** Haltefeder für Bremsbeläge mit einem Schraubendreher aus den Bohrungen –Pfeil– heraushebeln und abnehmen.

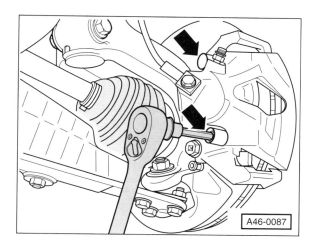

● Abdeckkappen aus den Lagerbuchsen des Bremssattels herausziehen und beide Führungsbolzen –Pfeile– aus dem Bremssattel herausdrehen.

● Bremssattel von Bremssattelträger abnehmen und mit Draht am Aufbau aufhängen. **Achtung:** Bremssattel nicht einfach nach unten hängen lassen; der Bremsschlauch darf nicht auf Zug beansprucht oder verdreht werden.

● Bremsbeläge herausziehen.

Einbau

Achtung: Bei ausgebauten Bremsbelägen nicht auf das Bremspedal treten, sonst wird der Kolben aus dem Gehäuse herausgedrückt. In diesem Fall Bremssattel komplett ausbauen und Kolben in der Werkstatt einsetzen lassen.

● Vor Einbau der Beläge ist die Bremsscheibe durch Abtasten mit den Fingern auf Riefen zu untersuchen. Riefige Bremsscheiben können abgedreht werden (Werkstattarbeit), sofern sie noch eine ausreichende Dicke aufweisen. Grundsätzlich beide Bremsscheiben einer Achse auf gleiches Maß abdrehen lassen.

● Bremsscheibendicke messen, siehe entsprechendes Kapitel.

Achtung: Zum Reinigen der Bremse **ausschließlich** Spiritus verwenden. Führungsfläche beziehungsweise Sitz der Beläge im Gehäuseschacht mit einem Lappen reinigen. Keine scharfkantigen Werkzeuge verwenden. Besonders auf das Entfernen eventueller Klebefolienreste an den Anlageflächen der äußeren Bremsbeläge achten.

● Staubkappe für Bremskolben auf Anrisse prüfen. Eine beschädigte Staubkappe umgehend ersetzen lassen, da eingedrungener Schmutz schnell zu Undichtigkeiten des Bremssattels führt. Der Bremssattel muss hierzu zerlegt werden (Werkstattarbeit).

● Bei hohem Bremsbelagverschleiß Leichtgängigkeit des Kolbens prüfen. Dazu einen Holzklotz in den Bremssattel einsetzen und durch Helfer langsam auf das Bremspedal treten lassen. Der Bremskolben muss sich leicht heraus- und hineindrücken lassen. Zur Prüfung muss der andere Bremssattel eingebaut sein. Darauf achten, dass der Bremskolben nicht ganz herausgedrückt wird. Angerosteten Bremskolben nur mit Bremsflüssigkeit oder Spiritus reinigen. Bei schwergängigem Kolben Bremssattel in der Werkstatt reparieren lassen oder ersetzen.

Achtung: Beim Zurückdrücken des Kolbens wird Bremsflüssigkeit aus dem Bremszylinder in den Vorratsbehälter gedrückt. Flüssigkeit im Behälter beobachten, eventuell Bremsflüssigkeit mit einem Saugheber absaugen.

Sicherheitshinweis

Zum Absaugen eine Entlüfter- oder Plastikflasche verwenden, die nur mit Bremsflüssigkeit in Berührung kommt. Keine Trinkflaschen verwenden! **Bremsflüssigkeit ist giftig und darf auf gar keinen Fall mit dem Mund über einen Schlauch abgesaugt werden. Saugheber verwenden.** Auch nach dem Belagwechsel darf die MAX-Marke am Bremsflüssigkeitsbehälter nicht überschritten werden, da sich die Flüssigkeit bei Erwärmung ausdehnt. Ausgelaufene Bremsflüssigkeit läuft am Hauptbremszylinder herunter, zerstört den Lack und führt zur Rostbildung.

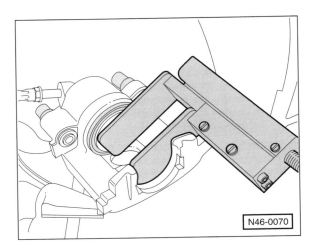

N46-0070

● Deckel des Bremsflüssigkeitsbehälters aufschrauben und Bremskolben mit Rücksetzwerkzeug, zum Beispiel HAZET 4970/6 oder einem Hartholzstab, zurückdrücken.

Achtung: Darauf achten, dass der Kolben nicht verkantet wird und Kolbenfläche sowie Staubkappe nicht beschädigt werden.

● Vor dem Einsetzen neuer Bremsbeläge Bremse gründlich reinigen und hitzebeständiges Schmierfett, zum Beispiel Bremsen-Antiquietschpaste von Liqui Moly, dünn auf die Belagführungsflächen auftragen.

Bremssattel FN-3

● Schutzfolie von der Rückenplatte des äußeren Bremsbelags abziehen und Bremsbelag auf den Bremssattelträger aufsetzen.

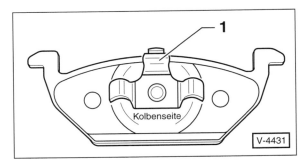

V-4431

● Inneren Bremsbelag in den Bremssattel einsetzen, dabei Spreizclip –1– an den Bremskolben drücken.

● Bremssattel an den Bremssattelträger aufsetzen, dabei darauf achten, dass der äußere Bremsbelag nicht zu früh mit dem Bremssattel verklebt.

Bremssattel FS-III

● Bremsbeläge in die Führungen des Bremssattels einsetzen. **Achtung:** Innere und äußere Bremsbeläge nicht vertauschen. Der äußere Belag hat einen kleinen, schwarz eingefärbten 3-Finger-Spreizclip an der Rückseite. Der innere Belag hat einen größeren 3-Finger-Spreizclip (Kolbenseite).

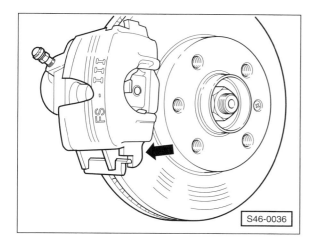

S46-0036

● Bremssattel mit Bremsbelägen zuerst unten –Pfeil– am Bremssattelträger ansetzen, dabei muss der Zapfen –Pfeil– vom Bremssattel hinter der Führung des Bremssattelträgers stehen.

● Beide Führungsbolzen für Bremssattel am Bremssattelträger einschrauben und mit **30 Nm** festziehen.

● Beide Abdeckkappen einsetzen.

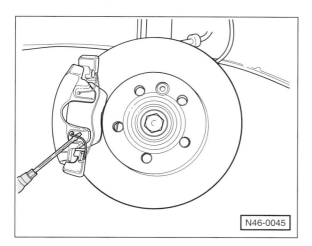

N46-0045

● **Bremssattel FN-3:** Haltefeder in den Bremssattel einsetzen. **Achtung:** Nach dem Einsetzen in die beiden Bohrungen muss die Haltefeder unter den Bremssattelträger gedrückt werden. Bei fehlerhafter Montage stellt sich trotz Verschleiß der äußere Bremsbelag nicht nach, so dass sich der Pedalweg vergrößert.

● Stecker für Bremsbelag-Verschleißanzeige verbinden.

● Reifen-Laufrichtung beachten, Räder anschrauben, Fahrzeug ablassen, erst dann Radschrauben über Kreuz mit **120 Nm** festziehen. **Achtung:** Unbedingt Hinweise im Kapitel »Rad aus- und einbauen« beachten.

Achtung: Bremspedal im Stand mehrmals kräftig niedertreten, bis fester Widerstand spürbar ist. Dadurch legen sich die Bremsbeläge an die Bremsscheiben an und nehmen einen dem Betriebszustand entsprechenden Sitz ein.

● Bremsflüssigkeit im Vorratsbehälter prüfen, gegebenenfalls bis zur MAX-Marke auffüllen. Deckel des Behälters festschrauben.

● Neue Bremsbeläge vorsichtig einbremsen, dazu Fahrzeug mehrmals von ca. 80 km/h auf 40 km/h mit geringem Pedaldruck abbremsen. Dazwischen Bremse etwas abkühlen lassen.

Achtung: Nach dem Einbau neuer Bremsbeläge müssen diese eingebremst werden. Während einer Fahrtstrecke von rund 200 km sollten unnötige Vollbremsungen unterbleiben.

Hinweis: Bremsbeläge müssen in einigen Kommunen als Sondermüll entsorgt werden. Die örtlichen Behörden geben darüber Auskunft, ob auch eine Entsorgung über den hausmüllähnlichen Gewerbemüll zulässig ist.

Achtung, Sicherheitskontrolle durchführen:
◆ Sind die Bremsschläuche festgezogen?
◆ Befindet sich der Bremsschlauch in der Halterung?
◆ Sind die Entlüftungsschrauben angezogen?
◆ Ist genügend Bremsflüssigkeit eingefüllt?
◆ Bei laufendem Motor Dichtheitskontrolle durchführen. Hierzu Bremspedal mit 200 bis 300 N (entspricht 20 bis 30 kg) etwa 10 Sekunden betätigen. Das Bremspedal darf nicht nachgeben. Sämtliche Anschlüsse auf Dichtheit kontrollieren.
◆ Anschließend einige Sicherheitsbremsungen auf einer Straße mit geringem Verkehr durchführen.

Bremssattel vorn aus- und einbauen

Bremssattel FN-3/FS-III

Ausbau

- Bremsbeläge ausbauen, siehe entsprechendes Kapitel.
- Bremssattel vom Bremssattelträger abnehmen.

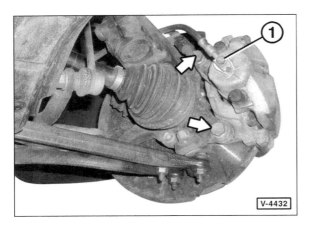

V-4432

- Hohlschraube –1– für Bremsschlauch am Bremssattel abschrauben und sofort mit **neuen Dichtringen** am neuen Bremssattel anschrauben.

Sicherheitshinweis

Beim Öffnen vom Bremskreis läuft Bremsflüssigkeit aus. Bremsflüssigkeit in einer untergelegten Schale auffangen. Man kann auch zuvor die Bremsflüssigkeit mit einem Saugheber aus dem Vorratsbehälter absaugen.

Hinweis: Wird der Bremssattel nur zum Ausbau der Bremsbeläge oder der Bremsscheibe ausgebaut, muss der Bremsschlauch nicht vom Bremssattel abgeschraubt werden. In diesem Fall den Bremssattel mit Draht so am Aufbau aufhängen, dass der Bremsschlauch nicht verdreht oder auf Zug beansprucht wird.

- **Bremssattel FN-3:** 2 Schrauben –Pfeile– herausdrehen und Bremssattelträger vom Achsschenkel abnehmen.

Achtung: Hohes Löse- und Anzugsdrehmoment der Schrauben für den Bremssattelträger! Unbedingt darauf achten, dass das Fahrzeug sicher aufgebockt ist und der Schraubenschlüssel waagerecht angesetzt wird. Unfallgefahr!

Einbau

Achtung: Bei ausgebauten Bremsbelägen nicht auf das Bremspedal treten, sonst wird der Kolben aus dem Gehäuse herausgedrückt.

- **Bremssattel FN-3:** Schrauben für Bremssattelträger mit Schraubensicherungsmittel, zum Beispiel LOCTITE 243, bestreichen. Vorher Gewinde reinigen oder nachschneiden.

Achtung: Hohes Anzugsdrehmoment der Schrauben!

- **Bremssattel FN-3:** Bremssattelträger am Achsschenkel ansetzen und mit **190 Nm** festschrauben.

- War der Bremsschlauch demontiert, Hohlschraube für Bremsschlauch mit **neuen Dichtringen** im Bremssattel eindrehen. Dabei darauf achten, dass der Bremsschlauch nicht verdreht wird. Hohlschraube mit **35 Nm** festziehen.

- Bremsbeläge einbauen, siehe entsprechendes Kapitel.

- **Bremsanlage entlüften, siehe entsprechendes Kapitel.**

Hinterrad-Scheibenbremse

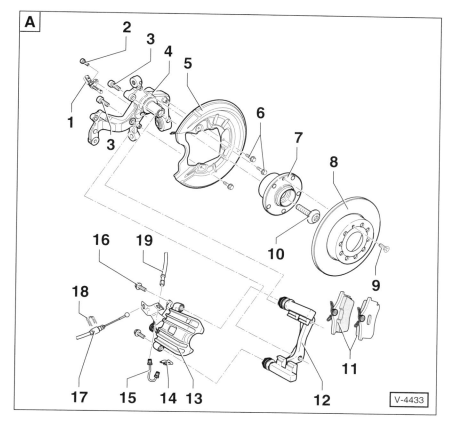

A — V-4433

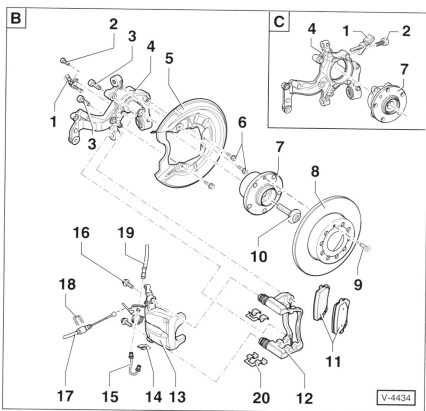

B — **C** — V-4434

A – C-38 – GOLF

B – C-II38, C-II41 – TOURAN,
GOLF VARIANT, JETTA

C – C-II41, Allradantrieb

1 – **ABS-Drehzahlsensor**
Vor dem Einsetzen des Sensors die Innenfläche der Bohrung reinigen und mit Hochtemperaturfett, zum Beispiel Keramikpaste von Liqui Moly, bestreichen.

2 – **Innensechskantschraube, 8 Nm**

3 – **Schrauben ***
Selbstsichernd. Mit **90 Nm** voranziehen, danach um **90° weiterdrehen**. Für Bremssattelträger.

4 – **Achsschenkel**

5 – **Abdeckblech**

6 – **Schrauben, 9 Nm**

7 – **Radnabeneinheit**
Mit integriertem ABS-Sensorring.

8 – **Bremsscheibe**
Grundsätzlich achsweise ersetzen.

9 – **Sicherungsschraube, 4 Nm**
Für Bremsscheibe.

10 – **Radnabenschraube ***
Selbstsichernd. Mit **180 Nm** voranziehen, danach um **180° weiterdrehen**.

11 – **Bremsbeläge**
Grundsätzlich achsweise ersetzen.

12 – **Bremssattelträger**
Mit Führungsbolzen. Am Achsschenkel angeschraubt.

13 – **Bremssattel**

14 – **Halterung**
Für Bremsschlauch.

15 – **Bremsleitung**
Mit Hohlschraube, **14 Nm**.

16 – **Schrauben, 35 Nm ***
Selbstsichernd. Für Bremssattel.

17 – **Handbremszug**

18 – **Halteklammer**
Für Handbremszug.

19 – **Bremsschlauch**

20 – **Belaghaltefedern**
Bei Belagwechsel immer ersetzen.

*) Nach jeder Demontage ersetzen.

Bremsbeläge hinten aus- und einbauen

Bremssattel C-38/C-II38/C-II41

Achtung: Es gibt bei der Hinterradbremse unterschiedliche Bremssattel-Ausführungen. Deshalb zuerst anhand der Abbildungen klären, welche Ausführung im eigenen Fahrzeug eingebaut ist.

Ausbau

Achtung: Bremsbeläge sind Bestandteil der Allgemeinen Betriebserlaubnis (ABE) und vom Werk auf das jeweilige Modell abgestimmt. Deshalb dürfen nur die vom Automobilhersteller freigegebenen Bremsbeläge verwendet werden.

> **Sicherheitshinweis**
> Beim Aufbocken des Fahrzeugs besteht Unfallgefahr! Deshalb vorher das Kapitel »Fahrzeug aufbocken« durchlesen.

- Fahrzeug aufbocken.
- Reifen-Laufrichtung mit Pfeil am Reifen markieren. Radschrauben lösen. Fahrzeug hinten aufbocken und Hinterrad abnehmen. **Achtung:** Unbedingt Hinweise im Kapitel »Rad aus- und einbauen« beachten.

Achtung: Sollen die Bremsbeläge wieder verwendet werden, müssen sie beim Ausbau gekennzeichnet werden. Ein Wechsel der Beläge von der Außen- zur Innenseite und umgekehrt oder auch vom rechten zum linken Rad ist nicht zulässig. **Grundsätzlich alle Scheibenbremsbeläge an einer Achse gleichzeitig ersetzen, auch wenn nur ein Belag die Verschleißgrenze erreicht hat.**

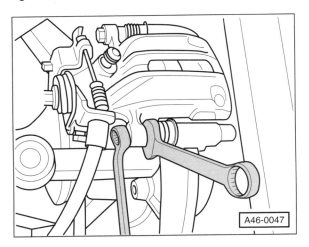

A46-0047

- Befestigungsschrauben für Bremssattel oben und unten herausdrehen, dabei am Führungsbolzen gegenhalten.
- Bremssattel vom Bremssattelträger abnehmen und mit angeschlossenem Bremsschlauch mit Draht am Aufbau aufhängen. **Achtung:** Bremssattel nicht einfach nach unten hängen lassen; der Bremsschlauch darf nicht auf Zug beansprucht oder verdreht werden.

- **Bremssattel C-38:** Bremsbeläge aus dem Bremssattelträger herausnehmen.
- **Bremssattel C-II38/C-II41:** Bremsbeläge mit Belaghaltefedern aus dem Bremssattelträger herausnehmen.

Einbau

Achtung: Bei ausgebauten Bremsbelägen nicht auf das Bremspedal treten, sonst wird der Kolben aus dem Gehäuse herausgedrückt.

- Bremsscheibe auf Schäden und Verschleiß untersuchen. Bremssattel **ausschließlich** mit Spiritus reinigen. **Achtung:** Keine scharfkantigen Werkzeuge oder **Drahtbürste** verwenden. Siehe Anweisungen und Hinweise im Kapitel für die Vorderradbremse, Seite 161.

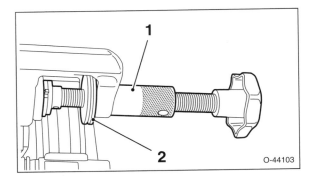

O-44103

- Bremskolben mit Spezial-Rückstellwerkzeug für Hinterradscheibenbremsen –1–, zum Beispiel HAZET 4970/6, zurückdrücken.

Achtung: Der Bremskolben darf nicht mit einem herkömmlichen Rückstellwerkzeug zurückgedrückt werden. Die Nachstellung für die Handbremse würde dabei zerstört werden.

- Kolben durch Drehen im Uhrzeigersinn mit dem Spezialwerkzeug langsam einschrauben. Der Bund –2– des Werkzeugs muss dabei am Bremssattel anliegen. Darauf achten, dass die Staubkappe nicht beschädigt wird. Bei schwergängigem Kolben mit einem Maulschlüssel an den Abflachungen des Werkzeugs drehen.
- Vor dem Einsetzen neuer Bremsbeläge hitzebeständiges Schmierfett, zum Beispiel Bremsen-Antiquietschpaste von Liqui Moly, dünn auf die Belagführungsflächen des Bremssattels auftragen.

Achtung: Beim Zurückdrücken des Kolbens wird Bremsflüssigkeit aus dem Bremszylinder in den Vorratsbehälter gedrückt. Flüssigkeit im Behälter beobachten.

- Schutzfolie von der Rückenplatte der Bremsbeläge abziehen.

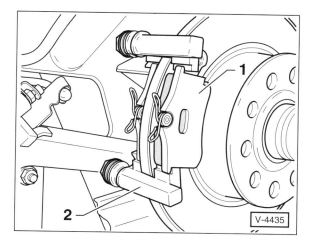

Bremssattel C-38: Bremsbeläge –1– im Bremssattelträger –2– einsetzen.

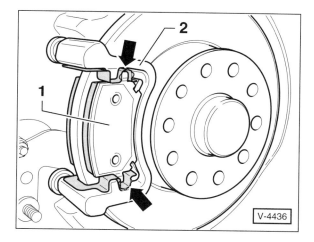

- **Bremssattel C-II38/C-II41: Neue** Belaghaltefedern –Pfeile– und **neue** Bremsbeläge –1– im Bremssattelträger –2–
einsetzen. Dabei auf korrekten Sitz der Bremsbeläge in
den Belaghaltefedern achten.

- Bremssattel aufsetzen, dabei darauf achten, dass die
Bremsbeläge nicht zu früh mit dem Bremssattel verkle-
ben.

- Bremssattel mit **neuen, selbstsichernden** Schrauben
und mit **35 Nm** festschrauben, dabei am Führungsbolzen
gegenhalten. **Achtung: Im Reparatursatz sind selbstsichernde Schrauben enthalten, die in jedem Fall ein-
zubauen sind.**

- Reifen-Laufrichtung beachten, Hinterrad anschrauben.
Fahrzeug ablassen, erst dann Radschrauben über Kreuz
mit **120 Nm** festziehen. **Achtung:** Unbedingt Hinweise im
Kapitel »Rad aus- und einbauen« beachten.

- Bremspedal im Stand mehrmals kräftig niedertreten, bis
fester Widerstand spürbar ist. Dadurch legen sich die
Bremsbeläge an die Bremsscheiben an.

- Bremsflüssigkeit im Vorratsbehälter prüfen, gegebenenfalls bis zur MAX-Marke auffüllen.

Bremssattel hinten
aus- und einbauen

Bremssattel C-38/C-II38/C-II41

Ausbau

- Fahrzeug aufbocken.

- Reifen-Laufrichtung mit Pfeil am Reifen markieren. Radschrauben lösen. Fahrzeug hinten aufbocken und Hinterrad abnehmen. **Achtung:** Unbedingt Hinweise im Kapitel
»Rad aus- und einbauen« beachten.

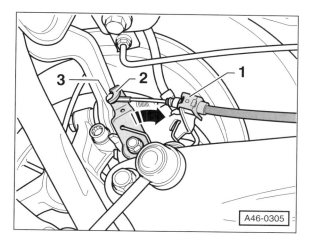

- **Variante 1:** Mit einem Schraubendreher Halteklammer
–1– abhebeln und Handbremszug aus dem Gegenlager
lösen.

- **Variante 2:** 2 Rastnasen zusammendrücken und Handbremszug aus dem Gegenlager lösen.

- Hebel –2– am Bremssattel in Pfeilrichtung drücken und
Handbremsseil –3– aushängen.

- Handbremszug aus dem Gegenlager herausziehen.

- Bremsleitung vom Bremsschlauch trennen. Dazu Hohlschraube herausdrehen und Bremsschlauch von der Halterung nehmen. Bremsschlauch mit einem Stopfen verschließen.

- Befestigungsschrauben für Bremssattel oben und unten
herausdrehen, dabei am Führungsbolzen gegenhalten.

- Bremssattel vom Bremssattelträger abnehmen.

- Bremsbeläge ausbauen, siehe entsprechendes Kapitel.

- 2 Schrauben herausdrehen und Bremssattelträger vom Achsschenkel abnehmen.

Achtung: Hohes Löse- und Anzugsdrehmoment der Schrauben für den Bremssattelträger! Unbedingt darauf achten, dass das Fahrzeug sicher aufgebockt ist und der Schraubenschlüssel waagerecht angesetzt wird. Unfallgefahr!

Einbau

Achtung: Bei ausgebauten Bremsbelägen nicht auf das Bremspedal treten, sonst wird der Kolben aus dem Gehäuse herausgedrückt.

Achtung: Hohes Anzugsdrehmoment der Schrauben!

- Bremssattelträger am Achsschenkel ansetzen und mit **neuen selbstsichernden Schrauben** anschrauben. Schrauben in 2 Stufen über Kreuz festziehen:

  1. Stufe: . . mit Drehmomentschlüssel **90 Nm** anziehen.

  2. Stufe: . . . . mit starrem Schlüssel **90°** weiterdrehen.

Hinweis: Um die Winkelgrade beim Anziehen einzuhalten, ist es sinnvoll, aus Pappe eine Winkelscheibe auszuschneiden oder die Winkelscheibe HAZET 6690 zu verwenden.

- Bremsbeläge einbauen, siehe entsprechendes Kapitel.

- Bremssattel am Bremssattelträger aufsetzen, mit **neuen, selbstsichernden** Schrauben und **35 Nm** festschrauben, dabei am Führungsbolzen gegenhalten.

- Handbremszug in das Gegenlager am Bremssattel einführen.

- **Variante 1:** Halteklammer einsetzen.

- **Variante 2:** Handbremszug so weit einschieben, bis die Rastnasen einrasten.

- Hebel am Bremssattel nach vorne drücken und Handbremsseil einhängen.

- Bremsleitung in Bremsschlauch einschrauben. Hohlschraube mit **14 Nm** festziehen.

- **Bremsanlage entlüften, siehe entsprechendes Kapitel.**

- Fußbremse im Stand mehrmals betätigen.

- Handbremse einstellen, siehe entsprechendes Kapitel.

- Reifen-Laufrichtung beachten, Hinterrad anschrauben. Fahrzeug ablassen, erst dann Radschrauben über Kreuz mit **120 Nm** festziehen. **Achtung:** Unbedingt Hinweise im Kapitel »Rad aus- und einbauen« beachten.

Bremsscheibendicke prüfen

Prüfen

- Reifen-Laufrichtung mit Pfeil am Reifen markieren. Radschrauben lösen. Fahrzeug aufbocken und Räder abnehmen. **Achtung:** Unbedingt Hinweise im Kapitel »Rad aus- und einbauen« beachten.

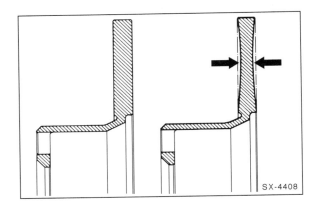
SX-4408

- Bremsscheibendicke immer an der dünnsten Stelle –Pfeile– messen. Die Werkstatt benutzt dazu einen speziellen Messschieber oder eine Mikrometer-Bügelmessschraube, da sich durch die Abnutzung der Bremsscheibe ein Rand bildet. Man kann die Bremsscheibendicke auch mit einer normalen Schieblehre messen, allerdings muss dann auf jeder Seite der Bremsscheibe eine entsprechend starke Unterlage zwischengelegt werden (beispielsweise 2 Münzen). Um das exakte Maß der Bremsscheibendicke zu ermitteln, müssen von dem gemessenen Wert die Dicke der Münzen beziehungsweise der Unterlage abgezogen werden. **Achtung:** Messung an mehreren Punkten der Bremsscheibe vornehmen.

- Soll- und Verschleißwerte für Bremsscheibe, siehe »Technische Daten Bremsanlage«.

- Wird die Verschleißgrenze erreicht, Bremsscheibe erneuern.

- Bei größeren Rissen oder bei Riefen, die tiefer als 0,5 mm sind, Bremsscheibe erneuern, siehe entsprechendes Kapitel.

- Reifen-Laufrichtung beachten, Räder anschrauben, Fahrzeug ablassen, erst dann Radschrauben über Kreuz mit **120 Nm** festziehen. **Achtung:** Unbedingt Hinweise im Kapitel »Rad aus- und einbauen« beachten.

Bremsscheibe aus- und einbauen

Bremsscheiben erneuern, wenn sie korrodiert sind oder die Verschleißgrenze erreicht haben.

Um beidseitig eine gleichmäßige Verzögerung sicherzustellen, müssen alle Bremsscheiben die gleiche Oberfläche bezüglich Schliffbild und Rautiefe aufweisen. Deshalb **grundsätzlich beide** Bremsscheiben einer Achse ersetzen, beziehungsweise abdrehen lassen.

Achtung: Wenn die Bremsscheiben ersetzt oder abgedreht werden, müssen gleichzeitig auch neue Bremsbeläge eingebaut werden.

Korrodierte Bremsscheiben erzeugen beim Abbremsen einen Rubbeleffekt, der sich auch durch längeres Bremsen nicht beseitigen lässt. In diesem Fall müssen die Bremsscheiben erneuert werden.

Ausbau

Sicherheitshinweis
Beim Aufbocken des Fahrzeugs besteht Unfallgefahr! Deshalb vorher das Kapitel »Fahrzeug aufbocken« durchlesen.

- Reifen-Laufrichtung mit Pfeil am Reifen markieren. Radschrauben lösen. Fahrzeug aufbocken und Räder abnehmen. **Achtung:** Unbedingt Hinweise im Kapitel »Rad aus- und einbauen« beachten.

- Bremsbeläge und Bremssattel ausbauen, siehe entsprechendes Kapitel.

- Um ein Herausgleiten des Bremskolbens zu verhindern, Holzstück zwischen Bremskolben und Bremssattel klemmen.

- Bremssattel mit Drahthaken so am Aufbau oder an der Schraubenfeder aufhängen, dass der Bremsschlauch nicht verdreht oder auf Zug beansprucht wird.

- Sicherungsschraube für Bremsscheiben-Befestigung herausdrehen, siehe entsprechende Bremsen-Abbildung.

- Bremsscheibe abnehmen.

Achtung: Die Bremsscheibe darf nicht durch Gewaltanwendung (Hammerschläge) von der Radnabe getrennt werden. Stattdessen handelsüblichen Rostlöser anwenden, um Schäden an der Bremsscheibe zu vermeiden. Falls der Ausbau nur durch kräftige Hammerschläge möglich ist, aus Sicherheitsgründen Bremsscheibe und Radlager erneuern. Auch wenn ein Abzieher verwendet wird, Bremsscheibe erneuern.

Einbau

Die Werkstatt kann die Bremsscheibe auf Schlag prüfen. Maximaler Scheibenschlag an der Bremsfläche gemessen: 0,05 mm. Maximal zulässige Dickentoleranz: 0,01 mm.

- Bremsscheibendicke messen, siehe entsprechendes Kapitel.

- Falls vorhanden, Rost am Flansch der Bremsscheibe und der Radnabe entfernen.

- Neue Bremsscheibe mit Verdünnung vom Schutzlack reinigen.

- Bremsscheibe auf Radnabe aufsetzen, Sicherungsschraube eindrehen und mit **4 Nm** festziehen.

- Bremsbeläge einsetzen und Bremssattel anschrauben, siehe entsprechendes Kapitel.

- **Hinterradbremse:** Handbremse einstellen, siehe entsprechendes Kapitel.

Achtung: War der Bremsschlauch demontiert, Bremsschlauch anschrauben und Bremsanlage entlüften, siehe entsprechendes Kapitel.

- Reifen-Laufrichtung beachten, Räder anschrauben, Fahrzeug ablassen, erst dann Radschrauben über Kreuz mit **120 Nm** festziehen. **Achtung:** Unbedingt Hinweise im Kapitel »Rad aus- und einbauen« beachten.

Achtung: Bremspedal im Stand mehrmals kräftig niedertreten, bis fester Widerstand spürbar ist.

- Bremsflüssigkeitsstand im Bremsflüssigkeitsbehälter prüfen, gegebenenfalls auffüllen.

Achtung, Sicherheitskontrolle durchführen:

- ◆ Sind die Bremsschläuche festgezogen?
- ◆ Befindet sich der Bremsschlauch in der Halterung?
- ◆ Sind die Entlüftungsschrauben angezogen?
- ◆ Ist genügend Bremsflüssigkeit eingefüllt?
- ◆ Bei laufendem Motor Dichtheitskontrolle durchführen. Hierzu Bremspedal mit 200 bis 300 N (entspricht 20 bis 30 kg) etwa 10 Sekunden betätigen. Das Bremspedal darf nicht nachgeben. Sämtliche Anschlüsse auf Dichtheit kontrollieren.

- Neue Bremsscheiben vorsichtig einbremsen, dazu Fahrzeug mehrmals von ca. 80 km/h auf 40 km/h mit geringem Pedaldruck abbremsen. Dazwischen Bremse etwas abkühlen lassen.

Handbremsseil aus- und einbauen

Ausbau

- Handbremse lösen.
- Mittelkonsole ausbauen, siehe Seite 244/247.

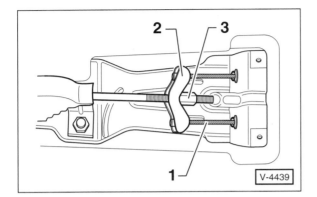

V-4439

- Nachstellmutter –3– am Handbremshebel so weit lösen, bis das Handbremsseil –1– aus dem Ausgleichbügel –2– ausgehängt werden kann. Handbremsseil aushängen.
- Handbremszug am hinteren Bremssattel aushängen, siehe Kapitel »Bremssattel hinten aus- und einbauen«.

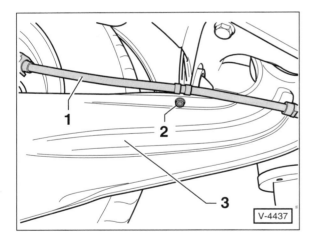

V-4437

- Schraube –2– herausdrehen und Halteclip des Handbremszugs –1– vom Längsträger –3– der Hinterachse lösen.

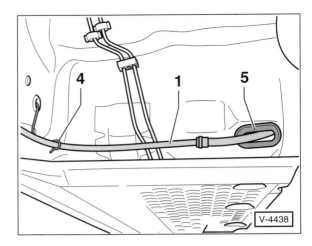

V-4438

- Handbremszug –1– aus der vorderen Halterung –4– aushängen und aus der Durchführung –5– herausziehen.
- Handbremszug vom Fahrzeugunterboden abnehmen.

Einbau

- Handbremszug am Fahrzeugunterboden durch die Durchführung –5– zum Handbremshebel durchschieben und an der vorderen Halterung –4– einhängen.
- Handbremszug am hinteren Bremssattel einhängen, siehe Kapitel »Bremssattel hinten aus- und einbauen«.

Hinweis: Der Handbremszug muss zwischen der Halterung am Bremssattel und dem Halteclip am Längsträger spannungsfrei verlegt werden. Daher Einbau-Reihenfolge einhalten.

- Zuletzt Halteclip des Handbremszugs am Längsträger festschrauben.
- Handbremszug am Handbremshebel in den Ausgleichbügel einhängen und mit der Nachstellmutter vorspannen.
- Handbremse einstellen, siehe entsprechendes Kapitel.
- Mittelkonsole einbauen, siehe Seite 244/247.

Handbremse einstellen

Die Hinterradbremse verfügt über eine automatische Nachstellung, so dass die Handbremse im Rahmen der Wartung nicht nachgestellt werden muss. Erforderlich ist die Einstellung der Handbremse nach dem Aus- und Einbau von:

- ■ Handbremsseilen.
- ■ Bremssattel/Bremssattelträger hinten.
- ■ Bremsscheiben hinten.

Einstellen

- Handbremse lösen.
- Mittelkonsole ausbauen, siehe Seite 244/247.
- Bremspedal mindestens 3-mal kräftig betätigen.

Hinweis: Die Fußbremse muss funktionsfähig und entlüftet sein.

- Handbremse 3-mal kräftig anziehen und wieder lösen.

- Fahrzeug hinten aufbocken, die Hinterräder müssen vom Boden abheben.

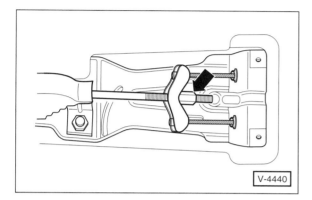

V-4440

- Handbremshebel in Ruhestellung. Nachstellmutter –Pfeil– so weit anziehen, bis sich die beiden Hebel für die Handbremsbetätigung an den Bremssätteln vom Anschlag abheben.

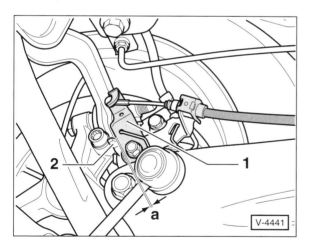

V-4441

- Die Nachstellmutter muss so verdreht werden, dass bei gelöster Handbremse der Abstand –a– zwischen Hebel –1– und Anschlag –2– an beiden Bremssätteln **zusammen 1 bis 3 mm** beträgt.

- Sicherstellen, dass beide Hinterräder frei drehen. Gegebenenfalls die Nachstellmutter etwas zurückdrehen.

- Fahrzeug ablassen.

Bremsanlage entlüften

Beim Umgang mit Bremsflüssigkeit sind folgende Hinweise zu beachten:

- Bremsflüssigkeit ist ätzend und darf deshalb nicht mit dem Autolack in Berührung kommen, gegebenenfalls Bremsflüssigkeit sofort abwischen und mit viel Wasser abwaschen.

- Bremsflüssigkeit ist hygroskopisch, das heißt, sie nimmt aus der Luft Feuchtigkeit auf. Bremsflüssigkeit deshalb nur in geschlossenen Behältern aufbewahren.

- **Bremsflüssigkeit, die schon einmal im Bremssystem verwendet wurde, darf nicht wieder verwendet werden. Auch beim Entlüften der Bremsanlage nur neue Bremsflüssigkeit verwenden.**

- Bremsflüssigkeits-Spezifikation: **FMVSS 116 DOT 4.**

- **Bremsflüssigkeit darf nicht mit Mineralöl in Berührung kommen.** Schon geringe Spuren von Mineralöl machen die Bremsflüssigkeit unbrauchbar, beziehungsweise führen zum Ausfall des Bremssystems. Stopfen und Manschetten der Bremsanlage werden beschädigt, wenn sie mit mineralölhaltigen Mitteln zusammenkommen. Zum Reinigen keine mineralölhaltigen Putzlappen verwenden.

- Bremsflüssigkeit **alle 2 Jahre wechseln**, möglichst nach der kalten Jahreszeit.

Achtung: Bremsflüssigkeit ist ein Problemstoff und darf auf keinen Fall einfach weggeschüttet oder dem Hausmüll mitgegeben werden. Gemeinde- und Stadtverwaltungen informieren darüber, wo sich die nächste Problemstoff-Sammelstelle befindet.

Entlüften

Nach jeder Reparatur an der Bremse, bei der die Bremsanlage geöffnet wurde, kann Luft in die Druckleitungen eingedrungen sein. Dann muss das Bremssystem entlüftet werden. Luft ist auch dann in den Leitungen, wenn sich beim Treten des Bremspedals der Bremsdruck schwammig anfühlt. In diesem Fall muss die Undichtigkeit beseitigt und die Bremsanlage entlüftet werden.

In der Werkstatt wird die Bremse in der Regel mit einem Bremsentlüftungsgerät entlüftet. **Zwingend vorgeschrieben ist die Verwendung eines Bremsentlüftungsgerätes, wenn ein Bremsschlauch demontiert wurde, wenn nur eine Kammer des Bremsflüssigkeitsbehälters leer war oder wenn die hydraulische Kupplungsbetätigung ebenfalls entlüftet werden muss.** Im Normalfall geht es auch ohne das Bremsentlüftungsgerät. Die Bremsanlage wird dann durch Pumpen mit dem Bremspedal entlüftet, dazu ist eine zweite Person notwendig.

Muss die ganze Anlage entlüftet werden, jede Radbremse einzeln und den Kupplungsnehmerzylinder entlüften. Das ist immer dann der Fall, wenn Luft in jeden einzelnen Bremszylinder gedrungen ist. Dafür immer ein **Bremsentlüftungsgerät** verwenden. Falls nur ein Bremssattel erneuert bzw. überholt wurde, genügt in der Regel das Entlüften des betreffenden Bremszylinders.

Sicherheitshinweis
Ist eine Kammer des Bremsflüssigkeitbehälters komplett leergelaufen (zum Beispiel bei Undichtigkeiten im Bremssystem oder wenn beim Entlüften vergessen wurde, Bremsflüssigkeit nachzufüllen), wird Luft angesaugt, die in die ABS-Hydraulikpumpe gelangt. **Die Bremsanlage muss dann in der Werkstatt mit dem Entlüftungsgerät entlüftet werden.** Bei Ausstattung mit EDS muss die Bremsanlage zusätzlich vorentlüftet werden und es muss eine Grundeinstellung durch ein Testgerät eingeleitet werden. **Bei Einbau eines neuen Bremsschlauchs muss die Anlage ebenfalls mit einem Entlüftungsgerät entlüftet werden.**

Die Reihenfolge der Entlüftung: 1. Bremssattel vorn links, 2. Bremssattel vorn rechts, 3. Bremssattel hinten links, 4. Bremssattel hinten rechts.

- Fahrzeug aufbocken.
- Reifen-Laufrichtung mit Pfeil am Reifen markieren. Radschrauben lösen. Fahrzeug hinten aufbocken und Hinterräder abnehmen. **Achtung:** Unbedingt Hinweise im Kapitel »Rad aus- und einbauen« beachten.

Hinweis: Die Entlüfterventile der hinteren Bremssättel sind erst nach Abnahme der Hinterräder zugänglich.

- Bremsflüssigkeitsbehälter bis MAX-Markierung auffüllen.

Achtung: Entlüfterventile reinigen und vorsichtig öffnen, damit sie nicht abgedreht werden. Es empfiehlt sich, die Ventile ca. 1 Stunde vor dem Entlüften mit Rostlöser einzusprühen. Bei festsitzenden Ventilen das Entlüften von einer Werkstatt durchführen lassen.

Achtung: Während des Entlüftens die Entlüfterflasche 30 Zentimeter höher als das Entlüfterventil halten und ab und zu den Bremsflüssigkeitsbehälter beobachten. Der Flüssigkeitsspiegel darf nicht zu weit sinken, sonst wird über den Bremsflüssigkeitsbehälter Luft angesaugt. **Immer nur neue Bremsflüssigkeit nachgießen!**

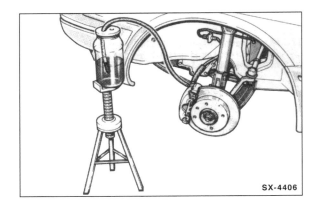

SX-4406

- Staubkappe vom Entlüfterventil des Bremszylinders abnehmen. Entlüfterventil reinigen, sauberen Schlauch aufstecken, anderes Schlauchende in eine mit Bremsflüssigkeit halbvoll gefüllte Flasche stecken. **Hinweis:** Einen geeigneten Schlauch und ein passendes Gefäß gibt es im Autozubehör-Handel.

- Von einem Helfer Bremspedal so oft niedertreten lassen, »pumpen«, bis sich im Bremssystem Druck aufgebaut hat – zu spüren am wachsenden Widerstand beim Betätigen des Pedals.

- Ist genügend Druck vorhanden, Bremspedal ganz durchtreten und Fuß auf dem Bremspedal halten.

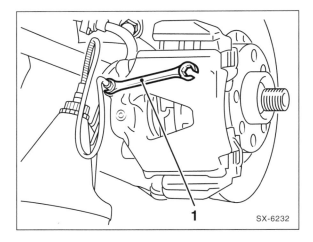

1   SX-6232

- Entlüfterventil am Bremssattel etwa ½ Umdrehung mit Ringschlüssel –1– öffnen. Zum Öffnen der Ventile gibt es spezielle Entlüftungsschlüssel, zum Beispiel HAZET 4968-7. Ausfließende Bremsflüssigkeit in der Flasche sammeln. **Hinweis:** Die Abbildung zeigt nicht den Bremssattel des GOLF/TOURAN.

- Ausfließende Bremsflüssigkeit in der Flasche sammeln. Darauf achten, dass sich das Schlauchende in der Flasche ständig unterhalb des Flüssigkeitsspiegels befindet und dass die Flasche über dem Bremssattel steht.

- Sobald der Flüssigkeitsdruck nachlässt, Entlüfterventil bei weiterhin niedergetretenem Bremspedal schließen.

- Pumpvorgang wiederholen, bis sich Druck aufgebaut hat. Bremspedal niedertreten, Fuß auf dem Bremspedal lassen, Entlüfterventil öffnen, bis der Druck nachlässt. Entlüfterventil schließen.

- Entlüftungsvorgang an einem Bremszylinder so lange wiederholen, bis sich in der Bremsflüssigkeit, die in die Entlüfterflasche strömt, keine Luftblasen mehr zeigen.

- Nach dem Entlüften Schlauch vom Entlüfterventil abziehen, Entlüfterventil mit **10 Nm** festziehen und Staubkappe auf Ventil stecken.

- Die Bremszylinder an den anderen Rädern auf die gleiche Weise entlüften, dabei Reihenfolge einhalten.

- Nach dem Entlüften den Bremsflüssigkeitsbehälter bis zur MAX-Markierung auffüllen.

Entlüften mit Bremsentlüftungsgerät

- Verschlussdeckel vom Bremsflüssigkeitsbehälter abschrauben und Entlüftungsgerät über einen Adapter am Bremsflüssigkeitsbehälter anschließen.

- Im Bremssystem einen Arbeitsdruck von 2 bar einstellen.

- **Fahrzeuge mit EDS:** Bremsanlage **vorentlüften**, wenn eine Kammer des Bremsflüssigkeitsbehälters leer gelaufen ist. Zunächst vordere Bremssättel gleichzeitig entlüften, anschließend hintere Bremssättel. Dazu Schläuche an beide Entlüfterventile aufstecken, Ventile öffnen und Flüssigkeit ausströmen lassen, bis sich keine Luftblasen mehr zeigen. Anschließend Ventile schließen. Zuletzt Grundeinstellung durch ein Testgerät einleiten und Bremsanlage nochmals entlüften.

- **Alle Fahrzeuge:** In der angegebenen Reihenfolge jeden Bremszylinder einzeln entlüften. Dazu Schlauch am Entlüfterventil aufstecken, Ventil öffnen und Flüssigkeit ausströmen lassen, bis sich keine Luftblasen mehr zeigen. Anschließend Ventil schließen.

- Nach dem Entlüften Adapter und Entlüftungsgerät abbauen, dabei darauf achten, dass der Bremsflüssigkeitsbehälter unter Druck steht.

- Jeden Bremssattel 5-mal nach der konventionellen Methode ohne Entlüftungsgerät **nachentlüften**.

- Reifen-Laufrichtung beachten, Hinterräder anschrauben. Fahrzeug ablassen, erst dann Radschrauben über Kreuz mit **120 Nm** festziehen. **Achtung:** Unbedingt Hinweise im Kapitel »Rad aus- und einbauen« beachten.

Achtung, Sicherheitskontrolle durchführen:
- ◆ Sind die Entlüftungsschrauben angezogen?
- ◆ Ist genügend Bremsflüssigkeit eingefüllt?
- ◆ Bei laufendem Motor Dichtheitskontrolle durchführen. Hierzu Bremspedal mit 200 bis 300 N (entspricht 20 bis 30 kg) etwa 10 Sekunden betätigen. Das Bremspedal darf nicht nachgeben. Sämtliche Anschlüsse auf Dichtheit kontrollieren.
- ◆ Anschließend einige Sicherheitsbremsungen auf einer Straße mit geringem Verkehr durchführen.

- Anschließend auf einer Straße mit geringem Verkehr Fahrzeug mehrmals abbremsen. Dabei muss mindestens eine starke Bremsung mit ABS-Regelung (erkennbar am pulsierenden Bremspedal) vorgenommen werden. **Achtung: Dabei besonders auf nachfolgenden Verkehr achten.**

Achtung: Alte Bremsflüssigkeit ist ein Problemstoff und darf auf keinen Fall einfach weggeschüttet oder dem Hausmüll mitgegeben werden. Gemeinde- und Stadtverwaltungen informieren darüber, wo sich die nächste Problemstoff-Sammelstelle befindet.

Bremskraftverstärker prüfen

Der Bremskraftverstärker ist auf Funktion zu überprüfen, wenn zur Erzielung ausreichender Bremswirkung die Pedalkraft außergewöhnlich hoch ist.

- Bremspedal bei stehendem Motor mindestens 5-mal kräftig durchtreten, dann bei belastetem Bremspedal Motor starten. Das Bremspedal muss jetzt unter dem Fuß spürbar nachgeben.

- Andernfalls Unterdruckschlauch am Bremskraftverstärker herausziehen, Motor starten. Durch Fingerauflegen am Ende des Unterdruckschlauches prüfen, ob Unterdruck vorhanden ist.

- Ist kein Unterdruck vorhanden: Unterdruckschlauch auf Undichtigkeiten und Beschädigungen prüfen, gegebenenfalls ersetzen. Sämtliche Schellen fest anziehen.

- **Dieselmotor:** Unterdruckschlauch von der Vakuumpumpe abziehen und mit dem Finger prüfen, ob Unterdruck am Schlauchanschluss anliegt.

- Ist Unterdruck vorhanden: Unterdruck messen, gegebenenfalls Bremsservo ersetzen (Werkstattarbeit).

Bremsschlauch aus- und einbauen

Das Bremsleitungssystem stellt die Verbindung vom Hauptbremszylinder zu den vier Radbremsen her.

Achtung: Die starren Bremsleitungen aus Metall sollen von einer Fachwerkstatt verlegt werden, da zur fachgerechten Montage einige Erfahrung nötig ist.

Als flexible Verbindungen zwischen den starren und beweglichen Fahrzeugteilen, beispielsweise den Bremssätteln, werden druckfeste Bremsschläuche verwendet. Diese müssen bei erkennbaren Schäden sofort ausgewechselt werden. Ältere Bremsschläuche können so aufquellen, dass sich in ihrem Innern der Durchflussquerschnitt verringert. In einem solchen Fall kann die Bremsflüssigkeit nicht aus dem Radbremszylinder in den Hauptbremszylinder zurückfließen; die Radbremse erhitzt sich. Wird dann das betreffende Entlüfterventil am Radbremszylinder geöffnet und das Rad blockiert nicht mehr, ist das ein Zeichen für einen defekten Bremsschlauch.

> **Sicherheitshinweis, Fahrzeuge mit ABS**
> **Ist ein Bremsschlauch montiert worden oder eine Kammer des Bremsflüssigkeitbehälters leergelaufen**, wird Luft angesaugt, die in die ABS-Hydraulikpumpe gelangt. **Die Bremsanlage muss dann in der Werkstatt mit dem Entlüftungsgerät entlüftet werden.**

Achtung: Bremsschläuche nicht mit Öl oder Petroleum in Berührung bringen, nicht lackieren oder mit Unterbodenschutz besprühen.

Achtung: Regeln im Umgang mit Bremsflüssigkeit beachten, siehe Kapitel »Bremsanlage entlüften«.

Ausbau

Achtung: Regeln im Umgang mit Bremsflüssigkeit beachten, siehe Kapitel »Bremsanlage entlüften«.

> **Sicherheitshinweis**
> Beim Aufbocken des Fahrzeugs besteht Unfallgefahr! Deshalb vorher das Kapitel »Fahrzeug aufbocken« durchlesen.

● Fahrzeug aufbocken.

● Bremsschlauch am Halter ausclipsen.

● Bremsschlauch zuerst an der Bremsleitung und dann am Bremssattel abschrauben, dabei Bremsschlauch nicht verdrillen. **Achtung:** Auslaufende Bremsflüssigkeit mit Lappen auffangen. Leitungsanschluss in Richtung Hauptbremszylinder mit geeignetem Stopfen verschließen.

Einbau

● Nur vom Werk freigegebene Bremsschläuche einbauen. Neuen Bremsschlauch so einbauen, dass er ohne Drall durchhängt.

● Bremsleitung mit **14 Nm** am Bremsschlauch festschrauben.

● Bremsschlauch am Bremssattel mit **35 Nm** festziehen. **Achtung:** Bremsschlauch, sofern erforderlich, mit **neuem** Dichtring anschrauben.

Achtung: Bremsanlage ausschließlich mit einem Entlüftungsgerät entlüften (Werkstatt).

● Fahrzeug ablassen.

Achtung, Sicherheitskontrolle durchführen:

◆ Sind die Bremsschläuche festgezogen?

◆ Befindet sich der Bremsschlauch in der Halterung?

◆ Sind die Entlüftungsschrauben angezogen?

◆ Ist genügend Bremsflüssigkeit eingefüllt?

◆ Bei laufendem Motor Dichtheitskontrolle durchführen. Hierzu Bremspedal mit 200 bis 300 N (entspricht 20 bis 30 kg) etwa 10 Sekunden betätigen. Das Bremspedal darf nicht nachgeben. Sämtliche Anschlüsse auf Dichtheit kontrollieren.

● Anschließend einige Bremsungen auf einer Straße mit geringem Verkehr durchführen.

Bremslichtschalter aus- und einbauen

Der Bremslichtschalter sitzt am Pedalbock. Beim Betätigen des Bremspedals wird über den Schalter das Bremslicht eingeschaltet. Außerdem dient der Bremslichtschalter dem ABS/EDS-Steuergerät als Signalgeber für den Beginn eines Bremsvorganges. Daher ist eine korrekte Funktion und Einstellung äußerst wichtig.

Bremslichtschalter prüfen

● Zündung einschalten.

● Stecker vom Bremslichtschalter abziehen und Steckerkontakte mit kurzer Hilfsleitung überbrücken. Wenn die Bremslichter jetzt aufleuchten, ist der Bremslichtschalter defekt.

Ausbau

Achtung: Der Bremslichtschalter kann nur einmal montiert werden. Nach dem Ausbau muss er grundsätzlich ersetzt werden.

● Untere Verkleidung der Armaturentafel auf der Fahrerseite ausbauen, siehe Seite 252.

● Stecker zusammendrücken und Stecker vom Bremslichtschalter abziehen.

● Bremslichtschalter 45° nach links drehen und dadurch ausrasten.

● Bremslichtschalter herausnehmen.

Einbau

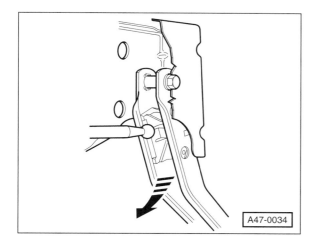

A47-0034

● Vor der Montage des Bremslichtschalters muss das Bremspedal mit dem Bremskraftverstärker verclipst werden. Kugelkopf der Druckstange vor die Aufnahme halten und Bremspedal in Richtung Bremskraftverstärker drücken, so dass der Kugelkopf hörbar einrastet.

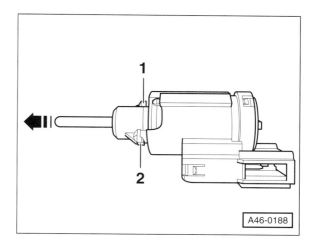

A46-0188

● Beim neuen Bremslichtschalter Stößel ganz herausziehen –Pfeil– und dadurch Bremslichtschalter einstellen.

Achtung: Während des Einbaus dürfen die Pedale nicht betätigt werden.

● Bremslichtschalter mit seinen Rastnasen –1/2– in die Aussparung des Lagerbockes einführen.

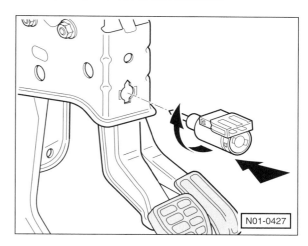

N01-0427

● Bremslichtschalter durch Drehen um 45° nach rechts einrasten. Der feste Sitz muss gewährleistet sein. Beim Einführen des Bremslichtschalters justiert sich der Stößel automatisch.

● Stecker für Bremslichtschalter einrasten, Schalter auf Funktion prüfen.

● Nach der Einstellung des Bremslichtschalters prüfen, ob sich das Bremspedal im Endanschlag (Lösestellung) befindet.

Störungsdiagnose Bremse

Störung	Ursache	Abhilfe
Leerweg des Bremspedals zu groß.	Ein Bremskreis ausgefallen.	■ Bremskreise auf Flüssigkeitsverlust prüfen.
Bremspedal lässt sich weit und federnd durchtreten.	Luft im Bremssystem.	■ Bremse entlüften.
	Zu wenig Bremsflüssigkeit im Bremsflüssigkeitsbehälter.	■ Neue Bremsflüssigkeit nachfüllen. Bremse entlüften.
	Dampfblasenbildung. Tritt meist nach starker Beanspruchung auf, z. B. Passabfahrt.	■ Bremsflüssigkeit wechseln. Bremse entlüften.
Bremswirkung lässt nach, und Bremspedal lässt sich durchtreten.	Undichte Leitung.	■ Leitungsanschlüsse nachziehen oder Leitung erneuern.
	Beschädigte Manschette im Haupt- oder Radbremszylinder.	■ Manschette erneuern. Beim Hauptbremszylinder Innenteile ersetzen (Werkstatt), gegebenenfalls Hauptbremszylinder ersetzen oder Radbremszylinder überholen lassen.
Schlechte Bremswirkung trotz hohen Fußdrucks.	Bremsbeläge verölt.	■ Bremsbeläge erneuern.
	Ungeeigneter oder verhärteter Bremsbelag.	■ Beläge erneuern. Nur vom Automobilhersteller freigegebene Bremsbeläge verwenden.
	Bremsbeläge abgenutzt.	■ Bremsbeläge erneuern.
	Bremskraftverstärker defekt, Unterdruckleitung porös, defekt.	■ Bremskraftverstärker und Unterdruckleitung prüfen.
Bremse zieht einseitig.	Unvorschriftsmäßiger Reifendruck.	■ Reifendruck prüfen und berichtigen.
	Bereifung ungleichmäßig abgefahren.	■ Abgefahrene Reifen ersetzen.
	Bremsbeläge verölt.	■ Bremsbeläge erneuern.
	Verschiedene Bremsbelagsorten auf einer Achse.	■ Beläge erneuern. Nur vom Automobilhersteller freigegebene Bremsbeläge verwenden.
	Schlechtes Tragbild der Bremsbeläge.	■ Bremsbeläge austauschen.
	Verschmutzte Bremssattelschächte.	■ Sitz- und Führungsflächen der Bremsbeläge im Bremssattel reinigen.
	Korrosion in den Bremssattelzylindern.	■ Bremssattel erneuern.
	Bremsbelag ungleichmäßig verschlissen.	■ Bremsbeläge erneuern (an beiden Rädern), Bremssättel auf Leichtgängigkeit prüfen.
Bremse zieht von selbst an.	Hauptbremszylinder defekt.	■ Hauptbremszylinder ersetzen.
Bremsen erhitzen sich während der Fahrt.	Bremse schwergängig.	■ Bewegliche Teile der Bremse schmieren. Bremssattel überholen lassen (Werkstattarbeit).
	Handbremsseil schwergängig.	■ Seil schmieren oder erneuern.
	Bremsschlauch innen aufgequollen, dicht.	■ Bremsschlauch erneuern.
	Korrosion in den Bremssattelzylindern.	■ Bremssattel erneuern.
Bremsen rattern.	Ungeeigneter Bremsbelag.	■ Beläge erneuern. Nur vom Automobilhersteller freigegebene Bremsbeläge verwenden.
	Bremsscheibe stellenweise korrodiert.	■ Scheibe mit Schleifklötzen sorgfältig glätten.
	Bremsscheibe hat Seitenschlag.	■ Scheibe nacharbeiten oder ersetzen.

Störung	Ursache	Abhilfe
Räder lassen sich schwer von Hand drehen.	Bremsbeläge lösen sich nicht von der Bremsscheibe, Korrosion in den Bremssattelzylindern.	■ Bremssattel überholen, eventuell austauschen.
Ungleichmäßiger Belag-Verschleiß.	Ungeeigneter Bremsbelag.	■ Beläge erneuern.
	Bremssattel verschmutzt.	■ Bremssattelschächte reinigen.
	Bremssattel klemmt.	■ Führungsbuchsen und -stifte gangbar machen.
	Kolben nicht leichtgängig.	■ Kolben gangbar machen (Werkstattarbeit).
	Bremssystem undicht.	■ Bremssystem auf Dichtigkeit prüfen.
Keilförmiger Bremsbelag-Verschleiß.	Bremsscheibe läuft nicht parallel zum Bremssattel.	■ Anlagefläche des Bremssattels prüfen.
	Korrosion in den Bremssätteln.	■ Verschmutzung beseitigen oder Bremssattel erneuern.
Bremsbeläge lösen sich nicht von der Bremsscheibe, Räder lassen sich schwer von Hand drehen.	Korrosion in den Bremssattelzylindern.	■ Bremssattel überholen, eventuell austauschen.
	Bremsschlauch innen aufgequollen, dicht.	■ Bremsschlauch erneuern.
Bremse quietscht.	Oft auf atmosphärische Einflüsse (Luftfeuchtigkeit) zurückzuführen.	■ Keine Abhilfe erforderlich, wenn Quietschen nach längerem Stillstand des Wagens bei hoher Luftfeuchtigkeit auftritt, sich dann aber nach den ersten Bremsungen nicht wiederholt.
	Ungeeigneter Bremsbelag.	■ Beläge erneuern. Rückenplatte mit Anti-Quietsch-Paste bestreichen.
	Bremsscheibe läuft nicht parallel zum Bremssattel.	■ Anlagefläche des Bremssattels prüfen.
	Verschmutzte Schächte im Bremssattel.	■ Bremssattelschächte reinigen.
Bremse pulsiert.	ABS bei Vollbremsung in Funktion.	■ Normal, keine Abhilfe.
	Seitenschlag oder Dickentoleranz der Bremsscheibe zu groß.	■ Schlag und Toleranz prüfen. Scheibe nacharbeiten oder ersetzen.
	Bremsscheibe läuft nicht parallel zum Bremssattel.	■ Anlagefläche des Bremssattels prüfen.
ABS-Kontrollleuchte leuchtet während der Fahrt.	Betriebsspannung zu niedrig (unter ca. 10 Volt).	■ Batteriespannung prüfen. Prüfen, ob Kontrolllampe für Generator nach dem Motorstart erlischt, andernfalls Keilrippenriemen und Generator prüfen.
		■ Hinweise zu ABS/ESP/EDS beachten.
	ABS-Anlage defekt.	■ ABS-Anlage in der Fachwerkstatt prüfen lassen.
Wirkung der Handbremse nicht ausreichend.	Bowdenzüge korrodiert.	■ Neuteile einbauen.

Motor-Mechanik

Aus dem Inhalt:

- Zylinderkopfausbau
- Zahnriemen spannen
- Keilriemen wechseln

- Motor-Schmierung
- Das richtige Motoröl
- Motor-Kühlung

- Kühlmittel wechseln
- Frostschutz prüfen
- Kühlerausbau

Motorabdeckung oben aus- und einbauen

1,4-l-Benzinmotor BCA

Ausbau

Hinweis: Die obere Motorabdeckung besteht aus Luftfiltergehäuse-Oberteil und -Unterteil.

- Schlauch vom Nockenwellengehäuse am Luftfiltergehäuse-Oberteil abziehen.

- Motorabdeckung an den 4 Halterungen –Pfeile– nach oben ziehen und von der Drosselklappensteuereinheit abnehmen.

Einbau

- Motorabdeckung auf die Drosselklappensteuereinheit und an den Befestigungspunkten aufsetzen, andrücken und einrasten.

- Schlauch vom Nockenwellengehäuse am Luftfiltergehäuse-Oberteil aufstecken.

1,4-/1,6-l-FSI-Benzinmotor

Ausbau

Hinweis: Die obere Motorabdeckung besteht aus Luftfiltergehäuse-Oberteil und -Unterteil.

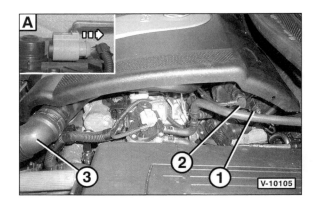

- Stecker –1– vom Ansaugluft-Temperaturgeber ausrasten und abziehen. Dazu abgewinkelten Schraubendreher, zum Beispiel HAZET 818-1 oder -2, in den Schlitz hinter der Rastnase stecken. Rastnase mit Schraubendreher etwas in Richtung »Fahrerseite« ziehen und Stecker abnehmen, siehe Bildausschnitt –A–.

- Unterdruckschlauch –2– abziehen. Dazu geriffelte Bögen am Stecker zusammendrücken und Steckverbindung trennen.

- Luftschlauch –3– abziehen. Dazu Federklammer mit geeigneter Zange, zum Beispiel HAZET-798-9, öffnen und zurückschieben. Schlauch von der Abdeckung abziehen.

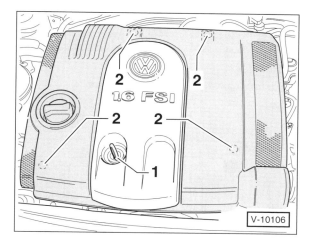

V-10106

- Ölmessstab –1– herausziehen.
- Motorabdeckung an den Befestigungspunkten –2– kräftig nach oben ziehen und ausrasten.
- Motorabdeckung nach oben herausnehmen und umgedreht auf eine weiche Unterlage legen. Dabei Gummiführung für Ölmessstab nicht verlieren.
- Ölmessstab in das Führungsrohr schieben, damit keine Schmutzteilchen durch das Ölmessstab-Führungsrohr in den Motor fallen können.

Einbau

- Ölmessstab herausziehen.
- Motorabdeckung an den Befestigungspunkten –2– ansetzen, nach unten drücken und einrasten.
- Stecker und Schlauchverbindung unterhalb der Motorabdeckung zusammenstecken.
- Ölmessstab in das Führungsrohr schieben.

1,4-l-TSI-Benzinmotor BLG/BMY

Ausbau

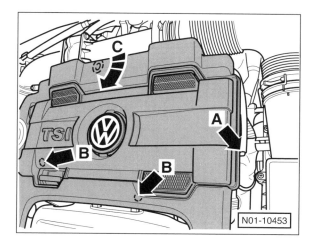

N01-10453

- Unterdruckschlauch –Pfeil A– vom Stutzen abziehen.
  Achtung: Der Anschlussstutzen befindet sich seit 11/06 oben an der Motorabdeckung.

- Motorabdeckung an den vorderen Befestigungspunkten –Pfeile B– ausrasten, etwas anheben und anschließend aus der Halterung –C– in Pfeilrichtung herausziehen.

Einbau

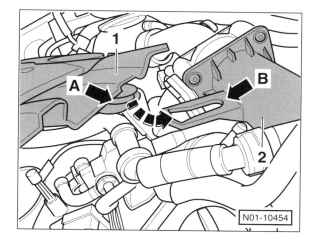

N01-10454

- Motorabdeckung –1– mit der Lasche –Pfeil A– am Befestigungspunkt –2– in den Halter –Pfeil B– in Pfeilrichtung einschieben.
- Motorabdeckung auf die anderen Befestigungspunkte aufsetzen, nach unten drücken und spürbar einrasten.
- Schlauch am Anschlussstutzen aufstecken und verriegeln.

1,6-l-Einspritzmotor BGU/BSE/BSF

Ausbau

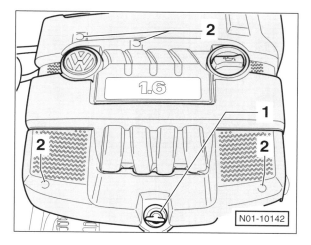

N01-10142

- Ölmessstab –1– herausziehen.
- Motorabdeckung an den Befestigungspunkten –2– ausclipsen und nach oben abnehmen.

Einbau

- Der Einbau erfolgt in umgekehrter Ausbaureihenfolge.

2,0-l-FSI-Direkteinspritzer

Ausbau

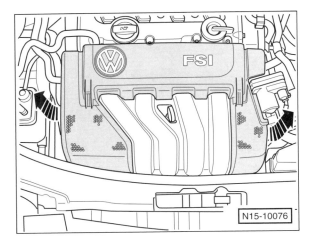

N15-10076

● Motorabdeckung an den Befestigungspunkten –Pfeile–
ausclipsen und nach oben abnehmen.

Einbau

● Der Einbau erfolgt in umgekehrter Ausbaureihenfolge.

2,0-l-TFSI-Direkteinspritzer AXX/BWA/BYD

Ausbau

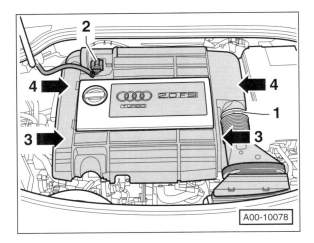

A00-10078

● Schelle –1– am Lufteinlassstutzen mit Zange für Federbandschellen, zum Beispiel HAZET-798-9, öffnen und
Gummimanschette zurückschieben. **Hinweis:** Die Abbildung zeigt die baugleiche Abdeckung im AUDI A3.

● Stecker –2– vom Luftmassenmesser abziehen und zur
Seite legen.

● **Ab Modelljahr 2006:** 2 Befestigungsklammern aushaken
und Ansaugschlauch am Luftmassenmesser abziehen.

● Seitlich unter die Abdeckung greifen und Motorabdeckung zuerst vorne –Pfeile 3– und danach hinten
–Pfeile 4– abziehen.

Einbau

● Der Einbau erfolgt in umgekehrter Ausbaureihenfolge.

Dieselmotor

1,9-/2,0-l-Dieselmotor außer AZV/BKD/BMN

Ausbau

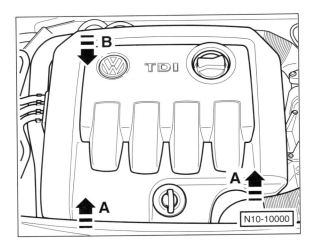

N10-10000

● Motorabdeckung (einteilig) vorn ruckartig nach oben ziehen –Pfeile A– und ausrasten. Anschließend Abdeckung,
in Fahrtrichtung gesehen, nach vorn ziehen und aus der
hinteren Befestigung aushängen –Pfeil B–.

Einbau

● Motorabdeckung in die hintere Aufnahme einschieben, an
den Befestigungspunkten –A– ansetzen und aufdrücken.

Speziell 2-teilige Motorabdeckung (außer AZV/BKD/BMN)

● Zuerst äußere Motorabdeckung an 4 Befestigungspunkten ruckartig nach oben ziehen und abnehmen.

● Innere Motorabdeckung an 2 Befestigungspunkten vorne
und hinten ruckartig nach oben ziehen und abnehmen.

2,0-l-Dieselmotor AZV/BKD/BMN

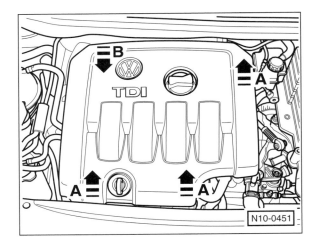

N10-0451

● Motorabdeckung an 3 Befestigungspunkten ruckartig
nach oben ziehen –Pfeile A– und ausrasten.

1,4-l-Benzinmotor 55/59 kW (75/80 PS)

Beim **1,4-l-Benzinmotor BCA/BUD** sind Motorblock und Zylinderkopf aus Aluminiumguss gefertigt.

Die im Zylinderkopf untergebrachten Nockenwellen betätigen die 4 Ventile pro Zylinder über Rollenschlepphebel. Durch die nadelgelagerten Rollen in den Schlepphebeln wird der Nockenhub besonders reibungsarm auf den Ventilschaft übertragen. Hydraulische Abstützelemente unterhalb der Schlepphebel gleichen jegliches Ventilspiel aus. Die Einlass-Nockenwelle wird von der Motor-Kurbelwelle über den Haupt-trieb-Zahnriemen angetrieben und treibt ihrerseits durch einen Koppeltrieb-Zahnriemen die Auslass-Nockenwelle an.

Der Alu-Motorblock besitzt eingegossene Zylinderlaufbuchsen aus Grauguss. Im unteren Teil des Motorblocks ist die Kurbelwelle über 5 Kurbelwellenlager angeschraubt. **Diese Verschraubungen dürfen nicht gelöst werden, sonst muss der komplette Motorblock mitsamt der Kurbelwelle ersetzt werden.** Die Kühlmittelpumpe sitzt vorn im Motorblock und wird durch den Zahnriemen angetrieben. Die Zahnrad-Ölpumpe wird durch einen Mitnehmerzapfen von der Kurbelwelle angetrieben.

Zahnriementrieb

1,4-l-Benzinmotor BCA/BUD mit 55/59 kW (75/80 PS)

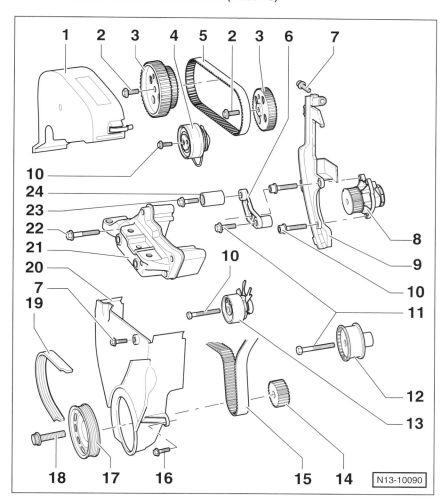

N13-10090

1 – Zahnriemen-Abdeckung oben

2 – Schraube *, 20 Nm + 90° (¼ Umdrehung)
Zum Lösen und Anziehen wird das Absteck-werkzeug VW-T10016 benötigt.

3 – Nockenwellenrad
Die Fixierbohrungen in den Nockenwellenrädern müssen mit den Passbohrungen im Nockenwellengehäuse fluchten.

4 – Koppeltrieb-Spannrolle

5 – Koppeltrieb-Zahnriemen
Vor dem Ausbau Laufrichtung auf dem Riemen kennzeichnen. Auf Verschleiß prüfen, nicht knicken.

6 – Halter *

7 – Schraube, 10 Nm

8 – Kühlmittelpumpe
Bei Beschädigungen und Undichtigkeiten komplett ersetzen.

9 – Zahnriemen-Abdeckung hinten

10 – Schraube, 20 Nm

11 – Schraube, 50 Nm

12 – Umlenkrolle für Haupttrieb-Zahn-riemen

13 – Haupttrieb-Spannrolle

14 – Kurbelwellen-Zahnriemenrad
OT-Stellung: Der abgeschrägte Zahn muss mit der Markierung auf dem Ölpumpengehäuse übereinstimmen.

15 – Haupttrieb-Zahnriemen
Vor dem Ausbau Laufrichtung auf dem Riemen kennzeichnen. Auf Verschleiß prüfen, nicht knicken.

16 – Schraube *, 12 Nm

17 – Kurbelwellen-Riemenscheibe
Bei der Montage Fixierung beachten.

18 – Schraube
Achtung: Es können 2 unterschiedliche Schrauben eingebaut sein. Schraube nach dem Ausbau grundsätzlich ersetzen.
Achtung: Die Anpressflächen zwischen Riemenscheibe und Befestigungsschraube müssen öl- und fettfrei sein. Schraube mit geöltem Gewinde einsetzen.
Anzugsdrehmomente:
Alte Schraube, erkennbar am massiven Schraubenkopf: **90 Nm + 90° (¼ Umdr.).**
Neue Schraube, erkennbar am angebohrten Schraubenkopf: **150 Nm + 180° (½ Umdr.).**
Das Weiterdrehen der Schraube kann in mehreren Stufen erfolgen. Der Weiterdrehwinkel kann mit einer handelsüblichen Winkelmess-scheibe, zum Beispiel HAZET 6690, gemessen werden.

19 – Keilrippenriemen
Vor dem Ausbau Laufrichtung auf dem Riemen kennzeichnen. Auf Verschleiß prüfen, nicht knicken.

20 – Zahnriemen-Abdeckung unten

21 – Motorhalter

22 – Schraube *, 50 Nm

23 – Schraube **, 25 Nm

24 – Umlenkrolle *

*) Immer ersetzen.
**) Nur Motor BCA.

Motor auf Zünd-OT für Zylinder 1 stellen

1,4-I-Benzinmotor BCA/BUD mit 55/59 kW (75/80 PS)

Hinweis: Zylinder 1 befindet sich, in Fahrtrichtung gesehen, auf der rechen Seite des Motors.

● **BCA:** Motorabdeckung oben ausbauen, siehe Seite 178.

● **BUD:** Luftfiltergehäuse ausbauen.

● Obere Zahnriemen-Abdeckung abschrauben.

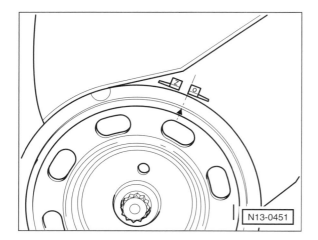

● Kurbelwelle in Motordrehrichtung drehen, also im Uhrzeigersinn, bis die Kerbe auf der Riemenscheibe mit der Kante der Markierung –O– übereinstimmt. Zum Drehen der Kurbelwelle Getriebe in Leerlaufstellung schalten und Handbremse anziehen. Kurbelwelle an der Zentralschraube der Riemenscheibe mit tiefgekröpftem Ringschlüssel oder Innenvielzahn-Stecknuss SW-19 durchdrehen.

Achtung: Motor **nicht** an der Befestigungsschraube des Nockenwellenrades durchdrehen. Dadurch wird der Zahnriemen überbeansprucht.

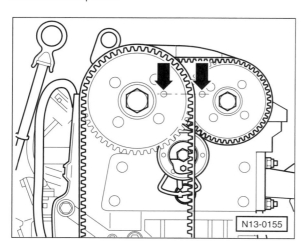

● Die Fixierbohrungen in den Nockenwellenrädern müssen mit den Passbohrungen im Nockenwellengehäuse fluchten –Pfeile–.

Hinweis: Stehen die Fixierbohrungen auf der entgegengesetzten Seite der Zahnriemenräder, muss die Kurbelwelle noch einmal eine Umdrehung weitergedreht werden.

Hinweise zum Zahnriemeneinbau

1,4-I-Benzinmotor BCA/BUD mit 55/59 kW (75/80 PS)

Achtung: Der exakte Wechsel des Zahnriemens für den 1,4-I-Benzinmotor wird nicht beschrieben. Hier einige wichtige Zahnriemen-Einbauhinweise.

Nockenwellen-Zahnräder in OT-Stellung fixieren

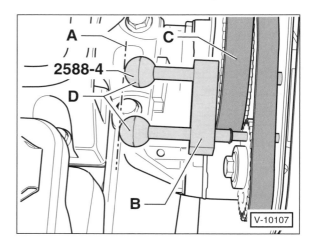

● Motor auf Zünd-OT für Zylinder 1 stellen.

● Arretierwerkzeug, zum Beispiel HAZET-2588-4 oder VW-T-10016, mit den beiden Arretierstiften durch die Fixierbohrungen der Nockenwellenräder bis zum Anschlag in die Passbohrungen im Nockenwellengehäuse einführen. Die beiden Arretierstifte sind richtig eingesetzt, wenn die Endstücke –D– mit der Linie –A– in einer Flucht liegen.

● Halter –B– bis zum Anschlag an das Einlass-Nockenwellenrad –C– schieben.

Koppeltrieb-Spannrolle einbauen

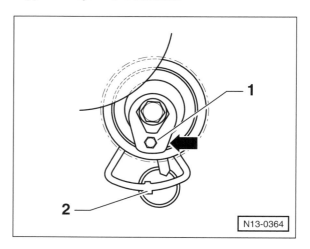

● Koppeltrieb-Spannrolle am Innensechskant –1– im Uhrzeigersinn in Richtung des Markierungsfensters drehen –Pfeil–. Die Spannrolle befindet sich jetzt in entspannter Stellung. 2 – Nase der Grundplatte.

- Spannrolle ansetzen und mit dem Zahnriemen nach oben drücken. Befestigungsschraube einschrauben.

- Schraube handfest anziehen. Die Nase der Grundplatte muss in die Bohrung am Zylinderkopf eingreifen –2–.

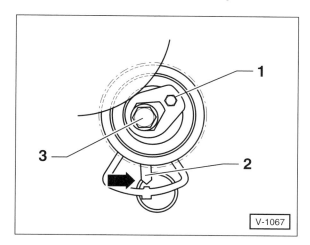

V-1067

- Zahnriemen spannen. Dazu Spannrolle am Innensechskant –1– gegen den Uhrzeigersinn drehen, bis der Zeiger –2– über der Nase in der Grundplatte im Markierungsfenster steht –Pfeil–. In dieser Stellung Klemmschraube –3– mit **20 Nm** festziehen.

Haupttrieb-Zahnriemen spannen

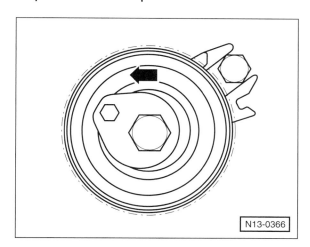

N13-0366

- Falls die Haupttrieb-Spannrolle ausgebaut war, Spannrolle am Innensechskant gegen den Uhrzeigersinn drehen –Pfeil–, bis die in der Abbildung dargestellte Position erreicht ist.

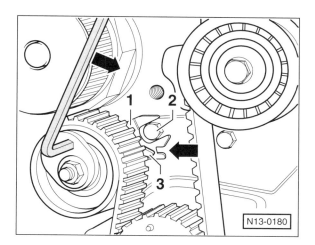

N13-0180

- Befestigungsschraube –2– handfest anziehen. Die Aussparung der Grundplatte –1– muss über die Befestigungsschraube –2– greifen.

- Spannrolle mit Innensechskantschlüssel in Pfeilrichtung –linker Pfeil– drehen, bis der Zeiger –3– über der Kerbe in der Grundplatte steht –rechter Pfeil–.

- Klemmschraube der Spannrolle mit **20 Nm** festziehen.

- Fixierwerkzeug aus den Nockenwellenrädern herausnehmen.

- Kurbelwelle um 2 Umdrehungen durchdrehen und anschließend Stellung der Spannrollen prüfen.

Zahnriemenverlauf

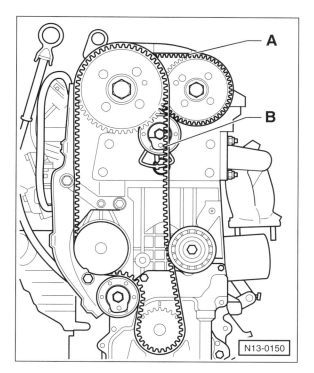

N13-0150

A – Koppel-Zahnriemen
B – Haupttrieb-Zahnriemen

Zylinderkopf

1,4-I-Benzinmotor BCA mit 55 kW (75 PS)

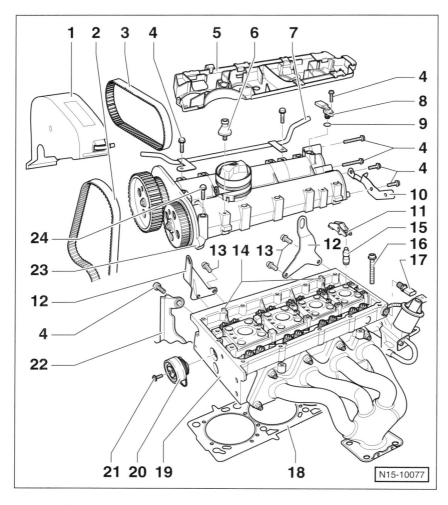

N15-10077

Nockenwellengehäuse abdichten

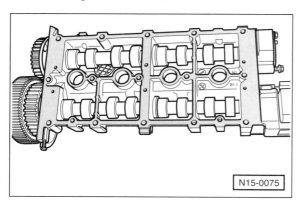

N15-0075

● Dichtmittel auf die saubere Dichtfläche –gerasterte (graue) Fläche– des Nockenwellengehäuses **dünn** und gleichmäßig auftragen. **Achtung:** Zu dick aufgetragenes Dichtmittel kann in die Ölbohrungen gelangen und dadurch Motorschäden verursachen.

1 – Zahnriemen-Abdeckung oben

2 – Haupttrieb-Zahnriemen

3 – Koppeltrieb-Zahnriemen

4 – Schraube *, 10 Nm
Von außen nach innen anziehen.

5 – Leitungsführung, 8 Nm

6 – Stehbolzen, 6 Nm
Für Motorabdeckung. Nur BCA.

7 – Kühlmittelrohr

8 – Hallgeber

9 – O-Ring *

10 – Halter

11 – Rollenschlepphebel
Rollenlager auf leichten Lauf prüfen. Lauffläche ölen. Zur Montage mit der Sicherungsklammer auf das Abstützelement aufclipsen.

12 – Aufhängeöse

13 – Schrauben, 20 Nm

14 – Passstifte

15 – Abstützelement
Beim Einbau nicht vertauschen. Mit hydraulischem Ventilspielausgleich. Lauffläche ölen.

16 – Zylinderkopfschraube *

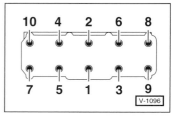

V-1096

Zylinderkopfschrauben in 3 Stufen anziehen. In jeder Stufe die Reihenfolge von 1 bis 10 einhalten.
1. Stufe . . . . . . 30 Nm
2. Stufe . . . . . . 90° (¼ Umdr.)
3. Stufe . . . . . . 90° (¼ Umdr.)

17 – Öldruckschalter, 25 Nm
0,3 – 0,7 bar. Dichtring bei Undichtigkeit aufkneifen und ersetzen.

18 – Zylinderkopfdichtung *
Nach dem Ersetzen das gesamte Kühlmittel wechseln.

19 – Zylinderkopf

20 – Koppeltrieb-Spannrolle

21 – Schrauben, 20 Nm

22 – Zahnriemen-Abdeckung hinten

23 – Nockenwellengehäuse
Alte Dichtmittelreste entfernen. Vor dem Auflegen mit Dichtmittel VW-D188003A1 bestreichen, siehe Abbildung N15-0075. Beim Einbau vorsichtig senkrecht von oben auf die Stehbolzen und Passstifte aufsetzen.

24 – Schraube *, 10 Nm + 90° (¼ Umdr.)
Spiralförmig von innen nach außen anziehen.

Hinweis: Der Zylinderkopf beim Motor BUD ist gleich aufgebaut. Über der Leitungsführung –5– sitzt die Abdeckung für Nockenwellengehäuse.

*) Immer ersetzen.

1,4-/1,6-I-FSI-Benzinmotor 66/85 kW

BKG/BLN/BAG/BLF/BLP

Beim Benzin-Direkteinspritzmotor werden die Nockenwellen von einer wartungsfreien Steuerkette angetrieben.

Einlass- und Auslass-Nockenwelle sind in einem separaten Nockenwellengehäuse gelagert, das auf den Zylinderkopf aufgeschraubt ist.

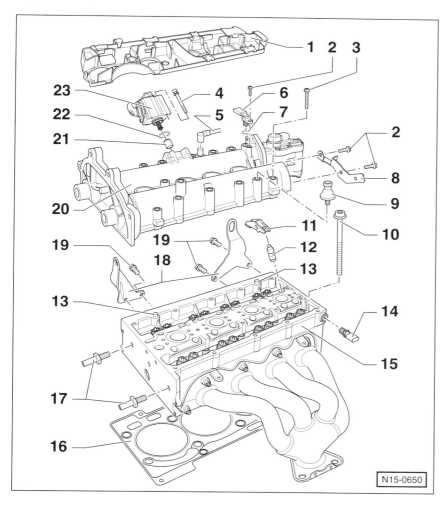

11 – Rollenschlepphebel
Rollenlager auf leichten Lauf prüfen. Lauffläche ölen. Beim Einbau mit der Sicherungsklammer auf das Abstützelement aufclipsen.

12 – Abstützelement
Nicht vertauschen. Lauffläche ölen.

13 – Passstifte

14 – Öldruckschalter, 25 Nm
0,3 – 0,7 bar. Dichtring bei Undichtigkeit aufkneifen und ersetzen.

15 – Zylinderkopf
Maximaler Verzug = 0,05 mm. Nach dem Ersetzen das gesamte Kühlmittel erneuern.

16 – Zylinderkopfdichtung
Immer ersetzen, anschließend das gesamte Kühlmittel erneuern.

17 – Führungsbolzen, 20 Nm

18 – Aufhängeöse

19 – Schraube, 20 Nm

20 – Nockenwellengehäuse
Alte Dichtmittelreste entfernen.

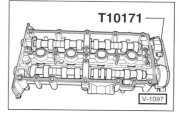

Vor dem Auflegen Dichtmittel VW-D188003A1 auf die saubere Dichtfläche –gerasterte (graue) Fläche– **dünn** und gleichmäßig auftragen. Beim Einbau vorsichtig senkrecht von oben auf die Stehbolzen und Passstifte aufsetzen. T10171 = VW-Arretierwerkzeug für Nockenwellenfixierung.

21 – Tassenstößel
Lauffläche ölen.

22 – O-Ring
Immer ersetzen. Vor dem Einsetzen mit Öl benetzen.

23 – Hochdruckpumpe
Für Kraftstoffversorgung. Mit integriertem Regelventil für Kraftstoffdruck.

1 – Leitungsführung, 8 Nm

2 – Schraube, 10 Nm

3 – Schraube, 10 Nm + 90° (¼ Umdr.)

4 – Schraube, 8 Nm

5 – Leitung zum Luftfilter

6 – Hallgeber

7 – O-Ring
Bei Beschädigung ersetzen.

8 – Halter

9 – Stehbolzen, 6 Nm
Für Luftfiltergehäuse.

10 – Zylinderkopfschraube
Immer ersetzen.

Zylinderkopfschrauben in 3 Stufen anziehen. In jeder Stufe die Reihenfolge von 1 bis 10 einhalten.

1. Stufe . . . . . . **30 Nm**
2. Stufe . . . . . . **90° (¼ Umdr.)**
3. Stufe . . . . . . **90° (¼ Umdr.)**

1,6-I-Benzinmotor 75 kW (102 PS)

Beim **1,6-I-Benzinmotor BGU/BSE/BSF** wird die Nockenwelle von der Kurbelwelle über einen Zahnriemen angetrieben. Die Nockenwelle betätigt über hydraulische Tassenstößel die senkrecht hängenden Ein- und Auslassventile.

Zahnriementrieb

1,6-I-Benzinmotor BGU/BSE/BSF mit 75 kW (102 PS)

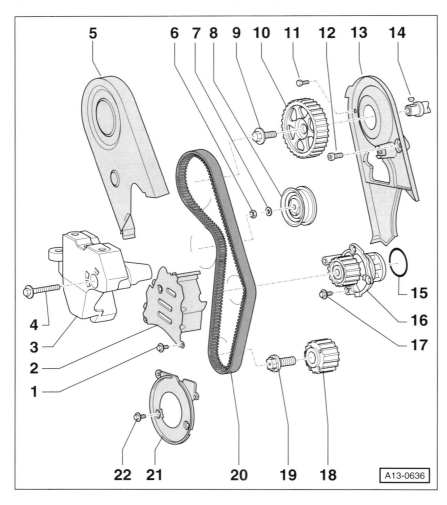

1 – Schraube, 10 Nm
Mit Sicherungsmittel einsetzen.

2 – Zahnriemen-Abdeckung Mitte

3 – Motorhalter

4 – Schraube, 45 Nm

5 – Zahnriemen-Abdeckung oben

6 – Mutter, 23 Nm

7 – Scheibe

8 – Halbautomatische Spannrolle

9 – Schraube, 100 Nm

10 – Nockenwellenrad
Einbaulage wird durch die Scheibenfeder –14– fixiert.

11 – Schraube, 10 Nm
Mit Sicherungsmittel einsetzen.

12 – Schraube, 23 Nm
Mit Sicherungsmittel einsetzen.

13 – Zahnriemen-Abdeckung hinten

14 – Scheibenfeder
Auf festen Sitz im Flansch der
Nockenwelle achten.

15 – O-Ring
Immer ersetzen.

16 – Kühlmittelpumpe

17 – Schraube, 15 Nm

18 – Kurbelwellen-Zahnriemenrad
An der Anlagefläche zwischen
Zahnriemenrad und Kurbelwelle
darf sich kein Öl befinden.

19 – Schraube, 90 Nm + 90° (¼ Umdr.)
Immer ersetzen. Nicht ölen.

20 – Zahnriemen
Bei Wiederverwendung vor dem
Ausbau Laufrichtung mit Kreide
oder Filzstift kennzeichnen.
Auf Verschleiß prüfen, siehe Seite
32.

21 – Zahnriemen-Abdeckung unten

22 – Schraube, 10 Nm
Mit Sicherungsmittel einsetzen.

Motor auf Zünd-OT für Zylinder 1 stellen

1,6-l-Benzinmotor BGU/BSE/BSF mit 75 kW (102 PS)

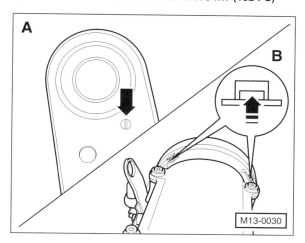

Achtung: Einbaulage der oberen Zahnriemen-Abdeckung besonders am Übergang zur mittleren Zahnriemen-Abdeckung notieren.

● Drehverschluss gegen den Uhrzeigersinn verdrehen, –Pfeil A–, so dass der Schraubenschlitz in senkrechter Position steht.

● Obere Zahnriemen-Abdeckung ausclipsen. Dazu Rastnasen vom Clipverschluss nach oben abdrücken –Pfeil B–.

● Obere Zahnriemen-Abdeckung abnehmen.

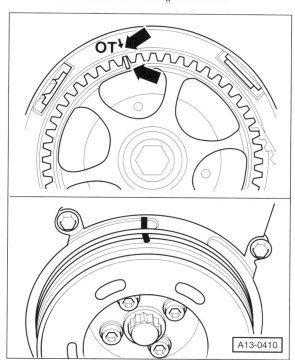

● Handbremse anziehen, Getriebe in Leerlaufstellung bringen. Kurbelwelle an der Zentralschraube des Zahnriemenrades in Motordrehrichtung, also im Uhrzeigersinn, drehen, bis die Markierungen am Nockenwellenrad –Pfeile– und an der Kurbelwelle übereinstimmen.

Hinweise zum Zahnriemeneinbau

1,6-l-Benzinmotor BGU/BSE/BSF mit 75 kW (102 PS)

Achtung: Der exakte Wechsel des Zahnriemens für den 1,6-l-Benzinmotor wird nicht beschrieben. Hier einige wichtige Zahnriemen-Einbauhinweise.

Hinweis zum Ausbau: Motor mit Motorheber oder Werkstattkran abstützen und rechtes Motorlager ausbauen.

Einbau (Steuerzeiten einstellen)

Achtung: Auch wenn bei Reparaturen der Zahnriemen nur vom Nockenwellenrad abgenommen wurde, ist das Einstellen der Steuerzeiten erforderlich.

● OT-Stellung des Motors prüfen, gegebenenfalls Kurbel- und/oder Nockenwelle entsprechend verdrehen. **Achtung:** Beim Drehen der Nockenwelle ohne Zahnriemen darf die Kurbelwelle mit keinem Zylinder auf OT stehen. Beschädigungsgefahr für Ventile und/oder Kolbenböden.

● Zahnriemen auf Kurbelwellenrad und Kühlmittelpumpe auflegen. **Achtung:** Laufrichtung beachten.

● Mittlere und untere Zahnriemen-Abdeckung einsetzen und anschrauben.

● Kurbelwellen-Riemenscheibe so aufsetzen, dass die Bohrung auf der Riemenscheibe mit der Erhebung am Zahnriemenrad der Kurbelwelle übereinstimmt. In dieser Stellung Kurbelwellen-Riemenscheibe mit **neuen** Schrauben und **10 Nm + 90°** anschrauben.

● Zahnriemen auf Spannrolle und Nockenwellenrad auflegen.

Zahnriemen spannen

Achtung: Der Motor darf maximal handwarm sein.

● Prüfen, ob die Markierungen am Nockenwellenrad und der hinteren Zahnriemen-Abdeckung sowie an der Kurbelwellen-Riemenscheibe und der unteren Zahnriemen-Abdeckung übereinstimmen.

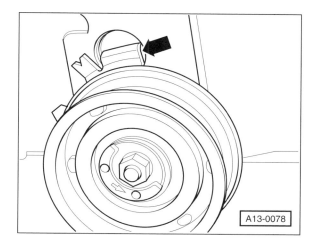

● Einbaulage der Spannrolle überprüfen: Die Haltekralle –Pfeil– muss in die Aussparung am Zylinderkopf eingreifen, andernfalls Halterung entsprechend verdrehen.

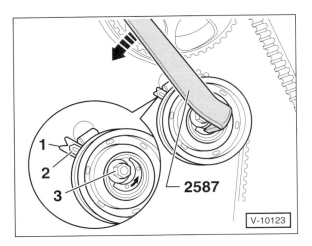

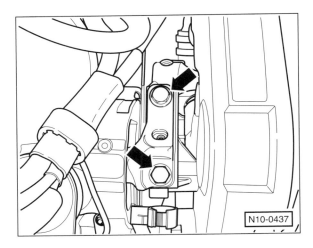

- Bevor der Zahnriemen gespannt wird, Spannrolle am Exzenter mit dem Zweiloch-Mutterndreher VW-T10020 oder HAZET 2587 fünfmal in beide Richtungen bis zum Anschlag drehen.

- Exzenter mit dem Mutterndreher im Gegenuhrzeigersinn –Pfeilrichtung– bis zum Anschlag drehen.

- Anschließend Zahnriemen langsam entspannen, bis sich die Kerbe –1– und der Zeiger –2– gegenüberstehen. Zur Kontrolle gegebenenfalls einen Spiegel verwenden. In dieser Stellung Befestigungsmutter –3– mit **23 Nm** festziehen.

- Kurbelwelle zwei Umdrehungen in Motordrehrichtung weiterdrehen, bis der Motor wieder auf OT für Zylinder 1 steht. Dabei ist es wichtig, dass die letzten 45° (1/8 Umdrehung) ohne Unterbrechung gedreht werden. **Sämtliche Markierungen müssen bei gespanntem Zahnriemen gleichzeitig übereinstimmen,** gegebenenfalls Zahnriemen wieder abnehmen und Einstellung wiederholen.

- Zahnriemenspannung nochmals prüfen: Der Zeiger und die Kerbe müssen einander gegenüber stehen. Andernfalls Einstellung der Steuerzeiten und Spannen des Zahnriemens wiederholen.

- Zahnriemen-Spannrolle prüfen. Dazu Zahnriemen mit kräftigem Daumendruck belasten. Der Zeiger –2– muss sich verschieben. Zahnriemen entlasten. Kurbelwelle 2 Umdrehungen durchdrehen und wieder auf OT stellen. Dabei die letzten 45° (1/8 Umdrehung) ohne Unterbrechung drehen. Kerbe und Zeiger der Spannrolle müssen sich jetzt wieder gegenüberstehen, andernfalls ist die Spannrolle defekt.

Weiterer Einbau

- Motorhalter von oben am Motorblock anbauen und die beiden oberen Schrauben mit **45 Nm** anziehen.

- Motor mit dem Motorheber bis auf Einbaulage absenken. Untere Schraube für Motorhalter einsetzen und mit **45 Nm** anziehen.

- Motorlager einbauen, siehe Seite 198.

- Motorlager am Motorhalter anschrauben –Pfeile–. Dazu die Anlageflächen zur Auflage bringen und die Schrauben mit **60 Nm + 90°** festziehen.

- Motor-Abfangvorrichtung (Motorheber) abbauen.

- Obere Zahnriemen-Abdeckung einclipsen. Drehverschluss im Uhrzeigersinn verdrehen, so dass der Schraubenschlitz in waagerechter Position steht.

- Keilrippenriemen einbauen, siehe entsprechendes Kapitel.

- Motorabdeckung oben einbauen, siehe entsprechendes Kapitel.

Zylinderkopf-Montageübersicht

1,6-l-Benzinmotor BGU/BSE/BSF mit 75 kW (102 PS)

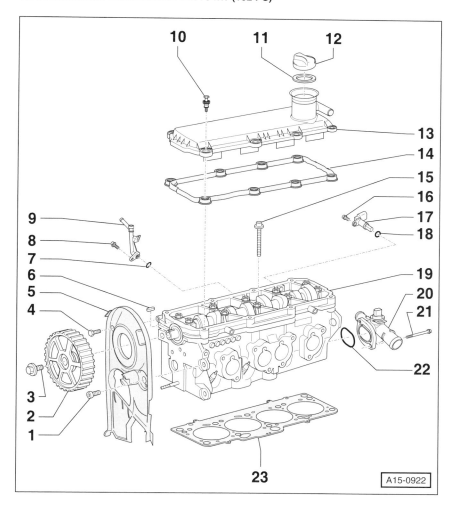

A15-0922

13 – Zylinderkopfdeckel
Zum Ausbau Schrauben spiralförmig von außen nach innen lösen, zum Einbau spiralförmig von innen nach außen festziehen.

14 – Dichtung für Zylinderkopfdeckel
In die Abstandshülsen –10– einknöpfen. Dichtung bei Beschädigung oder Undichtigkeit ersetzen.

15 – Zylinderkopfschraube
Immer ersetzen.

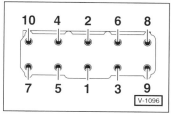

V-1096

Zylinderkopfschrauben in 3 Stufen anziehen. In jeder Stufe die Reihenfolge von 1 bis 10 einhalten.
1. Stufe . . . . . . 40 Nm
2. Stufe . . . . . . 90° (¼ Umdr.)
3. Stufe . . . . . . 90° (¼ Umdr.)

16 – Schraube, 10 Nm

17 – Hallgeber

18 – O-Ring
Immer ersetzen.

19 – Zylinderkopf
Maximaler Verzug = 0,1 mm. Nach dem Ersetzen das gesamte Kühlmittel erneuern.
Minimale Zylinderkopfhöhe: 132,9 mm.

20 – Anschlussstutzen

21 – Schraube, 10 Nm

22 – O-Ring
Immer ersetzen.

23 – Zylinderkopfdichtung
Immer ersetzen. Nach dem Ersetzen das gesamte Kühlmittel wechseln. Einbaulage: Die Teile-Nr. zeigt zum Zylinderkopf und muss von der Einlassseite her lesbar sein.

1 – Schraube, 23 Nm
Mit Sicherungsmittel einsetzen.

2 – Nockenwellenrad

3 – Schraube, 100 Nm

4 – Schraube, 10 Nm
Mit Sicherungsmittel einsetzen.

5 – Zahnriemen-Abdeckung hinten

6 – Passfeder

7 – Dichtring
Immer ersetzen.

8 – Schraube, 10 Nm

9 – Entlüftungsanschluss

10 – Spezialschraube, 9 Nm
Mit Abstandshülse. Zur Befestigung des Zylinderkopfdeckels. Bei Beschädigung oder Undichtigkeit ersetzen.

11 – Dichtung
Bei Beschädigung oder Undichtigkeit ersetzen.

12 – Verschlussdeckel

2,0-l-FSI-Benzinmotor 110 kW (150 PS)

Beim **2,0-l-Benzinmotor AXW/BLR/BLX/BLY/BVX/BVY/BVZ** wird die Auslass-Nockenwelle von der Kurbelwelle über einen Zahnriemen angetrieben. Auslass- und Einlass-Nockenwelle sind über eine Einfachrollenkette miteinander verbun-

den. Über das Motorsteuergerät können die Steuerzeiten der Einlass-Nockenwelle mithilfe eines hydraulischen Flügelzellenverstellers entsprechend den Betriebsbedingungen des Motors kontinuierlich verstellt werden. Die Ventilbetätigung durch die beiden Nockenwellen erfolgt über Rollenschlephebel mit hydraulischen Abstützelementen.

Zahnriementrieb

2,0-l-Benzinmotor AXW mit 110 kW (150 PS)

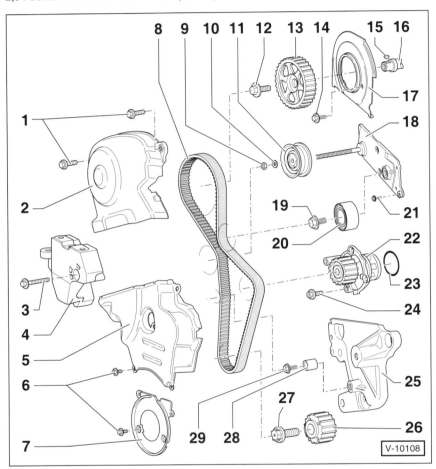

V-10108

13 – Nockenwellenrad
Die Einbaulage wird durch die Scheibenfeder –15– fixiert.

14 – Schraube, 10 Nm
Mit Sicherungsmittel einsetzen.

15 – Scheibenfeder
Auf festen Sitz prüfen.

16 – Nockenwelle

17 – Zahnriemen-Abdeckung hinten

18 – Halteplatte für Spannrolle

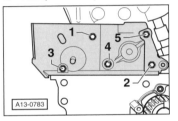

A13-0783

Schrauben in der Reihenfolge von –1– bis –5– mit **10 Nm** festziehen.

19 – Schraube, 40 Nm

20 – Umlenkrolle

21 – Schraube, 10 Nm

22 – Kühlmittelpumpe

23 – O-Ring
Immer ersetzen.

24 – Schraube, 15 Nm

25 – Halteplatte

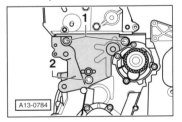

A13-0784

Zuerst die Schrauben –1– mit **40 Nm**, dann die Schraube –2– mit **15 Nm** festziehen.

26 – Kurbelwellen-Zahnriemenrad
Montage nur in einer Stellung möglich. Anlagefläche von Zahnriemenrad und Kurbelwelle muss öl- und fettfrei sein.

27 – Schraube, 90 Nm + 90° (¼ Umdr.)
Immer ersetzen. Gewinde nicht ölen.

28 – Beruhigungsrolle

29 – Schraube, 25 Nm

1 – Schrauben, 10 Nm
Mit Sicherungsmittel einsetzen.

2 – Zahnriemen-Abdeckung oben

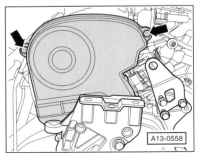

A13-0558

◆ Schrauben –Pfeile– herausdrehen.

◆ Obere Abdeckung aus der mittleren Abdeckung aushängen und nach oben abnehmen.

◆ Beim Einbau obere Abdeckung sorgfältig in die mittlere Abdeckung einhängen und oben anschrauben.

3 – Schraube, 45 Nm

4 – Motorhalter

5 – Zahnriemen-Abdeckung Mitte

6 – Schrauben, 10 Nm
Mit Sicherungsmittel einsetzen.

7 – Zahnriemen-Abdeckung unten

8 – Zahnriemen
Bei Wiederverwendung vor dem Ausbau Laufrichtung mit Kreide oder Filzstift markieren. Auf Verschleiß prüfen.

9 – Mutter, 23 Nm

10 – Scheibe

11 – Halbautomatische Spannrolle

12 – Schraube, 50 Nm + 180° (½ Umdr.)

2,0-l-Benzinmotor BLR/BLX/BLY/BVX/BVY/BVZ mit 110 kW (150 PS)

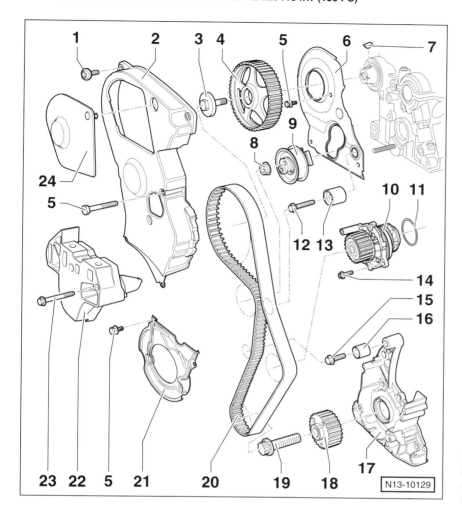

N13-10129

1 – Schraube, 10 Nm

2 – Zahnriemen-Abdeckung oben

3 – Schraube, 50 Nm + 180° (½ Umdr.)

4 – Nockenwellenrad
   Die Einbaulage wird durch die Scheibenfeder –7– fixiert.

5 – Schraube, 10 Nm
   Mit Sicherungsmittel einsetzen.

6 – Zahnriemen-Abdeckung hinten

7 – Scheibenfeder
   Auf festen Sitz prüfen.

8 – Mutter, 25 Nm

9 – Halbautomatische Spannrolle

10 – Kühlmittelpumpe

11 – O-Ring
   Immer ersetzen.

12 – Schraube, 25 Nm

13 – Beruhigungsrolle

14 – Schraube, 15 Nm

15 – Schraube, 35 Nm

16 – Beruhigungsrolle

17 – Dichtflansch

18 – Kurbelwellen-Zahnriemenrad
   Montage nur in einer Stellung möglich. Anlagefläche von Zahnriemenrad und Kurbelwelle muss öl- und fettfrei sein.

19 – Schraube, 90 Nm + 90° (¼ Umdr.)
   Immer ersetzen. Gewinde nicht ölen.

20 – Zahnriemen
   Bei Wiederverwendung vor dem Ausbau Laufrichtung mit Kreide oder Filzstift markieren. Auf Verschleiß prüfen.

21 – Zahnriemen-Abdeckung unten

22 – Motorhalter

23 – Schraube, 45 Nm

24 – Deckel für obere Zahnriemen-Abdeckung

Hinweis: Die Zahnriemen-Abdeckung –2– besteht bei Fahrzeugen ab 01/06 aus 2 Teilen. Der Deckel oben –24– fehlt.

Zylinderkopf-Montageübersicht

2,0-l-Benzinmotor AXW/BLR/BLX/BLY/BVX/BVY/BVZ mit 110 kW (150 PS)

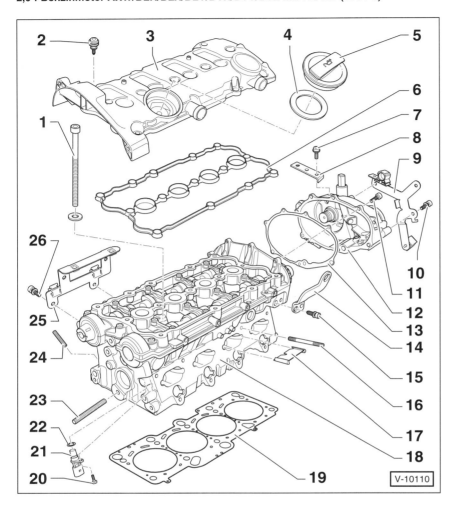

V-10110

5 – **Öleinfülldeckel**

6 – **Dichtung**
Bei Beschädigung oder Undichtigkeit ersetzen.

7 – **Schraube, 10 Nm**

8 – **Halter**

9 – **Kabelhalter**

10 – **Schraube, 10 Nm**

11 – **Schraube, 10 Nm**

12 – **Gehäuse**
Für Ventil 1 der Nockenwellenver-
stellung.

13 – **Dichtung**
Immer ersetzen.

14 – **Transportlasche**

15 – **Schraube, 25 Nm**

16 – **Stiftschraube, 10 Nm**
Für Saugrohr.

17 – **Trennplatte**

18 – **Zylinderkopf**
Maximal zulässiger Verzug: 0,1 mm.
Nach dem Ersetzen das gesamte
Kühlmittel erneuern.

19 – **Zylinderkopfdichtung**
Immer ersetzen. Nach dem Ersetzen das gesamte Kühlmittel wechseln. Einbaulage: Die Teile-Nr. zeigt
zum Zylinderkopf.

20 – **Schraube, 10 Nm**

21 – **Hallgeber**

22 – **Dichtring**

23 – **Stiftschraube, 10 Nm**
Für Spannrolle.

24 – **Stiftschraube, 20 Nm**
Für Abgaskrümmer.

25 – **Halter**

26 – **Schraube, 10 Nm**

1 – **Zylinderkopfschraube**
Immer ersetzen.

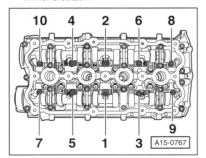

A15-0767

Zylinderkopfschrauben in 3 Stufen anziehen.
In jeder Stufe die Reihenfolge von 1 bis 10
einhalten.
1. Stufe . . . . **40 Nm**
2. Stufe . . . . **90° (¼ Umdr.)**
3. Stufe . . . . **90° (¼ Umdr.)**

2 – **Schraube, 10 Nm**

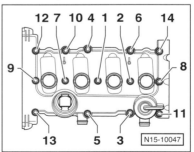

N15-10047

3 – **Zylinderkopfdeckel**
Schrauben für Zylinderkopfdeckel in der Reihenfolge von 1 bis 14 mit **10 Nm** anziehen.

4 – **Dichtung**
Bei Beschädigung oder Undichtigkeit ersetzen.

1,9-/2,0-l-Dieselmotor

2-Ventil-Motor mit 55-103 kW

Die im Zylinderkopf eingesetzte Nockenwelle betätigt die 8 senkrecht hängenden Ventile über hydraulische Tassen- stößel. Die hydraulischen Tassenstößel gleichen automa- tisch jegliches Ventilspiel aus. Die Nockenwelle wird über ei- nen Zahnriemen von der Motor-Kurbelwelle angetrieben.

Zahnriementrieb

1,9-/2,0-l-Dieselmotor AVQ/BRU/BXF/BXJ/BJB/BKC/BLS/BXE/BDK/BMM mit 55/66/74/77/103 kW (75/90/100/105/140 PS)

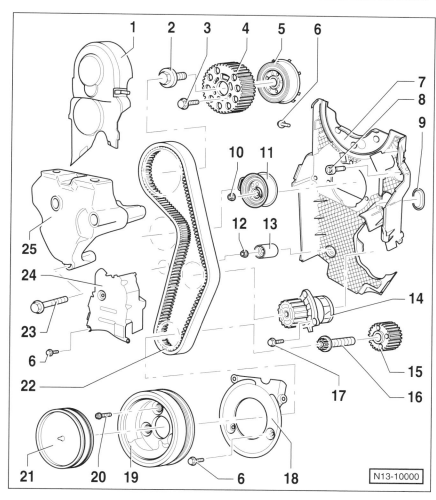

1 – **Zahnriemen-Abdeckung oben**

2 – **Schraube, 100 Nm**

3 – **Schraube, 25 Nm**

4 – **Nockenwellenrad**

5 – **Nabe**
Mit Geberrad.

6 – **Schraube, 10 Nm**
Immer ersetzen.

7 – **Zahnriemen-Abdeckung hinten**

8 – **Schraube, 25 Nm**

9 – **Dichttülle**
Bei Beschädigung ersetzen.

10 – **Mutter, 20 Nm + 45° (⅛ Umdr.)**

11 – **Spannrolle**

12 – **Mutter, 20 Nm**

13 – **Umlenkrolle**

14 – **Kühlmittelpumpe**

15 – **Kurbelwellen-Zahnriemenrad**

16 – **Schraube, 120 Nm + 90° (¼ Umdr.)**
Immer ersetzen. Gewinde nicht zu- sätzlich ölen oder fetten.

17 – **Schraube, 15 Nm**

18 – **Zahnriemen-Abdeckung unten**

19 – **Kurbelwellen-Riemenscheibe**
Montage nur in einer Stellung mög- lich, da die Bohrungen versetzt sind.

20 – **Schraube, 10 Nm + 90° (¼ Umdr.)**
Immer ersetzen.

21 – **Abdeckung**

22 – **Zahnriemen**
Vor dem Ausbau Laufrichtung auf dem Riemen kennzeichnen. Auf Verschleiß prüfen, nicht knicken.

23 – **Schraube, 40 Nm + 180° (½ Umdr.)**
Immer ersetzen.

24 – **Zahnriemen-Abdeckung Mitte**

25 – **Motorhalter**

Motor auf Zünd-OT für Zylinder 1 stellen

1,9-/2,0-l-Dieselmotor
AVQ/BRU/BXF/BXJ/BJB/BKC/BLS/BXE/BDK/BMM

Hinweis: Zylinder 1 befindet sich, in Fahrtrichtung gesehen, auf der rechen Seite des Motors.

● Rechten Innenkotflügel, Keilrippenriemen, Kurbelwellen- Riemenscheibe und Zahnriemen-Abdeckungen ausbauen.

● Kurbelwelle an der Befestigungsschraube für das Zahn- riemenrad –1– (Abbildung V-10111) so weit drehen, dass die Markierung auf dem Zahnriemenrad der Kurbelwelle oben steht und gleichzeitig die Markierung am Nocken- wellen-Geberrad mit der Markierung an der hinteren Zahnriemen-Abdeckung übereinstimmt –Pfeil–.

● Das Durchdrehen der Kurbelwelle kann auf mehrere Ar- ten erfolgen:
  1. Fahrzeug seitlich vorn aufbocken. Fünften Gang einle- gen, Handbremse anziehen. Angehobenes Vorderrad von Hand durchdrehen. Dadurch dreht sich auch die Motor-Kurbelwelle. Zum Drehen des Rades wird ein Helfer benötigt.
  2. Fahrzeug auf ebene Fläche stellen. Fünften Gang ein- legen. Fahrzeug vor- oder zurückschieben.
  3. Getriebe in Leerlaufstellung schalten. Handbremse an- ziehen. Kurbelwelle an der Zentralschraube der Rie- menscheibe im Uhrzeigersinn durchdrehen.

Achtung: Motor **nicht** an der Befestigungsschraube des Nockenwellenrades durchdrehen. Dadurch wird der Zahrie- men überbeansprucht.

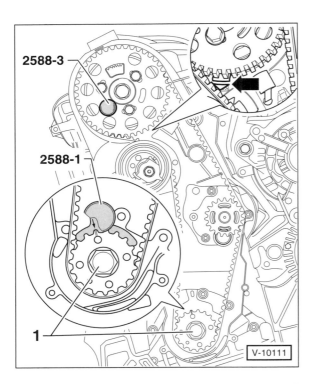

V-10111

- Nabe des Nockenwellen-Zahnriemenrades mit Absteck-stift HAZET 2588-3, oder Dorn mit 6 mm ∅, arretieren. Absteckstift durch das linksseitige freie Langloch stecken.

- Zahnriemenrad der Kurbelwelle mit Kurbelwellenstopp HAZET 2588-1 arretieren. Kurbelwellenstopp von der Stirnseite des Zahnriemenrades her so in dessen Ver-zahnung schieben, dass der Zapfen des Werkzeuges in den Dichtflansch eingreift. Die Markierungen auf dem Kurbelwellen-Zahnriemenrad und dem Arretierwerkzeug müssen sich etwa in 12-Uhr-Position gegenüberstehen.

Achtung: Beim **Motor mit ovalem Zahnriemenrad** (etwa ab 6/05) Kurbelwellenstopp HAZET 2588-110 verwenden. Die Markierungen auf dem Zahnriemenrad und dem Arretier-werkzeug stehen sich etwa in 1-Uhr-Position gegenüber.

Hinweis: Steht das Werkzeug nicht zur Verfügung, OT-Mar-kierung auf dem Dichtflansch anbringen, siehe unteren Bild-ausschnitt in Abbildung V-10111 sowie Abbildung V-10102.

Hinweise zum Zahnriemeneinbau

1,9-/2,0-l-Dieselmotor AVQ/BRU/BJB/BKC/BLS/BDK/BMM mit 55/66/74/77/103 kW (75/90/100/105/140 PS)

Achtung: Der exakte Wechsel des Zahnriemens für den 1,9-l-Dieselmotor wird nicht beschrieben. Hier einige wichtige Zahnriemen-Einbauhinweise. **Hinweis:** Bis 5/05 – außer 103-kW-Motor BMM – muss das rechte Motorlager ausge-baut werden. Ab 6/05 ist dies nicht mehr erforderlich.

Ausbauhinweise

- Motor auf OT stellen.

- Laufrichtung des Zahnriemens kennzeichnen.

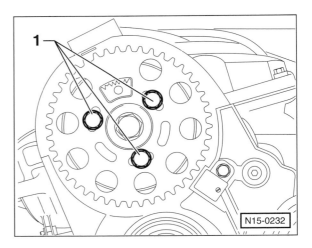

N15-0232

- Schrauben –1– für Nockenwellenrad so weit lockern, bis sich das Nockenwellenrad in den Langlöchern verdrehen lässt.

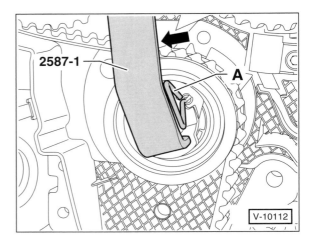

V-10112

- Mutter der Zahnriemen-Spannrolle lockern.

- Spannrolle mit Mutterndreher HAZET 2587-1 im Gegen-uhrzeigersinn –Pfeil– drehen, bis sie mit einem geeigneten Absteckstift –A–, zum Beispiel VW-T10115, arretiert wer-den kann. **Achtung:** Beim **Motor mit ovalem Zahnrie-menrad** Spannrolle mit Innensechskantschlüssel drehen.

- Bei eingestecktem Absteckstift –A– Mutterndreher im Uhrzeigersinn bis zum Anschlag drehen und Mutter der Zahnriemen-Spannrolle handfest anziehen.

- Zahnriemen abnehmen, zuerst von der Kühlmittelpumpe.

Einbau

- Nockenwellenrad in den Langlöchern auf Mittelstellung drehen.

- Zahnriemen auf Kurbelwellenrad, Spannrolle, Nocken-wellenrad, Umlenkrolle und zuletzt auf das Kühlmittel-pumpen-Zahnrad auflegen.

- Prüfen, ob die Lasche der Spannrolle in die hintere Zahn-riemen-Abdeckung eingreift.

- Klemmmutter lösen und Absteckstift herausziehen.

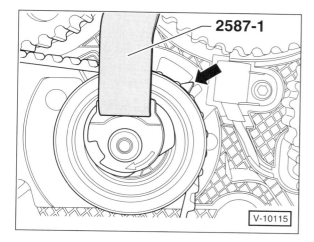

V-10115

- Spannrolle mit Mutterndreher HAZET 2587-1 im Uhrzeigersinn drehen, bis der Zeiger mittig in der Lücke der Grundplatte steht –Pfeil–. Dabei darauf achten, dass sich die Befestigungsmutter nicht mitdreht. **Achtung:** Beim **Motor mit ovalem Zahnriemenrad** Spannrolle mit Inbusschlüssel drehen.

- Spannrolle in dieser Position festhalten und Befestigungsmutter mit **20 Nm** festziehen und danach um **45°** (⅛ Umdrehung) weiterdrehen.

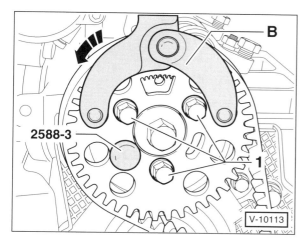

V-10113

- Nockenwellenrad mit Gegenhalter –B–, zum Beispiel HAZET 2540-1 oder VW-T10172, in Pfeilrichtung drehen und unter Vorspannung halten.

- In dieser Stellung die Schrauben des Nockenwellenrades mit **25 Nm** festziehen.

- Absteckstift und Kurbelwellenstopp abnehmen.

- Kurbelwelle 2 Umdrehungen in Motordrehrichtung (Uhrzeigersinn) weiterdrehen und wieder auf OT für Zylinder 1 stellen. Kurz bevor die OT-Stellung nach der zweiten Umdrehung erreicht wird, aus der Drehbewegung heraus den Absteckstift HAZET 2588-3 einstecken.

- Kontrollieren, ob sich die Kurbelwelle mit dem Kurbelwellenstopp arretieren lässt.

Lässt sich der Absteckstift nicht einstecken, ist folgendermaßen zu verfahren:

- Kurbelwellenstopp herausnehmen und Kurbelwelle verdrehen, bis sich die Nabe des Nockenwellenrades mit dem Absteckstift arretieren lässt.

- Schrauben für Nockenwellenrad lösen.

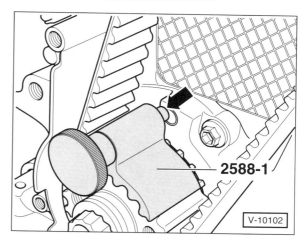

V-10102

- Kurbelwelle etwas entgegen der Motordrehrichtung drehen, bis der Zapfen des Kurbelwellenstopp HAZET 2588-1 kurz vor der Bohrung des Dichtflansches steht –Pfeil–. **Achtung:** Beim **Motor mit ovalem Zahnriemenrad** Kurbelwellenstopp HAZET 2588-110 verwenden.

- Kurbelwelle jetzt in Motordrehrichtung drehen, bis der Kurbelwellenstopp aus der Drehbewegung heraus in den Dichtflansch eingeschoben werden kann.

- Nockenwellenrad mit Gegenhalter auf Vorspannung halten, siehe Abbildung V-10113 und Schrauben für Nockenwellenrad mit **25 Nm** festziehen.

- Absteckstift und Kurbelwellenstopp abnehmen.

- Kurbelwelle 2 Umdrehungen in Motordrehrichtung weiterdrehen und wieder auf OT für Zylinder 1 stellen.

- Absteckstift und Kurbelwellenstopp abnehmen.

- Motorhalter mit **neuen** Schrauben und **40 Nm + 180°** (½ Umdrehung) am Motorblock festschrauben.

- Motorlager ansetzen und mit **neuen** Schrauben an der Karosserie anschrauben. Anzugsdrehmoment M8-Schrauben: **20 Nm + 90°** (¼ Umdrehung), M10-Schrauben: **40 Nm + 90°** (¼ Umdrehung).

- Motorlager am Motorhalter mit **60 Nm + 90°** (¼ Umdrehung) anschrauben.

- Mittlere und untere Zahnriemen-Abdeckung einbauen.

- Kurbelwellen-Riemenscheibe mit **neuen** Schrauben und **10 Nm + 90°** (¼ Umdrehung) anschrauben.

- Keilrippenriemen einbauen, siehe Seite 199.

- Obere Zahnriemen-Abdeckung einbauen.

- Verbindungsrohre Ladeluftkühler/Abgasturbolader und Ladeluftkühler/Saugstutzen einbauen.

- Innenkotflügel, Motorabdeckung unten und oben sowie Kühlmittel-Ausgleichbehälter einbauen.

Zylinderkopfdeckel/Zylinderkopf

Dieselmotor

Achtung: Der exakte Wechsel von Zylinderkopf/Zylinderkopf-
deckel wird nicht beschrieben. Hier einige wichtige Einbau-
hinweise.

**Zylinderkopfdeckel; 1,9-l/2,0-l-2-Ventil-Dieselmotor
AVQ/BRU/BXF/BXJ/BJB/BKC/BLS/BXE/BDK/BMM**

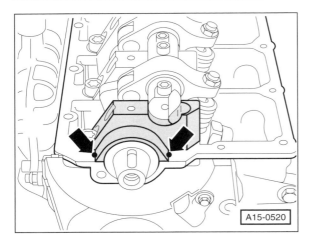

A15-0520

- Vor Einbau des Zylinderkopfdeckels die beiden Kanten
  an den Dichtflächen Nockenwellenlagerdeckel/Zylinder-
  kopf vorn –Pfeile– und hinten jeweils mit einem Tropfen
  Dichtmittel versehen, zum Beispiel VW-AMV 174 004 01
  (Tropfen-∅ ca. 5 mm).

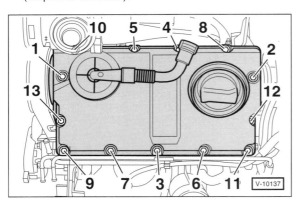

V-10137

- Beim Ausbau Schrauben für Zylinderkopfdeckel in der
  Reihenfolge von 13 bis 1 lösen.

- Beim Einbau Schrauben in der Reihenfolge von 1 bis 13
  handfest anziehen und anschließend in der gleichen Reihenfolge mit **10 Nm** festziehen.

Zylinderkopfdeckel; 2,0-l-4-Ventil-Dieselmotor AZV/BKD/BMN

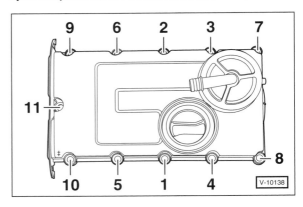

V-10138

- Zylinderkopfdeckel in der Reihenfolge von 1 bis 11 festziehen: 1. Stufe: **handfest**; 2. Stufe: **10 Nm.**

Zylinderkopfschrauben festziehen:

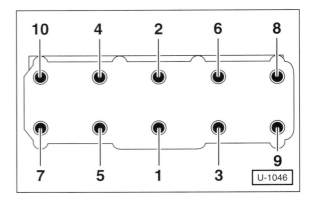

U-1046

- Beim Ausbau Schrauben für Zylinderkopf in der Reihenfolge von 10 bis 1 lösen.

- Beim Einbau Zylinderkopfschrauben in der Anzugsrei-
  henfolge von 1 bis 10 in 4 Stufen anziehen:

  1. Stufe:. . . . . **35 Nm**

  2. Stufe:. . . . . **60 Nm**

  3. Stufe: . . . mit starrem Schlüssel **90°** (¼ Umdrehung)

  4. Stufe: . . . mit starrem Schlüssel **90°** (¼ Umdrehung)

2,0-l-Dieselmotor

4-Ventil-Motor mit 100/103/125 kW

Der Dieselmotor mit 100/103/125 kW (136/140/170 PS) hat einen Querstrom-Aluminium-Zylinderkopf mit 2 Auslass- und 2 Einlassventilen je Zylinder. Die Ventile sind senkrecht stehend angeordnet und werden von 2 obenliegenden Nockenwellen über Rollenschlepphebel betätigt. Die Schlepphebel stützen sich auf hydraulische Ausgleichselemente, die jegliches Ventilspiel ausgleichen.

Beide Nockenwellen werden von der Motor-Kurbelwelle über einen Zahnriemen angetrieben. Dabei übernimmt die Auslass-Nockenwelle neben der Steuerung der Auslassventile auch den Antrieb der Pumpe-Düse-Einheiten, die mittig zwischen den 4 Ventilen jedes Zylinders angeordnet sind.

Die Einlass-Nockenwelle übernimmt neben der Steuerung der Einlassventile den Antrieb der Tandempumpe, die auf der einen Seite den Kraftstoff für die Pumpe-Düse-Einheiten fördert und auf der anderen Seite Unterdruck für den Bremskraftverstärker erzeugt.

Zahnriementrieb

2,0-l-Dieselmotor AZV/BKD/BMN mit 100/103/125 kW (136/140/170 PS)

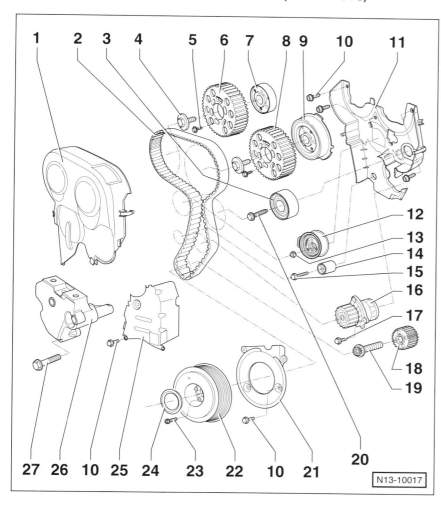

1 – **Zahnriemen-Abdeckung oben**

2 – **Zahnriemen**
Vor dem Ausbau Laufrichtung auf dem Riemen kennzeichnen. Auf Verschleiß prüfen, nicht knicken.

3 – **Umlenkrolle**

4 – **Schraube, 100 Nm**

5 – **Schraube, 25 Nm**

6 – **Auslass-Nockenwellenrad**

7 – **Nabe**

8 – **Einlass-Nockenwellenrad**

9 – **Nabe**

10 – **Schraube, 10 Nm**

11 – **Zahnriemen-Abdeckung hinten**

12 – **Spannrolle**

13 – **Mutter, 20 Nm + 45° (⅛ Umdr.)**

14 – **Umlenkrolle**

15 – **Schraube, 20 Nm**

16 – **Kühlmittelpumpe**

17 – **Schraube, 15 Nm**

18 – **Kurbelwellen-Zahnriemenrad**

19 – **Schraube, 120 Nm + 90° (¼ Umdr.)**
Immer ersetzen. Gewinde oder Bund nicht zusätzlich ölen oder fetten. Das Weiterdrehen kann in mehreren Stufen erfolgen.

20 – **Schraube, 40 Nm + 90° (¼ Umdr.)**
Immer ersetzen.

21 – **Zahnriemen-Abdeckung unten**

22 – **Kurbelwellen-Riemenscheibe**
Montage nur in einer Stellung möglich, da die Bohrungen versetzt sind.

23 – **Schraube, 10 Nm + 90° (¼ Umdr.)**
Immer ersetzen.

24 – **Abdeckung**

25 – **Zahnriemen-Abdeckung Mitte**

26 – **Motorhalter**

27 – **Schraube, 40 Nm + 180° (½ Umdr.)**
Immer ersetzen.

OT-Stellung des Motors/ Zahnriemen-Einbauhinweise

2,0-l-Dieselmotor AZV/BKD/BMN mit 100/103/125 kW (136/140/170 PS)

Achtung: Hier werden nur die Abweichungen zum 1,9-/2,0-l-2-Ventil-Dieselmotor beschrieben.

Zünd-OT-Stellung

Hinweis: Zylinder 1 befindet sich, in Fahrtrichtung gesehen, auf der rechen Seite des Motors.

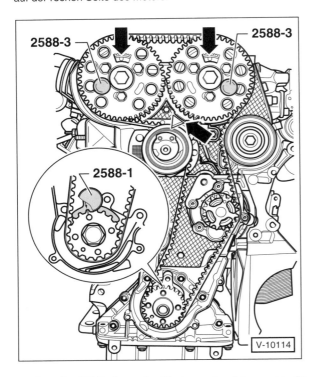

● Für die OT-Stellung der Nockenwellenräder muss die Markierung auf der hinteren Zahnriemen-Abdeckung mit dem Nockenwellen-Geberrad übereinstimmen. Die weitere Einstellung erfolgt wie bei den 2-Ventil-Dieselmotoren, siehe Seite 194.

Achtung: Beim **Motor mit ovalem Zahnriemenrad** Kurbelwellenstopp HAZET 2588-110 verwenden.

Anzugsdrehmomente für Aggregatelagerung

Alle Motoren

Achtung: Bei den Befestigungsschrauben für die Aggregatelagerung handelt es sich um Dehnschrauben, die nach jedem Lösen grundsätzlich ersetzt werden müssen.

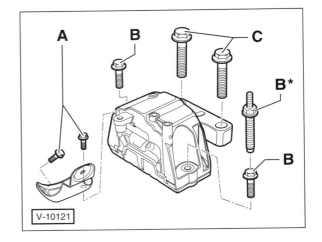

A = 20 Nm + 90° (¼ Umdr.)
B = 40 Nm + 90° (¼ Umdr.)
C = 60 Nm + 90° (¼ Umdr.)
*) Stiftschraube beim 1,4-l-Benzinmotor BCA/BUD.

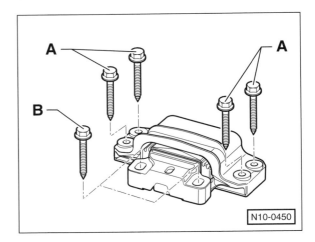

A = 40 Nm + 90° (¼ Umdr.)
B = 60 Nm + 90° (¼ Umdr.)

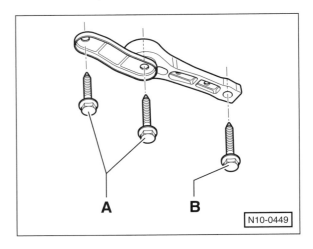

A = 40 Nm + 90° (¼ Umdr.)
B = 100 Nm + 90° (¼ Umdr.)

Keilrippenriemen aus- und einbauen

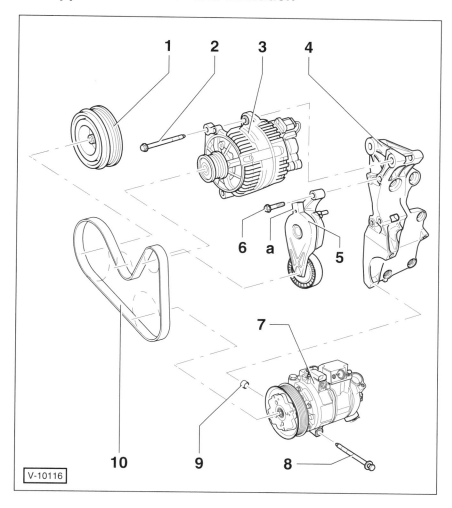

V-10116

Dieselmotor

1 – Kurbelwellen-Riemenscheibe
Montage ist nur in einer Stellung möglich, da die Schraubbohrungen versetzt sind.

2 – Schraube, 25 Nm

3 – Drehstrom-Generator

4 – Halter
Für Generator und Klimakompressor.

5 – Spannelement für Keilrippenriemen
Zum Entspannen des Keilrippenriemens Spannelement an der Nase –a– mit einem Gabelschlüssel schwenken.

6 – Schraube, 25 Nm

7 – Klimakompressor

8 – Schraube, 25 Nm

9 – Passhülsen

10 – Keilrippenriemen
Vor dem Ausbau Laufrichtung durch einen Pfeil mit Kreide oder Filzstift kennzeichnen. Auf Verschleiß prüfen. Nicht knicken.

Hinweis: Die Anordnung der Bauteile ist beim 1,6-l-Benzinmotor BGU/BSE/BSF und beim 2,0-l-(T)FSI-Benzinmotor sehr ähnlich.

Der Keilrippenriemen treibt sämtliche Nebenaggregate an. Das sind je nach Ausstattung und Motor: Generator (Lichtmaschine), Kühlmittelpumpe und Klimakompressor. Der Keilrippenriemen wird durch eine Spannrolle gespannt. Die Spannung muss im Rahmen der Wartung nicht geprüft werden

Achtung: Wird der alte, gelaufene Keilrippenriemen wieder eingebaut, vor dem Ausbau Laufrichtung des Keilrippenriemens kennzeichnen. Dazu mit Filz- oder Fettstift auf dem Riemen einen Pfeil in Laufrichtung anbringen. **Der Motor dreht, von der Keilrippenriemenseite aus gesehen, rechtsherum, also im Uhrzeigersinn.** Ein Einbau entgegen der bisherigen Laufrichtung erhöht den Verschleiß des Riemens beziehungsweise kann diesen zerstören.

Dieselmotor
1,6-l-Benzinmotor BGU/BSE/BSF
2,0-l-(T)FSI-Benzinmotor 110/147/169 kW

Ausbau

● Untere Motorabdeckung ausbauen, siehe Seite 272.

● **Dieselmotor:** Kraftstofffilter aus der Halterung ziehen und mit angeschlossenen Schläuchen zur Seite legen.

● Laufrichtung des Keilrippenriemens kennzeichnen.

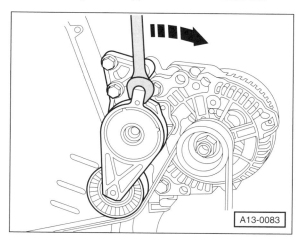

A13-0083

● Keilrippenriemen entspannen. Dazu Maulschlüssel an der oberen Nase des Spannelements ansetzen und in Pfeilrichtung schwenken.

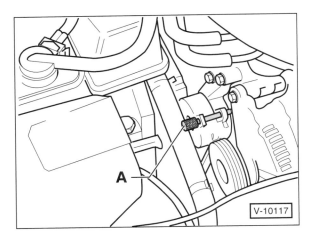

V-10117

- **Dieselmotor außer BMM:** Spannelement so weit drehen, bis sich der Dorn VW-T10060 –A– oder ein Bohrer mit 5 mm ⌀ beziehungsweise ein Innensechskantschlüssel SW-4 einsetzen lässt. Spannelement dadurch arretieren.

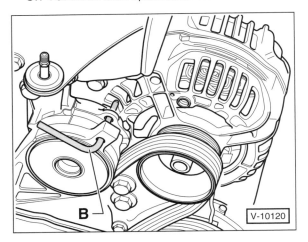

V-10120

- **1,6-/2,0-l-Benzinmotor/103-kW-Dieselmotor BMM:** Spannelement so weit drehen, bis sich der Dorn VW-T10060A –B– oder ein geeigneter Bohrer einsetzen lässt. Spannelement dadurch arretieren.

- Keilrippenriemen abnehmen.

Riemenverlauf ohne Klimakompressor:

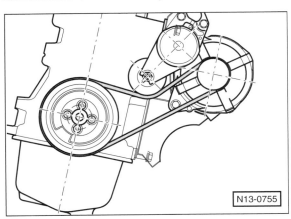

N13-0755

Riemenverlauf mit Klimakompressor:

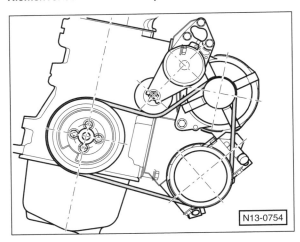

N13-0754

Einbau

Achtung: Wurden bei ausgebautem Keilrippenriemen Nebenaggregate abgebaut, vor dem Auflegen den festen Sitz der Nebenaggregate prüfen.

Hinweis: Wird der bisherige Riemen wieder eingebaut, Markierung der Laufrichtung beachten.

- Keilrippenriemen auflegen. Dabei an der Kurbelwellen-Riemenscheibe beginnen und zuletzt am Generator auflegen.

- Spannelement etwas im Uhrzeigersinn drehen, Arretierstift herausnehmen und Spannelement zurückdrehen.

- Prüfen, ob der Keilrippenriemen in sämtlichen Riemenscheiben bündig sitzt.

- **Dieselmotor:** Kraftstofffilter in die Halterung einsetzen.

- Untere Motorabdeckung ausbauen, siehe Seite 272.

1,4-/1,6-l-FSI-Motor/1,4-l-TSI-Motor CAXA

Ausbau

- Abdeckung für Keilrippenriemen ausbauen.

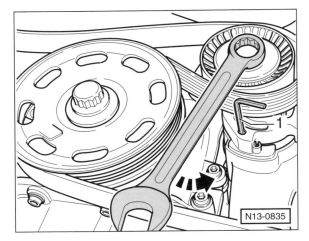

N13-0835

- Spannrolle mit Schraubenschlüssel SW-16 an der Befestigungsschraube im Gegenuhrzeigersinn –Pfeilrichtung– schwenken und mit Innensechskantschlüssel SW-4 –1– arretieren.

- Keilrippenriemen abnehmen.

- Ein beschädigter Keilrippenriemen muss umgehend ersetzt werden.

Riemenverlauf mit Klimakompressor:

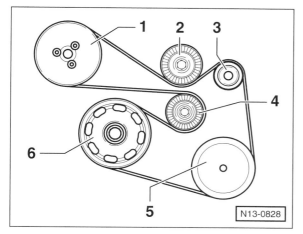

N13-0828

1 – Kühlmittelpumpen-Riemenscheibe
2 – Umlenkrolle
3 – Generator-/Lichtmaschinen-Riemenscheibe
4 – Spannrolle
5 – Klimakompressor-Riemenscheibe
6 – Kurbelwellen-Riemenscheibe

Riemenverlauf ohne Klimakompressor:

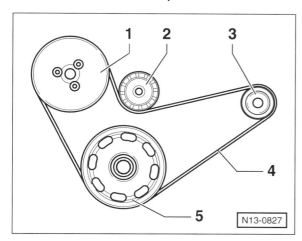

N13-0827

1 – Kühlmittelpumpen-Riemenscheibe
2 – Spannrolle
3 – Generator-/Lichtmaschinen-Riemenscheibe
4 – Keilrippenriemen
5 – Kurbelwellen-Riemenscheibe

Einbau

Achtung: Wird der bisherige Riemen wieder eingebaut, Markierung der Laufrichtung beachten.

- Keilrippenriemen auflegen, dabei an der Kurbelwellen-Riemenscheibe beginnen.

- Spannrolle mit Schraubenschlüssel etwas im Gegenuhrzeigersinn schwenken, Arretierstift herausnehmen und Spanner langsam zurückschwenken, siehe Abbildung N13-0835.

- Prüfen, ob der Keilrippenriemen in sämtlichen Riemenscheiben bündig sitzt.

- Abdeckung für Keilrippenriemen einbauen.

1,4-l-TSI-Benzinmotor BLG/BMY

Ausbau

- Innenkotflügel vorn rechts ausbauen, siehe Seite 281.

- Schlossträger in Servicestellung bringen, siehe Seite 274.

- Untere Motorraumabdeckung ausbauen, siehe Seite 272.

- Obere Spannrolle mit Maulschlüssel im Uhrzeigersinn schwenken und mit Dorn arretieren, siehe Abbildung A13-0083 auf Seite 199.

- Untere Spannrolle mit Ringschlüssel gegen den Uhrzeigersinn schwenken und mit Innensechskantschlüssel arretieren, siehe Abbildung N13-0835 auf Seite 201.

- Keilrippenriemen abnehmen.

- Ein beschädigter Keilrippenriemen muss umgehend ersetzt werden.

Einbau

Achtung: Wird der bisherige Riemen wieder eingebaut, Markierung der Laufrichtung beachten.

- Keilrippenriemen auflegen, dabei an der Kurbelwellen-Riemenscheibe beginnen und zuletzt auf die obere Spannrolle schieben. Riemenverlauf, siehe Abbildung N13-0828 auf Seite 200.

- Der weitere Einbau erfolgt in umgekehrter Ausbaureihenfolge.

Riementrieb für den Kompressor des TSI-Motors

Hinweis: Die Riemenscheibe der Kompressor-Magnetkupplung befindet sich hinter der Riemenscheibe der Kühlmittelpumpe. Der Keilrippenriemen des Kompressors läuft über diese Riemenscheibe.

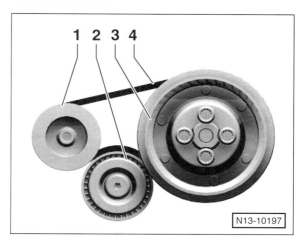

N13-10197

1 – Riemenscheibe-Kompressor
2 – Spannrolle
3 – Riemenscheibe-Kühlmittelpumpe mit Riemenscheibe-Magnetkupplung
4 – Keilrippenriemen

1,4-l-Benzinmotor BCA/BUD

Ausbau

- Abdeckung für Keilrippenriemen ausbauen.
- Rechten Innenkotflügel ausbauen, siehe Seite 281.

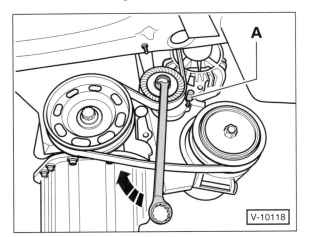

- Spannrolle mit Schraubenschlüssel an der Befestigungsschraube im Uhrzeigersinn –Pfeilrichtung– schwenken und mit Dorn –A– arretieren, zum Beispiel mit VW-T10060A.
- Laufrichtung auf dem Keilrippenriemen markieren und Riemen abnehmen.
- Ein beschädigter Keilrippenriemen muss umgehend ersetzt werden.

Riemenverlauf mit Klimakompressor:

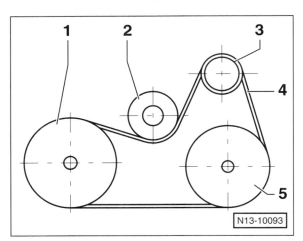

1 – Kurbelwellen-Riemenscheibe
2 – Spannrolle
3 – Generator-/Lichtmaschinen-Riemenscheibe
4 – Keilrippenriemen
5 – Klimakompressor-Riemenscheibe

Einbau

Achtung: Wird der bisherige Riemen wieder eingebaut, Markierung der Laufrichtung beachten.

- Keilrippenriemen auflegen, dabei an der Kurbelwellen-Riemenscheibe beginnen und Riemen zuletzt an der Spannrolle auflegen.
- Spannrolle mit Schraubenschlüssel an der Befestigungsschraube etwas im Uhrzeigersinn schwenken, Arretierstift herausnehmen und Spanner langsam zurückschwenken.
- Prüfen, ob der Keilrippenriemen in sämtlichen Riemenscheiben bündig sitzt.
- Abdeckung für Keilrippenriemen einbauen.
- Rechten Innenkotflügel einbauen, siehe Seite 281.

3,2-l-V6-Benzinmotor BUB/CBRA

Ausbau

- Untere Motorraumabdeckung ausbauen, siehe Seite 272.

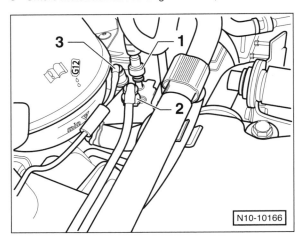

- **Motor BUB:** Weiße Entlüftungsleitung –2– trennen und Aktivkohlebehälter aus der Halterung herausnehmen.

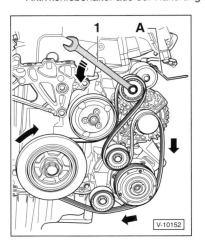

- Ringschlüssel –1– auf die Befestigungsschraube der Spannrolle stecken und entgegen dem Uhrzeigersinn –Pfeilrichtung– so weit drehen, bis der Absteckstift –A–, zum Beispiel VW-T10027 oder ein entsprechender Bohrerschaft, an der Spannrolle eingesteckt werden kann.
- Keilrippenriemen abnehmen.
- Der Einbau erfolgt in umgekehrter Ausbaureihenfolge.

Motor starten

Alle Motoren

- **Schaltgetriebe:** Handbremse anziehen, Kupplung ganz durchtreten und halten, Schaltgetriebe in Leerlauf schalten. Besonders bei niedrigen Außentemperaturen erleichtert eine betätigte Kupplung das Starten, da die Reibung vom Getriebe entfällt.

- **Automatikgetriebe:** Wählhebel in »P« oder »N« stellen. Fußbremse treten und halten.

Achtung: Anlasser nicht länger als 30 Sekunden ununterbrochen betätigen, sonst können Anlasser und Verkabelung überhitzen.

Benzinmotor

- Zündschlüssel drehen und Anlasser betätigen, dabei **kein Gas geben**. Sobald der Motor läuft, Schlüssel loslassen. Springt der Motor nach 10 Sekunden nicht an oder bleibt sofort wieder stehen, 30 Sekunden warten und Startvorgang wiederholen. Bei heißem Motor Gaspedal während des Startens langsam niedertreten.

- Grundsätzlich sofort losfahren, nur bei strengem Frost Motor ca. 30 Sekunden warm laufen lassen.

Achtung: Vergebliche Startversuche hintereinander können den Katalysator schädigen, da unverbranntes Benzin in den Katalysator gelangt und bei Erwärmung explosionsartig verbrennt.

Dieselmotor

- **Bei kaltem Motor:** Zündung einschalten, bis die Vorglüh-Kontrolllampe erlischt. Sofort nach Verlöschen der Kontrolllampe Motor anlassen, dabei **kein Gas geben**. Setzen beim Starten nur unregelmäßige Zündungen ein, Anlasser so lange weiter betätigen (maximal 20 Sekunden), bis der Motor aus eigener Kraft durchläuft. Springt der Motor nicht an, Zündschlüssel in Stellung 0 zurückdrehen und ca. 30 Sekunden warten. Anschließend nochmals vorglühen und Startvorgang wie beschrieben wiederholen.

Hinweis: Aufgrund der guten Kaltstarteigenschaften des **Diesel-Direkteinspritzers**, braucht in der Regel erst bei Außentemperaturen unter 0° C vorgeglüht zu werden.

Wurde der Tank völlig leergefahren, dauert der Anlassvorgang nach dem Tanken deutlich länger (bis zu 1 Minute), da hierbei die Kraftstoffanlage entlüftet wird.

- **Bei warmem Motor** braucht nicht vorgeglüht zu werden. Motor sofort anlassen, kein Gas geben.

Störungsdiagnose Motor

Benzinmotor: Wenn der Benzinmotor nicht anspringt, Fehler systematisch einkreisen. Damit der Motor überhaupt anspringen kann, müssen immer zwei Grundvoraussetzungen erfüllt sein: Das Kraftstoff-Luftgemisch muss bis in die Zylinder gelangen und der Zündfunke muss an den Zündkerzenelektroden überschlagen. Als Erstes ist deshalb immer zu prüfen, ob überhaupt Kraftstoff gefördert wird. Wie man dabei vorgeht, steht in den Kapiteln »Kraftstoffanlage« und »Motormanagement«. Störungen in der Steuerelektronik lassen sich nur noch mit speziellen Messgeräten herausfinden.

Beim Dieselmotor Vorglüh- und Kraftstoffanlage prüfen.

Störung: Der Motor springt schlecht oder gar nicht an.

Ursache	Abhilfe
Sicherung defekt für: – Elektrische Kraftstoffpumpe, – Elektronische Einspritzanlage, – Vorglühanlage.	■ Sicherung prüfen, siehe »Elektrische Anlage«.
Benzinmotor: Zündanlage defekt.	■ Systemprüfung des Motormanagements (Werkstattarbeit).
Fehler im Motormanagement.	■ Motormanagement prüfen lassen (Werkstattarbeit).
Kraftstoffanlage defekt, verschmutzt.	■ Kraftstoffpumpe und -leitungen überprüfen.
Anlasser dreht zu langsam.	■ Batterie laden. Anlasserstromkreis überprüfen. Korrodierte Anschlüsse reinigen.
Wegfahrsperre sperrt den Motor.	■ Zündschlüssel herausziehen und umgedreht ins Zündschloss stecken. Zündschlüssel beim Starten am äußersten Rand des Griffes anfassen. Funk-Fernbedienung in der Nähe der Empfangsantenne (innerhalb des Fahrzeuges) betätigen. Zündschlüssel vom Schlüsselbund abnehmen. Ersatzschlüssel verwenden. Batterie für Funk-Fernbedienung ersetzen. Fehlerspeicher der Wegfahrsperre auslesen lassen.
Zylinderkopfdichtung defekt.	■ Dichtung ersetzen.

Motor-Schmierung

Für die Motor-Schmierung sind **Mehrbereichsöle** vorgeschrieben, so dass ein jahreszeitbedingter Ölwechsel (Sommer/Winter) nicht erforderlich ist. Mehrbereichsöle bauen auf einem dünnflüssigen Einbereichsöl auf (zum Beispiel: 10 W) und werden durch so genannte »Viskositätsindexverbesserer« im heißen Zustand stabilisiert. Dadurch ist sowohl für den kalten wie auch für den heißen Motor die richtige Schmierfähigkeit gegeben.

Die SAE-Bezeichnung gibt die Viskosität des Motoröls an. **SAE** = **S**ociety of **A**utomotive **E**ngineers.

Beispiel: SAE 10 W 40:

10 – Viskosität des Öls in kaltem Zustand. Je kleiner die Zahl, desto dünnflüssiger ist das kalte Motoröl.

W – Das Motoröl ist wintertauglich.

40 – Viskosität des Öls in heißem Zustand. Je größer die Zahl, desto dickflüssiger ist das heiße Motoröl.

Longlife-Motoröl

Die GOLF/TOURAN-Motoren sind werksseitig mit Longlife-Motoröl befüllt. Das Longlife-Motoröl ist ein Mehrbereichsöl, das durch spezielle Zusätze auf hohe Alterungsbeständigkeit und daher für lange Motoröl-Wechselintervalle ausgelegt ist. Beim Nachfüllen von Motoröl und beim Ölwechsel darf nur Longlife-Motoröl nach VW-Norm verwendet werden, damit die 2-Jahres-Wartungsintervalle eingehalten werden können.

Es kann auch handelsübliches Motoröl nach VW-Norm verwendet werden. Allerdings müssen dann die Wartungsintervalle auf 12 Monate/15.000 km umgestellt werden (Werkstattarbeit).

Zuordnung der VW-**Longlife**-Motoröl-Normen:

Motor	VW-Ölnorm	Alternative VW-Ölnorm
Benzinmotoren außer TSI	504 00	503 00
TSI-Motoren	504 00	503 01
Dieselmotoren mit Partikelfilter	507 00	–
Dieselmotoren ohne Partikelfilter	507 00	506 01

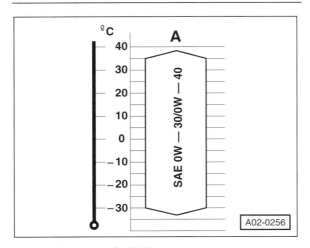

A – Longlifeöle gemäß VW-Norm.

Hinweis: Bei Fahrzeugen **mit** Longlife-Service empfiehlt es sich, für längere Fahrten oder Fahrten ins Ausland das vorgeschriebene Motoröl im Kofferraum mitzuführen.

Handelsübliches Mehrbereichs-Motoröl

Dieses Öl ist nur zulässig, wenn auf »feste« Wartungsintervalle von 12 Monaten oder 15.000 km umgestellt wurde (Werkstattarbeit).

Zuordnung der VW-Motoröl-Normen für **handelsübliches** Mehrbereichsöl:

Motor	VW-Ölnorm	Alternative VW-Ölnorm
4-Zylinder-Benziner außer TSI	502 00	–
6-Zylinder-Benziner und TSI	502 00	505 01
Dieselmotoren mit Partikelfilter	507 00	–
Dieselmotoren ohne Partikelfilter	505 01	–

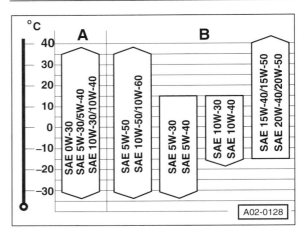

Benzinmotoren:

A – *Mehrbereichs-Leichtlauföle,*
Spezifikation VW 502 00.

Dieselmotoren:

A – *Mehrbereichs-Leichtlauföle,*
Spezifikation VW 507 00.

B – *Mehrbereichsöle,*
Spezifikation VW 505 01.

Ölpumpe/Ölwanne

1,4-/1,6-l-FSI-Benzinmotor

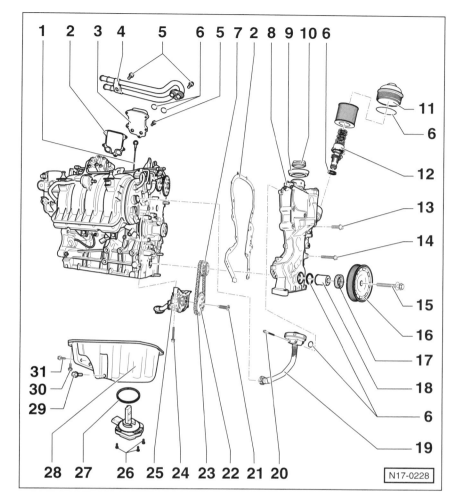

N17-0228

23 – Antriebskette
Für Ölpumpe. Vor dem Ausbau Laufrichtung kennzeichnen.

24 – Schraube, 25 Nm

25 – Ölpumpe
Kann nur komplett ersetzt werden.

26 – Schrauben, 10 Nm

27 – Ölstand- und Öltemperaturgeber
Bei Beschädigung ersetzen.

28 – Ölwanne

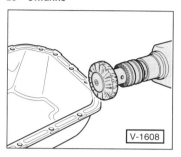

V-1608

Dichtflächen gründlich öl- und fettfrei reinigen. Dichtmittelreste mit einer rotierenden Kunststoffbürste entfernen.
Ölwanne mit Silikon-Dichtmittel VW-D 176 404 A2 einbauen.

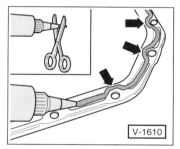

V-1610

Dichtmittelraupe von 2 bis 3 mm. **Achtung**: Die Dichtmittelraupe darf nicht dicker sein, sonst kann überschüssiges Dichtmittel in die Ölwanne geraten und das Sieb im Ölansaugrohr verstopfen. Dichtmittelraupe im Bereich der Schraubenbohrungen an der Innenseite vorbeiführen –Pfeile–.
Nach Dichtmittelauftrag innerhalb von 5 Minuten einbauen. Nach der Montage Dichtmittel ca. 30 Minuten aushärten lassen, bevor Motoröl eingefüllt wird.
Die Ölwanne lässt sich leichter ansetzen, wenn zur Führung am Motorblock 2 M6-Gewindestifte eingesetzt werden.

29 – Ölablassschraube, 30 Nm [1]
Mit unverlierbarem Dichtring.

30 – Schraube, 13 Nm
Zum Lösen und Anziehen der Schrauben an der Schwungradseite wird ein spezieller Steckschlüsseleinsatz benötigt, zum Beispiel VW-T10058.

31 – Schraube, 45 Nm

[1] Immer ersetzen.
[2] Nur 1,6-l-FSI-Motor BAG/BLF/BLP.

---

1 – Ölmessstab
Ölstand darf die MAX-Markierung nicht überschreiten.

2 – Dichtung [1] [2]

3 – Ölkühler [2]

4 – Kühlmittelrohr [2] für Ölkühler

5 – Schrauben, 8 Nm

6 – O-Ring [1]

7 – Kettenrad für den Ölpumpen-Antrieb.

8 – Steuergehäuse
Beim Einbau zur besseren Führung 2 Stehbolzen M6x80 in Nockenwellengehäuse und Motorblock einschrauben sowie die Ölwanne mit 2 Schrauben bereits ansetzen.

9 – Dichtring
Bei Beschädigung ersetzen.

10 – Verschlussdeckel
Dichtung bei Beschädigung ersetzen.

11 – Ölfilterdeckel, 25 Nm
Enthält ein Kurzschlussventil und Rücklaufsperrventil. Der Öffnungsdruck des Kurzschlussventils beträgt 2,5 bar.

12 – Ventil

13/14 – Schraube, 10 Nm

15 – Schraube, 90 Nm + 90° (¼ Umdr.) [1]
Mit geöltem Gewinde einsetzen. Anlagefläche muss öl- und fettfrei sein. Zum Lösen und Festziehen Riemenscheibe mit handelsüblichem Gegenhalter festhalten.
Achtung: Die bisherige Schraube wird durch eine Ausführung mit angebohrtem Schraubenkopf ersetzt. Dadurch ändert sich die Anzugsmethode auf: **150 Nm + 180° (½ Umdr.).** Beim Anziehen der Schraube darf sich auf keinen Fall die Kurbelwellen-Riemenscheibe mitdrehen. Nach dem Anziehen OT-Stellung von Kurbelwelle und Auslass-Nockenwelle prüfen.

16 – Kurbelwellen-Riemenscheibe

17 – Dichtring [1]

18 – Lagerbuchse
Anpressflächen der Lagerbuchse müssen öl- und fettfrei sein.

19 – Druckregelventil
Mit Entlüftungsschlauch.

20 – Schraube, 10 Nm

21 – Schraube, 20 Nm + 90° (¼ Umdr.)

22 – Kettenrad
Für Ölpumpe.

Motor-Kühlung

Kühlmittelkreislauf

Zur Kühlung des Motors wird das Kühlmittel von der Kühlmittelpumpe ständig in Bewegung gehalten. Solange der Motor kalt ist, zirkuliert das Kühlmittel nur im Zylinderkopf, im Motorblock und im Wärmetauscher der Innenraumheizung. Mit zunehmender Erwärmung öffnet ein Thermostat (Kühlmittelregler) den großen Kühlmittelkreislauf. Die Kühlflüssigkeit durchströmt dann den Kühler und wird dabei durch die an den Kühlrippen vorbeistreichende Luft abgekühlt.

Der Kühlluftstrom wird durch einen hinter dem Kühler angebrachten Lüfter verstärkt. Der Lüfter wird durch einen Elektromotor angetrieben. Entsprechend der Kühlmitteltemperatur wird der Elektrolüfter zu- oder abgeschaltet.

> **Sicherheitshinweis**
> **Der Elektrolüfter kann sich auch bei ausgeschalteter Zündung einschalten.** Durch Stauwärme im Motorraum ist auch **mehrmaliges Einschalten möglich.** Abhilfe: **Stecker für Kühlerlüfter abziehen.**

Achtung: Bei Arbeiten am Kühlsystem unbedingt darauf achten, dass **kein Kühlmittel auf den Zahnriemen** gelangt. Der Glykolanteil des Kühlmittels kann das Gewebe des Zahnriemens so schädigen, dass der Riemen nach einiger Betriebszeit reißt, wodurch schwer wiegende Motorschäden auftreten können.

Hinweis: Kühlmittelschläuche beim Einbau spannungsfrei verlegen, ohne dass diese mit anderen Bauteilen in Berührung kommen. Falls an den Kühlmittelrohren und Kühlmittelschlauchenden Markierungen oder Pfeile angebracht sind, so müssen sich diese beim Einbau gegenüberstehen.

Zweikreis-Kühlsystem im 1,4-/1,6-l-FSI/TSI-Benzinmotor

Der FSI/TSI-Motor hat ein Zweikreis-Kühlsystem. Dabei erfolgt eine getrennte Kühlmittelführung mit unterschiedlichen Temperaturen durch den Motorblock und den Zylinderkopf. Gesteuert wird die Kühlmittelführung durch 2 Thermostate (Kühlmittelregler) im Kühlmittelregler-Gehäuse. Ein Thermostat ist für den Motorblock, der andere für den Zylinderkopf zuständig.

Das Zweikreis-Kühlsystem hat folgende Vorteile:

■ Der Motorblock wird schneller aufgeheizt, weil das Kühlmittel bis zum Erreichen von +105° C im Motorblock bleibt.

■ Durch das höhere Temperaturniveau im Motorblock vermindert sich die Reibung im Kurbeltrieb.

■ Eine bessere Kühlung der Brennräume durch das geringere Temperaturniveau im Zylinderkopf.

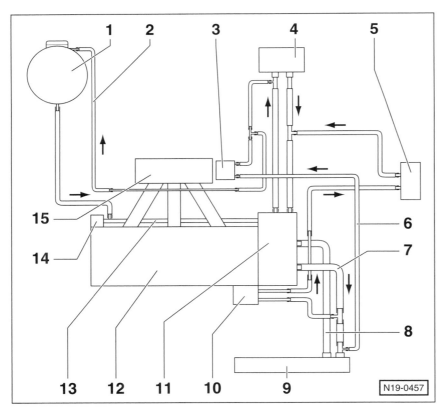

Anschlussplan für Kühlmittelschläuche

Die Abbildung zeigt den 1,4-/1,6-l-FSI-Benzinmotor mit 66/85 kW (90/115 PS).

1 – Ausgleichbehälter

2 – Kühlmittelschlauch
Vom Abgasrückführventil.

3 – Abgasrückführventil

4 – Wärmetauscher für Heizung

5 – Getriebeölkühler
Nur bei automatischem Getriebe.

6 – Kühlmittelschlauch
Zum Abgasrückführventil.

7 – Kühlmittelschlauch oben

8 – Kühlmittelschlauch unten

9 – Kühler

10 – Ölkühler
Nur 1,6-l-Motor.

11 – Kühlmittelregler-Gehäuse
Thermostatgehäuse.

12 – Zylinderkopf/Zylinderblock (Motorblock)

13 – Kühlmittelrohr

14 – Kühlmittelpumpe

15 – Ansaugrohr

N19-0457

Kennfeldkühlung im 2,0-l-FSI-Benzinmotor

Die Kennfeldkühlung besteht aus einem Kühlmittelverteilergehäuse mit Dehnstoff-Thermostat, einem elektrischen Heizelement sowie Druckfedern zum mechanischen Verschließen der Kühlmittelkanäle.

Über den beheizbaren Dehnstoff-Thermostat wird die Kühlmitteltemperatur vom Motor-Steuergerät anhand von dort gespeicherten Kennfeldern auf einen, je nach Leistungsabgabe des Motors, optimalen Wert geregelt.

Beispielsweise wird bei Volllast das Dehnstoffelement aufgeheizt und damit der Thermostat weiter geöffnet. Dadurch reduziert sich die Kühlmitteleintrittstemperatur, wodurch auch die Brennräume stärker gekühlt werden. Kühlere Brennräume erlauben einen früheren Zündzeitpunkt und damit einen Drehmomentgewinn.

Kühler-Frostschutzmittel

Die Kühlanlage muss ganzjährig mit einer Mischung aus Wasser und VW-Kühlerfrost- und Korrosions-Schutzmittel gefüllt sein. Dadurch werden nicht nur Frost- und Korrosionsschäden sowie Kalkansatz vermieden, sondern es wird auch eine Siedepunkterhöhung der Kühlflüssigkeit erreicht. Erforderlich ist der höhere Siedepunkt der Kühlflüssigkeit für ein einwandfreies Funktionieren der Motorkühlung. Bei zu niedrigem Siedepunkt der Flüssigkeit kann es zu einem Hitzestau kommen, wodurch die Kühlung des Motors vermindert wird. Deshalb muss das Kühlsystem unbedingt ganzjährig mit einer Kühlkonzentrat-Mischung gefüllt sein.

Als Kühlmittelzusatz nur VW-Kühlkonzentrat »**G12 Plus**« (Farbe **lila**, genaue Bezeichnung »G 012 A8F«) verwenden oder ein anderes Kühlkonzentrat mit dem Vermerk »gemäß VW-TL-774-**F**«, zum Beispiel »Glysantin-Alu-Protect-Premium/G30«.

Achtung: Zum Nachfüllen – auch in der warmen Jahreszeit – nur eine Mischung aus **G12-Plus (lila)** und kalkarmem, sauberem Wasser verwenden. Auch im Sommer darf der Kühlerfrostschutzanteil im Kühlmittel nicht unter 40% liegen. Deshalb beim Nachfüllen Frostschutz ergänzen.

Kühlmittel-Mischungsverhältnis in Litern

Motor	Frostschutz				Füll-menge
	bis −25° C		bis −35° C		
	G12	Wasser	G12	Wasser	
Benziner mit 103/125 kW	2,25	3,35	2,8	2,8	5,6
Benziner mit 55/66/85 kW	2,8	4,3	3,6	3,6	7,1
Benziner mit 66/75/66/85/110 kW Diesel	3,2	4,9	4,1	4,1	8,1
GTI mit 147 kW	3,4	5,0	4,2	4,2	8,4
R32 mit 184 kW	3,6	5,4	4,5	4,5	9,0

Der Frostschutz sollte in unseren Breiten bis −25° C, besser bis −35° C reichen. Der Anteil des Frostschutzmittels darf 60% (Frostschutz dann bis −40° C) nicht überschreiten, sonst verringern sich Frostschutz und Kühlwirkung wieder.

Hinweis: Die Kühlmittel-Füllmenge kann je nach Fahrzeug-Ausstattung von dem angegebenen Wert etwas abweichen.

Kühlmittel wechseln

Das Kühlmittel muss nur nach Reparaturen am Kühlsystem erneuert werden, wenn dabei das Kühlmittel abgelassen wurde. Ein Wechsel im Rahmen der Wartung ist nicht vorgesehen. Falls bei Reparaturen der Zylinderkopf, die Zylinderkopfdichtung, der Kühler, der Wärmetauscher oder der Motor ersetzt wurden, muss die Kühlflüssigkeit auf jeden Fall ersetzt werden. Das ist erforderlich, weil sich die Korrosionsschutzanteile in der Einlaufphase an den neuen Leichtmetallteilen absetzen und somit eine dauerhafte Korrosionsschutzschicht bilden. Bei gebrauchter Kühlflüssigkeit ist der Korrosionsschutzanteil in der Regel nicht mehr groß genug, um eine ausreichende Schutzschicht an den neuen Teilen zu bilden.

Hinweis: Kühlmittel ist leicht giftig. Gemeinde- und Stadtverwaltungen informieren darüber, wie das alte Kühlmittel entsorgt werden soll.

Kühlmittel ablassen

● Motorraumabdeckung unten ausbauen, siehe Seite 272.

> **Sicherheitshinweis**
> Bei heißem Motor vor dem Öffnen des Ausgleichbehälters einen dicken Lappen auflegen, um Verbrühungen durch heiße Kühlflüssigkeit oder Dampf zu vermeiden. Deckel nur bei Kühlmitteltemperaturen unter +90° C abnehmen.

● Verschlussdeckel am Kühlmittel-Ausgleichbehälter öffnen.

● Sauberes Auffanggefäß unter den Kühler stellen.

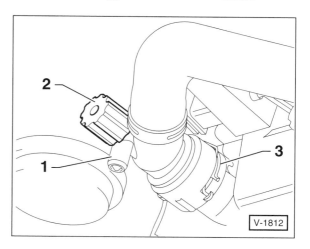

Hinweis: Um die Kühlflüssigkeit gezielt in einen Behälter ablaufen zu lassen, empfiehlt es sich einen Hilfsschlauch auf den Ablaufstutzen –1– zu stecken.

● Ablassschraube –2– öffnen und Kühlmittel vollständig ablaufen lassen. Anschließend Ablassschraube schließen.

Achtung: Bei Fahrzeugen ohne Ablassschraube Halteklammer –3– seitlich herausziehen, Kühlmittelschlauch vom Kühler abziehen und Kühlmittel ablaufen lassen. Anschließend Kühlmittelschlauch wieder aufstecken und mit Halteklammer sichern.

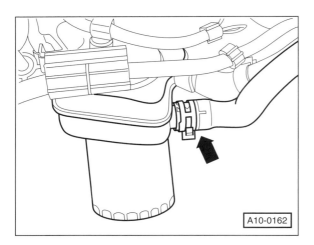

A10-0162

● **1,6-l-Benzinmotor BGU/BSE/BSF** (Abbildung), **Dieselmotor:** Kühlmittel aus dem Motorblock ablassen. Dazu Federbandschelle öffnen, Kühlmittelschlauch –Pfeil– am Ölkühler abziehen und restliches Kühlmittel in die Auffangwanne ablaufen lassen. Anschließend Kühlmittelschlauch sofort wieder aufschieben und mit Federbandschelle sichern.

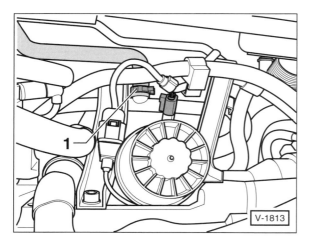

V-1813

● **2,0-l-Benzinmotor:** Kühlmittel aus dem Motorblock ablassen. Dazu Kühlmittelschlauch –1– unten am Kühlmittelrohr abziehen. Dabei Federklammer öffnen und ganz zurückschieben. Restliches Kühlmittel ablaufen lassen. Anschließend Kühlmittelschlauch sofort wieder aufschieben und mit Schelle sichern.

Kühlmittel einfüllen

● Kühlmittel aus 50% Trinkwasser und 50% VW-Kühlerfrost- und Korrosions-Schutzmittel mischen.

● Motorraumabdeckung unten einbauen, siehe Seite 272.

● Fahrzeug ablassen.

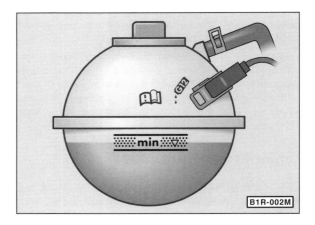

B1R-002M

● Kühlmittelmischung über die Öffnung am Ausgleichbehälter langsam bis zur oberen Markierung des gerasterten Feldes (MAX-Markierung) auffüllen.

Kühlsystem entlüften

● Ausgleichbehälter verschließen.

● Heizungsbetätigung im Innenraum auf »kalt« stellen.

● Motor starten und Drehzahl für etwa 3 Minuten auf 2.000/min halten.

● Anschließend den Motor im Leerlauf so lange weiter laufen lassen, bis der Kühlerlüfter anläuft.

Sicherheitshinweis
Bei heißem Motor vor dem Öffnen des Ausgleichbehälters einen dicken Lappen auflegen, um Verbrühungen durch heiße Kühlflüssigkeit oder Dampf zu vermeiden. Deckel nur bei Kühlmitteltemperaturen unter +90° C abnehmen.

● Kühlmittelstand prüfen und gegebenenfalls bis an die obere Markierung ergänzen.

● Bei betriebswarmem Motor muss der Kühlmittelstand an der oberen Markierung (MAX-Markierung), bei kaltem Motor in der Mitte des gerasterten Feldes liegen (zwischen der MAX- und der MIN-Markierung).

● Motor abstellen.

Kühlmittelregler (Thermostat) aus- und einbauen

1,6-l-Benzinmotor BGU/BSE/BSF
Dieselmotor

Ausbau

- Kühlmittel ablassen, siehe entsprechendes Kapitel.
- **Dieselmotor:** Generator ausbauen, siehe Seite 75.

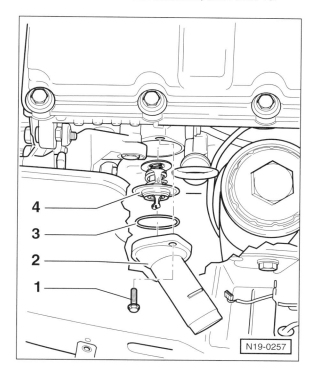

N19-0257

- Kühlmittelschlauch vom Anschlussstutzen –2– am Motorblock abziehen, vorher Federbandschelle öffnen und zurückschieben. **Hinweis:** Die Abbildung zeigt den 1,9-l-Dieselmotor/2,0-l-Dieselmotor BDK.

- Anschlussstutzen –2– vom Motorblock mit 2 Schrauben –1– abschrauben und mit Kühlmittelregler abnehmen.

- Kühlmittelregler –4– 90° (¼ Umdrehung) nach links drehen und aus dem Anschlussstutzen herausnehmen.

- O-Ring –3– abnehmen und ersetzen.

Einbau

- **Neuen** O-Ring –3– mit Kühlmittel benetzen und in den Anschlussstutzen –2– einsetzen.

- Kühlmittelregler –4– in den Anschlussstutzen einsetzen und 90° (¼ Umdrehung) nach rechts drehen. **Hinweis:** Die Bügel des Kühlmittelreglers muss nahezu senkrecht stehen.

- Anschlussstutzen mit Kühlmittelregler ansetzen und mit **15 Nm** anschrauben.

- Kühlmittelschlauch aufschieben und mit Schelle sichern.

- **Dieselmotor:** Generator einbauen, siehe Seite 75.

- Kühlflüssigkeit auffüllen.

- Motor laufen lassen, bis der Thermostat öffnet – der untere Kühlmittelschlauch wird dann warm. Dichtung für Anschlussstutzen und Kühlmittelschlauch auf Dichtheit überprüfen.

Kühlmittelregler 2,0-l-FSI-Benzinmotor AXW/BLR/BLX/BLY/BVX/BVY/BVZ

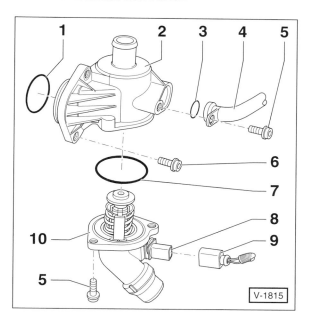

V-1815

1 – **O-Ring**
  Immer ersetzen.
2 – **Kühlmittel-
  Verteilergehäuse**
3 – **O-Ring**
  Immer ersetzen.
4 – **Kühlmittelrohr unten**
5 – **Schraube, 10 Nm**
6 – **Schraube, 15 Nm**

7 – **Dichtring**
  Immer ersetzen.
8 – **Anschluss Heizwiderstand**
9 – **Anschlussstecker**
10 – **Kühlmittelregler (Thermostat)**
  Für kennfeldgesteuerte Motorkühlung. Öffnungsbeginn bei ca. + 105° C.

Kühlmittelregler/Kühlmittelrohr

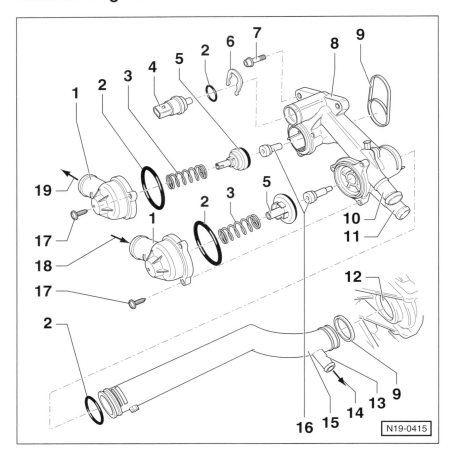

N19-0415

1,4-/1,6-l-Benzinmotor (FSI/TSI)

1 – **Anschlussstutzen**

2 – **O-Ring**
Immer ersetzen.

3 – **Druckfeder**

4 – **Geber für Kühlmitteltemperatur**

5 – **Stößel**

6 – **Halteklammer**
Auf festen Sitz prüfen.

7 – **Schraube, 10 Nm**

8 – **Kühlmittelreglergehäuse**

9 – **Dichtring**
Immer ersetzen.

10 – **Zum Wärmetauscher**

11 – **Vom Wärmetauscher**

12 – **Kühlmittelpumpengehäuse**
Am Motorblock.

13 – **Anschlussstutzen**

14 – **Zum Ausgleichbehälter**

15 – **Kühlmittelrohr**
TSI-Motor: 2-teilig.

16 – **Kühlmittelregler (Thermostat)**
FSI-Motor (Öffnungsbeginn bis -ende):
Langes Thermo-Element: +87° bis +102°
Kurzes Thermo-Element: +103° bis +120°
TSI-Motor BLG/BMY (Öffnungsbeginn):
Unteres Thermo-Element: +80°
Oberes Thermo-Element: +96°
TSI-Motor CAXA (Öffnungsbeginn):
Unteres Thermo-Element: +83°
Oberes Thermo-Element: +105°

17 – **Schraube, 5 Nm**

18 – **Vom Kühler unten**

19 – **Zum Kühler oben**

1,4-l-Benzinmotor BCA/BUD

1 – **Anschlussstutzen**

2 – **Schneidschraube, 7 Nm**

3 – **O-Ring**
Immer ersetzen.

4 – **Kühlmittelregler (Thermostat)**

5 – **Zum Wärmetauscher**

6 – **Kühlmittelreglergehäuse**

7 – **Vom Wärmetauscher**

8 – **Kühlmittelrohr**

9 – **Dichtring**
Immer ersetzen.

10 – **Kühlmittelpumpengehäuse**
Am Motorblock.

11 – **Halteklammer**
Auf festen Sitz prüfen.

12 – **Schraube, 10 Nm**

13 – **Verschlussstopfen**

14 – **Geber für Kühlmitteltemperatur**

15 – **Halteklammer**
Auf festen Sitz prüfen.

16 – **Schneidschraube, 7 Nm**

17 – **Verbindungsrohr**
Für Abgasrückführung.

18 – **Zum Kühler unten**

19 – **Vom Kühler oben**

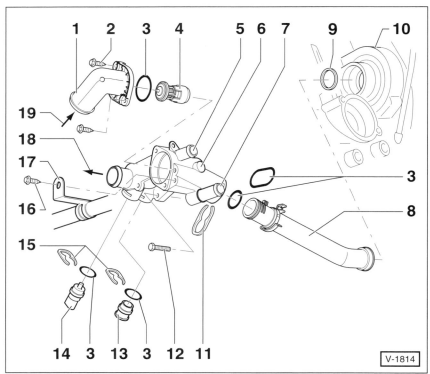

V-1814

Kühlmittelregler prüfen

Alle, außer 1,4-/1,6-I-FSI/TSI-Motor

Prüfen

● Kühlmittelregler ausbauen, siehe entsprechendes Kapitel.

● Maß –a– am Regler messen und notieren, siehe Abbildung SX-1802.

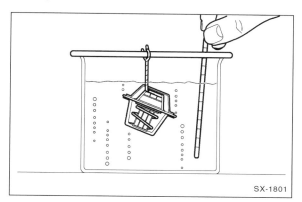

SX-1801

● Regler im Wasserbad erwärmen. Dabei darf der Thermostat nicht die Wände des Behälters berühren.

● Temperatur mit einem Thermometer kontrollieren und Öffnungsbeginn und -ende des Reglers prüfen.

Motor	Kühlmittelregler-Öffnung	
	Beginn	**Ende**
1,4 I BCA/BUD	ca. +84° C	ca. +98° C
1,6 I BGU/BSE/BSF	ca. +87° C	ca. +102° C
2,0-I-FSI-Benziner	ca. +105° C	–
2,0-I-TFSI-Benziner	ca. +87° C	–
3,2-I-V6	ca. +80° C	ca. +105° C
Diesel	ca. +85° C	ca. +105° C

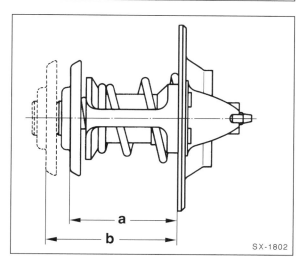

SX-1802

● Nach Erhitzen des Reglers auf ca. +100° C muss Maß –b– gegenüber Maß –a– um ca. 7 mm größer sein. Der Öffnungshub muss also mindestens 7 mm betragen.

Hinweis: Beim 2,0-I-FSI-Motor muss der Öffnungshub von 7 mm nach mindestens 10 Minuten in kochender Kühlflüssigkeit und bei angelegter Batteriespannung erreicht werden.

● Kühlmittelregler einbauen, siehe entsprechendes Kapitel.

Kühlmittelpumpe aus- und einbauen

1,4-/1,6-I-FSI-Benzinmotor BKG/BLN/BAG/BLF/BLP

Hinweis: Da bei den anderen Motoren zunächst der Zahnriemen ausgebaut werden muss, bevor die Kühlmittelpumpe zugänglich ist, werden Aus- und Einbau hier nicht beschrieben.

Ausbau

● Kühlmittel ablassen, siehe entsprechendes Kapitel.

● Rechten Innenkotflügel ausbauen, siehe Seite 281.

● Befestigungsschrauben der Kühlmittelpumpen-Riemenscheibe bei eingebautem Keilrippenriemen lockern. Gegebenenfalls Riemenscheibe mit Wasserpumpenzange an 2 Schraubenköpfen gegenhalten.

● Keilrippenriemen ausbauen, siehe Seite 199.

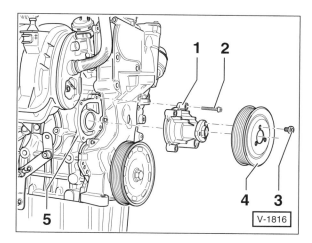

V-1816

● Riemenscheibe –4– der Kühlmittelpumpe abschrauben –3–.

● Kühlmittelpumpe –1– abschrauben –2– und aus dem Motorblock –5– herausnehmen.

Achtung: Die integrierte Dichtung der Kühlmittelpumpe darf nicht von der Pumpe getrennt werden. Bei Beschädigung oder Undichtigkeit Kühlmittelpumpe komplett mit Dichtung ersetzen.

Einbau

● Der Einbau erfolgt in umgekehrter Ausbaureihenfolge. Beim Einbau der Riemenscheibe Fixierung beachten. Anzugsdrehmomente für Kühlmittelpumpe: **9 Nm**, Riemenscheibe: **20 Nm**.

Kühler aus- und einbauen

Hinweis: Die Abbildung zeigt den Kühler, wie er im Benzinmotor und im 2,0-l-Dieselmotor BDK eingebaut ist.

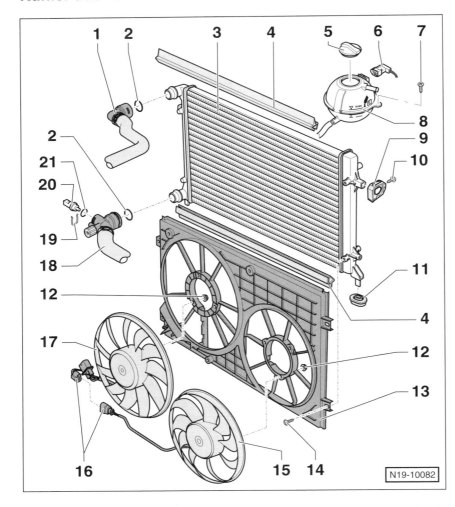

N19-10082

1 – **Kühlmittelschlauch oben**
Mit Halteklammer am Kühler gesichert. Auf festen Sitz prüfen.

2 – **O-Ring**
Bei Beschädigung ersetzen.

3 – **Kühler**

4 – **Dichtung**
Nicht bei allen Modellen vorhanden.

5 – **Verschlussdeckel**
Prüfdruck: 1,4 – 1,6 bar.

6 – **Anschlussstecker**

7 – **Schraube, 5 Nm**

8 – **Ausgleichbehälter**

9 – **Halter**
Für Kühler.

10 – **Schraube, 5 Nm**

11 – **Aufnahme**

12 – **Mutter, 10 Nm**

13 – **Luftführungshutze**

14 – **Schraube, 5 Nm**

15 – **Kühler-Lüfter 2**

16 – **Anschlussstecker**

17 – **Kühler-Lüfter 1**
Mit Steuergerät für Kühler-Lüfter.

18 – **Kühlmittelschlauch unten**
Zum Anschlussstutzen des Kühlmittelreglers (Thermostats). Mit Halteklammer am Kühler gesichert. Auf festen Sitz prüfen.

19 – **Halteklammer**
Auf festen Sitz prüfen.

20 – **Geber für Kühlmitteltemperatur**
Am Kühlerausgang.

21 – **O-Ring**
Immer ersetzen.

Ausbau

Hinweis: Die Beschreibung bezieht sich auf die Motoren 1,4 l BCA/BUD, 2,0-l-FSI-Motor AXW/BLR/BLX/BLY/BVX/BVY/BVZ, 2,0-l-Diesel BDK. Hinweise zu den anderen Motoren stehen am Ende des Kapitels. Außerdem Hinweise zur Klimaanlage beachten.

- Schlossträger in Servicestellung bringen, siehe Seite 274.

- Kühlmittel ablassen, siehe entsprechendes Kapitel.

- Lüfter ausbauen, siehe entsprechendes Kapitel.

- Kühlmittelschläuche vom Kühler abziehen. Vorher Schellen öffnen und ganz zurückschieben beziehungsweise Halteklammern seitlich herausziehen.

- Befestigungsschrauben rechts und links am Kühlerlager herausdrehen.

- Kühler etwas nach hinten schwenken und nach oben herausnehmen.

Einbau

- Der Einbau erfolgt in umgekehrter Ausbaureihenfolge. Kühlerlager mit **5 Nm** am Schlossträger anschrauben.

Speziell 1,4-/1,6-l-FSI/TSI-Benzinmotor/1,9-l-Dieselmotor

- Stecker vom Thermoschalter und Lüfter abziehen.

- Kühler zusammen mit Lüfter nach unten herausnehmen.

Speziell 1,6-l-Benzinmotor BGU/BSE/BSF

- Anstatt den Schlossträger in Servicestellung zu bringen, muss hier die Stoßfängerabdeckung vorn ausgebaut werden, siehe Seite 276.

- Durch die Bohrungen im Stoßfänger die Befestigungsschrauben rechts und links für die Kühlerlager herausdrehen und Kühler nach oben herausnehmen.

Speziell 2,0-l-Dieselmotor AZV/BKD/BMN

- **AZV/BKD:** Stecker vom Lüfter abziehen.

- **AZV/BKD/BMN:** Kühler zusammen mit Lüfter nach oben herausnehmen.

Speziell 2,0-l-TFSI-Benzinmotor AXX/BWA/BYD

- Ladeluftschläuche unten abbauen.

- Kühler nach unten herausnehmen.

Hinweise zur Klimaanlage:

Sicherheitshinweis
Der **Kältemittelkreislauf der Klimaanlage darf nicht geöffnet** werden, da das Kältemittel bei Hautberührung Erfrierungen hervorrufen kann.
Bei versehentlichem Hautkontakt sofort mindestens 15 Minuten lang mit kaltem Wasser spülen. Kältemittel ist farb- und geruchlos sowie schwerer als Luft. Bei austretendem Kältemittel besteht am Boden beziehungsweise in unteren Räumen Erstickungsgefahr (nicht wahrnehmbar).

- Um Beschädigungen am Kondensator sowie an den Kältemittelleitungen/-schläuchen zu vermeiden, unbedingt darauf achten, dass die Leitungen und Schläuche nicht überdehnt, geknickt oder verbogen werden.

- Halteschellen der Kältemittelleitungen abschrauben.

- Kondensator vom Kühler abschrauben und am Schlossträger mit Draht befestigen.

Kühler-Lüfter aus- und einbauen

Hinweis: Die Beschreibung bezieht sich auf die Motoren 1,4-l BCA/BUD, 1,4-/1,6-l-FSI/TSI-Motor, 1,9-l-Diesel. Der Ausbau des Lüftergehäuses bei den anderen Motoren steht am Ende des Kapitels. Der Abbau des Lüfters vom Lüftergehäuse erfolgt bei allen Motoren auf die gleiche Weise.

Ausbau

- Falls vorhanden, Motor-Spritzschutz unten ausbauen.

- Schlossträger in Servicestellung bringen, siehe Seite 274.

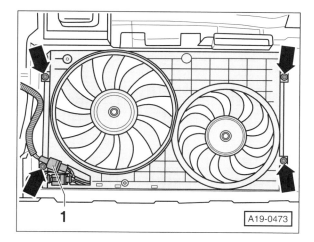

- Steckverbindung –1– trennen.

- Schrauben –Pfeile– herausdrehen.

- Lüftergehäuse (Luftführungshutze) mit den beiden Lüftern nach oben herausnehmen.

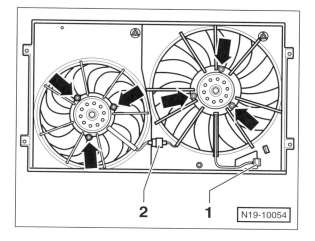

- Steckverbindung –2– trennen.

- Anschlussstecker –1– ausclipsen.

- Sämtliche Leitungen freilegen.

- Muttern –Pfeile– herausdrehen und Lüfter vom Lüftergehäuse abnehmen.

Einbau

- Der Einbau erfolgt in umgekehrter Ausbaureihenfolge. Lüfter an Lüftergehäuse mit **10 Nm**, Lüftergehäuse an Kühler mit **5 Nm** anschrauben.

Speziell 1,6-l-Benzinmotor BGU/BSE/BSF

- Luftschlauch vom Schlossträger und Luftfilter abbauen.

- Untere Motorraumabdeckung ausbauen, siehe Seite 272.

- Schelle lösen und Luftführungsschlauch unten vom Vorvolumenbehälter abziehen, siehe Abbildung V-2031, Seite 231.

- Unteren Kühlmittelschlauch vom Kühler lösen.

- Stecker vom Lüfter abziehen.

- Schrauben für Lüftergehäuse herausdrehen und Lüftergehäuse nach oben herausnehmen.

- Lüfter vom Lüftergehäuse abbauen.

Speziell 2,0-l-FSI-Benzinmotor AXW/BLR/BLX/BLY/BVX/BVY/BVZ

- Obere Motorabdeckung ausbauen, siehe Seite 178.

- Luftschlauch vom Schlossträger und Luftfilter abbauen.

- Obere Schrauben für Lüftergehäuse herausdrehen.

- Kühlflüssigkeit ablassen, siehe entsprechendes Kapitel.

- Unteren Kühlmittelschlauch vom Kühler abziehen und ausclipsen.

- Schelle lösen und Luftführungsschlauch unten vom Vorvolumenbehälter abziehen, siehe Abbildung V-2031, Seite 231.

- Stecker vom Lüfter abziehen.

- Untere Schrauben für Lüftergehäuse herausdrehen und Lüftergehäuse nach unten herausnehmen.

- Lüfter vom Lüftergehäuse abbauen.

Speziell 2,0-l-Dieselmotor BDK

- Untere Motorabdeckung ausbauen, siehe Seite 272.
- Ansaugluftführung vom Luftfilter abbauen.
- Stecker vom Lüfter abziehen, Lüftergehäuse abschrauben und mit Lüftern nach unten herausnehmen.
- Lüfter vom Lüftergehäuse abbauen.

Speziell 2,0-l-TFSI-Benzinmotor AXX/BWA/BYD

- Obere Motorabdeckung ausbauen, siehe Seite 178.
- Obere Schrauben für Lüftergehäuse herausdrehen.
- Untere Motorraumabdeckung ausbauen, siehe Seite 272.
- Stecker vom Lüfter abziehen, untere Schrauben für Lüftergehäuse herausdrehen und Lüftergehäuse nach unten herausnehmen.
- Lüfter vom Lüftergehäuse abbauen.

Störungsdiagnose Motor-Kühlung

Störung: Die Kühlmitteltemperatur ist zu hoch, die Warnleuchte im Kombiinstrument leuchtet während der Fahrt.

Ursache	Abhilfe
Zu wenig Kühlflüssigkeit im Kreislauf.	■ Der Kühlmittelstand soll bei kaltem Motor (Kühlmitteltemperatur ca. +20° C) zwischen der MAX- und der MIN-Markierung, also im gerasterten Bereich der Anzeige am Ausgleichbehälter liegen. Bei warmem Motor darf der Kühlmittelstand etwas über der MAX-Markierung stehen. Gegebenenfalls Kühlmittel nachfüllen. Kühlsystem auf Dichtheit prüfen.
Kühlmittelregler (Thermostat) öffnet nicht, Kühlflüssigkeit zirkuliert nur im kleinen Kreislauf.	■ Prüfen, ob der obere Kühlmittelschlauch warm wird. Wenn nicht, Kühlmittelregler (Thermostat) ausbauen und prüfen, gegebenenfalls ersetzen. Unterwegs (nicht beim FSI-Motor): Thermostat ausbauen. Ohne Thermostat erreicht der Motor seine normale Betriebstemperatur später oder gar nicht, deshalb defekten Thermostat alsbald ersetzen.
Kühlerlamellen verschmutzt.	■ Kühler von der Motorseite her mit Pressluft durchblasen.
Kühler innen durch Kalkablagerungen zugesetzt, unterer Kühlerschlauch wird nicht warm.	■ Kühler erneuern.
Elektrolüfter läuft nicht.	■ Stecker am Lüftermotor auf festen Sitz und guten Kontakt prüfen. ■ Sicherung für Kühlerlüfter prüfen.
Ausgleichbehälter-Verschlussdeckel defekt.	■ Druckprüfung durchführen, ggf. Verschlussdeckel ersetzen.
Kühlmitteltemperaturanzeige defekt.	■ Anzeigegerät/Geber überprüfen lassen.

Motor-Management

Aus dem Inhalt:

- **Benzin-Einspritzanlage**
- **Diesel-Einspritzanlage**
- **Diesel-Vorglühanlage**
- **Kraftstoffanlage**
- **Luftfilter**

Benzin-Einspritz- und Zündanlage

Das elektronische Motor-Management regelt die Kraftstoffzuteilung und das Zündsystem. Die Vorteile des elektronischen Motormanagements:

- Genau dosierte Kraftstoffmenge in jedem Betriebszustand des Motors, dadurch geringer Verbrauch bei guten Fahrleistungen.
- Reduzierung der Abgas-Schadstoffe durch exakte Kraftstoffzumessung und den Einsatz eines geregelten Katalysators.
- Die Eigendiagnose des Motor-Managements ermöglicht ein schnelleres Auffinden von Defekten. Das System ist mit einem Fehlerspeicher ausgestattet. Treten während des Betriebs Defekte auf, werden diese im Speicher abgelegt. Sollte der Motor nicht einwandfrei arbeiten, kann die Fachwerkstatt gegen Kostenerstattung eine Fehlerliste ausdrucken, damit gegebenenfalls der Defekt dann selbst behoben werden kann.

Das Steuergerät entspricht einem kleinen, sehr schnell arbeitenden Computer. Es bestimmt den optimalen Zündzeitpunkt, den Einspritzzeitpunkt und die Kraftstoff-Einspritzmenge. Dabei erfolgt eine Abstimmung des Steuergeräts mit anderen Fahrzeugsystemen, beispielsweise der Getriebesteuerung oder der Wegfahrsperre.

Die Bauteile des Zünd- und Einspritzsystems sind langzeitstabil und praktisch wartungsfrei. Nur der Luftfiltereinsatz sowie die Zündkerzen müssen im Rahmen der Wartung gewechselt werden. Wesentliche Einstell- und Reparaturarbeiten können nur mit Hilfe von teuren Prüfgeräten durchgeführt werden, so dass diese Arbeiten nur noch von entsprechend ausgerüsteten Fachwerkstätten ausgeführt werden können.

Sicherheitsmaßnahmen bei Arbeiten am Benzin-Einspritzsystem

Das Kraftstoffsystem steht unter Druck! Vor dem Lösen der Schlauchverbindungen einen dicken Putzlappen um die Verbindungsstelle legen. Dann durch vorsichtiges Abziehen des Schlauches den Druck abbauen. **Achtung:** Beim **Direkteinspritz-Motor** kann auf diese Weise nur der Druck im Niederdruckteil (bis ca. 5 bar) abgebaut werden. Zum Druckabbau im Hochdruckteil (bis ca. 100 bar) werden spezielle Werkstattgeräte benötigt. Der Hochdruckteil reicht von der hinten am Zylinderkopf angeflanschten Hochdruckpumpe bis zu den Einspritzventilen.

- **Kein offenes Feuer, nicht rauchen, keine glühenden oder sehr heißen Teile in die Nähe des Arbeitsplatzes bringen. Unfallgefahr! Feuerlöscher bereitstellen.**
- **Unbedingt für gute Belüftung des Arbeitsplatzes sorgen. Kraftstoffdämpfe sind giftig.**

Achtung: Bei Arbeiten am Einspritzteil des Systems sind auch die allgemeinen Sicherheits- und Sauberkeitsregeln zu befolgen, siehe Kapitel »Kraftstoffanlage«.

Diesel-Einspritzanlage

Die Dieseleinspritzung wird vollelektronisch durch das Motor-Management geregelt. Die Vorteile sind:

- Die Eigendiagnose des Motor-Managements ermöglicht ein schnelleres Auffinden von Defekten.
- Genau dosierte Kraftstoffmenge. Dadurch Reduzierung der Abgas-Schadstoffe und geringer Verbrauch.
- Das Einstellen von Leerlaufdrehzahl und Abregeldrehzahl ist nicht erforderlich.

Die Bauteile des Diesel-Einspritzsystems sind langzeitstabil und praktisch wartungsfrei. Nur der Motor-Luftfiltereinsatz und der Kraftstofffilter müssen im Rahmen der Wartung gewechselt werden.

Benzin-Einspritzanlage

Funktion des Motormanagements beim Benzinmotor

Der Kraftstoff wird aus dem Kraftstoffvorratsbehälter (Tank) von der elektrischen Kraftstoffpumpe angesaugt und über den vor dem Tank angebrachten Kraftstofffilter zum Kraftstoffverteiler gefördert. Ein Druckregler im Kraftstoffsystem sorgt je nach Motor für einen konstanten Druck von 4,0 bar.

Über elektrisch angesteuerte Einspritzventile wird der Kraftstoff stoßweise in das Ansaugrohr direkt vor die Einlassventile des Motors gespritzt. Das Motor-Steuergerät steuert die Einspritzventile sequentiell, also in Zündreihenfolge, an und regelt die Einspritzzeit und dadurch die Einspritzmenge. Hinweise zum Direkteinspritzer (FSI) stehen am Ende des Kapitels.

Die Verbrennungsluft wird vom Motor über den Luftfilter angesaugt und gelangt durch das Drosselklappenteil sowie das Ansaugrohr bis zu den Einlassventilen. Geregelt wird die Luftmenge durch die Drosselklappe, die über einen Schrittmotor vom Motor-Steuergerät betätigt wird.

Das **Motor-Steuergerät** befindet sich im Motorraum links hinten an der Spritzwand. Es handelt sich dabei um einen kleinen, sehr schnell arbeitender Computer, der den optimalen Zündzeitpunkt, den Einspritzzeitpunkt und die Einspritzmenge bestimmt.

Informationen von weiteren Sensoren (Fühlern und Gebern) und Befehle an Aktoren (Stellglieder) sorgen in jeder Fahrsituation für einen optimalen Motorbetrieb. Fallen wichtige Sensoren aus, schaltet das Steuergerät auf ein Notlaufprogramm um, damit Motorschäden vermieden werden und weitergefahren werden kann. In diesem Fall ruckelt der Motor und neigt beim Gas geben zum Absterben.

Sensoren und Aktoren der Einspritzanlage

- Die Tankentlüftung besteht aus dem **Aktivkohlebehälter** und einem **Magnetventil** (Regenerierventil). Im Aktivkohlebehälter werden Kraftstoffdämpfe gespeichert, die sich durch Erwärmung des Kraftstoffs im Tank bilden. Bei laufendem Motor werden die Kraftstoffdämpfe aus dem Aktivkohlebehälter abgesaugt und dem Motor zur Verbrennung zugeführt.

- Die **Geber** für **Saugrohrdruck** und **Ansauglufttemperatur** befinden sich im selben Gehäuse, welches am Ansaugrohr angeschraubt ist. Beide Geber übermitteln dem Motor-Steuergerät den aktuellen Lastzustand des Motors. Aufgrund dieser Informationen erfolgt die Berechnung der Kraftstoff-Einspritzmenge. Beim **1,4-/1,6-l-FSI-Motor** sitzt der **Geber** für **Ansauglufttemperatur** im Ansaugluftkanal der oberen Motorabdeckung.

- Die **Lambdasonde** (Sauerstoffsensor) dient zur Regelung des Katalysators. Sie misst den Sauerstoffgehalt im Abgasstrom und schickt entsprechende Spannungssignale an das Motor-Steuergerät. In der Regel sind 2 Lambdasonden eingebaut. Über die Signale der 2. Lamb-

dasonde, die nach dem Katalysator eingeschraubt ist, wird die Funktionsfähigkeit des Katalysators geprüft.

- Der **Klopfsensor** ist seitlich in den Motorblock eingeschraubt. Er verhindert, dass schädliche, klopfende Verbrennungen auftreten können. Dadurch kann der Zündzeitpunkt an der Klopfgrenze gehalten werden, wodurch die Energie des Kraftstoffes besser ausgenutzt und somit der Kraftstoffverbrauch reduziert wird.

Elektrisches Gaspedal

Anstelle eines herkömmlichen Gaszuges befindet sich am Gaspedal ein Pedalwertgeber, der dem Motor-Steuergerät die aktuelle Gaspedalstellung übermittelt. Aufgrund dieser Signale regelt das Steuergerät über einen elektrischen Stellmotor die Stellung der Drosselklappe.

Im Gehäuse des Pedalwertgebers sitzen 2 Schleifpotentiometer, die auf einer gemeinsamen Welle befestigt sind. Mit jeder Änderung der Gaspedalstellung ändern sich auch die Widerstände der Schleifpotentiometer und die Spannungen, die an das Motor-Steuergerät gesendet werden.

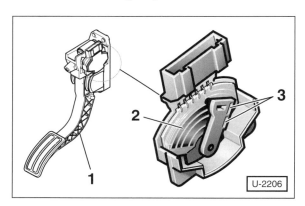

1 – Gaspedal, 2 – Schleiferbahn, 3 – Geber 1 + 2

Bei Ausfall eines Gebers leuchtet die Fehlerlampe für elektrische Gasbetätigung und es wird ein Fehler im Fehlerspeicher des Motor-Steuergerätes abgelegt. Fallen beide Geber aus, läuft der Motor mit erhöhter Leerlaufdrehzahl und reagiert nicht mehr auf das Gaspedal.

Drosselklappen-Steuereinheit

Die **Drosselklappe** sitzt in einer zentralen **Steuereinheit**, in der verschiedene Funktionen integriert sind. Vornehmliche Aufgabe der Steuereinheit ist es, unter allen Betriebsbedingungen und Motorbelastungen durch Zusatzgeräte, wie beispielsweise Servolenkung oder Klimakompressor, die Leerlaufdrehzahl des Motors zu stabilisieren.

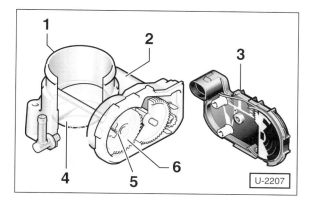

1 – Drosselklappengehäuse

2 – Drosselklappenantrieb (Stellglied der Drosselklappe)

3 – Gehäusedeckel mit integrierter Elektronik

4 – Drosselklappe

5 – Drosselklappenpotentiometer (Winkelgeber 1+2 für Drosselklappenantrieb)

6 – Zahnrad mit Feder-Rückstellsystem

Das **Stellglied Drosselklappe** besteht aus einem elektrischen Stellmotor und einem Zahnradsystem mit Rückstellfeder. Es reguliert die Stellung der Drosselklappe. Dadurch wird eine gleich bleibende Leerlaufdrehzahl erreicht, unabhängig davon, ob gerade Zusatzverbraucher, wie beispielsweise die Servolenkung oder der Klimakompressor, eingeschaltet sind.

Das **Drosselklappenpotentiometer** befindet sich an der **Drosselklappenwelle** und übermittelt dem Steuergerät die momentane Winkelstellung der Drosselklappe. Ein zweites Potentiometer übermittelt einen Referenzwert an das Steuergerät und sorgt für ein Ersatzsignal beim Ausfall des Drosselklappenpotentiometers.

Speziell FSI-Motor (Benzin-Direkteinspritzer)

Beim FSI-Motor (FSI = **F**uel **S**tratified **I**njection = geschichtete Kraftstoffeinspritzung) wird der Kraftstoff nicht in das Ansaugrohr, sondern direkt in den Zylinder eingespritzt.

Während konventionelle Ottomotoren auf ein homogenes Kraftstoff-/Luft-Gemisch angewiesen sind, können Motoren mit Benzin-Direkteinspritzung im Teillastbereich durch gezielte Ladungsschichtung mit hohem Luftüberschuss betrieben werden. Dadurch verringert sich im Teillastbereich (bis etwa 70 km/h) der Benzinverbrauch. Das Fuel-Stratified-Injection-Verfahren, kurz FSI genannt, realisiert also zwei wesentliche Betriebsarten: Den Schichtladungsbetrieb im Teillastbereich und den Homogen-Betrieb im Volllastbereich. Um die FSI-Technik realisieren zu können, ist ein aufwändiges elektronisches Motormanagement erforderlich. Außerdem ist der Aufwand bei der Motormechanik gegenüber dem konventionellen Ottomotor wesentlich höher.

So ist beispielsweise der Ansaugkanal zweiflutig. Im Schichtladungsbetrieb schließt die Saugrohrklappe den unteren Ansaugkanal, damit die angesaugte Luftmasse über den oberen Ansaugkanal beschleunigt wird und walzenförmig in den Zylinder einströmen kann. Zusätzlich wird die Strömung durch eine Mulde im Kolben verstärkt. Kurz vor dem Zündzeitpunkt wird im Verdichtungstakt unter hohem Druck (40 – 120 bar) der Kraftstoff direkt in den Brennraum eingespritzt.

Das Kraftstoffsystem besteht aus einem Niederdruck- und einem Hochdruckteil. Im Niederdrucksystem wird der Kraftstoff von einer elektrischen Kraftstoffpumpe mit circa 4 bar (max. 6 bar bei Heiß- und Kaltstart) über den Kraftstofffilter zur Hochdruckpumpe gefördert. Im Hochdrucksystem strömt der Kraftstoff mit 40 –120 bar aus der Hochdruckpumpe in das Kraftstoffverteilerrohr (Common-Rail) und wird dort auf die vier Hochdruck-Magnet-Einspritzventile verteilt.

Da im Schichtladebetrieb bei der Verbrennung durch den Luftüberschuss die Stickoxide (NO_x) kräftig ansteigen, ist neben dem 3-Wege-Katalysator ein zusätzlicher NO_x-Speicherkatalysator erforderlich. Der NO_x-Katalysator entspricht vom Aufbau her dem Drei-Wege-Katalysator. Die Oberfläche ist jedoch zusätzlich mit Bariumoxid versehen, so dass Stickoxide bei Temperaturen zwischen 250° und 500° C durch Nitratbildung zwischen gespeichert werden können. Die Speicherkapazität ist jedoch begrenzt, so dass kurz vor der Sättigungsgrenze vom Schichtladebetrieb auf Homogenbetrieb umgeschaltet wird, um den Katalysator frei zu brennen.

Leerlaufdrehzahl/Zündzeitpunkt/ CO-Gehalt prüfen und einstellen

Im Rahmen der Wartung ist es nicht erforderlich, Leerlaufdrehzahl, Zündzeitpunkt und CO-Gehalt einzustellen, da die Werte permanent elektronisch nachgeregelt werden.

Falls die tatsächlichen Betriebswerte von den Sollwerten abweichen, liegt die Ursache in defekten Bauteilen, die ersetzt werden müssen. Eine fachgerechte Prüfung des Motormanagements ist nur mit speziellen Diagnosegeräten möglich.

Allgemeine Prüfung der Benzin-Einspritzanlage

Für eine systematische Fehlersuche beziehungsweise Fehlerbehebung sind markenspezifische Messgeräte erforderlich. Diese Messgeräte sind sehr teuer und in der Regel nur in der Fachwerkstatt vorhanden. Deshalb wird hier nur eine Grundprüfung beschrieben:

● Batterie prüfen, siehe Seite 70.

● Alle Sicherungen prüfen, siehe Seite 66.

● Sämtliche Stecker und Steckverbindungen des betroffenen elektronischen Systems abziehen und aufstecken. Festen Sitz der Steckverbindungen und Fixierung der Kabel im Motorraum prüfen.

● Alle Masseverbindungen auf festen Sitz und einwandfreien Kontakt prüfen.

● Schläuche und Leitungen auf Undichtigkeiten prüfen. Dabei auf Porosität und Risse achten. Lockere Anschlüsse befestigen.

Achtung: Keine silikonhaltigen Dichtmittel verwenden. Vom Motor angesaugte Silikonspuren werden nicht verbrannt und schädigen die Lambdasonde.

Saugrohr/Kraftstoffverteiler/Einspritzventile

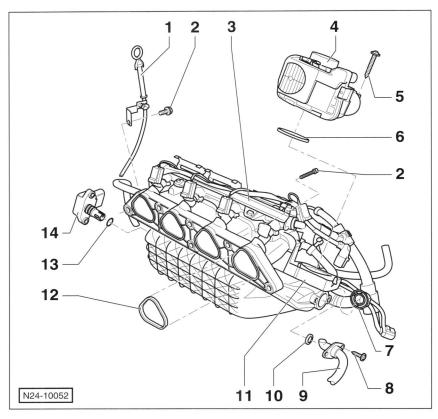

N24-10052

1,4-l-Benzinmotor BCA

1 – **Ölmessstab**

2 – **Schraube, 20 Nm**

3 – **Kraftstoffverteiler mit Einspritz-ventilen**

4 – **Drosselklappen-Steuereinheit**

5 – **Schraube, 7 Nm**

6 – **Dichtring**
Bei Beschädigung ersetzen.

7 – **Verbindungsschlauch**
Für Abgasrückführung.

8 – **Schraube, 7 Nm**

9 – **Verbindungsrohr**
Für Abgasrückführung.

10 – **Dichtring**
Immer ersetzen.

11 – **Saugrohr**

12 – **Dichtring**
Immer ersetzen.

13 – **O-Ring**
Bei Beschädigung ersetzen.

14 – **Geber für Saugrohrdruck mit Geber für Ansauglufttemperatur**

1,4-l-Benzinmotor BCA/BUD

1 – **Vorlaufleitung**
Vom Kraftstofffilter. Auf festen Sitz achten. Mit Federbandschellen sichern.

2 – **Schraube, 7 Nm**

3 – **Befestigungsclip**
Auf unterschiedliche Ausführung achten.

4 – **Leitungsführung**
Auf Kraftstoffverteiler aufgeclipst.

5 – **Kraftstoffverteiler**

6 – **Entlüftungsventil**
Für Kraftstoffanlage.

7 – **Schutzkappe**
Für Entlüftungsventil.

8 – **Halteklammer**
Auf richtigen Sitz am Einspritzventil achten.

9 – **O-Ring**
Immer ersetzen. Vor dem Einbau leicht mit sauberem Motoröl benetzen.

10 – **Einspritzventil**

N24-10053

Schaltsaugrohr-Unterteil aus- und einbauen

1,6-l-Benzinmotor BGU/BSE/BSF

Ausbau

● Obere Motorabdeckung ausbauen, siehe Seite 178.

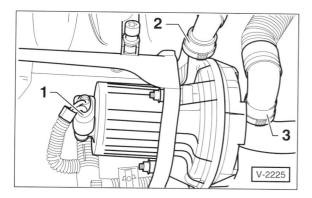

● Stecker –1– vom Motor für Sekundärluftpumpe abziehen.

● Druckschläuche –2– und –3– vom Motor für Sekundärluftpumpe abbauen.

● **Motor BGU:** Motor für Sekundärluftpumpe abschrauben.

● Ölmessstab mit Einführtrichter vom Führungsrohr und vom Halter für Sekundärluftpumpe abziehen.

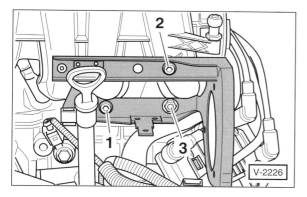

● Halter für Sekundärluftpumpe abschrauben –1/2/3–. **Hinweis:** Beim Motor BSE/BSF Halter mit Motor abnehmen.

● **Motor BGU:** Keilrippenriemen entspannen und Spannrolle mit Absteckdorn arretieren, siehe Seite 199.

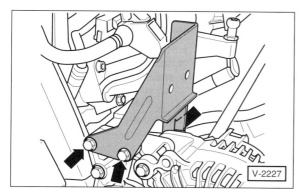

● **Motor BGU:** Abweisblech abschrauben –Pfeile–.

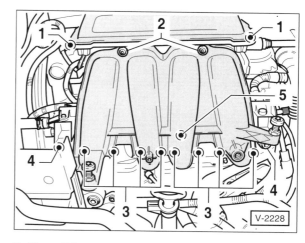

● **Motor BGU:** Spreiznieten –1– herausziehen.

● 2 Schrauben –2– herausdrehen.

● Saugrohr-Unterteil am Zylinderkopf abschrauben, dazu Schrauben und Muttern –3/5– herausdrehen. **Hinweis:** In der Abbildung ist der Motor BGU dargestellt.

● Schrauben –4– vom Kraftstoffverteiler herausdrehen und Spreiznieten der Kabelführung auf dem Kraftstoffverteiler herausziehen.

● Vorsichtig beide Laschen am Saugrohr-Oberteil auseinander drücken und Saugrohr-Unterteil nach vorn abziehen. Dabei den Kraftstoffverteiler mit den Einspritzventilen aus dem Saugrohr-Unterteil lösen.

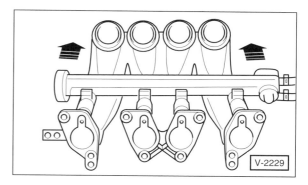

● Kraftstoffverteiler zusammen mit den Einspritzventilen vom Saugrohr-Unterteil gleichmäßig abziehen –Pfeile– und auf einem sauberen Lappen ablegen.

Einbau

Der Einbau erfolgt in umgekehrter Ausbaureihenfolge. Dabei ist folgendes zu beachten:

● Dichtringe zwischen Saugrohr und Zylinderkopf ersetzen.

● Dichtringe zwischen Einspritzventil und Saugrohr ersetzen und leicht mit sauberem Motoröl benetzen.

● Kraftstoffverteiler mit Einspritzventilen am Saugrohr-Unterteil ansetzen und gleichmäßig eindrücken.

Anzugsdrehmomente:

Saugrohr an Zylinderkopf	**25 Nm**
Verbindungsschrauben für Saugrohr-Oberteil an Saugrohr-Unterteil	**3 Nm**
Kraftstoffverteiler an Saugrohr	**8 Nm**

Technische Daten Benzin-Einspritzung

Motor		1,4-l	1,4-/1,6-l-FSI	1,4-l-TSI	1,6-l	2,0-l-FSI	2,0-l-TFSI
Motor-Kennbuchstaben		BCA	BKG/BLN/ BAG/BLF/BLP	BMY/BLG	BGU/ BSE/BSF	AXW/BLX/ BLR/BLY	AXX
Leistung	kW	55	66/85	103/125	75	110	147
	PS	75	90/115	140/170	102	150	200
Motor-Management		ME 7.5.10	MED 9.5.10	MED 9.5.10	Simos 7.1	MED 9.5	MED 9.1
Leerlaufdrehzahl	1/min	650 – 850	630 – 730	630 – 780	620 – 720	620 – 800	620 – 800
Höchstdrehzahl (Drehzahlbegrenzung)	1/min	ca. 6500	ca. 5700	ca. 6000	ca. 6500	ca. 6800	ca. 6800
Kraftstoffdruck bei Leerlaufdrehzahl	bar	ca. 4,0	–	–	3,8 – 4,2	–	–
Kraftstoff-Haltedruck nach 10 min	bar	mind. 3,0	mind. 2,5	mind. 2,5	mind. 3,0	mind. 3,0	mind. 3,0
Kraftstoffvordruck (durch Kraftstoffpumpe)	bar	–	–	ca. 6,0	–	ca. 4,0 – 6,0	ca. 4,0 – 6,0
Kraftstoffhochdruck (durch Hochdruckpumpe) Bei Leerlaufdrehzahl	bar	–	–	ca. 40	–	ca. 40	ca. 40
Maximaler Wert	bar	–	–	ca. 120	–	ca. 110	ca. 120
Einspritzmenge je Einspritzventil (30s)	ml	85 –105	–	–	–	–	–
Widerstand Einspritzventil bei +20°C (bei betriebwarmem Motor erhöht sich der Widerstand um ca. 4 – 6 Ω)	Ω	–	12 – 17	–	–	–	–
Zündverteilung		1 – 3 – 4 – 2	1 – 3 – 4 – 2	1 – 3 – 4 – 2	1 – 3 – 4 – 2	1 – 3 – 4 – 2	1 – 3 – 4 – 2

Störungsdiagnose Benzin-Einspritzanlage

Störungen in der Steuerelektronik lassen sich praktisch nur noch mit speziellen Messgeräten herausfinden. Bevor anhand der Störungsdiagnose ein Fehler aufgespürt wird, müssen folgende **Prüfvoraussetzungen** erfüllt sein:

Kraftstoff im Tank, Motor mechanisch in Ordnung, Batterie geladen, Anlasser dreht mit ausreichender Drehzahl, Zündanlage ist in Ordnung, keine Undichtigkeiten an der Kraftstoffanlage, Verschmutzungen im Kraftstoffsystem ausgeschlossen, Kurbelgehäuse-Entlüftung in Ordnung, elektrische Masseverbindungen »Motor-Getriebe-Aufbau« vorhanden. Bedienungsfehler beim Starten ausgeschlossen. Korrekter Startvorgang, siehe Seite 203.

Störung	Ursache	Abhilfe
Motor springt nicht an.	Elektro-Kraftstoffpumpe läuft beim Öffnen der Tür nicht an. Es sind keine Laufgeräusche hörbar.	■ Prüfen, ob Spannung an der Pumpe anliegt. Elektrische Kontakte auf gute Leitfähigkeit überprüfen.
	Sicherung für Kraftstoffpumpe defekt.	■ Sicherung überprüfen.
	Kraftstoffpumpen-Relais defekt.	■ Relais überprüfen.
	Einspritzventile erhalten keine Spannung.	■ Stecker von den Einspritzventilen abziehen, Diodenprüflampe an Zuleitung anschließen und Anlasser betätigen. Prüflampe muss flackern.
Der kalte Motor springt schlecht an, läuft unrund.	Geber für Kühlmitteltemperatur beziehungsweise Geber für Ansauglufttemperatur defekt.	■ Temperaturfühler prüfen.
Der Motor hat Übergangsstörungen.	Luftansaugsystem undicht.	■ Ansaugsystem prüfen. Dazu Motor im Leerlauf drehen lassen und Dichtstellen sowie Anschlüsse im Ansaugtrakt mit Benzin bestreichen. Wenn sich die Drehzahl kurzfristig erhöht, undichte Stelle beseitigen. **Achtung:** Benzindämpfe sind giftig, nicht einatmen!
	Kraftstoffsystem undicht.	■ Sichtprüfung an allen Verbindungsstellen im Bereich des Motors und der elektrischen Kraftstoffpumpe.

Diesel-Einspritzverfahren

Beim Dieselmotor wird reine Luft in die Zylinder angesaugt und dort sehr hoch verdichtet. Dadurch steigt die Temperatur in den Zylindern über die Zündtemperatur des Dieselöls an. Wenn der Kolben kurz vor dem Oberen Totpunkt steht, wird in die hoch verdichtete und über +600° C heiße Luft Dieselöl eingespritzt. Das Dieselöl zündet von selbst, Zündkerzen sind also nicht erforderlich.

Bei sehr kaltem Motor kann es vorkommen, dass allein durch die Verdichtung die Zündtemperatur nicht erreicht wird. In diesem Fall muss vorgeglüht werden. Dazu befindet sich in jedem Brennraum eine Glühkerze, die den Brennraum aufheizt. Die Dauer des Vorglühens ist abhängig von der Umgebungstemperatur und wird durch das Motor-Steuergerät geregelt. **Hinweis:** Aufgrund der guten Kaltstarteigenschaften des Diesel-Direkteinspritzmotors ist ein Vorglühen überwiegend erst bei Temperaturen unter ca. 0° C erforderlich.

Beim GOLF/TOURAN wird der Kraftstoff direkt in den Brennraum eingespritzt. Dabei erfolgt die Diesel-Direkteinspritzung durch ein »**Pumpe-Düse-System**«. Im Gegensatz zu den bisherigen Diesel-Einspritzsystemen, bei denen **eine** Einspritzpumpe den Kraftstoffdruck für alle Einspritzdüsen aufbaut, hat das Pumpe-Düse-System für jeden Zylinder eine eigene Einspritzpumpe. Einspritzpumpe, Steuerventil und Einspritzdüse sind wiederum zu einem Bauteil, der so genannten »Pumpe-Düse-Einheit«, zusammengefasst.

Der Dieselkraftstoff wird durch eine elektrische Kraftstoffpumpe im Tank sowie eine mechanische Kraftstoffpumpe zu den Pumpe-Düse-Einheiten gefördert. Die mechanische Kraftstoffpumpe ist zusammen mit der Vakuumpumpe am Zylinderkopf angeflanscht und wird direkt von der Nockenwelle angetrieben. Die 4 Einspritzpumpen der Pumpe-Düse-

Einheiten werden durch zusätzliche Nocken an der Nockenwelle über Rollenkipphebel betätigt. Aufgrund des hohen Einspritzdrucks von ca. 2.000 bar wird der Kraftstoff sehr fein zerstäubt. Die Kraftstoff-Einspritzmenge wird vom Motor-Steuergerät über Magnetventile den Pumpe-Düse-Einheiten exakt zugeteilt.

Durch den hohen Druck in den Pumpe-Düse-Einheiten erwärmt sich der Kraftstoff sehr stark, was sich auf die Funktion des Tankgebers negativ auswirkt. Um den Kraftstoff zu kühlen, befindet sich ein Kraftstoffkühler im Kraftstoff-Rücklauf am Unterboden des Fahrzeuges.

Bevor der Kraftstoff zu den Pumpe-Düse-Einheiten gelangt, durchfließt er den Kraftstofffilter. Dort werden Verunreinigungen und Wasser zurückgehalten.

Achtung: Bei Arbeiten an der Kraftstoffanlage Sicherheits- und Sauberkeitsregeln befolgen, siehe Seite 223.

Glühkerzen aus- und einbauen

Achtung: Beim 2,0-l-Motor können Keramik-Glühkerzen eingebaut sein. Diese müssen sehr vorsichtig behandelt werden, siehe Hinweise am Ende des Kapitels.

Ausbau

● Glühkerzenstecker von den Glühkerzen abziehen.

● Glühkerzen mit Gelenkschlüssel HAZET 2530 oder VW/AUDI-3220 herausschrauben.

Einbau

● Glühkerzen mit Gelenkschlüssel einschrauben und zuerst von Hand, dann mit **15 Nm** (Keramik: **12 Nm**) festziehen.

● Glühkerzenstecker an den Glühkerzen aufstecken.

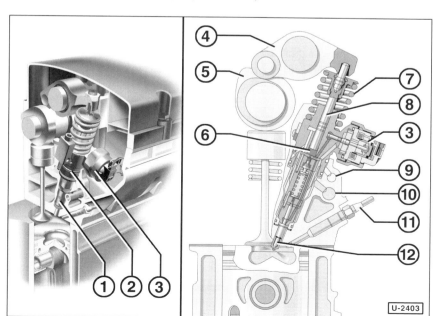

Pumpe-Düse-Einheit

1 – Einspritzdüse
2 – Druckerzeugende Pumpe
3 – Steuereinheit (Magnetventil)
4 – Rollenkipphebel
5 – Einspritznocken
6 – Hochdruckraum
7 – Kolbenfeder
8 – Pumpenkolben
9 – Kraftstoff-Rücklauf
10 – Kraftstoff-Vorlauf
11 – Glühkerze
12 – Düsennadel

U-2403

Speziell Keramik-Glühkerzen

Achtung: Keramik-Glühkerzen sind gegen Stoß und Biegung empfindlich und müssen daher besonders vorsichtig behandelt werden. Selbst bei einem Fall aus geringer Höhe (ca. 2 cm) müssen die Glühkerzen ersetzt werden. Keramik-Glühkerzen sind an der fehlenden Farbmarkierung über dem Sechskant erkennbar.

● Vor dem Einbau Gewinde im Zylinderkopf vollständig von Ablagerungen säubern. Gewinde im Zylinderkopf oder an den Glühkerzen nicht einölen oder fetten.

Achtung: Nach dem Einbau, vor dem ersten Motorstart am kalten Motor Widerstand der Glühkerzen prüfen. Sollwert: max. 1 Ω. Gegebenenfalls defekte Glühkerze ersetzen.

Sollte eine defekte Keramik-Glühkerze gebrochen sein, unbedingt alle Bruchstücke aus dem Motor entfernen, da es sonst zu Motorschäden kommen kann.

Vorglühanlage prüfen

Funktion prüfen

● Stecker vom Geber für Kühlmitteltemperatur am oberen Kühlmittel-Anschlussstutzen abziehen.

Hinweis: Durch Abziehen des Steckers wird der Motorzustand »kalt« simuliert und beim Einschalten der Zündung ein Vorglühvorgang durchgeführt.

● Glühkerzenstecker von den Glühkerzen abziehen.

● Multimeter zur Spannungsmessung zwischen einen Glühkerzenstecker und Motormasse anschließen.

● Zündung einschalten und Spannung prüfen. Sollwert: ca. Batteriespannung.

● Wird der Sollwert nicht erreicht: Leitungsunterbrechung beziehungsweise Kurzschluss beseitigen.

Glühkerzen prüfen

Prüfbedingung: Batteriespannung mindestens 11,5 V.

● Zündung ausschalten.

● Glühkerzenstecker von den Glühkerzen abziehen.

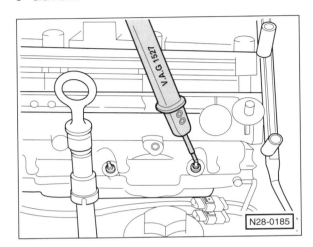

● Diodenprüflampe an den Pluspol der Batterie (+) anklemmen und nacheinander an jede Glühkerze anlegen. Diode leuchtet: Glühkerze ist in Ordnung. Diode leuchtet nicht: Glühkerze ersetzen.

● Sämtliche Stecker aufstecken und Fehlerspeicher löschen lassen (Fachwerkstatt).

Störungsdiagnose Diesel-Einspritzanlage

Bevor anhand der Störungsdiagnose der Fehler aufgespürt wird, müssen folgende **Prüfvoraussetzungen** erfüllt sein: Bedienungsfehler beim Starten ausgeschlossen. Kraftstoff im Tank, Motor mechanisch in Ordnung, Batterie geladen, Anlasser dreht mit ausreichender Drehzahl, elektrische Masseverbindung (Motor-Getriebe-Aufbau) vorhanden. Fehlerspeicher abfragen (Werkstattarbeit). **Achtung:** Wenn Kraftstoffleitungen gelöst werden, müssen diese vorher mit Kaltreiniger gesäubert werden.

Störung	Ursache	Abhilfe
1. Motor springt nicht oder schlecht an.	1. Vorglühanlage arbeitet nicht richtig.	■ Vorglühanlage prüfen.
	2. Kraftstoffversorgung defekt.	■ Prüfen, ob Kraftstoff gefördert wird.
	a) Kraftstoffleitungen geknickt, verstopft,	■ Kraftstoffleitungen reinigen.
	b) Kraftstofffilter verstopft.	■ Kraftstofffilter ersetzen.
	c) Im Winter, bei extrem niedrigen Temperaturen bzw. wenn noch Sommerdiesel im Tank ist: Eis oder Wachs in Filter und Leitungen.	■ Fahrzeug in beheizte Garage schieben.
	d) Tankbelüftung verschlossen. Kraftstoffsieb im Tank verschmutzt.	■ Verschmutzte/verstopfte Teile reinigen.
2. Kraftstoffverbrauch zu hoch.	1. Luftfilter verschmutzt.	■ Filtereinsatz ersetzen.
	2. Kraftstoffanlage undicht.	■ Kraftstoffanlage an allen Kraftstoffleitungen und am Kraftstofffilter auf Dichtheit sichtprüfen.

Kraftstoffanlage

Zur Kraftstoffanlage zählen der Kraftstoffvorratsbehälter (Kraftstofftank), die Kraftstoffpumpe und die Kraftstoffleitungen sowie Kraftstoff- und Luftfilter. Hinweise zum Diesel-Kraftstofffilter befinden sich im Kapitel »Wartungsarbeiten«.

Der Kraftstoffvorratsbehälter hat beim GOLF einen Inhalt von ca. 55 Litern (TOURAN: ca. 60 Liter) und ist vor der Hinterachse angeordnet. Der jeweilige Kraftstoffvorrat wird dem Fahrer im Kombiinstrument angezeigt. Über ein Entlüftungssystem wird der Tank belüftet. Die schädlichen Benzindämpfe der Tankentlüftung werden in einem Aktivkohlespeicher aufgefangen und dem Motor kontrolliert zur Verbrennung zugeführt.

Kraftstoff sparen beim Fahren

Wesentlichen Einfluss auf den Kraftstoffverbrauch hat die Fahrweise des Fahrzeuglenkers. Hier einige Tipps für den intelligenten Umgang mit dem Gaspedal:

- Nach dem Motorstart gleich losfahren, auch bei Frost.
- Motor abschalten bei voraussichtlichen Stopps über 40 Sekunden Dauer.
- Im höchstmöglichen Gang fahren.
- Möglichst gleichmäßige Geschwindigkeiten über längere Strecken fahren, hohe Geschwindigkeiten meiden. Vorausschauend fahren. Nicht unnötig bremsen.
- Keine unnötige Zuladung mitführen, Aufbauten am Fahrzeug, beispielsweise Dachgepäckträger, möglichst abbauen.
- Immer mit richtigem, nie mit zu niedrigem Reifendruck fahren.

Sicherheits- und Sauberkeitsregeln bei Arbeiten an der Kraftstoffversorgung

Bei Arbeiten an der Kraftstoffversorgung sind die folgenden Regeln zur Sicherheit und Sauberkeit sorgfältig zu beachten:

- Verbindungsstellen und deren Umgebung vor dem Lösen gründlich reinigen.
- Ausgebaute Teile auf einer sauberen Unterlage ablegen und abdecken. Folie oder Papier verwenden. Keine fasernden Lappen benutzen!

Sicherheitsmaßnahmen bei Arbeiten am Kraftstoffsystem

Das Kraftstoffsystem steht unter Druck! Vor dem Lösen der Schlauchverbindungen den Druck abbauen. Dazu Tankdeckel kurz öffnen und wieder schließen. Einen dicken Putzlappen um die Verbindungsstelle legen. Schutzbrille aufsetzen und dann durch vorsichtiges Lösen der Verbindungsstelle den Druck abbauen. **Achtung: Beim Benzin-Direkteinspritz-Motor kann auf diese Weise nur der Druck im Niederdruckteil (bis ca. 4 – 6 bar) abgebaut werden. Zum Druckabbau im Hochdruckteil (bis ca. 120 bar) werden spezielle Werkstattgeräte benötigt.** Der Hochdruckteil reicht von der hinten am Zylinderkopf angeflanschten Hochdruckpumpe bis zu den Einspritzventilen. Beim **Dieselmotor** kann die Temperatur der Kraftstoffleitungen beziehungsweise des Kraftstoffes im Extremfall bis zu +100° C betragen. Vor dem Öffnen von Leitungsverbindungen Kraftstoff abkühlen lassen, da akute Verbrühungsgefahr besteht.

- **Kein offenes Feuer, nicht rauchen, keine glühenden oder sehr heißen Teile in die Nähe des Arbeitsplatzes bringen. Unfallgefahr! Feuerlöscher bereitstellen.**
- **Unbedingt für gute Belüftung des Arbeitsplatzes sorgen. Kraftstoffdämpfe sind giftig.**
- Schutzhandschuhe tragen.
- Schutzbrille tragen.

- Geöffnete Bauteile sorgfältig abdecken beziehungsweise verschließen, wenn die Reparatur nicht umgehend ausgeführt wird.
- Ersatzteile erst unmittelbar vor dem Einbau aus der Verpackung nehmen. Nur saubere Teile einbauen.
- Bei geöffneter Kraftstoffanlage möglichst nicht mit Druckluft arbeiten. Das Fahrzeug möglichst nicht bewegen.
- Keine silikonhaltigen Dichtmittel verwenden. Vom Motor angesaugte Spuren von Silikonbestandteilen werden im Motor nicht verbrannt und schädigen die Lambdasonden.
- Kraftstoffschläuche am Motor **nur** mit **Federbandschellen** sichern. Klemm- oder Schraubschellen sind nicht zulässig.
- Darauf achten, dass kein Dieselkraftstoff auf die Kühlmittelschläuche läuft. Gegebenenfalls Schläuche sofort reinigen. Angegriffene Schläuche umgehend ersetzen.

Kraftstoffbehälter/Kraftstoffpumpe/Kraftstofffilter

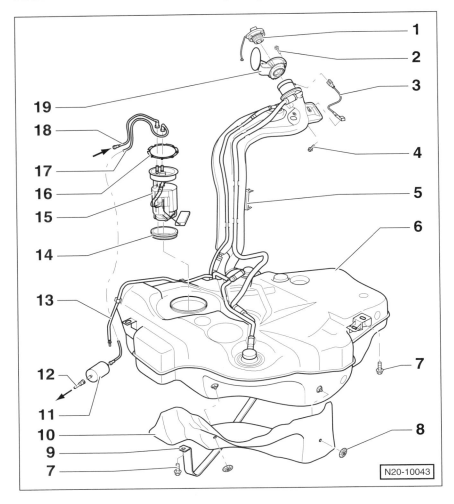

N20-10043

9 – Spannband
Einbaulage beachten.

10 – Abschirmblech

11 – Kraftstofffilter
Einbaulage: Der Pfeil auf dem Filter zeigt in Durchflussrichtung, also vom Tank zum Motor.
Wurde der Kraftstofffilter ersetzt, Kraftstoffanlage entlüften.

12 – Vorlaufleitung
Zum Kraftstoffverteiler im Motorraum. Auf festen Sitz achten.

13 – Entlüftungsleitung
Seitlich am Kraftstoffbehälter eingeclipst. Auf festen Sitz achten.

14 – Dichtring
Bei Beschädigung ersetzen. Beim Einbau trocken in die Öffnung des Kraftstoffbehälters einsetzen. Nur zur Montage des Flansches mit Kraftstoff benetzen.

15 – Kraftstoff-Fördereinheit
Besteht aus Kraftstoffpumpe und Tankgeber. Sieb bei Verschmutzung reinigen. Einbaulage (eingeprägte Pfeile) am Kraftstoffbehälter beachten.

16 – Überwurfmutter
Anzugsdrehmomente:
GOLF:. . . . . **110 Nm**
TOURAN: . . . . **80 Nm**

17 – Vorlaufleitung
Schwarz. Seitlich am Kraftstoffbehälter eingeclipst. Auf festen Sitz achten.

18 – Rücklaufleitung
Blau. Seitlich am Kraftstoffbehälter eingeclipst. Auf festen Sitz achten.

19 – Tankklappen-Einheit
Mit Gummitopf.

Hinweis: Die Abbildung zeigt den Kraftstoffbehälter (Tank) im GOLF mit Benzinmotor und Frontantrieb.

1 – Verschlussdeckel
Dichtung bei Beschädigung ersetzen.

2 – Schraube, 1,5 Nm

3 – Masseverbindung
Auf festen Sitz prüfen.

4 – Schraube, 10 Nm

5 – Leitungsführung

6 – Kraftstoffbehälter (Tank)
Beim Ausbau mit Getriebeheber abfangen. Wurde der Tank ersetzt, Kraftstoffanlage entlüften.

7 – Schraube, 25 Nm
Anzugsdrehmoment Dieselmotor im TOURAN: **20 Nm + 90°** (¼ **Umdr.**)

8 – Klemmscheibe

Kraftstoffpumpe/Tankgeber aus- und einbauen

Die Kraftstoffpumpe befindet sich zusammen mit dem Tankgeber im Kraftstofftank.

Der Tankgeber besteht aus einem Schwimmer und einem Potentiometer. Mit sinkendem Kraftstoffspiegel sinkt auch der Schwimmer des Tankgebers ab. Ein mit dem Schwimmer verbundenes Potentiometer erhöht dabei den elektrischen Widerstand des Gebers. Dadurch sinkt die Spannung am Anzeigeinstrument, und der Zeiger der Kraftstoff-Vorratsanzeige geht in Richtung »leer« zurück.

Hinweis: Bei Fahrzeugen mit **Direkteinspritz-Benzinmotor** sitzt das Steuergerät für die Kraftstoffpumpe direkt auf der Kraftstoff-Fördereinheit.

> **Sicherheitshinweis**
> **Beim Ausbau der Kraftstoffpumpe kann etwas Kraftstoff austreten. Kraftstoffdämpfe sind giftig und feuergefährlich, deshalb auf besonders gute Belüftung des Arbeitsplatzes achten. Hautkontakt mit Kraftstoff vermeiden. Kraftstoffbeständige Handschuhe tragen. Kein offenes Feuer, Brandgefahr! Feuerlöscher bereitstellen.**

Vor Ausbau von Kraftstoffpumpe und Tankgeber, Tank möglichst leer fahren. Der Tank darf beim Benziner maximal zu ½ voll sein, beim Dieselmotor maximal ¾. Zur Belüftung des Arbeitsplatzes kann auch ein Radiallüfter verwendet werden, **dessen Motor außerhalb des Luftstromes liegt und der über ein Mindest-Fördervolumen von 15 m³/h verfügt.**

Ausbau

- Batterie abklemmen. **Achtung:** Hinweise im Kapitel »Batterie aus- und einbauen« durchlesen.

- Rücksitzbank beziehungsweise Rücksitze nach vorne klappen. Oder, je nach Modell, Rücksitzbank oder rechten Rücksitz (GOLF PLUS) ausbauen, siehe Seite 267.

- Gegebenenfalls Bodenteppich unter Rücksitzbank/Rücksitzen lösen und nach hinten klappen.

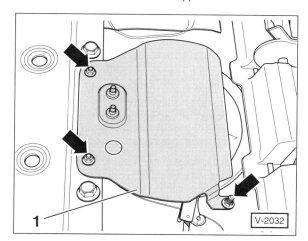

- Wenn eingebaut, Abdeckblech –1– über der Kraftstoff-Fördereinheit abschrauben –Pfeile– und herausnehmen.

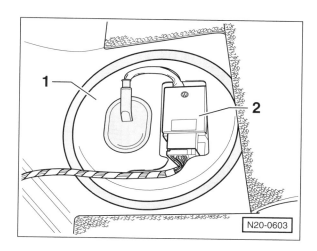

- Abdeckung –1– für Kraftstoff-Fördereinheit abhebeln und abnehmen.

Hinweis: Beim Benzin-Direkteinspritzer (FSI) sitzt das Kraftstoffpumpen-Steuergerät –2– auf der Abdeckung. Der Stecker muss nicht abgezogen werden.

- Elektrischen Anschlussstecker für Tankgeber und Kraftstoffpumpe vorsichtig von Hand oder mithilfe eines kleinen Schraubendrehers entriegeln und abziehen.

> **Sicherheitshinweis**
> **Die Kraftstoffvorlaufleitung steht unter Druck!** Vor dem Lösen der Schlauchverbindungen dicken Putzlappen um die Verbindungsstelle legen. Dann durch vorsichtiges Abziehen des Schlauches den Druck abbauen. **Schutzbrille tragen.**

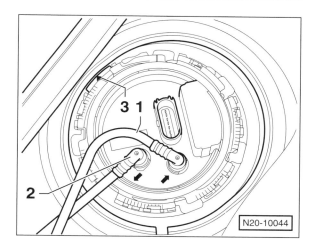

- Kraftstoffleitungen –1/2– vor dem Abziehen mit Filzstift kennzeichnen. **Hinweis:** Die Abbildung zeigt den 1,4-l-Motor BCA.

- Vorlaufleitung –2– und Rücklaufleitung –1– abziehen, dabei Entriegelungstasten an den Schnellkupplungen zusammendrücken. Leitungen mit geeigneten Stopfen verschließen oder Klebeband um das Ende wickeln.

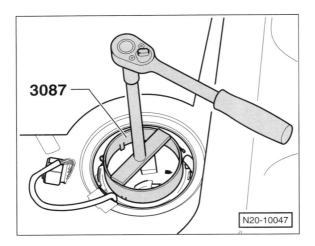

N20-10047

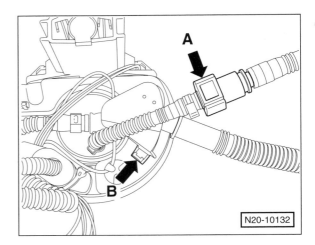

N20-10132

- **GOLF:** Überwurfmutter mit VW-Spezialwerkzeug lösen und abschrauben. **Hinweis:** Beim 1,4-l- und 1,4-/1,6-l-FSI-Benzinmotor wird das Spezialwerkzeug VW-3087 verwendet, bei den übrigen Motoren VW-T10202.

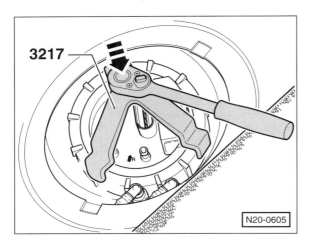

N20-0605

- **TOURAN:** Überwurfmutter lösen. Dazu VW-Spezialschlüssel 3217 auf die 3 abgerundeten Zapfen der Überwurfmutter aufsetzen. **Achtung:** Beim Drehen den Schlüssel fest auf die Überwurfmutter drücken –Pfeil–.

Hinweis: Falls das VW-Werkzeug nicht zur Verfügung steht, Überwurfmutter mit **Holzstange** und leichten Hammerschlägen lösen. **Achtung: Auf jeden Fall Funkenschlag vermeiden.**

- **2,0-l-FSI-Motor mit Allradantrieb:** Kupplung –A– zur Saugstrahlpumpe trennen. Verriegelung –B– eindrücken und den Anschluss nach oben von der Fördereinheit abziehen.

- Kraftstoff-Fördereinheit/Tankgeber und Dichtring vorsichtig aus der Öffnung des Kraftstoffbehälters herausziehen.

- Kraftstoff aus der Fördereinheit in den Tank oder in einen geeigneten Behälter entleeren.

- Dichtring auf Beschädigung oder Porosität prüfen, gegebenenfalls ersetzen.

Einbau

- Dichtring für Verschlussflansch trocken in die Öffnung des Kraftstoffbehälters einsetzen und nur zur Montage der Kraftstoff-Fördereinheit mit Kraftstoff benetzen.

- Kraftstoff-Fördereinheit in den Kraftstoffbehälter einsetzen, dabei darauf achten, dass der Arm des Tankgebers nicht verbogen wird.

Achtung: Einbaulage der Kraftstoff-Fördereinheit beachten. Je nach Modell sind unterschiedliche Markierungen am Flansch der Fördereinheit angebracht.

- **GOLF – Benzinmotor/2,0-l-Dieselmotor BDK:** Die Markierung auf dem Verschlussflansch –3– (siehe Abbildung **N20-10044**) muss – in Fahrtrichtung gesehen – nach **hinten** zeigen. Der Flansch kann nur in dieser Stellung eingebaut werden. Gegebenenfalls Fördereinheit vorsichtig drehen.

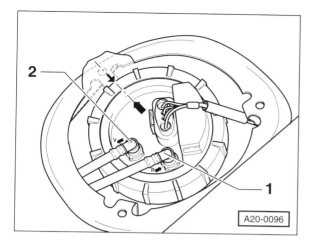

A20-0096

- **GOLF – 1,9-/2,0-l-Dieselmotor AVZ/BKD** und **TOURAN:** Die Markierung auf dem Verschlussflansch –Pfeil– muss der Markierung auf dem Kraftstoffbehälter gegenüberstehen. Gegebenenfalls Fördereinheit vorsichtig drehen. Die Markierung ist teilweise schlecht zu erkennen.

- Überwurfmutter für Verschlussflansch mit Spezialwerkzeug festziehen. **Anzugsdrehmoment:**

  GOLF: . . . . **110 Nm**
  TOURAN: . . . . **80 Nm**

Hinweis: Falls das Spezialwerkzeug nicht zur Verfügung steht, Überwurfmutter mit Holzstange und leichten Hammerschlägen festschrauben. **Dabei Funkenbildung unbedingt vermeiden!** Anschließend festen Sitz der Überwurfmutter prüfen.

- Rücklaufleitung –1– und Vorlaufleitung –2– entsprechend den angebrachten Markierungen aufstecken, dabei rasten die Schnellkupplungen ein. Die Pfeile auf dem Flansch zeigen jeweils in Durchflussrichtung, siehe Abbildung N20-10044/A20-0096.

Achtung: Rück- und Vorlaufleitung nicht vertauschen. Die Leitungen sind farblich markiert: Rücklaufleitung – **blau**; Vorlaufleitung – **schwarz**.

- Mehrfachstecker aufschieben und einrasten.

- Prüfen, ob die Kraftstoff- und Entlüftungsleitungen noch am Kraftstoffbehälter angeclipst sind, gegebenenfalls anclipsen.

- Abdeckung für Kraftstoff-Fördereinheit einclipsen.

- Falls vorhanden, Abdeckblech anschrauben.

- Gegebenenfalls Bodenteppich unter Rücksitzbank/Rücksitzen zurückklappen.

- Rücksitzbank oder Rücksitze zurückklappen beziehungsweise einbauen, siehe Seite 267.

- Batterie anklemmen. **Achtung:** Hinweise im Kapitel »Batterie aus- und einbauen« durchlesen.

Achtung: Falls der Motor nach dem Wechseln der Kraftstoff-Fördereinheit nicht anspringt, muss das Kraftstoffsystem beim Benzinmotor an der Entlüftungsschraube des Kraftstoffverteilerrohres entlüftet werden.

Tankgeber aus- und einbauen

Ausbau

- Kraftstoff-Fördereinheit ausbauen, siehe entsprechendes Kapitel.

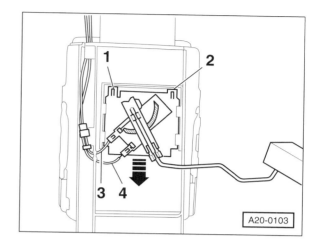

A20-0103

- Steckerzungen der Leitungen –3– und –4– entriegeln und Leitungen abziehen.

- Haltelaschen –1– und –2– mit Schraubendreher anheben und Tankgeber nach unten abziehen –Pfeilrichtung–.

Einbau

- Tankgeber in die Führungen an der Kraftstoff-Fördereinheit einsetzen und bis zum Einrasten nach oben drücken.

- Leitungen aufschieben und einrasten.

- Kraftstoff-Fördereinheit einbauen, siehe entsprechendes Kapitel.

Kraftstofffilter aus- und einbauen

Benzinmotor

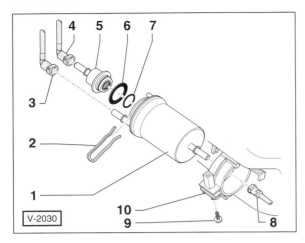

V-2030

1 – **Kraftstofffilter**

2 – **Halteklammer**
Für Kraftstoff-Druckregler.
Auf festen Sitz achten.

3 – **Vorlaufleitung**

4 – **Rücklaufleitung**

5 – **Kraftstoff-Druckregler**
4 bar.

6 – **Dichtung***

7 – **O-Ring***

8 – **Vorlaufleitung**
Zum Motor.

9 – **Schraube, 3 Nm**

10 – **Halter**
Am Kraftstoffbehälter be-
festigt.

*) Immer ersetzen.

Ausbau

● Sicherheitsmaßnahmen und Sauberkeitsregeln befolgen,
siehe entsprechendes Kapitel.

Sicherheitshinweis
Beim Aufbocken des Fahrzeugs besteht Unfallgefahr!
Deshalb vorher das Kapitel »Fahrzeug aufbocken«
durchlesen.

● Fahrzeug aufbocken.

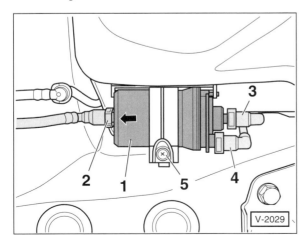

V-2029

● Auffangbehälter unter den Kraftstofffilter –1– stellen. Der
Kraftstofffilter befindet sich am Unterboden neben dem
Tank.

Sicherheitshinweis
Die Kraftstoffvorlaufleitung steht unter Druck! Vor
dem Lösen der Schlauchverbindungen dicken Putzlappen um die Verbindungsstelle legen. Dann durch vorsichtiges Abziehen des Schlauches den Druck abbauen.
Schutzbrille tragen.

● Kraftstoffleitungen –2–, –3– und –4– abziehen, dazu jeweilige Entriegelungstaste drücken. **Hinweis:** Beim 1,4-/
1,6-l-FSI-Motor ist am Kraftstofffilter keine Rücklaufleitung und kein Druckregler vorhanden. Die Rücklaufleitung führt hier von der Hochdruckpumpe zum Tank.

● Schraube –5– für Halteschelle lockern, nicht herausdrehen.

● Kraftstofffilter aus dem Filterhalter herausziehen und in
den Auffangbehälter entleeren.

Einbau

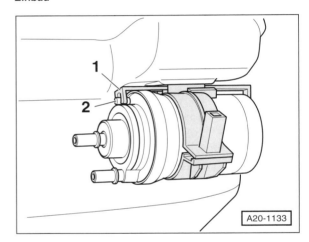

A20-1133

● Kraftstofffilter so in den Halter einsetzen, dass der Pfeil
auf dem Filter in Durchflussrichtung zeigt, vom Tank zum
Motor. Außerdem muss der Stift –2– am Filtergehäuse in
die Aussparung der Führung –1– am Filterhalter eingreifen.

● Halteschelle für Kraftstofffilter mit **3 Nm** anziehen.

● Kraftstoffschläuche aufschieben und einrasten. Dabei
schwarze Vorlaufleitung –4– nicht mit blauer Rücklaufleitung –3– verwechseln. **Hinweis:** Die Rücklaufleitung wird
am Druckregler angeschlossen, siehe Abbildung V-2029.

● Fahrzeug ablassen.

Achtung: Falls der Motor nach dem Wechseln des Kraftstofffilters nicht anspringt, muss das Kraftstoffsystem an der
Entlüftungsschraube des Kraftstoffverteilerrohres entlüftet
werden.

Kraftstofffilter Dieselmotor

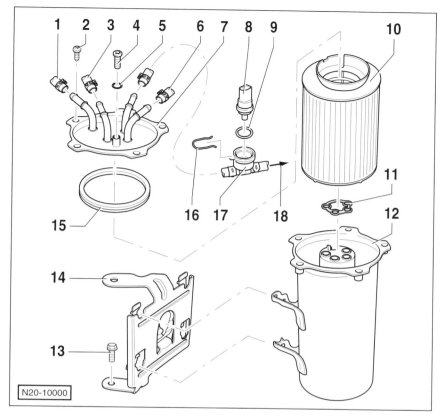

N20-10000

1,9-l-Dieselmotor

1 – **Vorlaufleitung** [2]
   Vom Kraftstoffvorratsbehälter. Weiß bzw. weiße Markierung.

2 – **Schraube, 8 Nm**

3 – **Rücklaufleitung** [2]
   Zum Kraftstoffkühler. Blau bzw. blaue Markierung.

4 – **Verschlussschraube**
   Für Wasserabsaugung. Zum Entwässern herausdrehen und ca. 100 ml Flüssigkeit mit Handvakuumpumpe absaugen.

5 – **Dichtring** [1]

6 – **Rücklaufleitung** [2]
   Von der Tandempumpe. Blau beziehungsweise blaue Markierung.

7 – **Kraftstofffilter-Oberteil**

8 – **Geber für Kraftstofftemperatur**

9 – **Dichtring** [1]

10 – **Filtereinsatz**

11 – **Dichtring** [1]

12 – **Kraftstofffilter-Unterteil**

13 – **Schraube, 8 Nm**

14 – **Halter**

15 – **Dichtring** [1]

16 – **Halteklammer** [2]

17 – **Vorlaufleitung**
   Mit Anschlussstutzen für –8–.

18 – **Zur Tandempumpe**

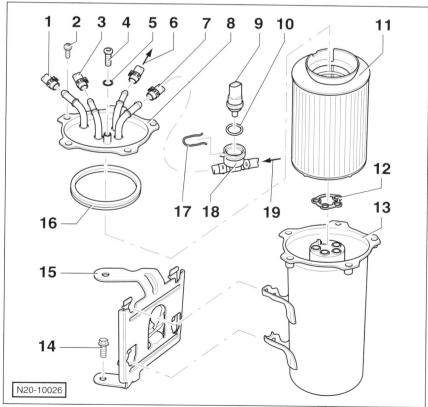

N20-10026

2,0-l-Dieselmotor

1 – **Vorlaufleitung** [2]
   Vom Kraftstoffvorratsbehälter. Weiß bzw. weiße Markierung.

2 – **Schraube, 5 Nm**

3 – **Rücklaufleitung** [2]
   Zum Kraftstoffkühler. Blau bzw. blaue Markierung.

4 – **Verschlussschraube**
   Für Wasserabsaugung.

5 – **Dichtring** [1]

6 – **Vorlaufleitung**
   Zur Tandempumpe.

7 – **Rücklaufleitung** [2]
   Von der Tandempumpe. Blau beziehungsweise blaue Markierung.

8 – **Kraftstofffilter-Oberteil**

9 – **Geber für Kraftstofftemperatur**

10 – **Dichtring** [1]

11 – **Filtereinsatz**

12 – **Dichtring** [1]

13 – **Kraftstofffilter-Unterteil**

14 – **Schraube, 8 Nm**

15 – **Halter**

16 – **Dichtring** [1]

17 – **Halteklammer** [2]

18 – **Anschlussstutzen**

19 – **Von der Tandempumpe**

---

[1] Immer ersetzen.
[2] Auf festen Sitz achten.

Luftfilter aus- und einbauen/zerlegen

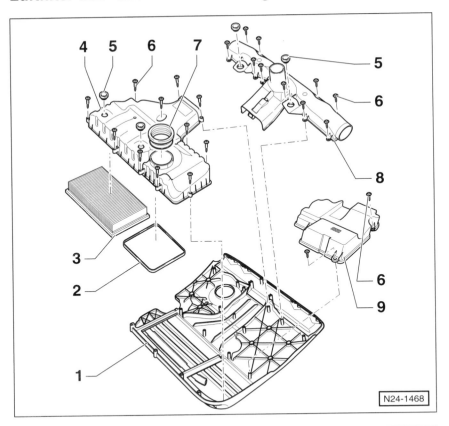

N24-1468

1,4-l-Benzinmotor BCA

1 – Luftfiltergehäuse-Oberteil
  Hinweis: Luftfiltergehäuse-Oberteil und -Unterteil bilden die obere Motorabdeckung.
  Ausbau: Schlauch vom Ölabscheider bzw. Rückschlagventil abziehen. Obere Motorabdeckung von den Halterungen und von der Drosselklappen-Steuereinheit nach oben abziehen.

2 – Dichtung
  Einbaulage beachten. Bei Beschädigung ersetzen.

3 – Filtereinsatz

4 – Luftfiltergehäuse-Unterteil

5 – Gummieinlage

6 – Schraube, 3 Nm
  Achtung: Die selbstschneidenden Schrauben dürfen nicht mit einem Akku-Schrauber gelöst oder angezogen werden, sonst kann das Gewinde im Saugrohr oder im Luftfiltergehäuse-Unterteil beschädigt werden.

7 – Dichtring
  Auf festen Sitz achten. Bei Beschädigung ersetzen.

8 – Ansaugstutzen mit Regelklappe

9 – Abdeckung

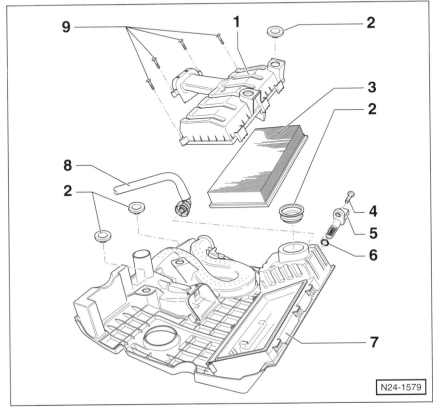

N24-1579

1,4-/1,6-l-FSI-Motor

1 – Luftfiltergehäuse-Unterteil

2 – Gummibuchse

3 – Filtereinsatz

4 – Schraube, 3 Nm

5 – Geber für Ansauglufttemperatur

6 – O-Ring
  Immer ersetzen.

7 – Luftfiltergehäuse-Oberteil
  Hinweis: Luftfiltergehäuse-Oberteil und -Unterteil bilden die obere Motorabdeckung.
  Ausbau: Obere Motorabdeckung an den 4 Ecken von den Halterungen und von der Drossselklappen-Steuereinheit nach oben abziehen.

8 – Belüftungsschlauch
  Vom Nockenwellengehäuse.

9 – Schrauben, 3 Nm
  Achtung: Die selbstschneidenden Schrauben dürfen nicht mit einem Akku-Schrauber gelöst oder angezogen werden, sonst kann das Gewinde im Saugrohr oder im Luftfiltergehäuse-Unterteil beschädigt werden.

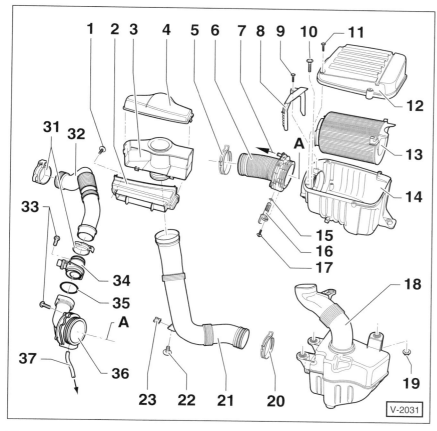

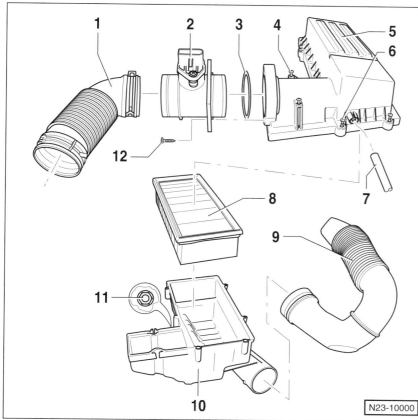

1,6-l-Benzinmotor 75 kW
2,0-l-FSI-Benzinmotor
2,0-l-SDI-Dieselmotor BDK

Hinweis: A – Luftfilter-Ausgang.
Position –5– bis –7– nur 2,0-l-Benzinmotor.
Position –31– bis –37– nur Dieselmotor
(1,6-l-Benziner ähnlich, ohne Pos. –34/35–).

1 – Schraube, 5 Nm
2 – Luftkanal
    Zum Stoßfänger.
3 – Lufttrichter
4 – Schieber
5 – Federbandschelle
6 – Ansaugschlauch
7 – Anschluss für Saugstrahlpumpe
8 – Halter
9 – Schraube, 2 Nm
10 – Schraube, 8 Nm
11 – Schraube, 3 Nm
12 – Luftfilterdeckel
13 – Filtereinsatz
14 – Luftfiltergehäuse
15 – Dichtring
16 – Geber 2 für Ansauglufttemperatur
17 – Schraube, 2 Nm
18 – Vorvolumen
19 – Mutter, 20 Nm
20 – Federbandschelle
21 – Ansaugluftführung
22 – Schraube, 2 Nm
23 – Schnappmutter

31 – Federbandschellen
32 – Ansaugschlauch
33 – Schraube, 3 Nm
34 – Luftmassenmesser
35 – O-Ring
36 – Luftführung
37 – Unterdruckschlauch
    Zum Ventil für Abgasrückführung.

1,9-/2,0-l-Dieselmotor außer BDK

1 – Ansaugschlauch
    Zum Abgas-Turbolader.
2 – Luftmassenmesser
3 – O-Ring
    Bei Beschädigung ersetzen.
4 – Schraube, 8 Nm
5 – Luftfilterdeckel
6 – Schraube, 8 Nm
    BMM: 2 Nm.
7 – Unterdruckschlauch
    Zum Magnetventilblock.
8 – Filtereinsatz
9 – Luftführung
    Zum Schlossträger.
10 – Luftfiltergehäuse
11 – Mutter, 10 Nm

Abgasanlage

Aus dem Inhalt:

- **Abgasanlagen-Übersicht**

- **Abgasanlage demontieren**

- **Abgasanlage prüfen**

Die Abgasanlage besteht beim Benziner hauptsächlich aus dem Abgaskrümmer, dem vorderem Abgasrohr mit Vorkatalysator, dem mittlerem Abgasrohr mit Hauptkatalysator, dem Vorschalldämpfer und dem Nachschalldämpfer. Der Benzinmotor besitzt zwei Lambdasonden zur Abgasregelung, die direkt vor und hinter dem Vorkatalysator eingeschraubt sind. Die Abgasanlage des Dieselmotors enthält ebenfalls einen Katalysator.

Bei einer Reparatur lassen sich sämtliche Teile der Abgasanlage einzeln auswechseln.

Katalysatorschäden vermeiden

Um Beschädigungen am Katalysator zu vermeiden, sind folgende Hinweise unbedingt zu beachten:

Benzinmotor

- Grundsätzlich nur **bleifreies** Benzin tanken.

- Das Anlassen des Motors durch **Anschieben** oder Anschleppen darf nur in **einem** Versuch über eine Strecke von etwa 50 Metern erfolgen. Besser: Starthilfekabel verwenden. Unverbrannter Kraftstoff könnte bei einer Zündung zur Überhitzung des Katalysators und zu seiner Zerstörung führen. Ist der Motor **betriebswarm**, darf er **nicht** angeschoben oder angeschleppt werden.

- Treten Zündaussetzer auf, hohe Motordrehzahlen vermeiden und Fehler umgehend beheben.

- Nur die vorgeschriebenen Zündkerzen verwenden.

- Keine Funkenprüfung ohne ausreichende Masseverbindung durchführen.

- Es darf kein Zylindervergleich (Balancetest) durch Zündabschaltung eines Zylinders durchgeführt werden. Bei Zündabschaltung der einzelnen Zylinder – auch über Motortester – gelangt unverbrannter Kraftstoff in den Katalysator.

Benzin- und Dieselmotor

- Fahrzeug nicht über trockenem Laub oder Gras beziehungsweise auf einem Stoppelfeld abstellen. Die Abgasanlage wird im Bereich des Katalysators sehr heiß und strahlt die Wärme auch nach Abstellen des Motors noch ab.

- Keinen Unterbodenschutz auf Abgasrohre auftragen.

- Die Hitzeschilde der Abgasanlage nicht verändern.

- Bei Startschwierigkeiten nicht unnötig lange den Anlasser betätigen. Während des Anlassens wird permanent Kraftstoff eingespritzt. Fehlerursache ermitteln und beseitigen.

- Kraftstofftank nie ganz leer fahren.

- Beim Ein- oder Nachfüllen von Motoröl besonders darauf achten, dass auf keinen Fall die Maximum-Markierung am Ölmessstab (obere Markierung) überschritten wird. Das überschüssige Öl gelangt sonst aufgrund unvollständiger Verbrennung in den Katalysator und kann das Edelmetall beschädigen oder den Katalysator vollständig zerstören.

Aufbau des Katalysators

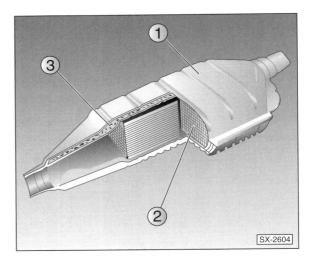

Der Katalysator dient zur Abgasumwandlung. Er besteht aus einem Keramik-Wabenkörper –2–, der mit einer Trägerschicht überzogen ist. Auf der Trägerschicht befinden sich Edelmetallsalze, die den Umwandlungsprozess bewirken. Im Gehäuse –1– wird der Katalysator durch eine Isolations-Stützmatte –3– fixiert, die außerdem Wärmeausdehnungen ausgleicht.

Abgasanlagen-Übersicht

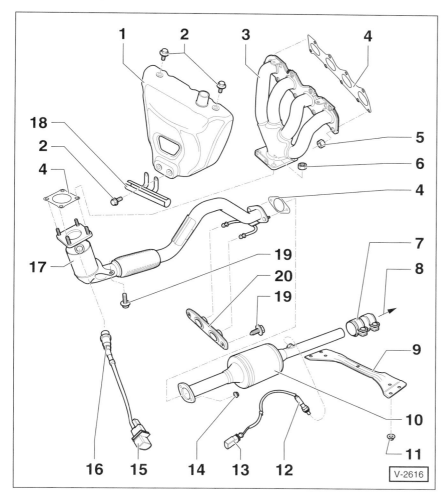

V-2616

1,4-l-Benzinmotor BCA

1 – **Warmluftfangblech**

2 – **Schrauben, 10 Nm**

3 – **Abgaskrümmer**

4 – **Dichtung**[1]

5 – **Mutter**[1]**, 25 Nm**

6 – **Mutter**[1]**, 40 Nm**

7 – **Klemmhülse vorn, 25 Nm**
   Vor dem Anziehen Abgasanlage in kaltem Zustand spannungsfrei ausrichten. Gleichmäßig anziehen.

8 – **Zum Vorschalldämpfer**

9 – **Tunnelbrücke vorn**

10 – **Hauptkatalysator**

11 – **Mutter, 23 Nm**

12 – **Lambdasonde 2**[2]**, 55 Nm**
   Nach Katalysator.

13 – **Anschlussstecker**
   Für Lambdasonde 2. Befindet sich unter der rechten Wagenbodenverkleidung.

14 – **Mutter, 25 Nm**

15 – **Anschlussstecker**
   Für Lambdasonde 1.

16 – **Lambdasonde 1**[2]**, 55 Nm**
   Vor Katalysator.

17 – **Vorkatalysator mit Abgasrohr**
   Je nach Modell durch zusätzlichen Haltebügel abgestützt (40 Nm).

18 – **Leitungsführung**

19 – **Schraube, 25 Nm**

20 – **Aufhängung**

[1] Immer ersetzen.

[2] Nur Gewinde mit »G052112A3« fetten. Fett darf nicht auf Schlitze kommen.

1,4-l-Benzinmotor BCA/BUD

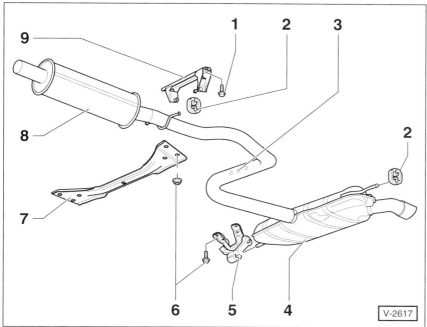

V-2617

1 – **Schraube, 25 Nm**

2 – **Halteschlaufe**
   Bei Beschädigung ersetzen.

3 – **Trennstelle**
   Ist durch Eindrückungen auf dem Verbindungsrohr gekennzeichnet.
   Hinweis: Serienmäßig werden Vor- und Nachschalldämpfer als ein Teil eingebaut. Die Schalldämpfer können aber einzeln ersetzt werden. In diesem Fall Verbindungsrohr an der Trennstelle mit einer Metallsäge rechtwinklig trennen. Beim Einbau Abgasrohre mit einer Reparatur-Doppelschelle verbinden. Schrauben für Klemmhülse mit **25 Nm** festziehen.

4 – **Nachschalldämpfer**

5 – **Aufhängung**
   Bei Beschädigung ersetzen.

6 – **Schraube/Mutter, 23 Nm**

7 – **Tunnelbrücke**

8 – **Vorschalldämpfer**

9 – **Halter**
   Einbaulage beachten.

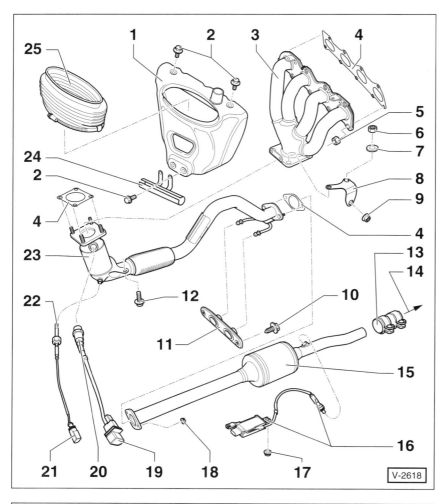

V-2618

1,4-/1,6-l-FSI-Benzinmotor

1 – **Warmluftfangblech**

2 – **Schrauben, 10 Nm**

3 – **Abgaskrümmer**

4 – **Dichtung**[1]

5 – **Mutter**[1]**, 25 Nm**

6 – **Mutter**[1]**, 40 Nm**

7 – **Scheibe**

8 – **Halter**

9 – **Mutter, 60 Nm**

10 – **Schraube, 25 Nm**

11 – **Aufhängung**

12 – **Schraube, 25 Nm**

13 – **Doppelschelle**

14 – **Zum Vorschalldämpfer**

15 – **Hauptkatalysator mit Abgasrohr**

16 – Motor BKG/BLN/BAG/BLP:
   Steuergerät mit NOx-Sensor und Lambdasonde 2[2]
   Anzugsdrehmoment: **50 Nm.**
   Motor BLF:
   Lambdasonde 2[2]**, 50 Nm**

17 – **Mutter**

18 – **Mutter, 25 Nm**

19 – **Anschlussstecker**
   Für Lambdasonde 1.

20 – **Lambdasonde 1**[2]**, 50 Nm**
   Vor Katalysator.

21 – **Anschlussstecker**
   Für Abgastemperaturgeber.

22 – **Abgastemperaturgeber, 45 Nm**
   Nicht bei Motor BLF.
   Motor BLN/BLP: Nicht am Vorkatalysator eingeschraubt, sondern vor dem Hauptkatalysator –15–.

23 – **Vorkatalysator mit Abgasrohr**
   Motor BLN/BLF/BLP: Durch zusätzlichen Haltebügel abgestützt (40 Nm).

24 – **Leitungsführung**
   Für Generator-Zuleitung.

25 – **Faltenbalg**

[1]) Immer ersetzen.

[2]) Nur Gewinde mit »G052112A3« fetten.
   Fett darf nicht auf Schlitze kommen.

1,4-/1,6-l-FSI-Benzinmotor

1 – **Halteschlaufen**
   Bei Beschädigung ersetzen.

2 – **Schrauben, 25 Nm**

3 – **Halter**
   Einbaulage beachten.

4 – **Vorschalldämpfer**

5 – **Schraube, 25 Nm**

6 – **Halter**
   Einbaulage beachten.

7 – **Aufhängung**
   Bei Beschädigung ersetzen.

8 – **Nachschalldämpfer**

9 – **Halteschlaufen**
   Bei Beschädigung ersetzen.

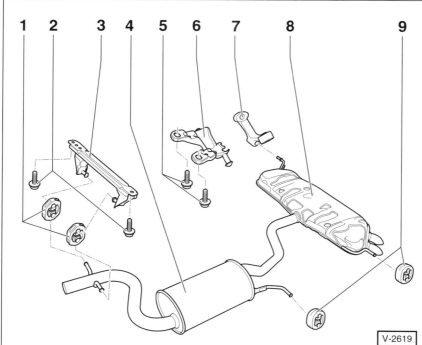

V-2619

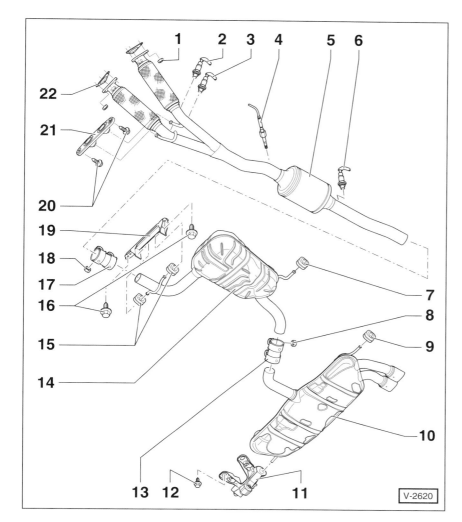

V-2620

2,0-l-FSI-Benzinmotor

1 – Mutter[1], 25 Nm
Stiftschrauben des Abgaskrümmers mit Heißschraubenpaste fetten.

2 – Motor AXW/BLR/BLX/BVY:
Lambdasonde 2 [2], 55 Nm
Nach Katalysator. Stecker schwarz.

3 – Motor AXW/BLR/BLX/BVY:
Lambdasonde 2 [2], 55 Nm
Nach Katalysator. Stecker braun.

4 – Motor AXW/BLX:
Abgastemperaturgeber [3], 45 Nm
Motor BLY/BVZ:
Lambdasonde [2], 55 Nm
Stecker braun.

5 – Motor AXW/BLX:
NOx-Speicherkatalysator
Motor BLR/BVY/BLY/BVZ:
Katalysator

Mit Abgasvorrohr und Abkoppelelement. **Achtung:** Abkoppelelement nicht mehr als 10° knicken, da es sonst beschädigt wird.

6 – Motor AXW/BLX:
NOx-Geber [2], 60 Nm
Motor BLR/BVY/BLY/BVZ:
Lambdasonde (3) [2], 55 Nm
Nach Katalysator.

7 – Halteschlaufe[1]

8 – Mutter, 25 Nm

9 – Halteschlaufe[1]

10 – Nachschalldämpfer
Hinweis: Serienmäßig werden Mittel- und Nachschalldämpfer als ein Teil eingebaut. Die Schalldämpfer können aber einzeln ersetzt werden.

11 – Aufhängung[1]

12 – Schraube, 25 Nm

13 – Klemmhülse hinten
Wird benötigt, wenn Mittel- oder Nachschalldämpfer einzeln ersetzt werden. Verschraubungen gleichmäßig festziehen.

14 – Mittelschalldämpfer
Serienmäßig ein Bauteil mit Nachschalldämpfer.

15 – Halteschlaufe[1]

16 – Schrauben, 25 Nm

17 – Klemmhülse vorn
Vor dem Anziehen Abgasanlage in kaltem Zustand spannungsfrei ausrichten. Gleichmäßig anziehen.

18 – Mutter, 25 Nm

19 – Aufhängung

20 – Schraube, 25 Nm

21 – Aufhängung[1]

22 – Dichtung
Immer ersetzen.

---

[1] Bei Beschädigung ersetzen.

[2] Nur Gewinde mit »G052112A3« fetten. Fett darf nicht auf Schlitze kommen.

[3] Gewinde mit Heißschraubenpaste fetten.

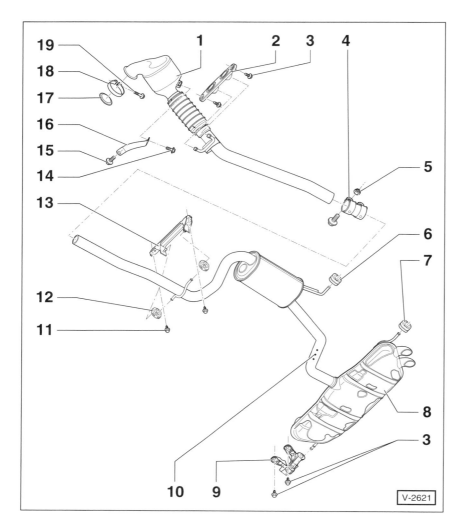

V-2621

1,9-/2,0-l-Dieselmotor (4-Ventiler)

1 – Abgasrohr vorn mit Katalysator

2 – Aufhängung[1]

3 – Schraube, 25 Nm

4 – Doppelschelle

5 – Mutter, 25 Nm

6 – Haltering für Vorschalldämpfer[1]

7 – Haltering für Nachschalldämpfer[1]

8 – Vor- und Nachschalldämpfer
   Im Reparaturfall einzeln ersetzbar.

9 – Aufhängung[1]
   Mit Haltering.

10 – Trennstelle
   Ist durch Eindrückungen auf dem
   Verbindungsrohr gekennzeichnet.
   Hinweis: Serienmäßig werden Vor-
   und Nachschalldämpfer als ein Teil
   eingebaut. Die Schalldämpfer kön-
   nen aber einzeln ersetzt werden. In
   diesem Fall Verbindungsrohr an der
   Trennstelle mit einer Metallsäge
   rechtwinklig trennen. Beim Einbau
   Abgasrohre mit einer Reparatur-
   Doppelschelle verbinden.

11 – Schraube, 25 Nm

12 – Haltering[1]

13 – Aufhängung

14 – Schraube, 40 Nm

15 – Schraube, 40 Nm

16 – Abstützung

17 – Dichtung
   Immer ersetzen. Einbaulage beachten.

18 – Schelle

19 – Schraube, 7 Nm

---

[1] Bei Beschädigung ersetzen.

Abgasanlage aus- und einbauen

Hinweis: Die Teile der Abgasanlage können auch einzeln ausgebaut werden. Falls der Vor- oder Nachschalldämpfer bei der serienmäßigen Anlage ersetzt werden soll, muss das Verbindungsrohr an der markierten Stelle durchgesägt werden, siehe auch Kapitel »Vorschalldämpfer/Nachschalldämpfer ersetzen«.

Ausbau

> **Sicherheitshinweis**
> Beim Aufbocken des Fahrzeugs besteht Unfallgefahr! Deshalb das Kapitel »Fahrzeug aufbocken« durchlesen.

● Fahrzeug aufbocken.

● Untere Motorraumabdeckung ausbauen, siehe Seite 272.

● Sämtliche Schrauben und Muttern der Abgasanlage mit Rost lösendem Mittel einsprühen. Rostlöser einige Zeit einwirken lassen.

● **Benzinmotor:** Steckverbindungen für Lambdasonden trennen. Stecker aus den Halterungen herausziehen.

● **FSI-Benzinmotor:** Wenn vorhanden, Stecker für Abgastemperaturgeber und NOx-Geber trennen und Steuergerät für NOx-Geber abschrauben.

● **1,6-l-Benzinmotor BGU/BSE/BSF:** Wärmeschutzblech für rechte Gelenkwelle abschrauben.

● Wo vorhanden, Tunnelbrücke (Querträger) abschrauben.

● Je nach Motor vorderes Abgasrohr am Katalysator, Abgaskrümmer oder Turbolader von unten abschrauben.

● Abgasanlage abstützen oder mit Draht am Unterboden aufhängen, damit sie nicht nach unten fällt.

Achtung: Das flexible Abkoppelelement im vorderen Abgasrohr darf nicht über ca. 10° abgewinkelt werden, sonst wird es beschädigt.

● Sämtliche Halterungen abschrauben und Abgasanlage aus den Halteschlaufen aushängen.

● Abgasanlage mit Helfer abnehmen.

Hinweis: Die Teile der Abgasanlage können auch einzeln ausgebaut werden. Falls sich Verbindungsstücke oder Schrauben nicht lösen lassen, Abgasrohr an der Verbindungsstelle mit Schweißbrenner erhitzen. Aluminiumplatte zwischenlegen! **Achtung: Brandgefahr!**

Einbau

Achtung: Dichtungen, Muttern und Schrauben grundsätzlich erneuern. Um die Muttern und Schrauben der Abgasanlage später leichter lösen zu können, empfiehlt es sich, diese mit einer Hochtemperaturpaste (Kupferpaste), zum Beispiel Liqui Moly-3080, einzustreichen. Gummi-Halteschlaufen auf Beschädigungen sichtprüfen, gegebenenfalls erneuern.

● Werden Abgasrohre nicht erneuert, Dicht- und Klemmflächen vor dem Zusammenfügen mit Schmirgelleinen von Ruß und Dichtungsresten reinigen.

● Abgasanlage zusammensetzen, Verbindungsschellen handfest anziehen.

● **Ausrichtung der Verbindungsschellen:** Verschraubungen zeigen nach hinten oder, in Fahrtrichtung gesehen, nach rechts.

● Abgasanlage mit Helfer einsetzen und abstützen.

● Abgasanlage in die Halteschlaufen einhängen.

● Sämtliche Halterungen der Abgasanlage anschrauben.

● Vorderes Abgasrohr mit **neuer** Dichtung am Katalysator, Abgaskrümmer oder Turbolader handfest anschrauben. 1,6-l-Benzinmotor BGU/BSE/BSF: Hinweise am Ende des Kapitels beachten.

● Falls ausgebaut, Tunnelbrücke mit **23 Nm** anschrauben.

● **1,6-l-Benzinmotor BGU/BSE/BSF:** Wärmeschutzblech für Gelenkwelle mit **35 Nm** anschrauben.

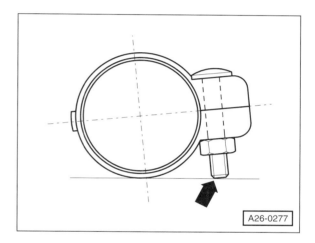

A26-0277

● Schrauben der Verbindungsschelle(n) lockern und Schelle(n), wie in der Abbildung gezeigt, ausrichten. Dabei darf das Schraubenende nicht über die Unterkante der Schelle hinausragen –Pfeil–.

● Abgasanlage so ausrichten, dass sie spannungsfrei in den Aufhängungen sitzt. Dabei auf ausreichenden Abstand von mindestens 25 mm zum Aufbau achten. Gegebenenfalls Anlage verdrehen oder in Längsrichtung verschieben. Die Halterungen müssen gleichmäßig belastet werden. Darauf achten, dass die Rohre weit genug in die Schellen geschoben werden. Dafür sind als Markierungen in den Rohren Eindrückungen angebracht. **Achtung:** Ausrichthinweise für einzelne Motoren stehen am Ende des Kapitels.

● Schrauben und Muttern festziehen. Die **Anzugsdrehmomente** stehen in den Legenden zu den Übersichtsabbildungen. An den Klemmschellen die M8-Schrauben mit **25 Nm**, die M10-Schrauben mit **40 Nm** festziehen.

● **Benzinmotor:** Stecker für Lambdasonden in die Halterungen setzen und verbinden.

● **FSI-Benzinmotor:** Wenn vorhanden, Steuergerät für NOx-Geber anschrauben, Stecker für NOx-Geber und Abgastemperaturgeber verbinden.

● Untere Motorraumabdeckung einbauen, siehe Seite 272.

- Fahrzeug ablassen.
- Abgasanlage auf Dichtheit prüfen, siehe entsprechendes Kapitel.

Speziell 1,6-l-Benzinmotor BGU/BSE/BSF

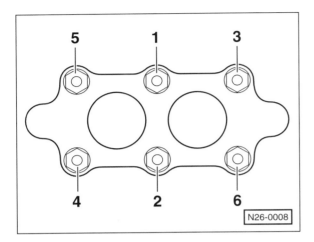

- Abgasvorrohr in der Reihenfolge, wie in der Abbildung gezeigt, mit **neuen**, selbstsichernden Muttern und **25 Nm** anschrauben.

Speziell 2,0-l-(T)FSI-Motor
1,6-l-Benzinmotor BGU/BSE/BSF

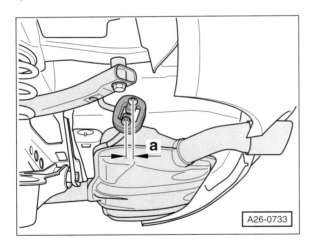

- Abgasanlage beim Ausrichten so weit nach vorn schieben, bis die Vorspannung an der Halteschlaufe am Nachschalldämpfer a ≈ 5 bis 11 mm beträgt.

Speziell Dieselmotor

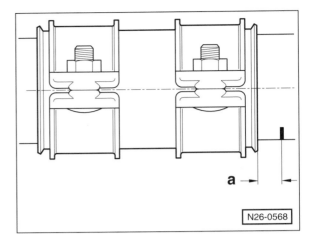

- Doppelschelle so ausrichten, dass der Abstand zur Markierung am Katalysatorrohr a = 5 mm beträgt.

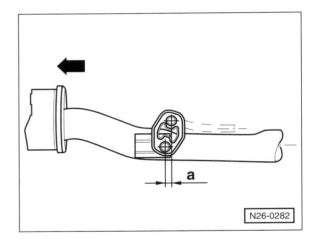

- Schalldämpfer so weit nach vorn in die Doppelschelle schieben, bis das Maß a ≈ 15 bis 17 mm beträgt.
- Nachschalldämpfer waagerecht ausrichten.

Vorschalldämpfer/Nachschalldämpfer ersetzen

Ab Werk sind Vor- und Nachschalldämpfer als eine Einheit eingebaut; die Schalldämpfer können jedoch einzeln erneuert werden. Zum Trennen wird ein handelsüblicher Ketten-Abgasrohrschneider benötigt, zum Beispiel HAZET 4682. Steht das Werkzeug nicht zur Verfügung, Abgasanlage mit einer Eisensäge durchsägen.

Hinweis: Wenn sich ein Schalldämpfer nicht aus der Klemmschelle ziehen lässt, gibt es zum Lösen zwei Möglichkeiten: 1. Möglichkeit: Abgasrohr etwa 5 cm hinter der Schelle durchsägen. Anschließend das Restrohr längs aufsägen und mit Hammer und Meißel abschlagen. 2. Möglichkeit: Steht ein Autogen-Schweißgerät zur Verfügung, die Klemmschelle erwärmen, dadurch dehnt sie sich aus, und das Rohr lässt sich abziehen.

Sicherheitshinweis
Vor Einsatz des Schweißgerätes den Fahrzeugunterboden mit einer Aluminiumplatte schützen, Brandgefahr. Feuerlöscher bereitstellen.

Ausbau bei einteiliger Vor-/Nachschalldämpfer-Anlage

Sicherheitshinweis
Beim Aufbocken des Fahrzeugs besteht Unfallgefahr! Deshalb das Kapitel »Fahrzeug aufbocken« durchlesen.

● Fahrzeug aufbocken.

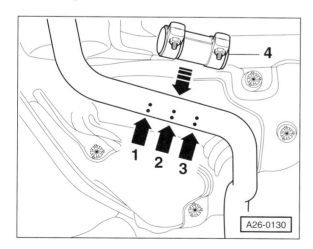

A26-0130

● Die Trennstelle ist durch Eindrückungen gekennzeichnet. An den mittleren Eindrückungen –Pfeil 2– wird das Abgasrohr getrennt. Die seitlichen Markierungen –Pfeile 1/3– dienen als Markierung, damit die Abgasrohre gleich weit in die Klemmschelle –4– hineingeschoben werden.

● Kette des Abgasrohrschneiders an den mittleren Eindrückungen –Pfeil 2– um das Rohr herumlegen und spannen. Kette hin- und herrollen und dabei nachspannen, jedoch nicht zu stark, damit das Rohr beim Schneiden nicht verformt wird.

● Schalldämpfer aus den Gummihalterungen aushängen und herausnehmen.

Einbau

● Schalldämpfer in die Gummihalterungen einhängen.

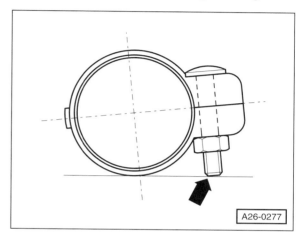

A26-0277

● Zum Verbinden der Abgasrohre wird eine Ersatzteil-Klemmschelle verwendet. **Achtung:** Bereits montierte Klemmschellen immer erneuern, nicht wieder verwenden. Da je nach Fahrzeugmodell unterschiedliche Rohrdurchmesser verwendet werden, auf richtige Ersatzteilzuordnung achten. Klemmschelle wie in der Abbildung gezeigt ausrichten. Dabei darf das Schraubenende nicht über die Unterkante der Schelle hinausragen –Pfeil–.

● **Ausrichtung der Klemmschelle:** Verschraubung zeigt nach hinten. **2,0-l-Dieselmotor BDK:** Verschraubung zeigt, in Fahrtrichtung gesehen, nach links.

● Abgasanlage ausrichten, siehe Kapitel »Abgasanlage einbauen«.

● Klemmschelle festziehen. **Anzugsdrehmomente:**
Benzinmotor: . . . . **25 Nm**
Dieselmotor, M8-Schrauben: . . . . **25 Nm**
Dieselmotor, M10-Schrauben: . . . . **40 Nm**

Abgasanlage auf Dichtigkeit prüfen

Prüfen

● Motor starten und bei laufendem Motor Abgasanlage mit einem Lappen oder Stöpsel verschließen.

● Abgasanlage auf Undichtigkeit abhören. Gegebenenfalls Verbindungsstellen Zylinderkopf/Krümmer und Krümmer/Abgasrohr vorn mit handelsüblichem »Lecksuch-Spray« einsprühen und auf Blasenbildung untersuchen.

● Undichtigkeit beseitigen.

Innenausstattung

Aus dem Inhalt:

- ■ Mittelkonsole demontieren
- ■ Innenspiegel ersetzen
- ■ Handschuhfach ausbauen
- ■ Innenverkleidungen
- ■ Sitze ausbauen

Wichtige Arbeits- und Sicherheitshinweise

Werden Arbeiten an der Innenausstattung ausgeführt, sind folgende Hinweise unbedingt zu beachten:

- ■ Zum Abhebeln von Kunststoffverkleidungen und -blenden Kunststoffteil verwenden, zum Beispiel HAZET 1965-20.
- ■ Clips, die beim Ausbau von Verkleidungen beschädigt werden, immer erneuern.
- ■ Die Fenster- und Türsäulen der Karosserie werden von vorn nach hinten als A-, B-, C- und D-Säulen bezeichnet.
- ■ Sitze, Sicherheitsgurte und Airbags sind sicherheitsrelevante Bauteile. **Aus Sicherheitsgründen nur die hier beschriebenen Arbeiten durchführen. Komplexere Arbeiten nicht in Eigenregie vornehmen, sondern von einer Fachwerkstatt durchführen lassen.**

> **Achtung:** Wenn im Rahmen von Arbeiten an der Karosserie auch Arbeiten an der elektrischen Anlage durchgeführt werden, **grundsätzlich das Batterie-Massekabel (–) abklemmen.** Dazu Hinweise im Kapitel »Batterie aus- und einbauen« beachten. Als Arbeit an der elektrischen Anlage ist dabei schon zu betrachten, wenn eine elektrische Leitung vom Anschluss abgezogen beziehungsweise abgeklemmt wird.

Achtung: Airbag-Sicherheitshinweise unbedingt befolgen, insbesondere bei Arbeiten an der Armaturentafel, siehe Seite 148.

Um ein Auslösen des Airbags zu verhindern, ist vor dem Trennen von Kabeln des Airbag-Systems die Zündung auszuschalten und dann zuerst das Batterie-Massekabel (–) und anschließend das Batterie-Pluskabel (+) von der Batterie abzuklemmen. Außerdem muss aus Sicherheitsgründen der Minuspol von der Batterie isoliert werden, siehe Seite 68.

Halteclips/Federklammern aus- und einbauen

Zahlreiche Abdeckungen und Verkleidungen sind mit Halteclips und Federklammern an der Fahrzeug-Karosserie befestigt.

Ausbau

- ● Befestigungsclip: Clip mit Schraubendreher oder Lösezange HAZET 799-4 herausziehen und Verkleidung abnehmen.

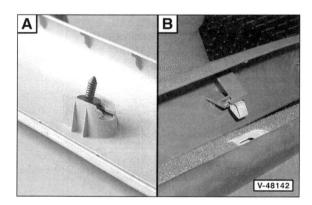
V-48142

- ● Clip/Federklammer an der Rückseite der Verkleidung: Verkleidung so an den Cliphalterungen lösen, dass der Clip –A– beziehungsweise die Federklammer –B– aus der Bohrung in der Karosserie herausgezogen wird.

Einbau

- ● Vor dem Einbau Halteclips auf Beschädigungen überprüfen, wenn nötig, ersetzen. Gegebenenfalls auf richtigen Sitz an der Verkleidung überprüfen.
- ● Befestigungsclip: Verkleidung ansetzen, Clip in die Bohrung stecken und eindrücken.
- ● Clip/Federklammer: Verkleidung so ansetzen, dass die Clips in die Bohrungen greifen. Verkleidung fest andrücken und Cliphalterung einrasten.

Innenspiegel aus- und einbauen

Spiegel ohne Regensensor/GOLF

Ausbau

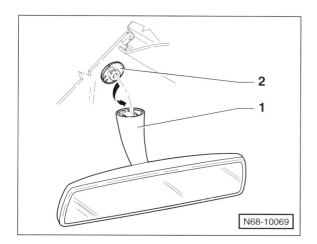

N68-10069

● Innenspiegel –1– um 90° gegen den Uhrzeigersinn drehen –Pfeil– und von der Halteplatte –2– abnehmen.

Einbau

● Der Einbau erfolgt in umgekehrter Ausbaureihenfolge.

Spiegel mit Regensensor/GOLF

Ausbau

● Zündung ausschalten und Zündschlüssel abziehen.

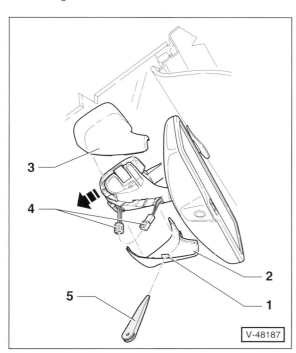

V-48187

● Mit einem Kunststoffkeil –5– Lasche –1– an der rechten Abdeckkappe –2– ausrasten.

● Abdeckkappen –2/3– auseinander drücken und vom Spiegelfuß abnehmen.

● Steckverbindung –4– aus dem Spiegelfuß herausziehen und trennen.

● Spiegelfuß mit Spiegel entlang der Frontscheibe nach unten aus der Halteplatte herausziehen –Pfeil–.

Einbau

● Der Einbau erfolgt in umgekehrter Ausbaureihenfolge.

Spiegel mit und ohne Regensensor/TOURAN

Ausbau

● **Spiegel mit Regensensor:** Zündung ausschalten und Zündschlüssel abziehen.

● Mit einem Kunststoffkeil Abdeckung am Spiegelfuß aus dem Dachhimmel herausheben. Keil dabei an den Seiten der Abdeckung ansetzen.

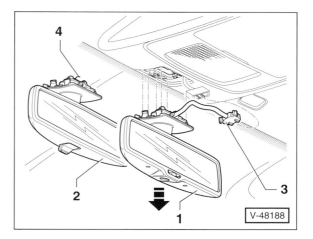

V-48188

● Spiegel –1/2– mit Spiegelfuß kräftig nach unten ziehen –Pfeil– und aus der Halterung im Dachhimmel ausrasten. 2 – Spiegel ohne Regensensor, 4 – Montagefeder.

● **Spiegel mit Regensensor –1–:** Steckverbindung –3– trennen.

Einbau

● **Spiegel mit Regensensor:** Stecker verbinden.

● Spiegelfuß mit dem **rechten** Haltebolzen in der Halterung ansetzen. Dabei darauf achten, dass die Montagefeder –4– zwischen dem **linken** Haltebolzen und dem Spiegelfuß sitzt.

● Spiegelfuß senkrecht nach oben in die Halterung drücken und einrasten.

● Abdeckung am Spiegelfuß einrasten.

Sonnenblende aus- und einbauen

Sonnenblende/GOLF

Ausbau

● Zündung ausschalten und Zündschlüssel abziehen.

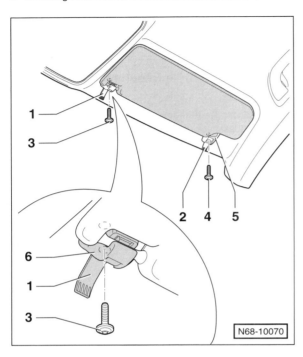

N68-10070

● Abdeckkappen –1/2– mit Schraubendreher aufhebeln und herunterklappen.

● Schrauben –3/4– herausdrehen und Sonnenblendenlager –5– an der Außenseite vorsichtig aus der Aufnahme herausziehen.

● Vorsichtig an der Flachleitung ziehen, bis die Steckverbindung aus der Halteklammer im Dachhimmel herausrutscht.

● Steckverbindung nur ein Stückchen aus der Öffnung im Dachhimmel herausziehen. **Achtung:** Flachleitung dabei nicht zu weit herausziehen, sie könnte sonst reißen.

● Steckverbindung trennen.

● Sonnenblende aus dem Lager –6– an der Innenseite aushaken und abnehmen.

● Sonnenblendenlager –6– aus der Aufnahme herausziehen.

Einbau

● Der Einbau erfolgt in umgekehrter Ausbaureihenfolge.

Sonnenblende/TOURAN

Ausbau

● Zündung ausschalten und Zündschlüssel abziehen.

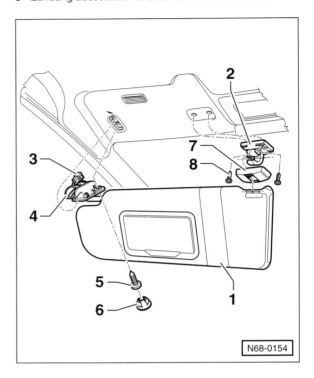

N68-0154

● Sonnenblende –1– aus dem Lager –2– an der Innenseite aushaken.

● Abdeckkappe –6– heraushebeln und Schraube –5– herausdrehen.

● Sonnenblendenlager –4– an der Außenseite aus der Aufnahme herausziehen und Steckverbindung –3– trennen.

● Sonnenblende abnehmen.

● Abdeckkappe –7– abhebeln, Schrauben –8– herausdrehen und Sonnenblendenlager –2– vom Dachhimmel abnehmen.

Einbau

● Der Einbau erfolgt in umgekehrter Ausbaureihenfolge.

Haltegriff am Dach aus- und einbauen

Ausbau

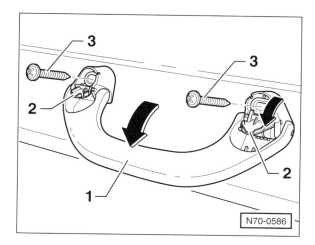

N70-0586

- Haltegriff –1– nach unten klappen.

- Abdeckkappen –2– mit Schraubendreher aufhebeln und herunterklappen.

- Schrauben –3– herausdrehen und Haltegriff –1– abnehmen.

Einbau

- Der Einbau erfolgt in umgekehrter Ausbaureihenfolge.

Abdeckung für Schalt-/Wählhebel aus- und einbauen

GOLF/TOURAN

Schaltgetriebe

Ausbau

N34-10059

- Mit einem Kunststoffkeil Faltenbalg aus der Abdeckung in der Mittelkonsole ausclipsen –Pfeile– und nach oben über den Schalthebel stülpen.

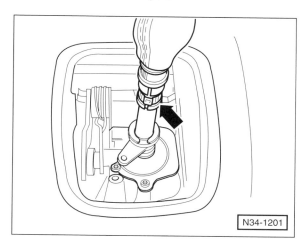

N34-1201

- Schelle –Pfeil– öffnen und Schaltknauf zusammen mit Schalthebelmanschette vom Schalthebel abziehen.

Einbau

- Schaltknauf mit umgestülpter Schalthebelmanschette auf den Schalthebel aufstecken und in der Nut einrasten.

- **Neue** Klemmschelle zusammendrücken.

- Faltenbalg nach unten stülpen und in der Mittelkonsole einclipsen.

Automatikgetriebe

Ausbau

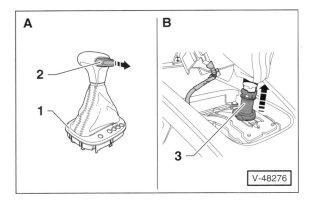

V-48276

● Mit einem Kunststoffkeil Abdeckung –1– für Wählhebel aus der Mittelkonsole ausclipsen und Faltenbalg nach oben über den Wählhebel stülpen.

● Zum Ausbau des Knaufs Sperrtaste –2– über den Widerstand hinaus aus dem Wählhebelknauf etwas herausziehen –Pfeil A–. Kabelbinder um die Sperrtaste schlingen, festziehen und Sperrtaste in dieser Stellung halten. **Achtung:** Die Sperrtaste darf weder ganz herausgezogen werden noch in den Knauf hineingedrückt werden.

● Verriegelung –3– unter dem Knauf hochschieben –Pfeil B– und Knauf vom Wählhebel abziehen.

Einbau

● Knauf so auf den Wählhebel stecken, dass die Sperrtaste nach links zum Fahrer zeigt.

● Knauf einrasten und Verriegelung nach unten drücken. **Hinweis:** Die Sperrtaste muss wie beim Ausbau herausgezogen und gesichert sein.

● Kabelbinder entfernen und Sperrtaste in den Wählhebelknauf hineindrücken.

● Faltenbalg nach unten stülpen und Abdeckung für Wählhebel in die Mittelkonsole einclipsen.

Mittelkonsole aus- und einbauen

GOLF

Ausbau

● Batterie abklemmen. **Achtung:** Hinweise im Kapitel »Batterie aus- und einbauen« beachten.

● Faltenbalg für Schalt-/Wählhebel aus der Mittelkonsole ausclipsen, siehe entsprechendes Kapitel.

● Verkleidung am Handbremshebel ausbauen.

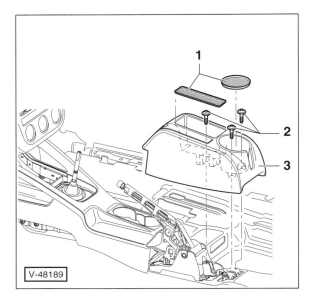

V-48189

● 2 Auskleidematten –1– aus den Ablagen herausnehmen.

● 3 Schrauben –2– herausdrehen, hintere Mittelkonsole –3– aus den Aufnahmen am Boden lösen, nach vorne über den Handbremshebel führen und nach oben herausheben.

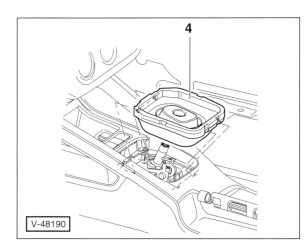

V-48190

● Geräuschdämmung –4– am Schalthebel aus der vorderen Mittelkonsole herausziehen.

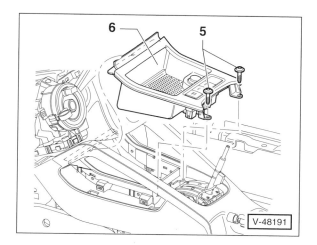

V-48191

- 2 Schrauben –5– herausdrehen, vorderes Ablagefach –6– aus der Mittelkonsole herausziehen und Stecker an der Rückseite von den Schaltern abziehen. **Hinweis:** Je nach Ausstattung ist anstelle des Ablagefachs ein Aschenbecher in der vorderen Mittelkonsole eingesetzt.

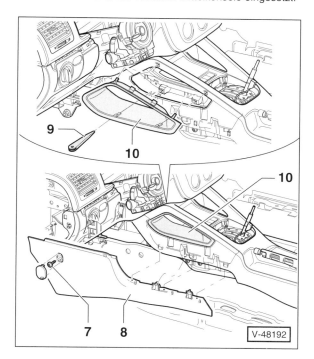

V-48192

- Mit einem Schraubendreher Abdeckkappe aus der seitlichen Verkleidung heraushebeln, Schraube –7– herausdrehen, linke Verkleidung –8– aus den Aufnahmen der Mittelkonsole herausziehen und abnehmen.

- Rechte Verkleidung in gleicher Weise von der Mittelkonsole abbauen.

- Mit einem Kunststoffkeil –9– Blende –10– links und rechts an den Einrastungen ausclipsen und von der vorderen Mittelkonsole abnehmen.

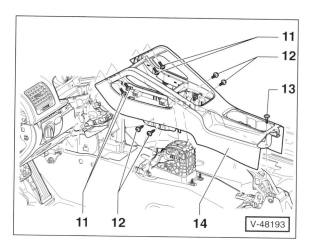

V-48193

- 4 Schrauben –11– vorne herausdrehen, 4 Schrauben –12– an den Seiten herausdrehen, Schraube –13– hinten herausdrehen, vordere Mittelkonsole –14– vom Fahrzeugboden abheben und herausnehmen.

Einbau

- Der Einbau erfolgt in umgekehrter Ausbaureihenfolge, dabei nacheinander die Schrauben –11–, –12– und –13– eindrehen.

Speziell Ausführung mit Mittelarmlehne

- **Ausführung mit CD-Wechsler:** Mittlelarmlehne hochklappen und CD-Wechsler ausbauen, siehe Seite 118.

- **Ausführung mit CD-Wechsler:** Schraube vorne aus dem Einschubfach für den CD-Wechsler herausdrehen. Auskleidematte aus dem Ablagefach in der hinteren Mittelkonsole herausnehmen.

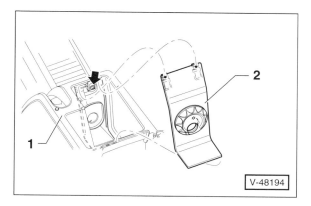

V-48194

- **Ausführung mit Kühlfach:** Mittlelarmlehne hochklappen und Auskleidematte aus dem Kühlfach in der hinteren Mittelkonsole –1– herausnehmen. Abdeckung –2– aus den Aufnahmen herausziehen und Schraube –Pfeil– vorne aus dem Kühlfach herausdrehen.

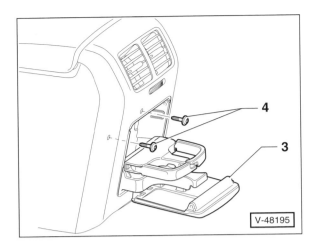

V-48195

● Getränkehalter –3– aus der hinteren Mittelkonsole herausfahren und 2 Schrauben –4– herausdrehen. Getränkehalter aus der hinteren Mittelkonsole herausziehen.

Hinweis: Beim Einbau den Getränkehalter in geschlossenem Zustand in die Mittelkonsole einsetzen, dann den Getränkehalter herausfahren und die 2 Schrauben eindrehen.

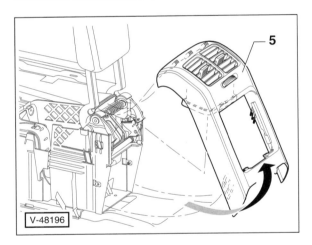

V-48196

● Blende –5– mit hinterer Luftaustrittsdüse unten aus den Aufnahmen herausziehen –Pfeil–.

● Blende –5– oben aus den Aufnahmen herausziehen und von der hinteren Mittelkonsole abnehmen.

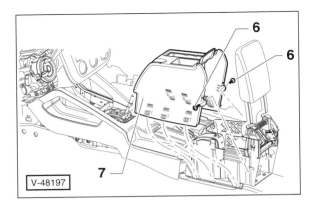

V-48197

● Schrauben –6– an den Seiten herausdrehen, Abdeckung –7– für hintere Mittelkonsole aus den Aufnahmen am Boden lösen und nach oben herausheben.

● Vordere Mittelkonsole ausbauen, siehe entsprechenden Abschnitt.

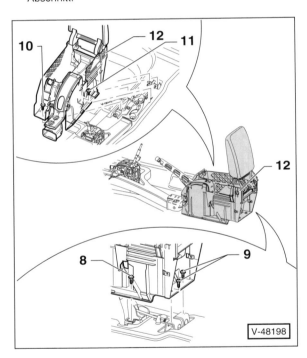

V-48198

● Schrauben –8/9/10/11– herausdrehen und hintere Mittelkonsole –12– mit Armlehne herausnehmen.

Mittelkonsole aus- und einbauen

TOURAN

Ausbau

- Batterie abklemmen. **Achtung:** Hinweise im Kapitel »Batterie aus- und einbauen« beachten.

- Faltenbalg für Schalt-/Wählhebel aus der Mittelkonsole ausclipsen, siehe entsprechendes Kapitel.

- Automatikgetriebe: Knauf vom Wählhebel abbauen, siehe Kapitel »Abdeckung für Schalt-/Wählhebel aus- und einbauen«.

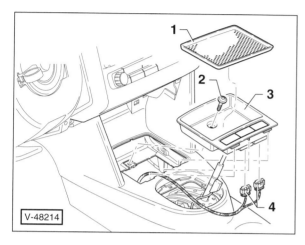

V-48214

- Auskleidematte –1– aus dem vorderen Ablagefach –3– herausnehmen und Schraube –2– herausdrehen.

- Ablagefach –3– aus den Aufnahmen in der Mittelkonsole herausziehen und Stecker –4– an der Rückseite von den Schaltern abziehen.

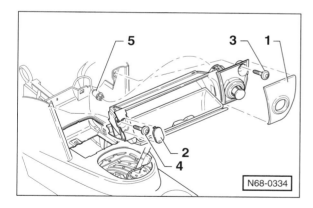

N68-0334

- Aschenbecher öffnen und mit einem Kunststoffkeil Blende –1– am Zigarettenanzünder sowie Abdeckkappe –2– abhebeln.

- Schrauben –3/4– herausdrehen und Ascher aus der Mittelkonsole herausziehen.

- Stecker –5– vom Zigarettenanzünder abziehen.

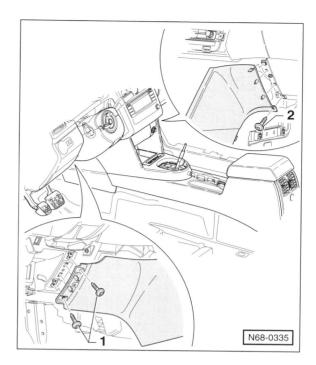

N68-0335

- Ablagefach im Fahrerfußraum öffnen und 2 Schrauben –1– für Mittelkonsole herausdrehen.

- Schraube –2– im Beifahrerfußraum herausdrehen.

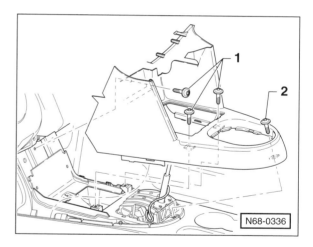

N68-0336

- 4 Schrauben –1/2– herausdrehen.

- Schalt- beziehungsweise Wählhebel auf die hinterste Position stellen und vordere Mittelkonsole abnehmen.

- Seitliche Verkleidungen rechts und links im Fußraum ausbauen, siehe entsprechendes Kapitel.

- Vordersitze ausbauen, siehe entsprechendes Kapitel.

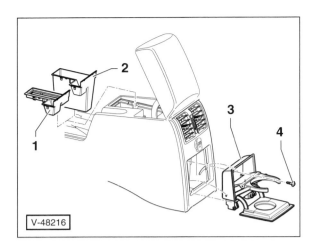

V-48216

- Mittelarmlehne hochklappen und – je nach Ausstattung – hinteres Ablagefach –1– oder –2– aus der Mittelkonsole herausziehen.

- Getränkehalter –3– aus der hinteren Mittelkonsole herausfahren, Schraube –4– herausdrehen und Getränkehalter aus der hinteren Mittelkonsole herausziehen.

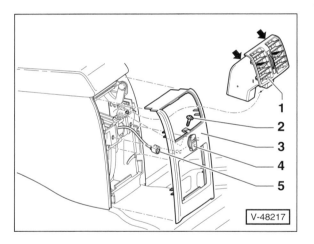

V-48217

- Durch die geöffnete Mittelarmlehne 2 Rasthaken –Pfeile– entriegeln und Luftaustrittsdüse –1– aus der hinteren Mittelkonsole herausdrücken.

- Schraube –2– herausdrehen und Blende –3– aus den Aufnahmen herausziehen.

- Stecker –5– von der Steckdose –4– abziehen und Blende von der hinteren Mittelkonsole abnehmen.

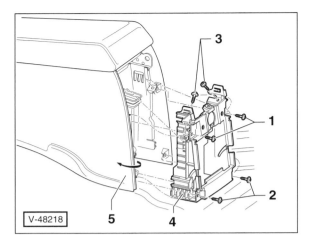

V-48218

- Schrauben –1/2/3– herausdrehen, Seitenwände –5– der Mittelkonsole etwas auseinanderdrücken –Pfeil– und Einsatz –4– herausziehen. **Hinweis:** Schrauben beim Einbau in der Reihenfolge –1–, –2–, und–3– eindrehen.

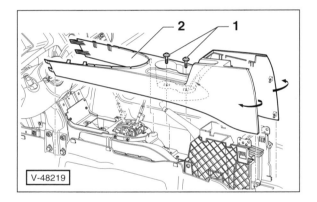

V-48219

- 2 Auskleidematten aus den Dosenhaltern herausnehmen und 2 Schrauben –1– herausdrehen.

- Schalt- beziehungsweise Wählhebel auf die vorderste Position stellen.

- Seitenwände etwas auseinanderdrücken –Pfeile– und hintere Mittelkonsole –2– nach oben herausheben.

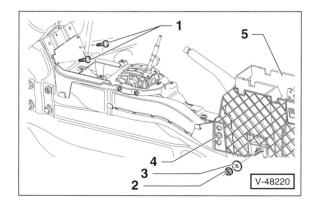

V-48220

- 2 Schrauben –1– herausdrehen.

- 2 Muttern –2– links und rechts am hinteren Träger –5– abschrauben und mit Unterlegscheibe –3– abnehmen.

- 2 Schrauben –4– links und rechts herausdrehen und hinteren Träger –5– nach oben herausheben.

Hinweis: Schrauben beim Einbau in der Reihenfolge –4– und –1– eindrehen, dann die Mutter –2– aufschrauben.

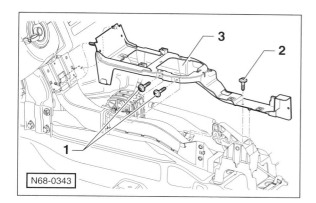

N68-0343

- Schrauben –1/2– herausdrehen, Konsolenträger –3– aus den Aufnahmen lösen und vom Fahrzeugboden abheben.

Einbau

- Der Einbau erfolgt in umgekehrter Ausbaureihenfolge.

Seitliche Verkleidung im Fußraum aus- und einbauen

TOURAN

Ausbau

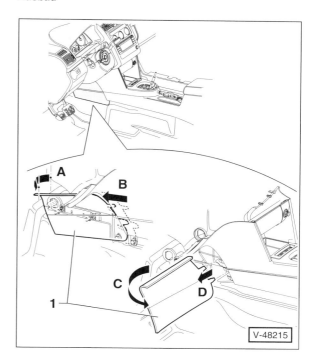

V-48215

- Verkleidung –1– im vorderen Bereich aus der Aufnahme herausziehen –Pfeil A– und etwas nach vorne drücken –Pfeil B–.

- Verkleidung –1– nach außen schwenken –Pfeil C– und aus der Mittelkonsole herausziehen –Pfeil D–.

Einbau

- Der Einbau erfolgt in umgekehrter Ausbaureihenfolge.

Blende der Radio-/Heizungskonsole aus- und einbauen

GOLF

Ausbau

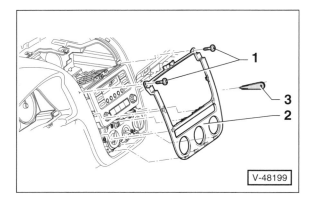

V-48199

- Mittlere Luftaustrittsdüse soweit ausbauen, dass die 2 Schrauben –1– zugänglich sind, siehe Seite 124.

Hinweis: In der Abbildung ist die Luftaustrittsdüse ausgebaut.

- 2 Schrauben –1– herausdrehen.

- Mit einem Kunststoffkeil –3– Blende –2– an den Einrastungen ausclipsen und nach hinten von der Armaturentafel abnehmen.

Einbau

- Der Einbau erfolgt in umgekehrter Ausbaureihenfolge.

TOURAN

Ausbau

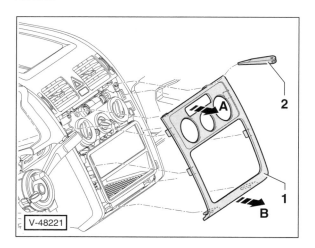

V-48221

- Mit einem Kunststoffkeil –2– Blende –1– im oberen Bereich an den Einrastungen abhebeln –Pfeil A–.

- Blende im unteren Bereich ausclipsen und nach hinten von der Armaturentafel abnehmen –Pfeil B–.

Einbau

- Der Einbau erfolgt in umgekehrter Ausbaureihenfolge.

Seitliche Klappen an der Armaturentafel aus- und einbauen

GOLF/TOURAN

Ausbau

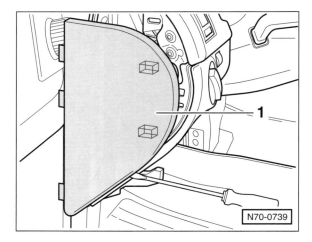

N70-0739

- Mit einem Schraubendreher oder einem Kunststoffkeil, zum Beispiel HAZET 1965-20, Klappe –1– seitlich an der Armaturentafel heraushebeln und abnehmen.

Einbau

- Der Einbau erfolgt in umgekehrter Ausbaureihenfolge.

Lenksäulenverkleidung aus- und einbauen

GOLF/TOURAN

Hinweis: In den Abbildungen ist die Lenksäulenverkleidung beim GOLF dargestellt. Der Aus- und Einbau erfolgt beim TOURAN in gleicher Weise.

Ausbau

● Batterie abklemmen. **Achtung:** Hinweise im Kapitel »Batterie aus- und einbauen« beachten.

> **Sicherheitshinweis**
> Unbedingt Airbag-Sicherheitshinweise durchlesen, siehe Seite 148.

● Airbageinheit am Lenkrad ausbauen, siehe Seite 149.

● Lenkrad nach unten verstellen und ganz herausziehen.

● Lenkrad ausbauen, siehe Seite 150.

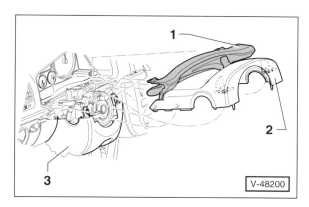

V-48200

● Abdeckung –1– über der Lenksäulenfuge aus den Aufnahmen ausclipsen.

● Obere Lenksäulenverkleidung –2– an den Einraststellen von der unteren Lenksäulenverkleidung –3– lösen und abnehmen.

● Lenkradverstellhebel umklappen.

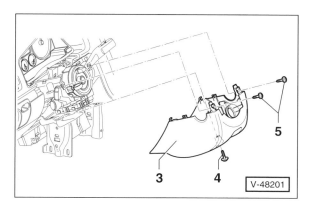

V-48201

● Schraube –4– unten herausdrehen.

● 2 Schrauben –5– herausdrehen, untere Lenksäulenverkleidung –3– aus den Aufnahmen ausclipsen und von der Lenksäule abnehmen.

Einbau

● Der Einbau erfolgt in umgekehrter Ausbaureihenfolge.

Armaturentafel aus- und einbauen

TOURAN

Ausbau

● Batterie abklemmen. **Achtung:** Hinweise im Kapitel »Batterie aus- und einbauen« beachten.

> **Sicherheitshinweis**
> Unbedingt Airbag-Sicherheitshinweise durchlesen, siehe Seite 148.

● Airbageinheit am Lenkrad ausbauen, siehe Seite 149.

● Lenkrad ausbauen, siehe Seite 150.

● Lenksäulenverkleidung ausbauen, siehe entsprechendes Kapitel.

● Kombiinstrument ausbauen, siehe Seite 109.

● Mit einem Kunststoffkeil Zierleisten von der Armaturentafel abhebeln.

● Vordere Mittelkonsole ausbauen.

● Seitliche Klappen aus der Armaturentafel ausbauen.

● Handschuhfach ausbauen, siehe entsprechende Kapitel.

Achtung: Vor dem Trennen der Steckverbindung für Beifahrer-Airbag, elektrostatische Aufladung abbauen, dazu kurz den Schließbügel der Tür oder die Karosserie anfassen.

● Stecker vom Beifahrer-Airbag abziehen.

● 2 Schrauben von unten herausdrehen und Beifahrer-Airbag aus der Armaturentafel herausziehen.

● Blende der Radio-/Heizungskonsole ausbauen, siehe entsprechendes Kapitel.

● Mittlere Luftaustrittsdüse ausbauen, siehe Seite 125.

● Lautsprecher in der Armaturentafel ausbauen, siehe Seite 120.

● Verkleidung an der Armaturentafel auf der Fahrerseite unten ausbauen, siehe entsprechendes Kapitel.

● A-Säulenverkleidung ausbauen, siehe entsprechendes Kapitel.

● Heizungs-/Klimabedieneinheit ausbauen, siehe Seite 126.

● Radio-/Navigationsgerät ausbauen, siehe Seite 116.

● 4 Schrauben herausdrehen und Halterahmen für Heizungs-/Klimabedieneinheit sowie Radio-/Navigationsgerät aus dem Einbauschacht herausziehen.

● 2 Schrauben im Übergangsbereich zur Mittelkonsole herausdrehen.

- Luftführungskanäle zu den Seitenfenstern rechts und links abziehen.

- 1 Schraube unterhalb der linken Luftaustrittsdüse, 2 Schrauben unterhalb der rechten Luftaustrittsdüse herausdrehen.

- Armaturentafel vom Trägerrahmen sowie aus den Aufnahmen im Bereich der Frontscheibe lösen und mit einem Helfer aus dem Fahrzeug herausziehen.

Einbau

- Der Einbau erfolgt in umgekehrter Ausbaureihenfolge.

Achtung: Beim Anklemmen der Batterie darf sich keine Person im Innenraum des Fahrzeugs aufhalten.

Verkleidung Armaturentafel Fahrerseite unten aus- und einbauen
TOURAN

Ausbau

- Zündung ausschalten und Zündschlüssel abziehen.

- Seitliche Klappe links aus der Armaturentafel ausbauen, siehe entsprechendes Kapitel.

- Ablagefach im Fahrerfußraum öffnen und 2 Schrauben an den Stoßstellen zur Mittelkonsole herausdrehen, siehe Kapitel »Mittelkonsole aus- und einbauen«.

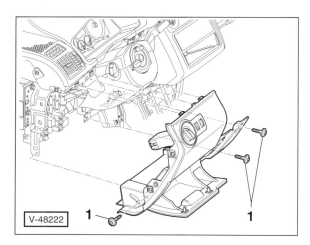

- 3 Schrauben –1– herausdrehen und Verkleidung von der Armaturentafel abnehmen.

Hinweis: Das Lenkrad muss nicht, wie in der Abbildung gezeigt, ausgebaut werden.

- An der Rückseite der Verkleidung Stecker vom Lichtschalter, vom Einsteller für Leuchtweitenregulierung sowie vom Diagnosestecker abziehen.

Einbau

- Der Einbau erfolgt in umgekehrter Ausbaureihenfolge.

Verkleidung Armaturentafel Fahrerseite unten aus- und einbauen
GOLF

Ausbau

- Zündung ausschalten und Zündschlüssel abziehen.

- Seitliche Klappe links aus der Armaturentafel ausbauen, siehe entsprechendes Kapitel.

- Lichtschalter ausbauen, siehe Seite 111.

- Abdeckung über der Lenksäulenfuge aus den Aufnahmen ausclipsen, siehe Kapitel »Lenksäulenverkleidung aus- und einbauen«.

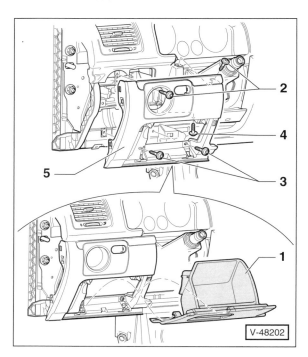

- Ablagefach –1– öffnen. Seitenwände des Ablagefachs zusammendrücken und Ablagefach über den Anschlag hinaus ganz herausklappen. Ablagefach kräftig nach hinten ziehen, dabei unten an den Scharnieren ausrasten und aus der Armaturentafel herausziehen.

Hinweis: Das Lenkrad muss nicht, wie in der Abbildung gezeigt, ausgebaut werden.

- Schrauben –2/3/4– herausdrehen und Verkleidung –5– von der Armaturentafel abnehmen.

- An der Rückseite der Verkleidung den Stecker vom Einsteller für Leuchtweitenregulierung abziehen.

- Abdeckung unter der Heizungbedieneinheit ausbauen, siehe entsprechendes Kapitel.

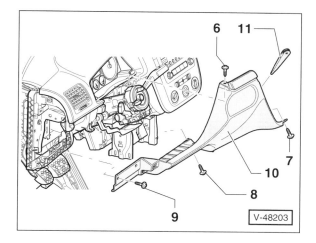

● Schrauben –6/7/8/9– herausdrehen.

Hinweis: Lenkrad und Lenksäulenverkleidung müssen nicht, wie in der Abbildung gezeigt, ausgebaut werden.

● Mit einem Kunststoffkeil –11– Verkleidung rechts –10– an den Einraststellen lösen und von der Armaturentafel abnehmen.

Einbau

● Der Einbau erfolgt in umgekehrter Ausbaureihenfolge, dabei nacheinander die Schrauben –6–, –7–, –8– und –9– für die Verkleidung rechts, sowie die Schrauben –2–, –3– und –4– für die Verkleidung links eindrehen.

Obere Abdeckung im Fahrerfußraum aus- und einbauen

GOLF

Ausbau

● Zündung ausschalten und Zündschlüssel abziehen.

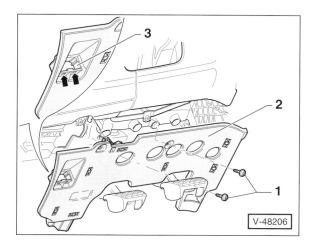

● 2 Schrauben –1– herausdrehen.

● Abdeckung –2– an den Einraststellen lösen und nach unten abnehmen.

● Stecker von der Fußraumleuchte abziehen.

● 2 Rastlaschen –Pfeile– entriegeln und Diagnosestecker –3– aus der Abdeckung herausziehen.

Einbau

● Der Einbau erfolgt in umgekehrter Ausbaureihenfolge.

Abdeckung unter der Heizung-bedieneinheit aus- und einbauen

GOLF

Ausbau

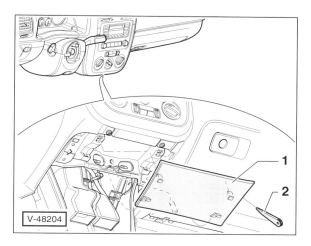

● Mit einem Kunststoffkeil –2– Verkleidung –1– an den Einraststellen lösen und abnehmen.

Einbau

● Der Einbau erfolgt in umgekehrter Ausbaureihenfolge.

Handschuhfach aus- und einbauen

GOLF

Ausbau

- Zündung ausschalten und Zündschlüssel abziehen.

- Seitliche Klappe rechts aus der Armaturentafel ausbauen, siehe entsprechendes Kapitel.

- Abdeckung unter der Heizungbedieneinheit ausbauen, siehe entsprechendes Kapitel.

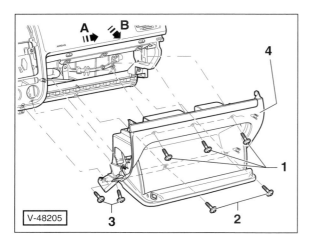

- Handschuhfach öffnen und 7 Schrauben −1/2/3− herausdrehen.

- Handschuhfach −4− bis zum Anschlag nach außen schieben −Pfeil A− und nach hinten aus der Armaturentafel herausziehen −Pfeil B−.

- Je nach Austattung Stecker für Handschuhfachleuchte, Fußraumleuchte, Schlüsselschalter für Airbagabschaltung abziehen.

- Gegebenenfalls Luftkanal für Handschuhfachkühlung abziehen.

Einbau

- Der Einbau erfolgt in umgekehrter Ausbaureihenfolge.

TOURAN

Ausbau

- Zündung ausschalten und Zündschlüssel abziehen.

- Seitliche Klappe rechts aus der Armaturentafel ausbauen, siehe entsprechendes Kapitel.

- Vordere Mittelkonsole ausbauen, siehe Kapitel »Mittelkonsole aus- und einbauen«.

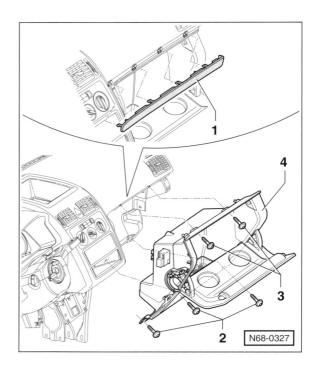

- Mit einem Kunststoffkeil Zierleiste −1− über dem Handschuhfach von der Armaturentafel abhebeln.

- Handschuhfach −4− öffnen.

- Kunststoffkeil unten an der Handschuhfachleuchte ansetzen und Leuchte aus dem Handschuhfach heraushebeln. Stecker von der Leuchte abziehen.

- 5 Schrauben −2/3− herausdrehen und Handschuhfach −4− nach hinten aus der Armaturentafel herausziehen.

- Je nach Austattung Stecker vom Schlüsselschalter für Airbagabschaltung abziehen.

- Gegebenenfalls Luftkanal für Handschuhfachkühlung abziehen.

Einbau

- Der Einbau erfolgt in umgekehrter Ausbaureihenfolge.

Einstiegsleiste aus- und einbauen

GOLF, 4-Türer

Ausbau

- Rücksitzbank ausbauen, siehe entsprechendes Kapitel.
- Rücksitzseitenpolster ausbauen, siehe entsprechendes Kapitel.
- Verkleidung Radkasten ausbauen, siehe entsprechendes Kapitel.

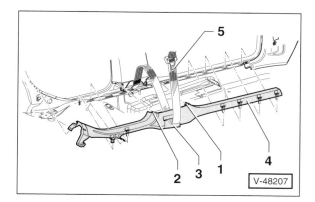

- Einen Kunststoffkeil vorne zwischen Einstiegsleiste –4– und Türschweller führen und Halteklammern an der Rückseite der Einstiegsleiste aus den Bohrungen herausziehen. Einstiegsleiste vorne aus der Türdichtung herausziehen.
- Führung –1– der Einstiegsleiste von der unteren Verkleidung der B-Säule lösen.
- Einstiegsleiste –4– hinten vom Türschweller abziehen und aus der Türdichtung herausziehen.
- Führung –2– der Einstiegsleiste von der unteren Verkleidung der B-Säule lösen.
- Lasche –3– öffnen und Sicherheitsgurt –5– hindurchfädeln.
- Einstiegsleiste vom Türschweller abnehmen.

Einbau

- Halteklammern auf Beschädigungen und auf richtigen Sitz an der Verkleidung überprüfen, wenn nötig, ersetzen.
- Der Einbau erfolgt in umgekehrter Ausbaureihenfolge, dabei darauf achten, dass die Halteklammern korrekt in die Bohrungen eingreifen und dass die Türdichtung über die Einstiegsleiste greift.

Speziell 2-Türer

- Rücksitzbank ausbauen, siehe entsprechendes Kapitel.
- Einstiegsleiste aus den Aufnahmen im Türschweller und der hinteren Seitenverkleidung sowie aus der Türdichtung herausziehen.

Verkleidung A-Säule aus- und einbauen

GOLF

Obere Verkleidung

Ausbau

Achtung: Unbedingt Airbag-Sicherheitshinweise beachten, siehe Seite 148.

- Um ein Auslösen des Kopf-Airbags zu verhindern, Zündung ausschalten, zuerst Massekabel (–) und danach Pluskabel (+) von der Batterie abklemmen. **Minuspol der Batterie mit Isolierband abkleben.** Hinweise im Kapitel »Batterie aus- und einbauen« beachten.

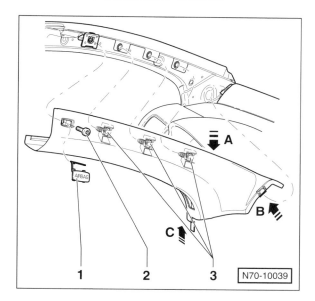

- »Airbag«-Kappe –1– von der Verkleidung abziehen und Schraube –2– herausdrehen. **Achtung:** Die »Airbag«-Kappe wird beschädigt und muss ersetzt werden.
- Einen Kunststoffkeil unter die Verkleidung schieben und Halteclips –3– aus den Aufnahmen in der A-Säule herausziehen –Pfeil A–.
- Verkleidung aus der Türdichtung herausziehen.
- Verkleidung aus der vorderen Aufnahme herausziehen –Pfeil B– und hinten aus der Armaturentafel herausziehen –Pfeil C–.

Einbau

- Halteclips auf Beschädigungen und auf richtigen Sitz an der Verkleidung überprüfen, wenn nötig, ersetzen.
- Der Einbau erfolgt in umgekehrter Ausbaureihenfolge, dabei darauf achten, dass die Türdichtung über die Verkleidung greift.
- Schraube –2– mit **4 Nm** festziehen.

Mittlere Verkleidung

Ausbau

- Seitliche Klappe aus der Armaturentafel ausbauen, siehe entsprechendes Kapitel.

- Mittlere Verkleidung von der oberen Verkleidung lösen, dazu eine Halteklammer herausziehen.

- Mittlere Verkleidung unten aus der unteren Verkleidung herausziehen und von der A-Säule ziehen.

Einbau

- Der Einbau erfolgt in umgekehrter Ausbaureihenfolge, dabei darauf achten, dass die Türdichtung über die Verkleidung greift. Herausgefallenes Dämmmaterial hinter die Verkleidung legen.

Untere Verkleidung

Ausbau

- Einstiegsleiste an den Stoßstellen zur unteren A-Säulenverkleidung vom Türschweller ablösen, siehe entsprechendes Kapitel.

- Mittlere A-Säulenverkleidung ausbauen, siehe entsprechenden Abschnitt.

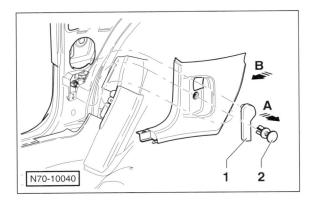

N70-10040

- **Fahrerseite:** Betätigungshebel –1– für Motorhauben-Seilzug ausbauen, siehe Seite 285.

- **Fahrerseite:** Spreizclip –2– aus der Verkleidung herausziehen.

- Verkleidung von der A-Säule ziehen –Pfeil A– und aus der Türdichtung herausziehen.

- Verkleidung aus der Aufnahme ziehen –Pfeil B– und abnehmen.

Einbau

- Spreizclip auf Beschädigungen überprüfen, wenn nötig, ersetzen.

- Der Einbau erfolgt in umgekehrter Ausbaureihenfolge, dabei darauf achten, dass die Türdichtung über die Verkleidung greift.

Verkleidung B-Säule aus- und einbauen

GOLF

Obere Verkleidung

Ausbau

Achtung: Unbedingt Airbag-Sicherheitshinweise beachten, siehe Seite 148.

- Um ein Auslösen des Kopf-Airbags zu verhindern, Zündung ausschalten, zuerst Massekabel (–) und danach Pluskabel (+) von der Batterie abklemmen. **Minuspol der Batterie mit Isolierband abkleben.** Hinweise im Kapitel »Batterie aus- und einbauen« beachten.

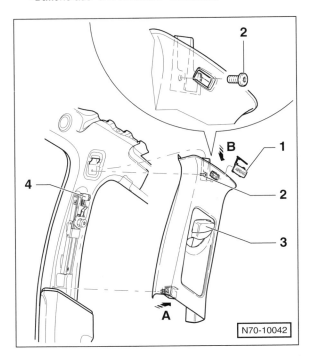

N70-10042

- »Airbag«-Kappe –1– von der Verkleidung abziehen und Schraube –2– herausdrehen. **Achtung:** Die »Airbag«-Kappe wird beschädigt und muss ersetzt werden.

- Verkleidung im unteren Bereich aus den Aufnahmen in der B-Säule herausziehen –Pfeil A–.

- Verkleidung aus der Türdichtung herausziehen.

- Verkleidung aus der oberen Aufnahme herausziehen –Pfeil B–.

- **4-Türer:** Untere B-Säulenverkleidung ausbauen, siehe entsprechenden Abschnitt.

- **4-Türer:** Gurtendbeschlag für vorderen Sicherheitsgurt ausbauen, siehe Kapitel »Sicherheitsgurt vorn«.

- **2-Türer:** Rücksitzbank und Einstiegsleiste ausbauen, siehe entsprechende Kapitel.

- **2-Türer:** Gurtführungsbügel für vorderen Sicherheitsgurt ausbauen, siehe entsprechendes Kapitel.

- Sicherheitsgurt durch die Öffnung an der Taste –3– für Gurthöhenverstellung herausfädeln und obere B-Säulen-verkleidung abnehmen.

Einbau

- Halteclips auf Beschädigungen und auf richtigen Sitz an der Verkleidung überprüfen, wenn nötig, ersetzen.
- Der Einbau erfolgt in umgekehrter Ausbaureihenfolge, dabei darauf achten, dass die Türdichtung über die Ver-kleidung greift und die Taste –3– der Gurthöhenverstel-lung korrekt in den Mitnehmer –4– eingreift.
- Schraube –2– mit **4 Nm** festziehen.
- Gurthöhenversteller auf Funktion prüfen.

Untere Verkleidung

Ausbau

- Obere B-Säulenverkleidung ausbauen, siehe entspre-chenden Abschnitt.

Hinweis: Gurtendbeschlag beziehungsweise Gurtführungs-bügel für vorderen Sicherheitsgurt müssen dabei nicht aus-gebaut werden.

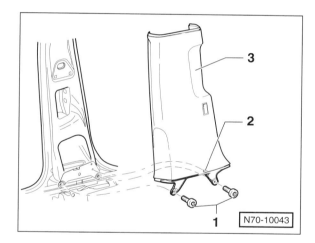

N70-10043

- 2 Schrauben –1– unten herausdrehen und Verkleidung aus der Türdichtung herausziehen.
- Verkleidung von der B-Säule ziehen, dabei die Führungs-nase –2– aus der Aufnahme herausziehen.
- **Fahrzeuge mit Diebstahlwarnanlage:** Zündung aus-schalten und Zündschlüssel abziehen. Stecker vom Überwachungssensor in der Verkleidung abziehen.

Einbau

- Der Einbau erfolgt in umgekehrter Ausbaureihenfolge, dabei darauf achten, dass die Türdichtung über die Ver-kleidung greift.
- Schrauben –1– mit **4 Nm** festziehen.

Obere Verkleidung C-Säule aus- und einbauen

GOLF

Ausbau

Achtung: Unbedingt Airbag-Sicherheitshinweise beach-ten, siehe Seite 148.

- Um ein Auslösen des Kopf-Airbags zu verhindern, Zün-dung ausschalten, zuerst Massekabel (–) und danach Pluskabel (+) von der Batterie abklemmen. **Minuspol der Batterie mit Isolierband abkleben.** Hinweise im Kapitel »Batterie aus- und einbauen« beachten.
- Auflage für Kofferraumabdeckung ausbauen, siehe ent-sprechendes Kapitel.
- Heckklappe öffnen, hintere Abdeckleiste am Dachhimmel nach unten ausclipsen und aus der Gummidichtung he-rausziehen.

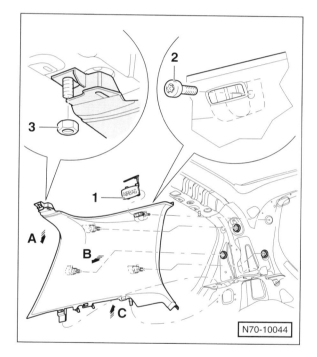

N70-10044

- »Airbag«-Kappe –1– von der Verkleidung abziehen und Schraube –2– herausdrehen. **Achtung:** Die »Airbag«-Kappe wird beschädigt und muss ersetzt werden.
- Mutter –3– oben abschrauben und Verkleidung nach un-ten vom Gewindebolzen ziehen –Pfeil A–.
- Verkleidung an den Halteclips aus den Aufnahmen in der C-Säule herausziehen –Pfeil B–.
- Verkleidung aus der Tür- und Heckklappendichtung he-rausziehen.
- Verkleidung im unteren Bereich nach oben aus den Auf-nahmen in der C-Säule herausziehen –Pfeil C–.

Einbau

- Halteclips auf Beschädigungen und auf richtigen Sitz an der Verkleidung überprüfen, wenn nötig, ersetzen.
- Der Einbau erfolgt in umgekehrter Ausbaureihenfolge, dabei darauf achten, dass die Tür- und Heckklappendichtung über die Verkleidung greift.
- Schraube –2– mit **4 Nm** festziehen.

Innenverkleidung Radkasten hinten aus- und einbauen

GOLF, 4-Türer

Ausbau

- Rücksitzbank ausbauen, siehe entsprechendes Kapitel.
- Rücksitzseitenpolster ausbauen, siehe entsprechendes Kapitel.

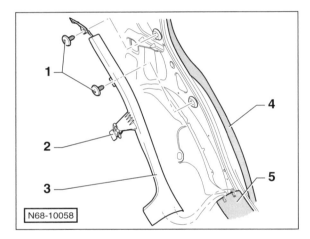

N68-10058

- 2 Schrauben –1– herausdrehen.
- Klammer –2– vom Flansch am Radkasten abziehen.
- Verkleidung –3– aus den Aufnahmen in der Einstiegsleiste –5– und aus der Gummidichtung –4– herausziehen.
- Verkleidung –3– nach vorne unter der oberen C-Säulenverkleidung herausziehen.

Einbau

- Der Einbau erfolgt in umgekehrter Ausbaureihenfolge.

Seitenverkleidung hinten aus- und einbauen

GOLF, 2-Türer

Ausbau

- Rücksitzbank und -lehne ausbauen, siehe entsprechendes Kapitel.
- Obere B-Säulenverkleidung ausbauen, siehe entsprechendes Kapitel.

Hinweis: Der Gurtführungsbügel für vorderen Sicherheitsgurt muss dabei nicht ausgebaut werden.

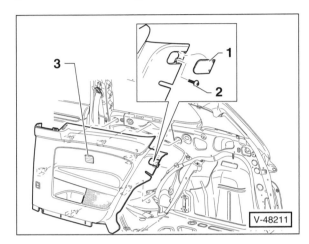

V-48211

- Abdeckkappe –1– aus der Seitenverkleidung heraushebeln und Schraube –2– herausdrehen.
- Einstiegsleiste aus den Aufnahmen im unteren Bereich der Seitenverkleidung herausziehen.
- Seitenverkleidung an den Halteclips vorsichtig von der Seitenwand ziehen und aus der Türdichtung herausziehen. **Achtung:** Je nach Ausstattung sitzt ein Hochtonlautsprecher in der Seitenverkleidung. Das Lautsprecherkabel ist sehr kurz ausgelegt. Dadurch kann der Lautsprecher von der Seitenverkleidung abgerissen werden.
- Zündung ausschalten und Zündschlüssel abziehen.
- Stecker vom Lautsprecher –3– abziehen.
- **Fahrzeuge mit Diebstahlwarnanlage:** Stecker vom Überwachungssensor in der Verkleidung abziehen.
- Verkleidung von der Seitenwand abnehmen.

Einbau

- Halteclips auf Beschädigungen und auf richtigen Sitz an der Verkleidung überprüfen, wenn nötig, ersetzen.
- Der Einbau erfolgt in umgekehrter Ausbaureihenfolge, dabei darauf achten, dass die Türdichtung über die Verkleidung greift.

Auflage für Kofferraumabdeckung aus- und einbauen

GOLF

Ausbau

- Batterie abklemmen. **Achtung:** Hinweise im Kapitel »Batterie aus- und einbauen« beachten.

- Verkleidung Heckabschluss an den Stoßstellen mit der Auflage ablösen, siehe entsprechendes Kapitel.

- Rücksitzbank ausbauen, siehe entsprechendes Kapitel.

- **4-Türer:** Rücksitzseitenpolster ausbauen, siehe entsprechendes Kapitel.

- **2-Türer:** Rücksitzlehne ausbauen, siehe entsprechendes Kapitel.

- **2-Türer:** Obere B-Säulenverkleidung ausbauen, siehe entsprechendes Kapitel.

Hinweis: Der Gurtführungsbügel für den vorderen Sicherheitsgurt muss dabei nicht ausgebaut werden.

- **2-Türer:** Seitenverkleidung hinten ausbauen, siehe entsprechendes Kapitel.

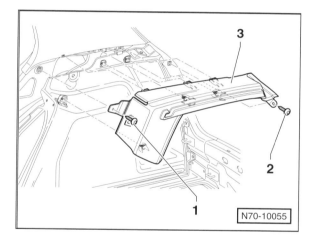

N70-10055

- Schrauben −1/2− herausdrehen und Auflage −3− an den Halteklammern aus den Aufnahmen herausziehen.

- Steckverbindungen je nach Ausstattung trennen.

Einbau

- Halteklammern auf Beschädigungen und auf richtigen Sitz an der Auflage überprüfen, wenn nötig, ersetzen.

- Der Einbau erfolgt in umgekehrter Ausbaureihenfolge.

Seitenverkleidung im Kofferraum aus- und einbauen

GOLF

Ausbau

- Batterie abklemmen. **Achtung:** Hinweise im Kapitel »Batterie aus- und einbauen« beachten.

- Heckklappe öffnen.

- Bodenbelag am Kofferraumboden anheben und herausnehmen.

- Verkleidung Heckabschluss ausbauen, siehe entsprechendes Kapitel.

- Auflage für Kofferraumabdeckung ausbauen, siehe entsprechendes Kapitel.

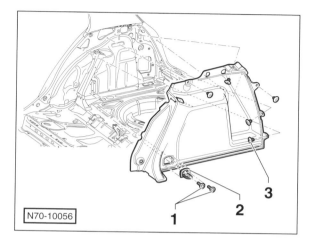

N70-10056

- 2 Schrauben −1− herausdrehen und Verzurröse −2− von der Seitenwand abnehmen.

- Mit einem Kunststoffkeil Stopfen −3− herausziehen.

- Seitenverkleidung aus dem Kofferraum herausnehmen.

Einbau

- Der Einbau erfolgt in umgekehrter Ausbaureihenfolge.

- Schrauben −1− mit **8 Nm** festziehen.

Speziell JETTA

Ausbau

- Bodenbelag am Kofferraumboden herausnehmen.

- Rücksitzbank ausbauen, siehe entsprechendes Kapitel.

- Rücksitzseitenpolster ausbauen, siehe entsprechendes Kapitel.

- Verkleidung Heckabschluss ausbauen, siehe entsprechendes Kapitel.

- 2 Schrauben herausdrehen und Verzurröse von der Seitenwand abnehmen.

- Mit einem Kunststoffkeil mehrere Stopfen vorne, oben und hinten aus der Seitenverkleidung herausziehen.

- Verkleidung von der Seitenwand ziehen, je nach Ausstattung Steckverbindungen trennen und Seitenverkleidung aus dem Kofferraum herausnehmen.

Einbau

- Der Einbau erfolgt in umgekehrter Ausbaureihenfolge.

- Schrauben für Verzurröse mit **8 Nm** festziehen.

Verkleidung Heckabschluss aus- und einbauen

GOLF

Ausbau

● Heckklappe öffnen und Bodenbelag am Kofferraumboden anheben und herausnehmen.

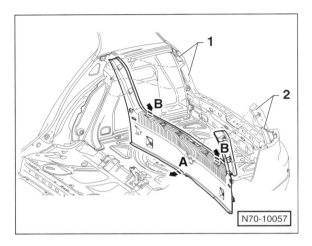

● Verkleidung im unteren Bereich greifen und von der Heckwand ziehen –Pfeil A–.

● Verkleidung an den Seiten aus den Aufnahmen –1/2– am Heckklappen-Rahmen herausziehen.

● Verkleidung nach oben ausclipsen –Pfeil B– und unter der Heckklappen-Dichtung hervorziehen.

Einbau

● Halteclips auf Beschädigungen und auf richtigen Sitz an der Verkleidung überprüfen, wenn nötig, ersetzen.

● Der Einbau erfolgt in umgekehrter Ausbaureihenfolge, dabei darauf achten, dass die Heckklappen-Dichtung über die Verkleidung greift.

Speziell JETTA

Der Aus- und Einbau erfolgt ähnlich wie beim GOLF. Dabei zuerst 2 Befestigungsclipse von den Gewindebolzen an der Heckwand abschrauben. Die Verkleidung am Heckabschluss ist nicht wie beim GOLF an den Seiten befestigt.

Dachabschlussleiste aus-und einbauen

GOLF/TOURAN

Ausbau

● Heckklappe öffnen.

● Dachabschlussleiste nach unten aus den Aufnahmen im Dachquerträger ziehen. Dabei Dachabschlussleiste aus der Heckklappen-Dichtung herausziehen.

Einbau

● Halteklammern auf Beschädigungen und auf richtigen Sitz an der Verkleidung überprüfen, wenn nötig, ersetzen.

● Der Einbau erfolgt in umgekehrter Ausbaureihenfolge, dabei darauf achten, dass die Heckklappen-Dichtung über die Dachabschlussleiste greift.

Einstiegsleiste aus- und einbauen

TOURAN

Vordere Einstiegsleiste

Ausbau

● Seitliche Klappe aus der Armaturentafel ausbauen, siehe entsprechendes Kapitel.

● Mittlere A-Säulenverkleidung ausbauen, siehe entsprechendes Kapitel.

● **Fahrerseite:** Betätigungshebel für Motorhauben-Seilzug ausbauen, siehe Seite 285.

● Obere und untere B-Säulenverkleidung ausbauen, siehe entsprechendes Kapitel.

Hinweis: Der Gurtendbeschlag für den vorderen Sicherheitsgurt muss dabei nicht ausgebaut werden.

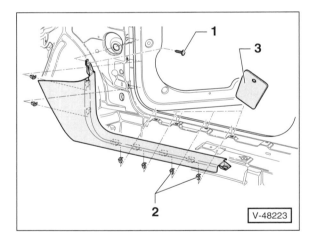

● Schraube –1– herausdrehen.

● Mit einem Kunststoffkeil –3– vordere Einstiegsleiste an den Halteklammern –2– aus dem Türschweller herausziehen. Einstiegsleiste aus der Gummidichtung herausziehen.

Einbau

● Halteklammern auf Beschädigungen und auf richtigen Sitz an der Verkleidung überprüfen, wenn nötig, ersetzen.

● Der Einbau erfolgt in umgekehrter Ausbaureihenfolge, dabei darauf achten, dass die Halteklammern korrekt in die Bohrungen eingreifen.

Hintere Einstiegsleiste

● Obere und untere B-Säulenverkleidung ausbauen, siehe entsprechendes Kapitel.

Hinweis: Der Gurtendbeschlag für den vorderen Sicherheitsgurt muss dabei nicht ausgebaut werden.

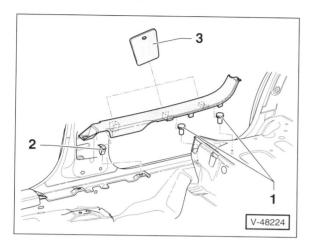

V-48224

● Mit einem Kunststoffkeil –3– hintere Einstiegsleiste an den Halteklammern –2– und Clips –1– aus dem Türschweller herausziehen. Einstiegsleiste aus der Gummidichtung herausziehen.

Einbau

● Halteklammern und Clips auf Beschädigungen und auf richtigen Sitz an der Verkleidung überprüfen, wenn nötig, ersetzen.

● Der Einbau erfolgt in umgekehrter Ausbaureihenfolge, dabei darauf achten, dass die Halteklammern korrekt in die Bohrungen eingreifen und dass die Türdichtung über die Einstiegsleiste greift.

Verkleidung A-Säule aus- und einbauen
TOURAN

Obere Verkleidung

Ausbau

Achtung: Unbedingt Airbag-Sicherheitshinweise beachten, siehe Seite 148.

● Um ein Auslösen des Kopf-Airbags zu verhindern, Zündung ausschalten, zuerst Massekabel (–) und danach Pluskabel (+) von der Batterie abklemmen. **Minuspol der Batterie mit Isolierband abkleben.** Hinweise im Kapitel »Batterie aus- und einbauen« beachten.

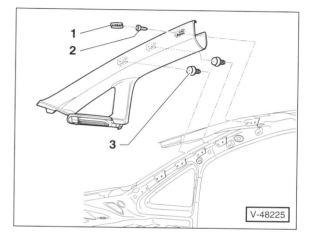

V-48225

● »Airbag«-Kappe –1– von der Verkleidung abziehen und Schraube –2– herausdrehen. **Achtung:** Die »Airbag«-Kappe wird beschädigt und muss ersetzt werden.

● Einen Kunststoffkeil unter die Verkleidung schieben und Halteclips –3– aus den Aufnahmen in der A-Säule herausziehen. Kunststoffkeil dabei hinten ansetzen.

● Verkleidung von der A-Säule abziehen.

Einbau

● Halteclips auf Beschädigungen und auf richtigen Sitz an der Verkleidung überprüfen, wenn nötig, ersetzen.

● Der Einbau erfolgt in umgekehrter Ausbaureihenfolge, dabei darauf achten, dass die Türdichtung über die Verkleidung greift.

Mittlere Verkleidung

Ausbau

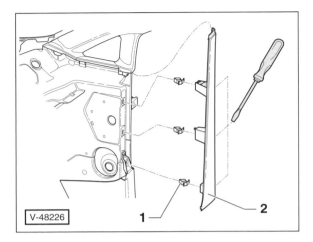

V-48226

● Mit einem Schraubendreher mittlere Verkleidung –2– an den Halteklammern –1– von der A-Säule abhebeln.

Einbau

● Halteklammern auf Beschädigungen und auf richtigen Sitz an der Verkleidung überprüfen, wenn nötig, ersetzen.

● Der Einbau erfolgt in umgekehrter Ausbaureihenfolge, dabei darauf achten, dass die Türdichtung über die Verkleidung greift.

Verkleidung B-Säule aus- und einbauen

TOURAN

Obere Verkleidung

Ausbau

Achtung: Unbedingt Airbag-Sicherheitshinweise beachten, siehe Seite 148.

● Um ein Auslösen des Kopf-Airbags zu verhindern, Zündung ausschalten, zuerst Massekabel (–) und danach Pluskabel (+) von der Batterie abklemmen. **Minuspol der Batterie mit Isolierband abkleben**. Hinweise im Kapitel »Batterie aus- und einbauen« beachten.

● »Airbag«-Kappe von der Verkleidung abziehen und Schraube herausdrehen. **Achtung:** Die »Airbag«-Kappe wird beschädigt und muss ersetzt werden.

● Verkleidung oben von der B-Säule abziehen.

● Obere Verkleidung im unteren Bereich aus den Aufnahmen der unteren B-Säulenverkleidung herausziehen.

● Verkleidung aus der Türdichtung herausziehen.

● Untere B-Säulenverkleidung ausbauen, siehe entsprechenden Abschnitt.

● Schraube herausdrehen und Gurtendbeschlag für vorderen Sicherheitsgurt von der B-Säule abnehmen.

● Sicherheitsgurt durch die Öffnung an der Taste für Gurthöhenverstellung herausfädeln und obere B-Säulenverkleidung abnehmen.

Einbau

● Halteclips auf Beschädigungen und auf richtigen Sitz an der Verkleidung überprüfen, wenn nötig, ersetzen.

● Der Einbau erfolgt in umgekehrter Ausbaureihenfolge, dabei Gurtendbeschlag für Sicherheitsgurt mit **40 Nm** an der B-Säule festschrauben.

● Darauf achten, dass die Türdichtung über die Verkleidung greift und die Taste der Gurthöhenverstellung korrekt in den Mitnehmer eingreift.

● Gurthöhenversteller auf Funktion prüfen.

Untere Verkleidung

Ausbau

● Obere B-Säulenverkleidung ausbauen, siehe entsprechenden Abschnitt.

Hinweis: Der Gurtendbeschlag für den vorderen Sicherheitsgurt muss dabei nicht ausgebaut werden.

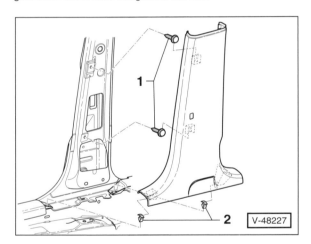

V-48227

● Untere Verkleidung an den Halteclips –1– und Halteklammern –2– von der B-Säule abziehen.

Einbau

● Halteclips auf Beschädigungen und auf richtigen Sitz an der Verkleidung überprüfen, wenn nötig, ersetzen.

● Der Einbau erfolgt in umgekehrter Ausbaureihenfolge, dabei darauf achten, dass die Türdichtung über die Verkleidung greift.

Verkleidung C-Säule
aus- und einbauen

TOURAN

Ausbau

Achtung: Unbedingt Airbag-Sicherheitshinweise beachten, siehe Seite 148.

- Um ein Auslösen des Kopf-Airbags zu verhindern, Zündung ausschalten, zuerst Massekabel (–) und danach Pluskabel (+) von der Batterie abklemmen. **Minuspol der Batterie mit Isolierband abkleben**. Hinweise im Kapitel »Batterie aus- und einbauen« beachten.

- Obere und untere B-Säulenverkleidung ausbauen, siehe entsprechendes Kapitel.

Hinweis: Der Gurtendbeschlag für den vorderen Sicherheitsgurt muss dabei nicht ausgebaut werden.

- D-Säulenverkleidung ausbauen, siehe entsprechendes Kapitel.

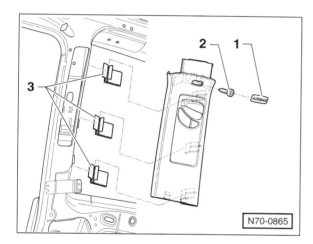

N70-0865

- »Airbag«-Kappe –1– von der Verkleidung abziehen und Schraube –2– herausdrehen. **Achtung:** Die »Airbag«-Kappe wird beschädigt und muss ersetzt werden.

- Verkleidung oben an den Halteklammern –3– von der C-Säule abziehen.

- Seitenverkleidung hinten ausbauen, siehe entsprechendes Kapitel.

- Schraube herausdrehen und Gurtendbeschlag für Sicherheitsgurt der 2. Sitzreihe von der Seitenwand abnehmen.

- Sicherheitsgurt durch die Öffnung an der Taste für Gurthöhenverstellung herausfädeln und C-Säulenverkleidung abnehmen.

Einbau

- Halteclips auf Beschädigungen und auf richtigen Sitz an der Verkleidung überprüfen, wenn nötig, ersetzen.

- Der Einbau erfolgt in umgekehrter Ausbaureihenfolge, dabei Gurtendbeschlag für Sicherheitsgurt mit **40 Nm** an der Seitenwand festschrauben.

- Darauf achten, dass die Türdichtung über die Verkleidung greift und die Taste der Gurthöhenverstellung korrekt in den Mitnehmer eingreift.

- Gurthöhenversteller auf Funktion prüfen.

Seitenverkleidung hinten
aus- und einbauen

TOURAN

Ausbau

- Ladeboden hinten ausbauen, siehe entsprechendes Kapitel.

- Je nach Ausstattung Staukasten am Heck vom Fahrzeugboden abschrauben. Dazu Deckel hochklappen und 4 Schrauben herausdrehen.

- Verkleidung Heckabschluss ausbauen, siehe entsprechendes Kapitel.

- Hintere Abdeckleiste am Dachhimmel nach unten ausclipsen und aus der Gummidichtung herausziehen.

- D-Säulenverkleidung ausbauen, siehe entsprechendes Kapitel.

- C-Säulenverkleidung ausbauen, siehe entsprechendes Kapitel.

Hinweis: Der Gurtendbeschlag für den Sicherheitsgurt der 2. Sitzreihe muss dabei nicht ausgebaut werden.

5-Sitzer

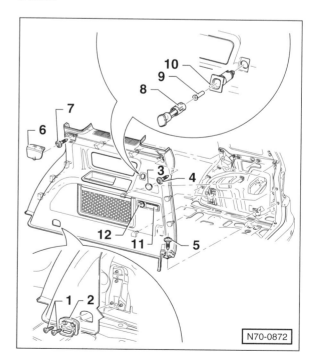

N70-0872

- 2 Schrauben –1– herausdrehen und Verzurröse –2– von der Seitenwand abnehmen.

- Stopfen –3– sowie Abdeckkappe –6– heraushebeln und Schrauben –4/5/7– herausdrehen.

- Taschenhaken –8– gegen den Uhrzeigersinn aus der Aufnahme –10– herausdrehen, Spreizclip –9– herausziehen und Aufnahme –10– aus der Seitenverkleidung herausziehen.

- Verkleidung von der Seitenwand ablösen.

- An der Rückseite der Verkleidung Stecker für Laderaumleuchte –11– und Steckdose –12– abziehen.

7-Sitzer

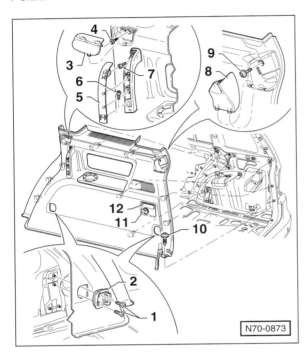

N70-0873

- 2 Schrauben –1– herausdrehen und Verzurröse –2– von der Seitenwand abnehmen.

- Abdeckkappen –3/8– heraushebeln und Schrauben –4/9/10– herausdrehen.

- Mit einem Schraubendreher Blende –5– vom Haltegriff abhebeln, Schrauben –6/7– herausdrehen und Haltegriff von der Seitenwand abnehmen.

- Verkleidung von der Seitenwand ablösen.

- An der Rückseite der Verkleidung Stecker für Laderaumleuchte –12– und Steckdose –11– abziehen.

Einbau

- Halteclips auf Beschädigungen und auf richtigen Sitz an der Verkleidung überprüfen, wenn nötig, ersetzen.

- Der Einbau erfolgt in umgekehrter Ausbaureihenfolge.

- Verzurröse mit **6 Nm** an der Seitenwand festschrauben.

- **7-Sitzer:** Haltegriff mit **4,5 Nm** an der Seitenwand festschrauben.

Verkleidung D-Säule aus- und einbauen

TOURAN

Ausbau

- Hintere Abdeckleiste am Dachhimmel nach unten ausclipsen und aus der Gummidichtung herausziehen.

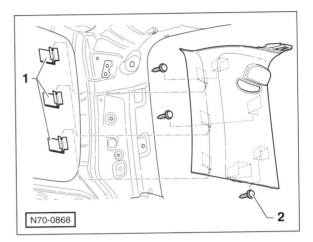

N70-0868

- Verkleidung an den Halteclips –2– und Halteklammern –1– von der D-Säule abziehen.

Hinweis: In der Abbildung ist die Verkleidung beim 7-Sitzer dargestellt. Im Gegensatz zum 5-Sitzer wird der Sicherheitsgurt für die 3. Sitzreihe durch eine Öffnung in der Verkleidung hindurchgeführt.

- **7-Sitzer:** Sicherheitsgurt durch die Öffnung in der D-Säulenverkleidung durchziehen.

Einbau

- Halteclips sowie Halteklammern auf Beschädigungen und auf richtigen Sitz an der Verkleidung überprüfen, wenn nötig, ersetzen.

- Der Einbau erfolgt in umgekehrter Ausbaureihenfolge, dabei darauf achten, dass die Tür- und Heckklappendichtung über die Verkleidung greift.

Ladeboden hinten aus- und einbauen

TOURAN

Ausbau

● Obere und untere B-Säulenverkleidung ausbauen, siehe entsprechendes Kapitel.

Hinweis: Der Gurtendbeschlag für den vorderen Sicherheitsgurt muss dabei nicht ausgebaut werden.

● Alle Sitze der 2. Sitzreihe ausbauen, siehe entsprechendes Kapitel.

● **7-Sitzer:** Alle Sitze der 3. Sitzreihe ausbauen, siehe entsprechendes Kapitel.

● Hintere Einstiegsleisten an beiden Seiten ausbauen, siehe entsprechendes Kapitel.

● 4 Abdeckungen rings um die Verankerungen der 2. Sitzreihe am Fahrzeugboden abschrauben.

● Mit einem Schraubendreher Aufnahmeblenden für hintere Sitzverankerungen aus dem Fahrzeugboden heraushebeln.

● Sicherungsstangen für hintere Sitzverankerungen vom Fahrzeugboden abschrauben.

● Stopfen herausziehen (5-Sitzer) und hinteren Bodenbelag herausnehmen.

● Schrauben herausdrehen und Laderaumboden mit dem Deckel für Reserverad herausnehmen.

Einbau

● Der Einbau erfolgt in umgekehrter Ausbaureihenfolge.

Verkleidung Heckabschluss aus- und einbauen

TOURAN

Ausbau

● Bodenbelag im Laderaum ausbauen, siehe Kapitel »Ladeboden hinten aus- und einbauen«.

● Je nach Ausstattung Staukasten am Heck vom Fahrzeugboden abschrauben. Dazu Deckel hochklappen und 4 Schrauben herausdrehen.

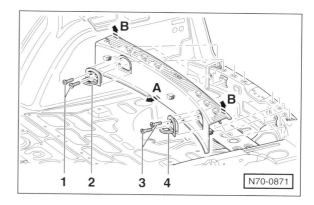

N70-0871

● Schrauben –1/3– herausdrehen und Verzurrösen –2/4– von der Heckwand abnehmen.

● Verkleidung im unteren Bereich greifen und von der Heckwand ziehen –Pfeil A–.

● Verkleidung nach oben ausclipsen –Pfeil B– und unter der Heckklappen-Dichtung hervorziehen.

Einbau

● Halteclips auf Beschädigungen und auf richtigen Sitz an der Verkleidung überprüfen, wenn nötig, ersetzen.

● Der Einbau erfolgt in umgekehrter Ausbaureihenfolge, dabei darauf achten, dass die Heckklappen-Dichtung über die Verkleidung greift.

Vordersitz aus- und einbauen

GOLF

Ausbau

Hinweis: Zum Ausbau des Vordersitzes mit Seiten-Airbag wird der VW-Airbag-Adapter VAS 6229 benötigt.

- Um ein Auslösen des Seiten-Airbags zu verhindern, Zündung ausschalten, zuerst Massekabel (–) und danach Pluskabel (+) von der Batterie abklemmen. **Minuspol der Batterie mit Isolierband abkleben**. Hinweise im Kapitel »Batterie aus- und einbauen« beachten.

- Falls vorhanden, Schublade unter dem Sitz herausziehen.

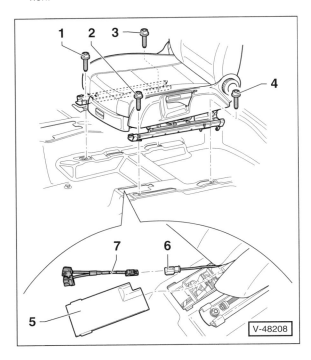

- Vordersitz nach vorne schieben und 2 Schrauben –3/4– hinten herausdrehen.

- Vordersitz nach hinten schieben und Deckel –5– von der Steckerleiste abnehmen.

Achtung: Vor dem Trennen der Steckverbindung für Seiten-Airbag, elektrostatische Aufladung abbauen, dazu kurz den Schließbügel der Tür oder die Karosserie anfassen. **Der Airbag-Adapter muss angeschlossen bleiben, bis der Sitz wieder eingebaut wird.** Unbedingt **Airbag-Sicherheitshinweise** befolgen, siehe Seite 148.

- Alle Stecker an der Steckerleiste unter dem Sitz abziehen.

- Stecker für Seiten-Airbag –6– abziehen und dafür Airbag-Adapter VAS 6229 –7– am Anschluss für Seiten-Airbag aufstecken. **Hinweis:** Der Adapter sorgt für eine zusätzliche Absicherung gegen elektrostatische Aufladungen.

- 2 Schrauben –1/2– vorne herausdrehen.

- Kabelstrang vom Fahrzeugboden lösen.

- Vordersitz zusammen mit Gleitschienen aus der Vordertür herausnehmen.

Hinweis: Beim linken Vordersitz dabei mit der rechten Hand hinten zwischen Lehne und Sitzkissen greifen und mit der linken Hand vorne am Sitzkissen untergreifen. Entsprechend beim rechten Vordersitz vorgehen. Sitz nicht am Gurtschloss oder an den Verstellhebeln greifen.

Einbau

- Vordersitz so auf den Fahrzeugboden setzen, dass die Zentrierstifte am Sitz in die Bohrungen am Boden eingreifen.

- Der weitere Einbau erfolgt in umgekehrter Ausbaureihenfolge. Dabei zunächst die beiden vorderen Schrauben und zuletzt die Schrauben hinten festdrehen.

- Schrauben für Vordersitz mit **40 Nm** festziehen.

Achtung: Beim Anklemmen der Batterie darf sich keine Person im Innenraum des Fahrzeugs aufhalten.

- Isolierband vom Minuspol der Batterie entfernen, zuerst Pluskabel (+) und danach Massekabel (–) an der Batterie anklemmen. **Achtung:** Hinweise im Kapitel »Batterie aus- und einbauen« beachten.

- Falls die Airbag-Warnlampe im Kombiinstrument nach Einschalten der Zündung nicht erlischt, liegt eine Störung im Airbag-System vor. In diesem Fall muss eine Fachwerkstatt aufgesucht werden.

TOURAN

Ausbau

Hinweis: Der Vordersitz wird beim TOURAN in ähnlicher Weise ausgebau wie beim GOLF.

- Batterie abklemmen.

- Vordersitz nach hinten schieben und 2 Schrauben vorne herausdrehen.

- Vordersitz nach vorne schieben und 2 Schrauben hinten herausdrehen.

- Vordersitz vorne anheben, bis die Steckerleiste unter dem Sitz zugänglich ist und alle Stecker abziehen. **Achtung:** Vor dem Trennen der Steckverbindung für Seiten-Airbag, elektrostatische Aufladung abbauen, siehe Abschnitt für den GOLF.

- Stecker für Seiten-Airbag abziehen und dafür Airbag-Adapter am Anschluss für Seiten-Airbag aufstecken.

- Vordersitz zusammen mit Gleitschienen aus der Vordertür herausnehmen.

Einbau

- Der Einbau erfolgt in umgekehrter Ausbaureihenfolge. Dabei Schrauben für Vordersitz mit **40 Nm** festziehen.

Rücksitz im GOLF aus- und einbauen

Rücksitzbank

Ausbau

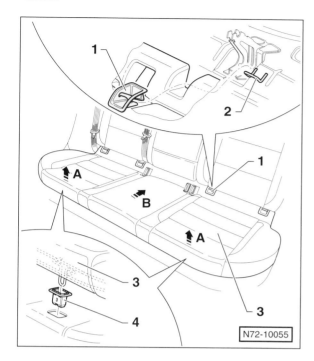

N72-10055

- 4 Führungen –1– aus den Verankerungen –2– für Kindersitze ausclipsen.

- Rücksitzbank –3– vorne anheben –Pfeile A– und aus den 2 Aufnahmen –4– am Boden herausziehen.

- Rücksitzbank nach hinten drücken –Pfeil B–, im hinteren Bereich nach oben ziehen und aushängen.

- Rücksitzbank aus dem Fahrzeug herausheben.

Einbau

- Der Einbau erfolgt in umgekehrter Ausbaureihenfolge.

Rücksitzlehne

Ausbau

- Rücksitzbank ausbauen, siehe entsprechenden Abschnitt.

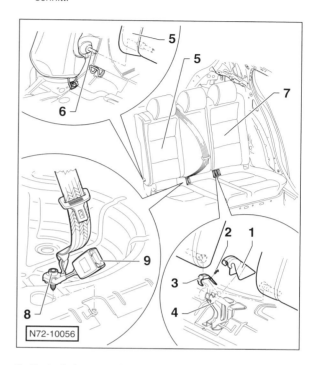

N72-10056

- Bodenbelag zurückklappen und Abdeckkappe –1– vom mittleren Lehnenlager –4– abziehen. Schraube –2– herausdrehen und Schelle –3– vom Mittellager abnehmen.

- Rechte Lehne –5– aus dem Mittellager aushängen und an der Außenseite vom Haltebolzen –6– abziehen.

- Schraube –8– herausdrehen und Sicherheitsgurtschloss –9– vom Fahrzeugboden abnehmen.

- Rechte Lehne –5– aus dem Fahrzeug nehmen.

- Linke Lehne –7– aus dem Mittellager aushängen, an der Außenseite vom Haltebolzen abziehen und aus dem Fahrzeug nehmen.

Einbau

- Der Einbau erfolgt in umgekehrter Ausbaureihenfolge, dabei Sicherheitsgurtschloss mit **40 Nm** am Boden festschrauben und Schelle –3– mit **9 Nm** am Mittellager festschrauben.

Rücksitzseitenpolster aus- und einbauen

GOLF, 4-Türer

Ausbau

- **Seitenpolster mit Seiten-Airbag:** Um ein Auslösen des Seiten-Airbags zu verhindern, Zündung ausschalten, zuerst Massekabel (–) und danach Pluskabel (+) von der Batterie abklemmen. **Minuspol der Batterie mit Isolierband abkleben**. Hinweise im Kapitel »Batterie aus- und einbauen« beachten.

- Rücksitzbank ausbauen, siehe entsprechenden Abschnitt.

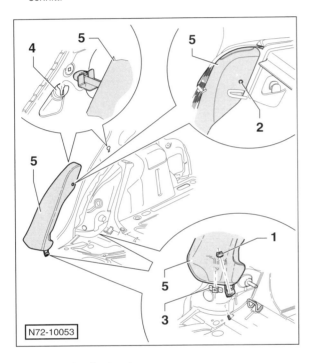

N72-10053

- Mutter –1– abschrauben.

- Rücksitzlehne nach vorne klappen.

- **Seitenpolster mit Seiten-Airbag:** Abdeckkappe abhebeln und Schraube –2– herausdrehen.

- Seitenpolster –5– nach oben aus den Aufnahmen –3– und –4– herausziehen.

Achtung: Vor dem Trennen der Steckverbindung für Seiten-Airbag, elektrostatische Aufladung abbauen, dazu kurz den Schließbügel der Tür oder die Karosserie anfassen. Unbedingt **Airbag-Sicherheitshinweise** befolgen, siehe Seite 148.

- **Seitenpolster mit Seiten-Airbag:** Stecker vom Seiten-Airbag abziehen.

Einbau

- Der Einbau erfolgt in umgekehrter Ausbaureihenfolge, dabei die Schraube sowie die Mutter mit **8 Nm** festziehen.

Seitenpolster mit Seiten-Airbag: Beim Anklemmen der Batterie darauf achten, dass sich keine Person im Innenraum des Fahrzeugs aufhält.

- **Seitenpolster mit Seiten-Airbag:** Isolierband vom Minuspol der Batterie entfernen, zuerst Pluskabel (+) und danach Massekabel (–) an der Batterie anklemmen. **Achtung:** Hinweise im Kapitel »Batterie aus- und einbauen« beachten.

- **Seitenpolster mit Seiten-Airbag:** Falls die Airbag-Warnlampe im Kombiinstrument nach Einschalten der Zündung nicht erlischt, liegt eine Störung im Airbag-System vor. In diesem Fall muss eine Fachwerkstatt aufgesucht werden.

Sitze hinten im TOURAN aus- und einbauen

2. Sitzreihe

Ausbau

- Kopfstütze ganz nach unten schieben.
- Hebel vorne am Sitz nach oben ziehen und Sitz ganz nach hinten schieben.
- Schlaufe an der Seite des Sitzes ziehen und Lehne nach vorne auf das Sitzkissen klappen.
- Schlaufe hinten in der Mitte des Sitzkissens ziehen und Sitzkissen mit Lehne nach vorne umklappen.

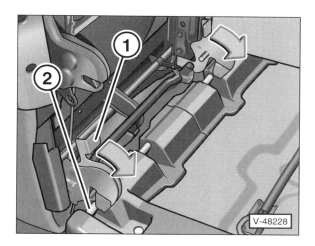

- 2 Verriegelungshebel –1– links und rechts am Boden nach vorne drücken –Pfeile– und Sitz am Tragegriff nach oben aus der Verankerung –2– herausziehen.

Einbau

- Sitz mit den Haltebügeln von oben auf die Bolzen der Verankerung setzen, beide Verriegelungshebel nach unten drücken und Sitz nach hinten klappen.
- Der weitere Einbau erfolgt in umgekehrter Ausbaureihenfolge, dabei überprüfen, ob der Sitz sicher in den Bodenverankerungen eingerastet ist.

3. Sitzreihe, 7-Sitzer

Ausbau

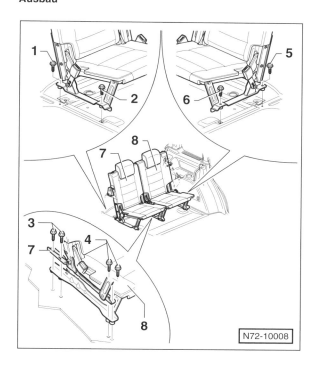

- 2 Schrauben –1/2– rechts am Boden herausdrehen.
- 4 Schrauben –3/4– in der Mitte herausdrehen.
- Lehne des rechten Sitzes nach vorne klappen und rechten Sitz –7– aus dem Fahrzeug herausnehmen.
- 2 Schrauben –5/6– links am Boden herausdrehen.
- Lehne des linken Sitzes nach vorne klappen und Sitz –8– aus dem Fahrzeug herausnehmen.

Einbau

- Der Einbau erfolgt in umgekehrter Ausbaureihenfolge, Schrauben für Sitze dabei mit **55 Nm** festziehen.

Sicherheitsgurt vorn

GOLF, 4-Türer

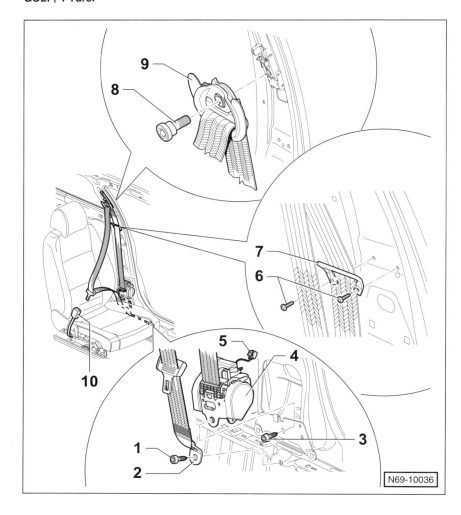

N69-10036

GOLF, 4-Türer

1 – Schraube, selbstsichernd, 40 Nm
Schraube grundsätzlich ersetzen. Schraube vor dem Herausdrehen mit einem Heißluftfön erwärmen, Sicherheitsgurt dabei mit einem feuchten Tuch schützen.

2 – Gurtendbeschlag
Hinweis: Beim 2-Türer ist der Sicherheitsgurt unten am Gurtführungsbügel befestigt.

3 – Schraube, 40 Nm

4 – Gurtaufrollautomat
Um ein Auslösen des Gurtstraffers zu verhindern, Zündung ausschalten, zuerst Massekabel (–) und danach Pluskabel (+) von der Batterie abklemmen. **Minuspol der Batterie mit Isolierband abkleben.** Hinweise im Kapitel »Batterie aus- und einbauen« beachten.

5 – Steckverbindung für Gurtstraffer
Achtung: Vor dem Trennen der Steckverbindung elektrostatische Aufladung abbauen, dazu kurz den Schließbügel der Tür oder die Karosserie anfassen. Unbedingt **Airbag-Sicherheitshinweise** befolgen, siehe Seite 148.

6 – 2 Schrauben, 4,5 Nm

7 – Gurtführung

8 – Schraube, 40 Nm

9 – Gurtumlenkbeschlag

10 – Gurtschloss vorn

TOURAN

Die Anbringung des Sicherheitsgurtes ist beim TOURAN ähnlich.

Gurtführungsbügel vorn aus- und einbauen

GOLF, 2-Türer

Ausbau

● Einstiegsleiste ausbauen, siehe entsprechendes Kapitel.

● Schrauben –3– und –1– herausdrehen.

● Sicherheitsgurt aus dem Gurtführungsbügel –2– herausziehen und Gurtführungsbügel abnehmen.

Einbau

● Der Einbau erfolgt in umgekehrter Ausbaureihenfolge. Dabei Schraube –1– mit **20 Nm** festziehen und Schraube –3– mit **40 Nm**.

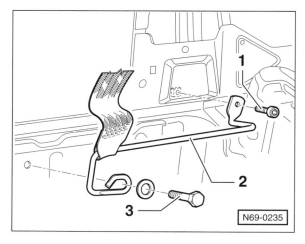

N69-0235

Karosserie außen

Aus dem Inhalt:

Bei der selbsttragenden Karosserie des GOLF/TOURAN sind Bodengruppe, Seitenteile, Dach und die hinteren Kotflügel miteinander verschweißt. Die Reparatur größerer Karosserieschäden sowie das Auswechseln von Front- und Heckscheibe sollten von einer Fachwerkstatt durchgeführt werden. Alle Karosserieteile sind gegen Durchrostung verzinkt.

Motorhaube, Heckklappe, Türen und die vorderen Kotflügel sind angeschraubt und lassen sich leicht auswechseln. Beim Einbau ist dann unbedingt ein gleichmäßiger Luftspalt einzuhalten, sonst klappert beispielsweise die Tür, oder es können während der Fahrt erhöhte Windgeräusche auftreten. Der Luftspalt muss auf jeden Fall parallel verlaufen, das heißt, der Abstand zwischen den Karosserieteilen muss auf der gesamten Länge des Spaltes gleich groß sein. Abweichungen bis zu 1 mm sind zulässig.

> **Achtung:** Wenn im Rahmen von Arbeiten an der Karosserie auch Arbeiten an der elektrischen Anlage durchgeführt werden, **grundsätzlich** die Batterie abklemmen. Dazu Hinweise im Kapitel »Batterie aus- und einbauen« durchlesen. Als Arbeit an der elektrischen Anlage ist dabei schon zu betrachten, wenn eine elektrische Leitung vom Anschluss abgezogen beziehungsweise abgeklemmt wird.

Hinweis: Zum Lösen von Tür- und Heckklappenverkleidungen einen Kunststoffkeil verwenden, zum Beispiel HAZET 1965-20. Clips, die beim Ausbau von Verkleidungen beschädigt werden, immer erneuern.

Sicherheitshinweise bei Karosseriearbeiten

> **Sicherheitshinweis**
> Bei Karosseriearbeiten entstehen oft starke Erschütterungen, beispielsweise durch Hammerschläge. Daher immer Zündung ausschalten und beide Batteriekabel abklemmen, sonst kann der Airbag ausgelöst werden. Airbag-Sicherheitshinweise durchlesen, siehe Seite 148.

- Muss an der Karosserie geschweißt werden, soll dies grundsätzlich durch Widerstandspunktschweißen (RP) durchgeführt werden. Nur wenn sich die Schweißzange nicht ansetzen lässt, ist das Schutzgas-Schweißverfahren anzuwenden.

- So weit Schweißarbeiten oder andere funkenerzeugende Arbeiten durchgeführt werden, grundsätzlich die Batterie komplett abklemmen (Pluskabel und Massekabel) und beide Batteriepole (+) und (–) sorgfältig mit Klebeband isolieren. Bei Arbeiten in Batterienähe muss die Batterie ausgebaut werden. **Achtung:** Unbedingt Hinweise im Kapitel »Batterie aus- und einbauen« beachten.

- **Fahrzeuge mit Klimaanlage:** An Teilen der befüllten Klimaanlage darf weder geschweißt noch hart- oder weichgelötet werden. Das gilt auch für Schweiß- und Lötarbeiten am Fahrzeug, wenn die Gefahr besteht, dass sich Teile der Klimaanlage erwärmen.

> **Sicherheitshinweis**
> Der **Kältemittelkreislauf** der Klimaanlage darf **nicht geöffnet** werden, da das Kältemittel bei Hautberührung Erfrierungen hervorrufen kann.
> Bei versehentlichem Hautkontakt, die Stelle sofort mindestens 15 Minuten lang mit kaltem Wasser spülen. Austretendes Kältemittel verdampft bei Umgebungstemperatur. Das Kältemittel ist farb- und geruchlos sowie schwerer als Luft. Da das Kältemittel nicht wahrnehmbar ist, besteht am Boden beziehungsweise in einer Montagegrube Erstickungsgefahr.

- **Lackierung trocknen:** Im Rahmen einer Reparatur-Lackierung darf das Fahrzeug im Trockenofen oder in der Vorwärmzone nicht über **+80° C** aufgeheizt werden. Sonst können elektronische Steuergeräte im Fahrzeug beschädigt werden. Außerdem kann dadurch in der Klimaanlage ein starker Überdruck entstehen, der möglicherweise zum Platzen der Anlage führt.

- **PVC-Unterbodenschutz entfernen:** Als Korrosionsschutz ist auf dem Unterboden ein PVC-Unterbodenschutz aufgetragen. Unterbodenschutz an der Reparaturstelle mit rotierender Drahtbürste entfernen oder mit einem Heißluftgebläse auf maximal +180° C erwärmen und mit einem Spachtel ablösen. **Achtung:** Durch Abbrennen beziehungsweise Erwärmen von PVC-Material über +180° C entsteht stark korrosionsfördernde Salzsäure, außerdem werden stark gesundheitsschädliche Dämpfe frei.

Steinschlagschäden an der Frontscheibe

Hinweis: Kleinere Schäden an der Frontscheibe, zum Beispiel durch Steinschlag verursacht oder Scheibenwischerstreifen, beeinträchtigen die Sicht und können zu Folgeschäden an der Scheibe (Risse) führen. Diese Schäden sollten so bald wie möglich behoben werden. Verschiedene Glas-Unternehmen sind auf Reparaturen an Auto-Scheiben spezialisiert. Der Austausch der Scheibe kann auf diese Weise vermieden werden. Überdies werden die Kosten für die Scheibenreparatur von der Kaskoversicherung übernommen.

Spreiznieten aus- und einbauen

Viele Abdeckungen und Verkleidungen sind mit Spreiznieten befestigt. Aus- und Einbau weiterer Halteclips, siehe Seite 240.

Ausbau

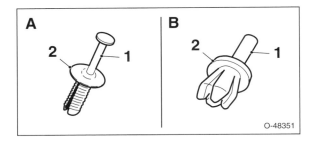

- A – Spreizniete mit Kappe: Bolzen –1– mit einem Schraubendreher herausziehen.
- B – Spreizniete ohne Kappe: Bolzen –1– mit einem geeigneten Dorn durchdrücken. **Hinweis:** Der Bolzen geht dabei unter Umständen verloren und muss ersetzt werden.
- Spreizniete –2– aus der Bohrung herausziehen.

Einbau

- Beschädigte oder fehlende Spreiznieten durch Neuteile ersetzen.
- Spreizniete –2– in die Bohrung setzen und Bolzen –1– eindrücken. **Hinweis:** Dadurch werden die Clipnasen gespreizt und die Spreizniete sitzt sicher in der Bohrung.

Blindnieten aus- und einbauen

Zum Entfernen von Blindnieten (Popnieten) zunächst nur den Nietkopf ausbohren und dann die Niete mit einem Dorn aus der Bohrung heraustreiben. Dadurch wird verhindert, dass die Bohrung ausgeweitet wird.

Neue Niete in die Bohrung einsetzen und mit einer Blindniet-Zange festquetschen, die Niethülse hat dabei denselben Durchmesser wie die Bohrung.

Häufig verwendete Nieten-Durchmesser: 2,4 mm, 3,2 mm, 4,0 mm und 4,8 mm.

Motorraumabdeckung unten aus- und einbauen

Ausbau

> **Sicherheitshinweis**
> Beim Aufbocken des Fahrzeugs besteht Unfallgefahr! Deshalb vorher das Kapitel »Fahrzeug aufbocken« durchlesen.

- Fahrzeug vorne aufbocken.

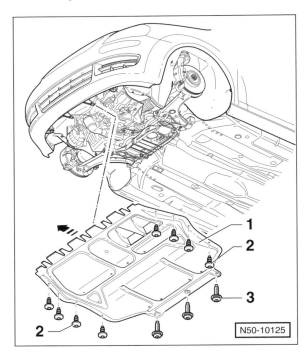

Hinweis: Je nach Modell und Motor gibt es unterschiedliche Motorraumabdeckungen –1–.

- Schrauben –2/3– herausdrehen.
- Motorraumabdeckung –1– nach hinten herausziehen und abnehmen. **Hinweis:** Der Pfeil zeigt in Fahrtrichtung.

Einbau

- Der Einbau erfolgt in umgekehrter Ausbaureihenfolge.

Windlaufgrill aus- und einbauen

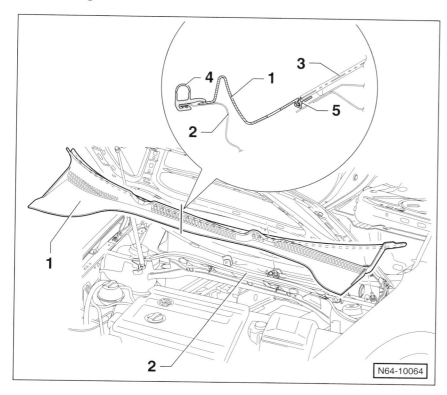

N64-10064

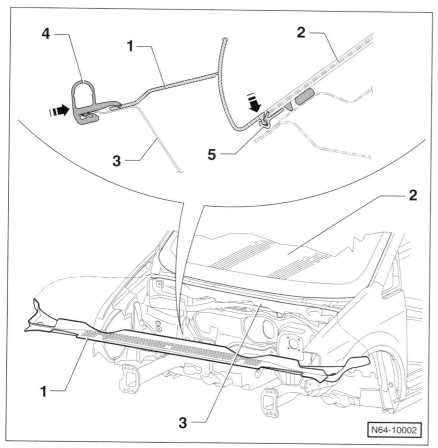

N64-10002

GOLF/JETTA

1 – Windlaufgrill

Ausbau

◆ Wischerarme ausbauen, siehe Seite 88.

◆ Dichtung –4– vom Wasserkasten –2– abziehen.

◆ Windlaufgrill vorsichtig nach oben aus der Aufnahme –5– herausziehen. Dabei auf der rechten Seite beginnen. **Achtung:** Windlaufgrill nicht mit einem Kunststoffkeil von der Frontscheibe –3– abhebeln.

Einbau

◆ Bereich um Aufnahme –5– mit Seifenlauge einsprühen. Dies erleichtert das Einsetzen des Windlaufgrills in die Aufnahme.

◆ Windlaufgrill auf die Aufnahme setzen und dann von der Mitte aus nach beiden Seiten vorsichtig in die Aufnahme drücken.

◆ Dichtung –4– einlegen und am Wasserkasten aufdrücken.

◆ Wischerarme einbauen, siehe Seite 88.

2 – Wasserkasten

3 – Frontscheibe

4 – Dichtung

5 – Aufnahme

Hinweis: Beim GOLF PLUS besteht der Windlaufgrill aus 2 Teilen.

TOURAN

1 – Windlaufgrill

Ausbau

◆ Wischerarme ausbauen, siehe Seite 88.

◆ Dichtung –4– auf der gesamten Länge vom Wasserkasten –3– abziehen.

◆ Windlaufgrill vorsichtig nach oben aus der Aufnahme –5– herausziehen. Dabei auf der rechten Seite beginnen. **Achtung:** Windlaufgrill nicht mit einem Kunststoffkeil von der Frontscheibe –2– abhebeln.

Einbau

◆ Bereich um Aufnahme –5– mit Seifenlauge einsprühen. Dies erleichtert das Einsetzen des Windlaufgrills in die Aufnahme.

◆ Windlaufgrill auf die Aufnahme setzen und dann von der Mitte aus nach beiden Seiten vorsichtig in die Aufnahme drücken.

◆ Dichtung –4– einlegen und am Wasserkasten aufdrücken.

◆ Wischerarme einbauen, siehe Seite 88.

2 – Frontscheibe

3 – Wasserkasten

4 – Dichtung

5 – Aufnahme

Schlossträger in Servicestellung bringen

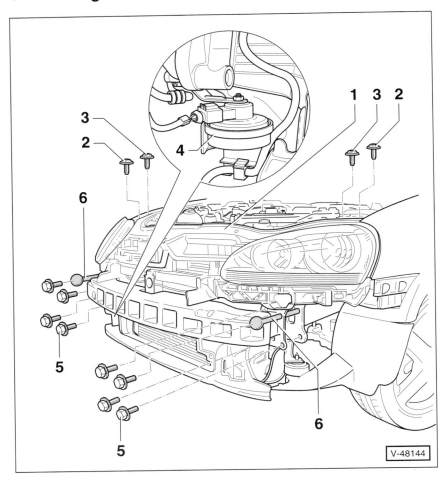

GOLF/JETTA

1 – Schlossträger

2 – Schrauben, 8 Nm

3 – Schrauben, 8 Nm

4 – Hupe

5 – Schrauben, 60 Nm

6 – Führungsstangen
   Spezialwerkzeug VW T10093.

Servicestellung

Zum Ausbau des Motors oder des Kühlers muss das Fahrzeug-Vorderteil in die so genannte Servicestellung gebracht werden. Dabei wird der Schlossträger nach vorne geschoben.

● Stoßfängerabdeckung vorn ausbauen, siehe entsprechendes Kapitel.

● **Alle außer GOLF PLUS:** Seilzug am Motorhaubenschloss aushängen, siehe Kapitel »Motorhaubenschloss aus- und einbauen«.

● **Alle außer GOLF PLUS:** Hupe –4– zusammen mit Halter rechts vom Längsträger abschrauben, siehe Seite 65.

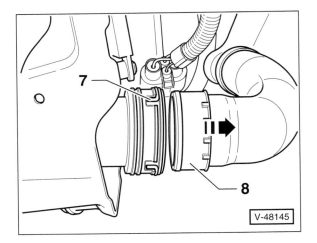

● Turbodiesel mit Ladeluftkühler: Steckkupplungen –7– entriegeln und Druckschläuche –8– vom Ladeluftkühler abziehen –Pfeil–.

- Schrauben –5– rechts und links aus den Längsträgern herausdrehen und Führungsstangen –6– in die beiden Bohrungen einschrauben.

- Schrauben –2/3– oben am Schlossträger –1– herausdrehen.

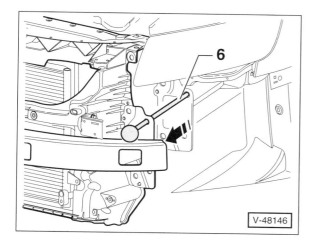

V-48146

- Schlossträger auf den Führungsstangen –6– etwa 10 cm nach vorne ziehen.

Einbau

- Schlossträger auf den Führungsstangen an die Längsträger heranschieben und festschrauben.

- Schrauben –2/3– eindrehen und mit **8 Nm** festziehen.

- Führungsstangen herausdrehen und restliche Schrauben –5– eindrehen. Schrauben –5– mit **60 Nm** festziehen.

- Turbodiesel mit Ladeluftkühler: Druckschläuche am Ladeluftkühler einrasten.

- Der weitere Einbau erfolgt in umgekehrter Ausbaureihenfolge. Dabei darauf achten, dass Schläuche und Leitungen nicht eingeklemmt werden.

- Nach dem Einbau Scheinwerfereinstellung überprüfen, gegebenenfalls einstellen (Werkstattarbeit).

Speziell TOURAN

Hinweis: Der Arbeitsablauf erfolgt beim TOURAN in gleicher Weise. Dabei Hupe auf der linken Seite vom Längsträger abschrauben.

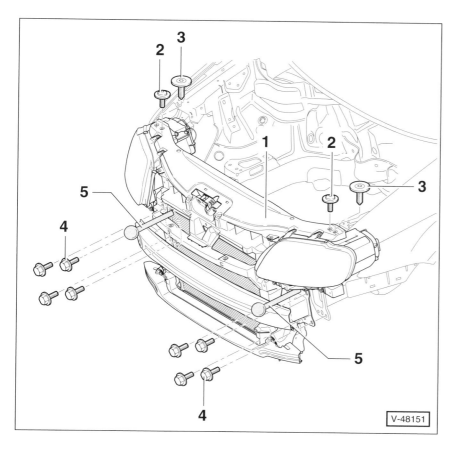

V-48151

TOURAN/Servicestellung

1 – **Schlossträger**

2 – **Schrauben, 8 Nm**

3 – **Schrauben, 8 Nm**

4 – **Schrauben, 60 Nm**

5 – **Führungsstangen**
  Spezialwerkzeug VW T10093.

Stoßfänger/Stoßfängerabdeckung vorn aus- und einbauen

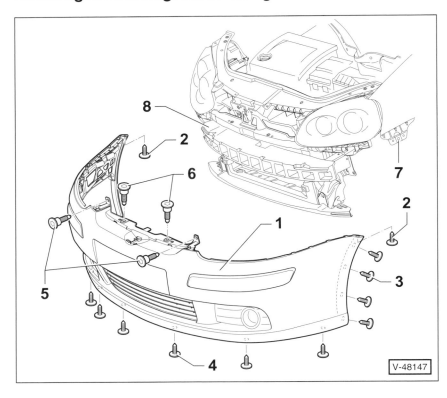

V-48147

V-48148

GOLF/JETTA

1 – Stoßfängerabdeckung

Ausbau

◆ Kühlergrill ausbauen, siehe entsprechendes Kapitel.
◆ Schrauben –5/6– herausdrehen.
◆ Schrauben –4– unten herausdrehen.
◆ Schrauben –2/3– an beiden Innenkotflügeln herausdrehen.
◆ **GOLF PLUS:** An beiden Seiten an der Stoßstelle zum Kotflügel Schieber vom Führungsprofil entriegeln.
◆ **GOLF PLUS:** Mit einem Schraubendreher 2 Rasthaken hinter dem mittleren Lüftungsgitter entriegeln. Rasthaken dabei mit einer Taschenlampe ausleuchten.
◆ Stoßfängerabdeckung mit Helfer nach vorne von den Führungsprofilen rechts und links ziehen und abnehmen.
◆ Alle Steckverbindungen trennen.

Einbau

◆ Der Einbau erfolgt in umgekehrter Ausbaureihenfolge.

2-4 Schrauben

5-6 Schrauben, 5 Nm

7 – Führungsprofil

8 – Stoßfängerträger
Mit 8 Sechskantschrauben (**60 Nm**) und 6 Torxschrauben (**8 Nm**) befestigt.

TOURAN

1 – Stoßfängerabdeckung

Ausbau

◆ Kühlergrill ausbauen, siehe entsprechendes Kapitel.
◆ Beide Innenkotflügel ausbauen, siehe entsprechendes Kapitel.
◆ Schrauben –2/7– herausdrehen.
◆ Schrauben –3/4– herausdrehen.
◆ 2 Spreiznieten –5– mit einem Schraubendreher heraushebeln.
◆ Mit einem Helfer Stoßfängerabdeckung nach vorne von den Führungsprofilen –6– rechts und links ziehen und abnehmen.
◆ Alle Steckverbindungen trennen.

Einbau

◆ Der Einbau erfolgt in umgekehrter Ausbaureihenfolge.

2 – Schrauben

3-4 Schrauben, 6 Nm

5 – Spreiznieten

6 – Führungsprofil

7 – Schrauben für Innenkotflügel

8 – Stoßfängerträger

Ausbau

◆ Stoßfängerträger mit 12 Schrauben von den Längsträgern abschrauben.

Einbau

◆ Stoßfängerträger anschrauben.
◆ 8 Sechskantschrauben rechts und links mit **60 Nm** festziehen.
◆ 4 Torxschrauben mit **8 Nm** festziehen.

Stoßfänger/Stoßfängerabdeckung hinten aus- und einbauen

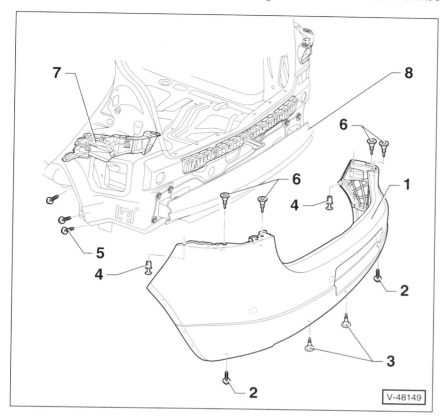

V-48149

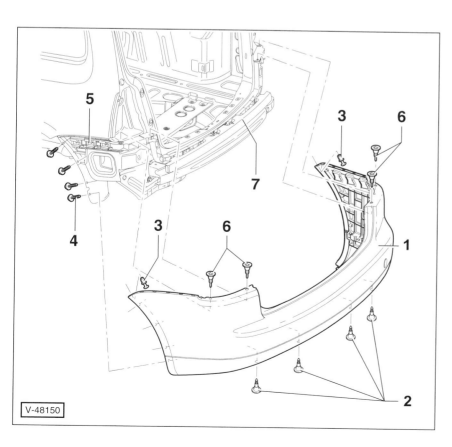

V-48150

GOLF

1 – Stoßfängerabdeckung

Ausbau

◆ Heckleuchten ausbauen, siehe Seite 101.
◆ Schrauben –5– an beiden Innenkotflügeln herausdrehen.
◆ Spreiznieten –4– mit einem Schraubendreher heraushebeln.
◆ Schrauben –2/3– herausdrehen.
◆ Schrauben –6– herausdrehen.
◆ Mit Helfer Stoßfängerabdeckung nach hinten von den Führungsprofilen –7– rechts und links ziehen.
◆ Alle Steckverbindungen trennen.

Einbau

◆ Der Einbau erfolgt in umgekehrter Ausbaureihenfolge.

2 – Schrauben

3 – Schrauben, 5 Nm

4 – Spreiznieten

5 – Schrauben für Innenkotflügel

6 – Schrauben, 5 Nm

7 – Führungsprofil

8 – Stoßfängerträger
Mit 6 Schrauben (**20 Nm**) befestigt.

Speziell JETTA: Auf der rechten Seite 3 Schrauben unten an der Stoßfängerabdeckung herausdrehen. Außerdem 2 Schrauben (**8 Nm**) rechts und links vom Kofferraum aus herausdrehen. Dazu Seitenverkleidungen im Kofferraum ausbauen, siehe Seite 259.

Speziell GOLF VARIANT: Auf der rechten Seite 2 Schrauben unten an der Stoßfängerabdeckung herausdrehen.

Speziell GOLF PLUS: An der Stoßstelle zum Kotflügel Schieber vom Führungsprofil entriegeln.

TOURAN

1 – Stoßfängerabdeckung

Ausbau

◆ Heckleuchten ausbauen, siehe Seite 102.
◆ Schrauben –4– an beiden Innenkotflügeln herausdrehen.
◆ 2 Spreiznieten –3– mit einem Schraubendreher heraushebeln.
◆ Schrauben –2– unten herausdrehen.
◆ Schrauben –6– herausdrehen.
◆ Mit einem Helfer Stoßfängerabdeckung nach hinten von den Führungsprofilen –5– rechts und links ziehen und abnehmen.
◆ Alle Steckverbindungen trennen.

Einbau

◆ Der Einbau erfolgt in umgekehrter Ausbaureihenfolge.

2 – Schrauben, 6 Nm

3 – Spreiznieten

4 – Schrauben für Innenkotflügel

5 – Führungsprofil

6 – Schrauben, 6 Nm

7 – Stoßfängerträger
Mit 7 Schrauben (**20 Nm**) befestigt, 4 rechts und 3 links.

Kühlergrill aus- und einbauen

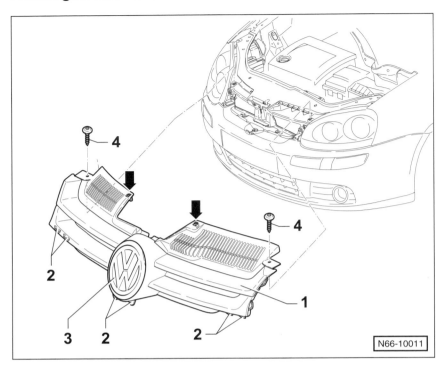

N66-10011

GOLF

1 – Kühlergrill

Ausbau
◆ Motorhaube öffnen.
◆ 2 Schrauben –4– herausdrehen.
◆ Mit einem Schraubendreher Halteclips –Pfeile– aus dem Schlossträger herauslösen.
◆ Kühlergrill unten etwas nach hinten drücken und Rasthaken –2– nach oben aus der Stoßfängerabdeckung herausziehen.
◆ Kühlergrill nach oben abnehmen.

Einbau
◆ Kühlergrill nach vorne gekippt mit den Rasthaken –2– in die Stoßfängerabdeckung einführen und einrasten.
◆ Der weitere Einbau erfolgt in umgekehrter Ausbaureihenfolge.

2 – 6 Rasthaken

3 – VW-Logo
Im Kühlergrill eingeclipst.

4 – 2 Schrauben

Hinweis: Beim GOLF VARIANT und JETTA ist der Kühlergrill unten nicht eingehakt sondern mit 2 Schrauben befestigt. Beim GOLF PLUS fehlen die Halteclips.

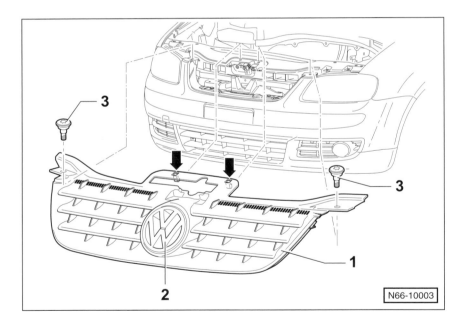

N66-10003

TOURAN

1 – Kühlergrill

Ausbau
◆ Motorhaube öffnen.
◆ 2 Schrauben –3– herausdrehen.
◆ Mit einem Schraubendreher Halteclips –Pfeile– aus dem Schlossträger herauslösen.
◆ Kühlergrill aus der Stoßfängerabdeckung ausrasten und nach vorne herausziehen.

Einbau
◆ Kühlergrill rechts und links an der Stoßfängerabdeckung ansetzen und einrasten.
◆ Halteclips –Pfeile– im Schlossträger einrasten.
◆ 2 Schrauben –3– eindrehen.

2 – VW-Logo
Im Kühlergrill eingeclipst.

3 – 2 Schrauben, 6 Nm

Kotflügel vorn aus- und einbauen

GOLF

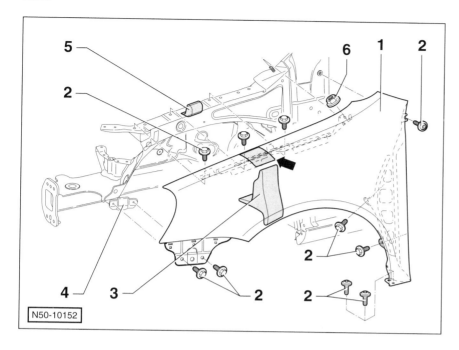

N50-10152

1 – **Kotflügel**

2 – **Schrauben, 6 Nm**

3 – **Formteil**
   Lose zwischen Kotflügel und oberem
   Längsträger eingesteckt.

4 – **Strebe**

5 – **Formteil**
   Am Kotflügel verklebt.

6 – **Mutter, 6 Nm**

Ausbau

- Stoßfängerabdeckung vorn ausbauen, siehe entsprechendes Kapitel.

- Innenkotflügel vorn ausbauen, siehe entsprechendes Kapitel.

- 3 Schrauben herausdrehen und seitliches Führungsprofil für Stoßfängerabdeckung abnehmen, siehe Kapitel »Stoßfängerabdeckung aus- und einbauen«.

- Mutter –6– abschrauben.

- Schrauben –2– herausdrehen.

- Formteil –3– zwischen Kotflügel und oberem Längsträger herausziehen.

- Mit einem Heißluftföhn Kotflügel im Bereich des Formteils –Pfeil– erwärmen. Dadurch löst sich die Verklebung des Formteils –5–.

- Kotflügel abnehmen.

Einbau

- Der Einbau erfolgt in umgekehrter Ausbaureihenfolge, dabei Kotflügel auf gleichmäßige Spaltmaße ausrichten.
  Spaltmaße – Limousine/VARIANT/JETTA, Sollwerte:
  Kotflügel – Motorhaube: . . . . $3,5^{\pm 0,5}$ mm
  Kotflügel – Tür vorn: . . . . $3,5^{\pm 0,5}$ mm
  Kotflügel – Scheinwerfer: . . . . 1,2 bis 3,0 mm
  Kotflügel – Stoßfängerabdeckung: . . . . $0,5^{\pm 0,5}$ mm
  Spaltmaße – GOLF PLUS, Sollwerte:
  Kotflügel – Motorhaube: . . . . 3,0 bis 5,2 mm
  Kotflügel – Tür vorn: . . . . $3,5^{\pm 0,5}$ mm
  Kotflügel – Scheinwerfer: . . . . $2,0^{\pm 1,0}$ mm
  Kotflügel – Stoßfängerabdeckung: . . . . . . 0,4 bis 1,1 mm

Kotflügel vorn aus- und einbauen

TOURAN

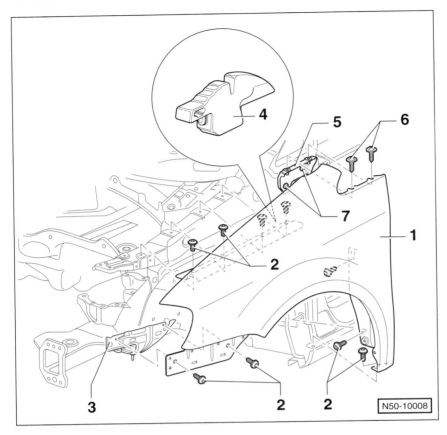

1 – Kotflügel
2 – Schrauben, 6 Nm
3 – Strebe
4 – Füllstück
5 – Befestigungswinkel
6 – Schrauben, 6 Nm
7 – Schrauben, 6 Nm

N50-10008

Ausbau

● Stoßfängerabdeckung vorn ausbauen, siehe entsprechendes Kapitel.

● Innenkotflügel vorn ausbauen, siehe entsprechendes Kapitel.

● Seitenfenster vorn ausbauen, siehe entsprechendes Kapitel.

● 4 Schrauben herausdrehen und seitliches Führungsprofil für Stoßfängerabdeckung abnehmen, siehe Kapitel »Stoßfängerabdeckung aus- und einbauen«.

● Schrauben –2/6– herausdrehen.

● Kotflügel abnehmen.

Einbau

● Der Einbau erfolgt in umgekehrter Ausbaureihenfolge, dabei Kotflügel auf gleichmäßige Spaltmaße ausrichten.
  Spaltmaße/TOURAN, Sollwerte:
  Kotflügel – Motorhaube: . . . . $3,0^{+1,0}$ mm
  Kotflügel – Tür vorn: . . . . $3,0^{+1,0}$ mm
  Kotflügel – Scheinwerfer: . . . . 0,75 bis 2,0 mm

Innenkotflügel aus- und einbauen

GOLF/Innenkotflügel vorn

Ausbau

> **Sicherheitshinweis**
> Beim Aufbocken des Fahrzeugs besteht Unfallgefahr!
> Deshalb vorher das Kapitel »Fahrzeug aufbocken«
> durchlesen.

- Reifen-Laufrichtung mit Pfeil am Reifen markieren. Radschrauben lösen. Fahrzeug aufbocken und Rad abnehmen. **Achtung:** Unbedingt Hinweise im Kapitel »Rad
  aus- und einbauen« beachten.

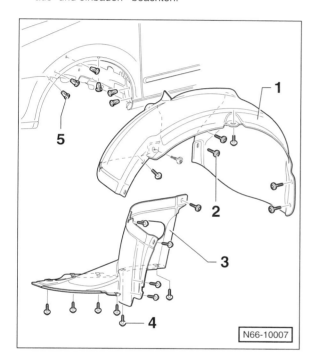

N66-10007

- 11 Schrauben –4– herausdrehen und Innenkotflügel-Vor-
  derteil –3– aus dem Radkasten herausziehen.

- 7 Schrauben –2– herausdrehen und Innenkotflügel-Hin-
  terteil –1– aus dem Radkasten herausziehen. 5 – Spreizmuttern.

Einbau

- Innenkotflügelteile in den Radkasten setzen und festschrauben.

- Reifen-Laufrichtung beachten, Rad anschrauben, Fahrzeug ablassen, erst dann Radschrauben über Kreuz mit
  120 Nm festziehen. **Achtung:** Unbedingt Hinweise im
  Kapitel »Rad aus- und einbauen« beachten.

GOLF/Innenkotflügel hinten

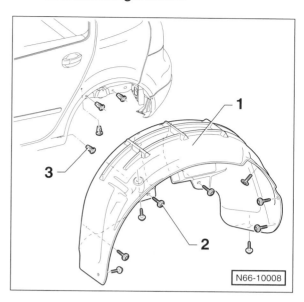

N66-10008

- 9 Schrauben –2– herausdrehen und Innenkotflügel –1–
  aus dem Radkasten herausziehen. 3 – Spreizmuttern.

TOURAN/Innenkotflügel vorn

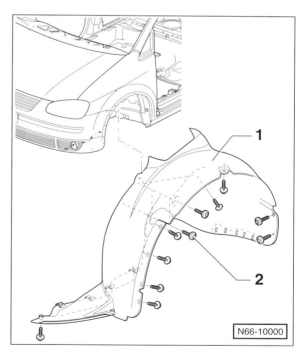

N66-10000

- 15 Schrauben –2– herausdrehen und Innenkotflügel –1–
  aus dem Radkasten herausziehen.

TOURAN/Innenkotflügel hinten

- 15 Schrauben herausdrehen und Innenkotflügel aus dem
  Radkasten herausziehen.

Seitenschutzleisten aus- und einbauen

Ausbau

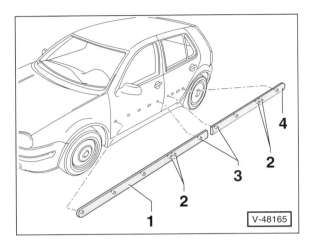

V-48165

- Schutzleiste –1/4– mit einem Heißluftföhn erwärmen und gleichzeitig Stück für Stück abziehen.

Einbau

Hinweise: Bei ca. +21° C werden eine optimale Klebewirkung und Verarbeitungsdauer erreicht. Die rechte und linke Schutzleiste haben ein unterschiedliches Lochbild.

- Klebeflächen mit Benzin reinigen, mit Silikonentferner nachbehandeln und anschließend trockenreiben.
- Folie von der selbstklebenden Schutzleiste abziehen.
- Schutzleiste –1/4– mit den Zapfen –2/3– in die Bohrungen am Außenblech ansetzen, leicht anheften und danach kräftig andrücken.

Achtung: Zum Antrocknen der Klebung nach dem Einbau etwa 4 Stunden bei ca. +21° C warten.

Motorhaube aus- und einbauen

Ausbau

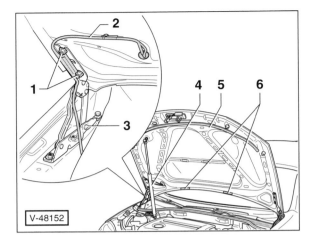

V-48152

- Motorhaube –5– öffnen.
- **GOLF:** Scheibenwaschdüsen –6– ausbauen, siehe Seite 84.
- **GOLF:** Wasserschlauch –2– sowie Leitung für Düsenheizung an der Motorhaube sowie am Scharnier –3– ausclipsen und aus der Motorhaube herausziehen.

Hinweis: Soll die bisherige Motorhaube wieder eingebaut werden, an den Schlauchenden eine Schnur befestigen. Beim Herausziehen der Schläuche wird die Schnur eingezogen und bleibt anschließend in der Motorhaube.

- Für den Wiedereinbau Einbaulage der Scharniere –3– mit Filzstift an der Motorhaube markieren.
- Auf jeder Seite 2 Scharniermuttern –1– an der Motorhaube lockern, aber nicht abschrauben.
- Motorhaube von einem Helfer abstützen lassen. Gasdruckfeder –4– vom oberen Kugelzapfen abziehen, siehe Kapitel »Gasdruckfeder aus- und einbauen«.
- Muttern –1– abschrauben, Motorhaube mit dem Helfer von den Scharnieren abnehmen und vorsichtig ablegen.

Einbau

- Motorhaube mit dem Helfer am Scharnier ansetzen. Die alte Motorhaube dabei nach den Markierungen ausrichten. Scharniermuttern –1– handfest aufschrauben.
- Gasdruckfeder auf Kugelzapfen aufdrücken und einrasten.
- Motorhaube schließen und auf korrekte Spaltmaße einstellen, siehe entsprechendes Kapitel.
- Scharniermuttern mit **22 Nm** festziehen.
- **GOLF:** Wasserschlauch sowie Leitung für die Scheibenwaschdüse mithilfe der Schnur einziehen beziehungsweise bei einer neuen Motorhaube verlegen.
- **GOLF:** Scheibenwaschdüsen einbauen, siehe Seite 84.

Motorhaube prüfen/einstellen

GOLF/JETTA

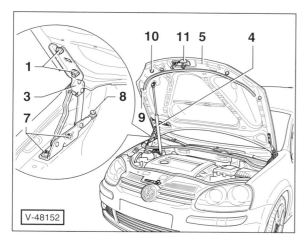

V-48152

- Schließbügel –11– von der Motorhaube –5– abschrauben, siehe Kapitel »Motorhaubenschloss aus- und einbauen«. 9 – Dämpfungspuffer.

- Gasdruckfeder –4– vom oberen Kugelzapfen abbauen.

- Motorhaube schließen und Spaltmaße der Motorhaube prüfen, dabei soll der Spalt zum rechten und linken Kotflügel jeweils gleichmäßig breit sein und parallel verlaufen.
  Spaltmaße – Limousine/VARIANT/JETTA, Sollwerte:
  Motorhaube – Kotflügel: . . . . $3,5^{\pm 0,5}$ mm
  Motorhaube – Scheinwerfer: . . . . $4,5^{\pm 0,5}$ mm
  Spaltmaße – GOLF PLUS, Sollwerte:
  Motorhaube – Kotflügel: . . . . 3,0 bis 5,2 mm
  Motorhaube – Scheinwerfer: . . . . 4,0 bis 5,5 mm

- Gegebenenfalls Motorhaube öffnen, Scharniermuttern –1– an der Motorhaube sowie Scharnierschrauben –7– an der Karosserie lockern und Motorhaube durch Verschieben nach links oder rechts ausrichten.

- Scharnierschrauben und -muttern mit **22 Nm** festziehen.

- Einstellschrauben –8– so weit verdrehen, bis die Motorhaube hinten bündig mit den Kotflügeln ist.

- Einstellpuffer –10– so weit verdrehen, bis die Motorhaube vorne bündig mit den Kotflügeln ist.

Hinweis: Als Einstellhilfe Knetmasse oder Kaugummi an den Einstellpuffern aufdrücken. Nach Schließen der Motorhaube ist am Abdruck in der Knetmasse zu erkennen, ob die Motorhaube richtig aufliegt.

- Schließbügel mit **10 Nm** an der Motorhaube festschrauben.

- Scharniere –3–, Schrauben –7– und Muttern –1– gegen Rost schützen.

TOURAN

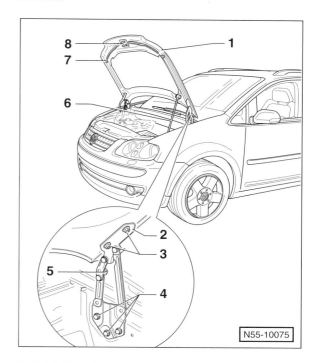

N55-10075

- Schließbügel –8– von der Motorhaube –1– abschrauben, siehe Kapitel »Motorhaubenschloss aus- und einbauen«.

- Gasdruckfeder –6– vom oberen Kugelzapfen abbauen.

- Motorhaube schließen und Spaltmaße der Motorhaube prüfen, dabei soll der Spalt zum rechten und linken Kotflügel jeweils gleichmäßig breit sein und parallel verlaufen.
  Spaltmaße – TOURAN , Sollwerte:
  Motorhaube – Kotflügel: . . . . $3,0^{+1}$ mm
  Motorhaube – Scheinwerfer: . . . . $4,0^{+1}$ mm

- Gegebenenfalls Motorhaube öffnen, Scharniermuttern –3– an der Motorhaube lockern und Motorhaube durch Verschieben nach links oder rechts ausrichten. 5 – Anschlag für Scharnier –2–, einstellbar.

- Scharnierschrauben –4– an der Karosserie lockern und Motorhaube im hinteren Bereich in der Höhe ausrichten.

- Scharnierschrauben und -muttern mit **22 Nm** festziehen.

- Einstellpuffer –7– so weit verdrehen, bis die Motorhaube vorne bündig mit den Kotflügeln ist.

Hinweis: Als Einstellhilfe Knetmasse oder Kaugummi an den Einstellpuffern aufdrücken. Nach Schließen der Motorhaube ist am Abdruck in der Knetmasse zu erkennen, ob die Motorhaube richtig aufliegt.

- Schließbügel mit **10 Nm** an der Motorhaube festschrauben.

- Scharniere –2–, Schrauben –4– und Muttern –3– gegen Rost schützen.

Motorhaubenschloss
aus- und einbauen/einstellen

Hinweis: Hier wird der Aus- und Einbau des Motorhauben-schlosses sowie des Schließbügels beim GOLF beschrieben. Der Arbeitsablauf gilt auch für den TOURAN.

Ausbau

- Motorhaube öffnen.

- Kühlergrill ausbauen, siehe entsprechendes Kapitel.

- Seilzug für Motorhaube trennen, siehe Kapitel »Seilzug für Motorhaube aus- und einbauen«.

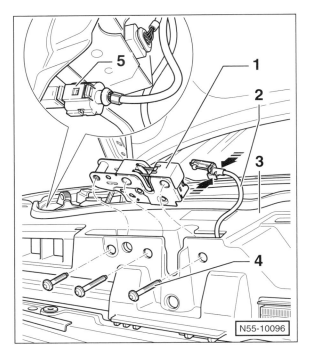

- Steckverbindung –5– für Motorhauben-Kontaktschalter trennen. **Hinweis:** Die Steckverbindung befindet sich neben dem rechten Scheinwerfer.

- Für den Wiedereinbau Einbaulage des Motorhauben-schlosses –1– mit Filzstift markieren.

- 3 Schrauben –4– herausdrehen und Motorhaubenschloss –1– nach oben aus dem Schlossträger –3– herausziehen.

- Laschen –Pfeile– zusammendrücken und Seilzug –2– aus dem Motorhaubenschloss ausclipsen.

Einbau

- Seilzug am Motorhaubenschloss einclipsen.

- Motorhaubenschloss handfest am Schlossträger anschrauben und dabei nach den Markierungen ausrichten.

- Steckverbindung für Motorhauben-Kontaktschalter verbinden.

- Motorhaubenschloss einstellen, dazu Motorhaubenschloss innerhalb der Bohrungen verschieben. Die Motorhaube muss sich problemlos schließen und öffnen lassen. Motorhaube auf korrekte Spaltmaße prüfen und gegebenenfalls einstellen, siehe entsprechendes Kapitel.

- Schrauben für Motorhaubenschloss mit **12 Nm** festziehen.

- Seilzug für Motorhaube einbauen, siehe entsprechendes Kapitel.

- Kühlergrill einbauen, siehe entsprechendes Kapitel.

Speziell Schließbügel aus- und einbauen

Ausbau

- Motorhaube öffnen.

- Für den Wiedereinbau Einbaulage des Schließbügels an der Motorhaube mit Filzstift markieren.

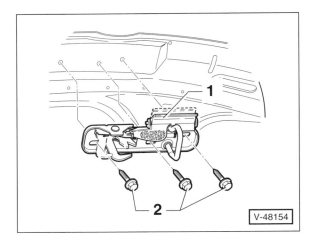

- 3 Schrauben –2– herausdrehen und Schließbügel –1– mit Fanghaken von der Motorhaube abnehmen.

Einbau

- Schließbügel handfest an der Motorhaube anschrauben, Schließbügel dabei nach den Markierungen ausrichten.

- Schließbügel einstellen, dazu Schließbügel innerhalb der Bohrungen verschieben. Die Motorhaube muss sich problemlos schließen und öffnen lassen. Motorhaube auf korrekte Spaltmaße prüfen und gegebenenfalls einstellen, siehe entsprechendes Kapitel.

- Schrauben für Schließbügel mit **10 Nm** festziehen.

Motorhaubenverkleidung aus- und einbauen

Ausbau

- Motorhaube öffnen.

- Halteklammern mit einem Lösehebel, zum Beispiel HA-ZET 799-3, aus der Motorhaube herausziehen, dabei werden die Montagezungen aus den Langlöchern herausgezogen.

- Motorhaubenverkleidung abnehmen.

Einbau

- Der Einbau erfolgt in umgekehrter Ausbaureihenfolge.

- **TOURAN:** Darauf achten, dass die Halteklammern mit der breiten Seite nach unten gerichtet eingesetzt werden.

Seilzug für Motorhaube aus- und einbauen

Ausbau

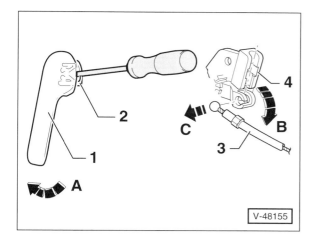

- Im Fahrerfußraum den Betätigungshebel –1– für Motorhauben-Seilzug nach hinten ziehen –Pfeil A–.

- Mit einem Schraubendreher Halteklammer –2– etwas herausziehen und entriegeln. Betätigungshebel abnehmen.

- Seilzug –3– aus dem Lagerbock –4– des Betätigungshebels aushängen –Pfeil B/C–.

- Seilzug am Motorhaubenschloss aushängen, siehe Kapitel »Motorhaubenschloss aus- und einbauen«.

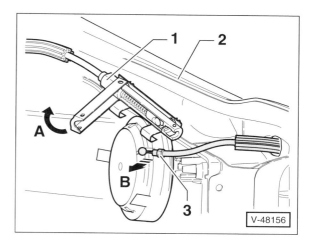

- Bowdenzugkupplung –1– über dem linken Scheinwerfer aus der Halterung am Schlossträger –2– ausclipsen.

- Kupplung aufklappen –Pfeil A– und Motorhauben-Seilzug –3– aus der Kupplung herausziehen –Pfeil B–.

- Seilzug aus den Halterungen am Schlossträger und Radkasten ausclipsen.

- Am Seilzugnippel des Betätigungshebels eine Schnur befestigen und Seilzug von der Motorraumseite aus dem Fahrzeuginnenraum herausziehen und ausbauen. **Hinweis:** Die Schnur dient beim Einbau als Einziehhilfe.

Einbau

- Seilzug in die Halterungen im Motorraum einclipsen.

- Seilzug in die Kupplung einlegen, dabei auf korrekten Sitz des Bowdenzugmantels achten. Kupplung schließen und einrasten.

- Der weitere Einbau erfolgt in umgekehrter Ausbaureihenfolge.

- Zuletzt Halteklammer in den Betätigungshebel schieben und Betätigungshebel auf den Lagerbock drücken.

- Vor Schließen der Motorhaube Seilzug auf Funktion prüfen.

Gasdruckfeder aus- und einbauen

Ausbau

● Heckklappe beziehungsweise Motorhaube öffnen und durch einen Helfer abstützen lassen.

> **Sicherheitshinweis**
> Heckklappe unbedingt durch einen Helfer abstützen lassen, bevor eine Gasdruckfeder gelöst wird. Sonst fällt die Heckklappe herunter, da sie durch einen Dämpfer allein nicht gehalten werden kann.

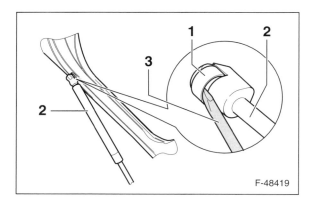

F-48419

● Mit kleinem Schraubendreher –3– Sicherungsbügel –1– etwas anheben und Gasdruckfeder –2– vom oberen Kugelzapfen abziehen.

● Gasdruckfeder auf die gleiche Weise vom unteren Kugelzapfen abziehen.

Einbau

● Heckklappe beziehungsweise Motorhaube durch einen Helfer abstützen lassen.

● Gasdruckfeder auf unteren und oberen Kugelzapfen aufdrücken und einrasten.

● Heckklappe beziehungsweise Motorhaube schließen.

Gasdruckfeder entsorgen

Achtung: Falls die Gasdruckfeder ersetzt wird, muss die alte Feder entgast werden, bevor sie entsorgt wird.

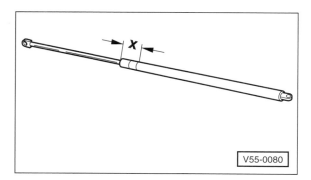

V55-0080

● Gasdruckfeder im **Bereich x = 50 mm** in den Schraubstock einspannen.

Achtung: Feder unbedingt **nur in diesem Bereich** einspannen, sonst besteht Unfallgefahr!

● Zylinder im ersten Drittel der Zylindergesamtlänge – ausgehend von der Bezugskante auf der Kolbenstangenseite – aufsägen. Um herausspritzendes Öl aufzufangen, Bereich des Sägetrennschnittes mit einem Lappen abdecken. **Achtung:** Während des Sägevorganges Schutzbrille tragen.

Heckklappe aus- und einbauen/ prüfen/einstellen

Ausbau

● Batterie abklemmen. **Achtung:** Hinweise im Kapitel »Batterie aus- und einbauen« beachten.

● Heckklappenverkleidung ausbauen, siehe entsprechendes Kapitel.

● Elektrische Steckverbindungen für Heckscheibenheizung und -wischer sowie für Zusatzbremsleuchte und Zentralverriegelung trennen. Schlauch für Heckscheibenwaschanlage abziehen.

● Faltenbalg für Leitungen aus der Heckklappe lösen und herausziehen.

Hinweis: Als Montagehilfe für den Wiedereinbau an den Leitungsenden eine Schnur befestigen, die nach dem Herausziehen der Leitungen in der Klappe bleibt.

● Leitungen und Schlauch durch die Öffnungen in der Heckklappe herausziehen.

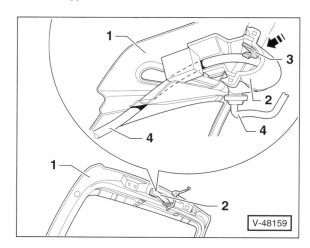

V-48159

● **TOURAN:** Leitungsdurchführung an der Heckklappe –1– ausbauen. Dazu Entriegelungshebel –3– im Innern der Gummitülle –2– kräftig herunterdrücken –Pfeil– und Durchführung abnehmen. Leitungen –4– aus der Heckklappe herausziehen.

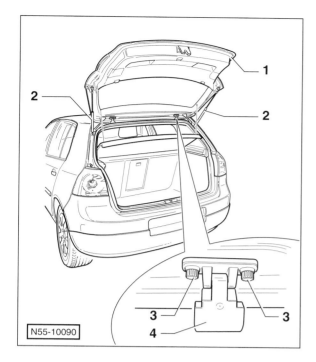

N55-10090

- Für den Wiedereinbau Einbaulage der Scharniere –4– an der Heckklappe –1– mit einem Filzschreiber markieren.

- Auf jeder Seite 2 Scharnierschrauben –3– an der Heckklappe lockern, aber nicht herausdrehen.

- Heckklappe von einem Helfer abstützen lassen. Beide Gasdruckfedern –2– vom oberen Kugelzapfen abziehen, siehe Kapitel »Gasdruckfeder aus- und einbauen«.

- Schrauben –3– herausdrehen, Heckklappe –1– mit Helfer abnehmen und vorsichtig ablegen.

Einbau

- Heckklappe mit Helfer am Scharnier ansetzen. Die alte Heckklappe dabei nach den Markierungen ausrichten.

- Schrauben –3– links und rechts handfest eindrehen.

- Gasdruckfeder auf Kugelzapfen aufdrücken und einrasten. Zweite Gasdruckfeder einbauen.

- Heckklappe schließen und auf korrekte Spaltmaße einstellen, siehe entsprechenden Abschnitt.

- Scharnierschrauben –3– mit **10 Nm** festziehen.

- **TOURAN:** Leitungsdurchführung an der Heckklappe einsetzen und einrasten.

- Wasserschlauch sowie elektrische Leitungen mithilfe der Schnur einziehen beziehungsweise bei einer neuen Heckklappe verlegen. Wasserschlauch und elektrische Leitungen anschließen.

- Heckklappenverkleidung einbauen, siehe entsprechendes Kapitel.

- Batterie anklemmen. **Achtung:** Hinweise im Kapitel »Batterie aus- und einbauen« beachten.

Prüfen/Einstellen

Achtung: Für die Einstellung muss das Fahrzeug auf den Rädern stehen.

- Verkleidung am Heckabschluss ausbauen, siehe Seite 260/265.

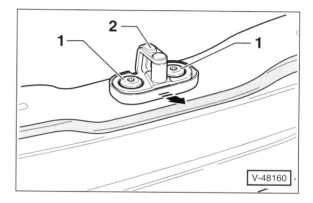

V-48160

- 2 Schrauben –1– herausdrehen und Schließbügel –2– von der Ladekante abnehmen.

- Beide Gasdruckfedern vom oberen Kugelzapfen abbauen, siehe entsprechendes Kapitel.

- Heckklappe schließen und Spaltmaße der Heckklappe prüfen. Die Heckklappe ist richtig eingestellt, wenn sie im geschlossenen Zustand überall ein gleichmäßiges Spaltmaß hat, nicht zu weit nach innen oder außen steht und die Konturen mit den umliegenden Karosserieteilen fluchten.

Spaltmaße – GOLF Limousine/GOLF PLUS, Sollwerte:
Heckklappe – hintere Seitenteile: . . . . $4{,}0^{\pm 0{,}5}$ mm
Spaltmaße – GOLF VARIANT, Sollwerte:
Heckklappe – hintere Seitenteile: . . . . $4{,}8^{\pm 0{,}8}$ mm
Heckklappe – Stoßfängerabdeckung: . . . . . . $5{,}8^{\pm 0{,}8}$ mm
Spaltmaße – TOURAN , Sollwerte:
Heckklappe – hintere Seitenteile: . . . . $4{,}0^{+1}$ mm
Heckklappe – Dach: . . . . $4{,}5^{+1}$ mm

- Gegebenenfalls Heckklappe öffnen, Scharnierschrauben –3– an der Heckklappe lockern, siehe Abbildung N55-10090.

- Heckklappe durch Verschieben nach links oder rechts ausrichten.

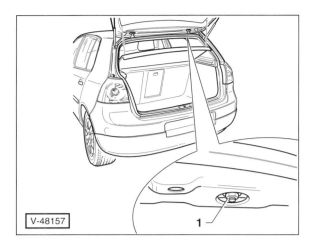

V-48157

● Wenn nötig, Scharniermuttern –1– am Dachholm lockern. Dazu Dachabschlussleiste ausbauen und Dachhimmel hinten nach unten ziehen, siehe Kapitel »Dachabschlussleiste aus- und einbauen«, Seite 260.

● Heckklappe durch Verschieben ausrichten.

● Scharnierschrauben mit **10 Nm**, Scharniermuttern mit **24 Nm** festziehen.

● Heckklappe schließen, Schließbügel ausrichten und mit **23 Nm** festschrauben.

● Heckklappe auf einwandfreie Passung sowie Schließfunktion prüfen, gegebenenfalls nochmals einstellen.

● Verkleidung am Heckabschluss einbauen, siehe Seite 260/265.

Speziell Dämpfungspuffer einstellen
GOLF Limousine / GOLF PLUS / TOURAN

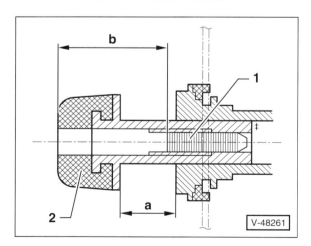

V-48261

● Klemmschraube –1– mit Inbusschlüssel so weit lösen, bis sich der Dämpfungspuffer –2– herausziehen lässt. Dämpfungspuffer auf das Maß a = 12,5 mm einstellen.

● Heckklappe mit leichtem Druck schließen, Heckklappenöffner dabei betätigen. Der Dämpfungspuffer wird bei diesem Vorgang auf die korrekte Länge eingeschoben.

● Heckklappe öffnen und Klemmschraube –1– eindrehen, maximal bis auf die Tiefe b = 25 mm.

Heckklappenschloss
aus- und einbauen

Ausbau

● Batterie abklemmen. **Achtung:** Hinweise im Kapitel »Batterie aus- und einbauen« beachten.

● Heckklappenverkleidung ausbauen, siehe entsprechendes Kapitel.

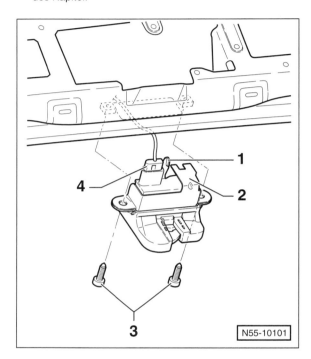

N55-10101

● Stecker –4– für Heckklappenschloss –2– entriegeln und abziehen. 1 – Notentriegelungshebel für Heckklappenschloss; durch Öffnung in der Verkleidung zugänglich.

● 2 Schrauben –3– herausdrehen und Heckklappenschloss –2– von der Heckklappe nehmen.

Einbau

● Der Einbau erfolgt in umgekehrter Ausbaureihenfolge, Schrauben dabei mit **23 Nm** festziehen.

● Schließfunktion des Heckklappenschlosses prüfen.

Kofferraumklappe aus- und einbauen

JETTA

Ausbau

● Batterie abklemmen. **Achtung:** Hinweise im Kapitel »Batterie aus- und einbauen« beachten.

● Kofferraumklappe öffnen und Abdeckkappe vom Kofferraumschloss abziehen.

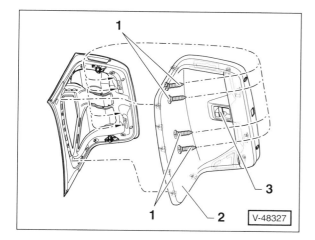

● Abdeckung vom Notöffnungsgriff –3– abziehen.

● 4 Schrauben –1– in den Griffmulden herausdrehen.

● Mit einem Schraubendreher Verkleidung –2– an den Halteklammern aus den Aufnahmen herausziehen.

● Bowdenzug am Notöffnungsgriff –3– aushängen und Verkleidung –2– von der Kofferraumklappe abnehmen.

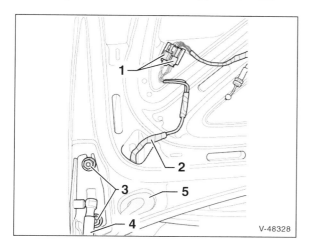

● Steckverbindungen –1– trennen und Kabelstrang –2– mit Gummitülle –5– aus der Kofferraumklappe herausziehen.

● Für den Wiedereinbau Einbaulage der Scharniere mit Filzstift an der Kofferraumklappe markieren.

● Auf jeder Seite 2 Muttern –3– an der Kofferraumklappe lockern, aber nicht abschrauben.

● Kofferraumklappe von einem Helfer abstützen lassen. Beide Gasdruckfedern –4– vom oberen Kugelzapfen abziehen, siehe Kapitel »Gasdruckfeder aus- und einbauen«.

● Muttern abschrauben, Kofferraumklappe mit Helfer abnehmen und vorsichtig ablegen.

Einbau

● Der Einbau erfolgt in umgekehrter Ausbaureihenfolge, Muttern dabei mit **22 Nm** festziehen.

Hinweis: Zum Einstellen der Kofferraumklappe Muttern –3– sowie Schrauben an den Scharnieren lockern.

Heckklappenverkleidung aus- und einbauen

GOLF VARIANT

Ausbau

● Heckklappe öffnen.

● Mit einem Kunststoffkeil 2 Abdeckkappen unten an der Schmalseite aus der Heckklappenverkleidung heraushebeln und dahinter sitzende Schrauben herausdrehen.

● Untere Heckklappenverkleidung an beiden Seiten aus den Aufnahmen in der Fensterrahmenverkleidung ablösen.

● Kunststoffkeil oder Lösezange, zum Beispiel HAZET 799-4, unter die Verkleidung schieben und Verkleidung an den Halteklammern ablösen. Dabei unten und an den Seiten beginnen.

● Untere Heckklappenverkleidung von der Heckklappe abnehmen.

● Lösezange unter die Verkleidung am Fensterrahmen schieben und Verkleidung an den Halteklammern oben und an den Seiten von der Heckklappe ablösen.

● Verkleidung oben aus den Aufnahmen im Fensterrahmen herausziehen und von der Heckklappe abnehmen.

Einbau

● Halteklammern auf Beschädigungen und auf richtigen Sitz an der Verkleidung überprüfen, wenn nötig, ersetzen.

● Der Einbau erfolgt in umgekehrter Ausbaureihenfolge, dabei zuerst die Fensterrahmenverkleidung einbauen und danach die untere Heckklappenverkleidung.

● Darauf achten, dass die Halteklammern korrekt in die Aufnahmen der Heckklappe eingreifen.

Heckklappenverkleidung aus- und einbauen

GOLF Limousine / GOLF PLUS

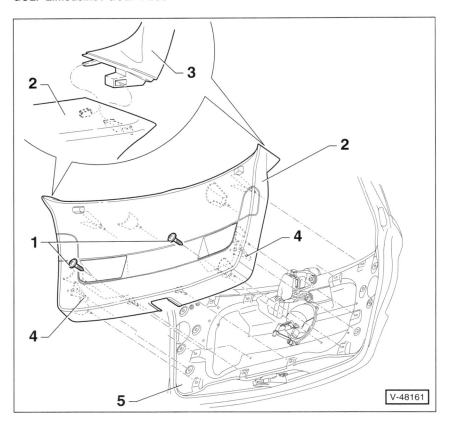

V-48161

Heckklappenverkleidung unten

1 – Schrauben
GOLF PLUS: 4 Schrauben.

2 – Verkleidung unten

Ausbau
- ◆ Heckklappe –5– öffnen.
- ◆ 2 Schrauben –1– aus den Griff-mulden herausdrehen.
- ◆ Kunststoffkeil oder Lösezange, zum Beispiel HAZET 799-4, unter die Verkleidung schieben und Verkleidung an den Halteklammern ablösen. Dabei unten beginnen.
- ◆ Verkleidung an beiden Seiten von der Fensterrahmenverkleidung –3– ablösen.
- ◆ Führungsnasen –4– aus den Aufnahmen in der Heckklappe herausziehen.
- ◆ Verkleidung von der Heckklappe –5– abnehmen.

Einbau
- ◆ Halteklammern auf Beschädigungen und auf richtigen Sitz an der Verkleidung überprüfen, wenn nötig, ersetzen.
- ◆ Der Einbau erfolgt in umgekehrter Ausbaureihenfolge, dabei darauf achten, dass die Halteklammern korrekt in die Aufnahmen der Heckklappe eingreifen.

3 – Fensterrahmenverkleidung

4 – Führungsnasen

5 – Heckklappe

Fensterrahmenverkleidung

1 – Führungsnase

2 – Führungsnase

3 – Fensterrahmenverkleidung

Ausbau
- ◆ Heckklappenverkleidung unten ausbauen.
- ◆ Kunststoffkeil oder Lösezange, zum Beispiel HAZET 799-4, unter die Verkleidung am Fensterrahmen schieben und Verkleidung an den Halteklammern –4– ablösen.
- ◆ Führungsnasen –1/2– aus den Aufnahmen im Fensterrahmen herausziehen.
- ◆ Fensterrahmenverkleidung von der Heckklappe –5– abnehmen.

Einbau
- ◆ Halteklammern auf Beschädigungen und auf richtigen Sitz an der Verkleidung überprüfen, wenn nötig, ersetzen.
- ◆ Der Einbau erfolgt in umgekehrter Ausbaureihenfolge, dabei darauf achten, dass die Halteklammern korrekt in die Aufnahmen der Heckklappe eingreifen.

4 – Halteklammern

5 – Heckklappe

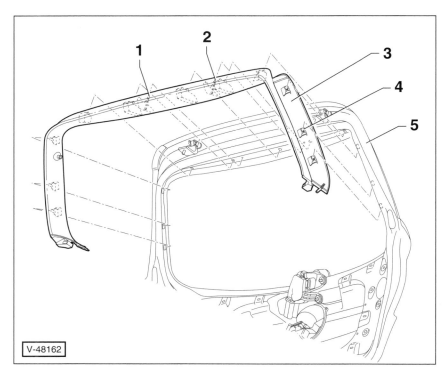

V-48162

Heckklappenverkleidung aus- und einbauen

TOURAN

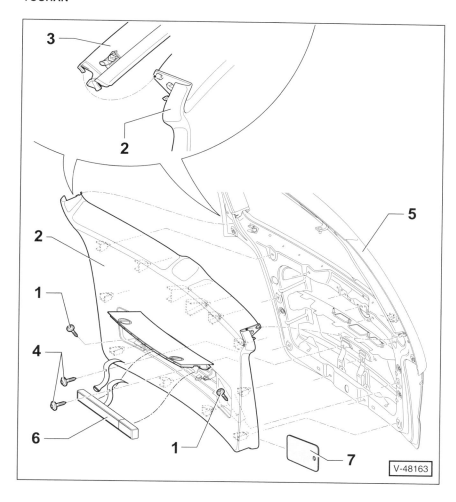

Heckklappenverkleidung unten

1 – Schrauben

2 – Verkleidung unten

Ausbau

◆ Heckklappe –5– öffnen.

◆ 2 Schrauben –1– aus den Griff-mulden herausdrehen.

◆ Deckel in der Verkleidung aufklap-pen und Warndreieck –6– aus dem Ablagefach herausnehmen.

◆ 2 Schrauben –4– herausdrehen.

◆ Kunststoffkeil –7– unter die Ver-kleidung schieben und Verkleidung an den Halteklammern ablösen. Dabei unten beginnen.

◆ Verkleidung an beiden Seiten von der Fensterrahmenverkleidung –3– ablösen.

◆ Verkleidung von der Heckklappe –5– abnehmen.

Einbau

◆ Halteklammern auf Beschädigun-gen und auf richtigen Sitz an der Verkleidung überprüfen, wenn nö-tig, ersetzen.

◆ Der Einbau erfolgt in umgekehrter Ausbaureihenfolge, dabei darauf achten, dass die Halteklammern korrekt in die Aufnahmen der Heckklappe eingreifen.

3 – Fensterrahmenverkleidung

4 – Schrauben

5 – Heckklappe

6 – Warndreieck

7 – Kunststoffkeil, flach

V-48163

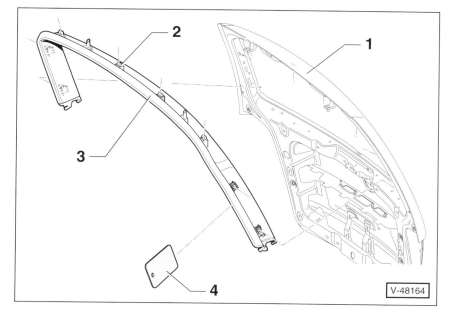

Fensterrahmenverkleidung

1 – Heckklappe

2 – Halteklammern

3 – Fensterrahmenverkleidung

Ausbau

◆ Heckklappenverkleidung unten aus-bauen.

◆ Kunststoffkeil –4– unter die Ver-kleidung am Fensterrahmen schie-ben und Verkleidung an den Halte-klammern –2– ablösen.

◆ Fensterrahmenverkleidung von der Heckklappe –1– abnehmen.

Einbau

◆ Halteklammern auf Beschädigun-gen und auf richtigen Sitz an der Verkleidung überprüfen, wenn nö-tig, ersetzen.

◆ Der Einbau erfolgt in umgekehrter Ausbaureihenfolge, dabei darauf achten, dass die Halteklammern korrekt in die Aufnahmen der Heckklappe eingreifen.

4 – Kunststoffkeil, flach

V-48164

Tür aus- und einbauen

GOLF/JETTA

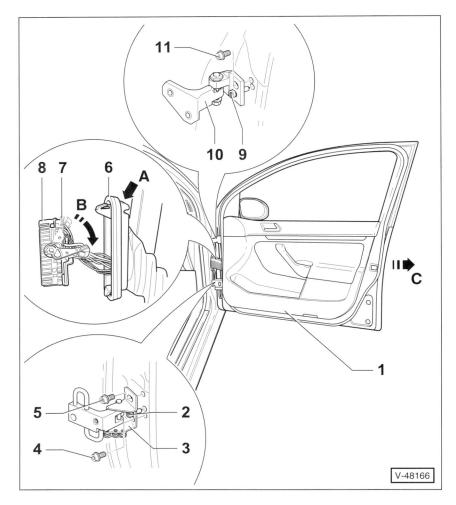

V-48166

Tür vorn

1 – Tür vorn

Ausbau
- Tür öffnen.
- Auf den Rasthaken drücken –Pfeil A– und Faltenbalg –6– von der A-Säule ziehen.
- Verriegelungshebel –7– nach unten schwenken –Pfeil B– und Stecker –8– von der Kupplung an der A-Säule abziehen.
- Tür von einem Helfer abstützen.
- Schrauben –4/5/11– an den Scharnieren herausdrehen, dabei Spezialschlüssel verwenden, zum Beispiel HAZET 2597 mit Vielzahn-Bit und Werkzeughalter HAZET 6396.
- Tür in Pfeilrichtung –C– von den Führungsschrauben –2/9– ziehen und auf einer weichen Unterlage ablegen.

Einbau
- Der Einbau erfolgt im umgekehrter Ausbaureihenfolge.
- Tür mit **neuen** Schrauben –4/5/11– befestigen.
- Tür schließen und Spaltmaße prüfen. Gegebenenfalls Tür einstellen, siehe entsprechendes Kapitel.

2 – Führungsschraube, 10 Nm

3 – Scharnier unten

4/5 – Schrauben[1]
Limousine/GOLF PLUS: **50 Nm**
VARIANT/JETTA: **20 Nm + 90°**

6 – Faltenbalg

7 – Verriegelungshebel

8 – Elektrische Steckverbindung

9 – Führungsschraube, 10 Nm

10 – Scharnier oben

11 – Schraube[1]
Limousine/GOLF PLUS: **50 Nm**
VARIANT/JETTA: **20 Nm + 90°**

---

[1] Schraube immer ersetzen.

Hinweis: Die hintere Tür des 4-Türers wird in gleicher Weise ausgebaut.

Tür einstellen

GOLF/JETTA

Scharnier oben

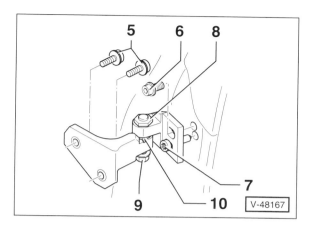

V-48167

5 – **Schrauben, 20 Nm + 90°**
6 – **Schraube,**
   Limousine/GOLF PLUS: **50 Nm,**
   VARIANT/JETTA: **20 Nm + 90°.**
7 – **Führungsschraube, 10 Nm**

8 – **Exzenterbolzen** mit
   Sechskant zum Verstellen.
9 – **Schraube/Mutter für Ex-**
   zenterbolzen, 28 Nm [1]
10 – **Einstellbereich**

[1]) Golf Limousine bis 1/04, GOLF VARIANT, JETTA: Schrau-be/Mutter für Exzenterbolzen auf keinen Fall lösen.

Scharnier unten

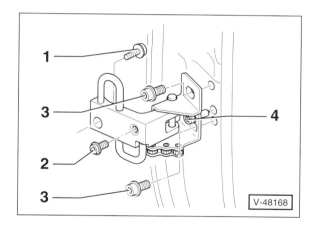

V-48168

1 – **Schraube, 20 Nm + 90°**
2 – **Schraube, 20 Nm + 90°**
   Nur vom Fahrzeuginnen-
   raum zugänglich.

3 – **Schrauben,**
   Limousine/GOLF PLUS: **50 Nm,**
   VARIANT/JETTA: **20 Nm + 90°.**
4 – **Führungsschraube, 10 Nm**

Achtung: Die Schrauben sind selbstsichernd und müssen nach dem Lösen immer durch **neue** ersetzt werden. Ausnahmen sind die Führungsschrauben.

Tür einstellen

● Spaltmaße der Tür prüfen. Die Tür ist richtig eingestellt, wenn sie im geschlossenen Zustand überall ein gleichmäßiges Spaltmaß hat, nicht zu weit nach innen oder außen steht und die Konturen mit den umliegenden Karosserieteilen fluchten. Die hintere Tür darf maximal 1 mm weiter innen stehen als die Vordertür.

Spaltmaße/GOLF, Sollwerte:
Tür vorn – Kotflügel vorn: . . . . $3,5^{\pm 0,5}$ mm
Tür vorn – Kotflügel hinten (2-Türer): . . . . $3,5^{\pm 0,5}$ mm
Tür vorn – Tür hinten (4-Türer): . . . . $4,2^{\pm 0,5}$ mm
Tür hinten – Kotflügel hinten (4-Türer): . . . . . $3,5^{\pm 0,5}$ mm
Tür – Türschweller (Limousine / GOLF PLUS): . . . $4,5^{\pm 0,5}$ mm
Tür – Türschweller (GOLF VARIANT / JETTA): . . . $5,5^{\pm 0,5}$ mm

● **Golf Limousine ab 2/04, GOLF PLUS:** Spaltmaße einstellen durch Verstellen des Exzenterbolzens –8– mit einem Ringschlüssel (SW 15); vorher Schraube –9– lockern. Anschließend Schraube –9– festziehen und Einstellung überprüfen. Falls nötig, Türaußenblech losschrauben und verschieben, siehe Abbildung V-48335.

● Falls die Sollwerte nicht eingehalten werden, Schließbügel an der Karosserie abschrauben und Türscharniere lockern. Dazu oben Scharnierschrauben –5– und unten Scharnierschrauben –1/2– lockern.

Hinweis: Um die Schraube –2– zu lockern, muss zuvor die A-Säulenverkleidung unten beziehungsweise bei der Hintertür die B-Säulenverkleidung unten ausgebaut werden, siehe Seite 255/256.

● Tür durch Verschieben ausrichten.

Hinweis: Andere Einstellmaßnahmen, wie zum Beispiel das Richten der Tür nach oben, sind wirkungslos, weil die Tür danach wieder absackt.

● Zum Einstellen der Konturbündigkeit Scharnierschrauben –3– und –6– sowie die Führungsschrauben –4– und –7– lockern und Tür ausrichten.

● Nach dem Einstellen Scharnierschrauben festziehen, siehe Abbildungen V-48167/V-48168.

● Führungsschrauben –4/7– mit **10 Nm** festziehen.

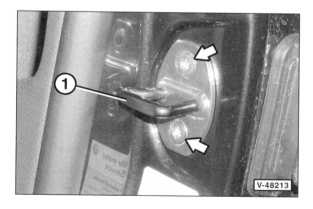

V-48213

● Schließbügel –1– anschrauben und Schrauben –Pfeile– handfest anziehen, so dass der Schließbügel leicht verschoben werden kann.

● Tür schließen. Dadurch wird der Schließbügel ausgerichtet. Anschließend Tür vorsichtig öffnen und Schließbügel mit **20 Nm** festschrauben.

Tür vorn

GOLF/JETTA

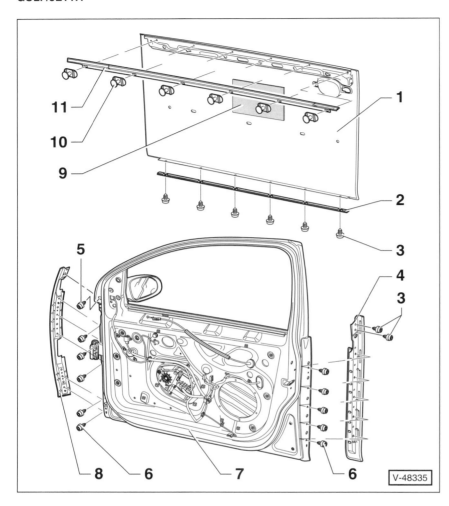

V-48335

Tür vorn/Türaußenblech

Hinweis: Die Türen beim GOLF sind aus 2 Teilen zusammengesetzt. Am Türinnenteil mit Fensterrahmen sind der Fensterheber, die Fensterführung, der Außenspiegel, der Lautsprecher sowie das Türschloss montiert. Das Türaußenblech ist mit dem Türinnenteil verschraubt. Am Türaußenblech sind der Türaußengriff und die Fensterschacht-Dichtleiste befestigt.

1 – Türaußenblech

2 – Kantenschutz

3 – Schrauben, Typ C, 10 Nm

4 – Halteschiene hinten
Am Türaußenblech aufgeklebt.

5 – Schrauben, Typ A, 10 Nm

6 – Schrauben, Typ B, 14 Nm

7 – Türinnenteil

8 – Halteschiene vorn
Am Türaußenblech aufgeklebt.

9 – Dämpfungsmatte
Am Türaußenblech aufgeklebt.

10 – Halteclips

11 – Fensterschacht-Dichtleiste

Achtung: Es werden 3 Schrauben-Typen zur Befestigung des Türaußenblechs verwendet. Schrauben nicht vertauschen.

Hinweis: Hier ist die Tür der Limousine dargestellt. Anzahl und Verteilung der Schrauben können bei den übrigen GOLF-Modellen unterschiedlich sein.

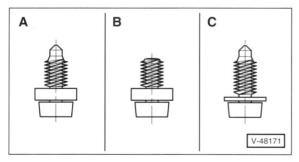

V-48171

Schrauben-Typen:

A – Mit Spitze und dicker Unterlegscheibe

B – Ohne Spitze, mit dicker Unterlegscheibe

C – Mit Spitze und dünner Unterlegscheibe

Türaußenblech an der Vordertür aus- und einbauen

GOLF/JETTA

Ausbau

● Tür öffnen.

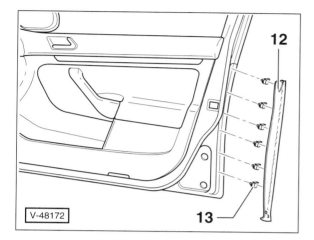

V-48172

● Mit einem Kunststoffkeil Abdeckleiste –12– an den Halteclips –13– ablösen, dabei unten am Türrahmen beginnen. Abdeckleiste von der Tür abziehen.

● Schließzylinder am Türaußengriff ausbauen, siehe entsprechendes Kapitel.

● Türaußengriff ausbauen, siehe entsprechendes Kapitel.

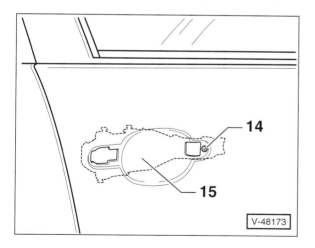

V-48173

● Schraube –14– aus dem Lagerbügel –15– für Türaußengriff herausdrehen. **Hinweis:** Der Lagerbügel sitzt hinter dem Türaußenblech.

● Schrauben –3/5/6– herausdrehen, siehe Abbildung V-48335.

Achtung: Es werden 3 Schrauben-Typen zur Befestigung des Türaußenblechs verwendet. Schrauben-Typen nicht vertauschen.

● Türaußenblech –1– vorsichtig vom Türinnenteil –7– abnehmen, siehe Abbildung V-48335.

Einbau

● Türaußenblech –1– am Türinnenteil –7– ansetzen. Dabei darauf achten, dass die Führungszapfen der Halteschienen –4/8– in die entsprechenden Bohrungen am Türinnenteil eingreifen, siehe Abbildung V-48335.

● Schrauben –3/5/6– eindrehen. **Achtung:** Dabei die korrekten Schrauben-Typen verwenden.

● Schrauben –3/5– mit **10 Nm**, Schrauben –6– mit **14 Nm** festziehen.

● Der weitere Einbau erfolgt in umgekehrter Ausbaureihenfolge.

Türaußenblech an der Hintertür aus- und einbauen

GOLF/JETTA

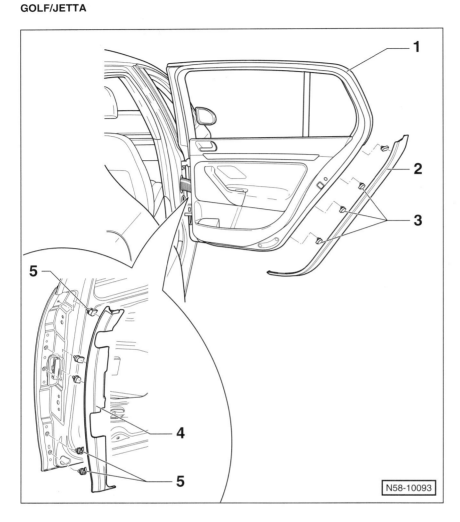

N58-10093

Tür hinten [1]

Hinweis: Die Hintertüren beim GOLF sind wie die Vordertüren aus 2 Teilen zusammengesetzt: Das Türaußenblech ist am Türinnenteil angeschraubt. Der Aus- und Einbau erfolgt wie bei der Vordertür.

Achtung: Die Hintertüren beim GOLF VARIANT sind ähnlich aufgebaut wie beim TOURAN, siehe entsprechendes Kapitel.

1 – Hintertür

2 – Abdeckleiste hinten
Abdeckleiste an den Halteclips –3– ablösen, dabei unten am Türrahmen beginnen. Abdeckleiste von der Tür abziehen.

3 – Halteclips

4 – Abdeckleiste vorn [2]
Abdeckleiste an den Halteclips –5– ablösen, dabei unten am Türrahmen beginnen. Abdeckleiste von der Tür abziehen.

5 – Halteclips [2]

---

[1] Außer Hintertür beim GOLF VARIANT.
[2] Nur GOLF Limousine.

Hinweis: Hier ist die Tür der Limousine dargestellt. Anzahl und Verteilung der Halteclips können bei den übrigen GOLF-Modellen unterschiedlich sein.

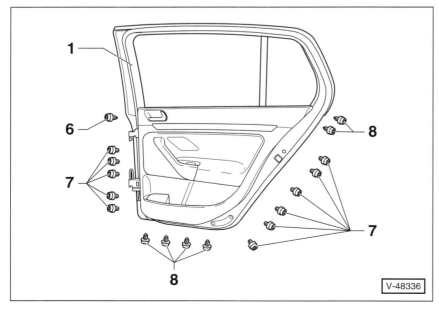

V-48336

Tür hinten [1]

1 – Hintertür

6 – Schrauben, Typ A, 10 Nm
Schrauben mit Spitze und dicker Unterlegscheibe.

7 – Schrauben, Typ B, 14 Nm
Schrauben ohne Spitze, mit dicker Unterlegscheibe.

8 – Schrauben, Typ C, 10 Nm
Schrauben mit Spitze und dünner Unterlegscheibe.

---

[1] Außer Hintertür beim GOLF VARIANT.

Achtung: Es werden 3 Schrauben-Typen zur Befestigung des Türaußenblechs verwendet, siehe Kapitel für die Vordertür. Schrauben nicht vertauschen.

Hinweis: Hier ist die Tür der Limousine dargestellt. Anzahl und Verteilung der Schrauben können bei den übrigen GOLF-Modellen unterschiedlich sein.

Türschloss/Lagerbügel für Türaußengriff aus- und einbauen

GOLF/JETTA

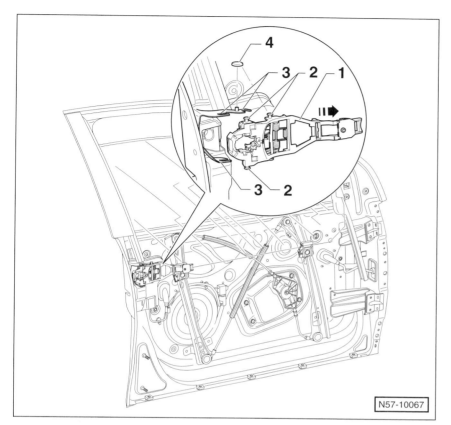

N57-10067

Lagerbügel/Tür vorn

1 – Lagerbügel

Ausbau

◆ Schließzylinder ausbauen, siehe entsprechendes Kapitel.

◆ Türaußengriff ausbauen, siehe entsprechendes Kapitel.

◆ Türaußenblech ausbauen, siehe entsprechendes Kapitel.

◆ Sicherungsgummi –4– nach oben vom Führungsbolzen –2– und vom Haltebolzen an der Aufnahme –3– abziehen.

◆ Lagerbügel in Pfeilrichtung aus den Aufnahmen –3– herausziehen.

Einbau

◆ Lagerbügel so am Türinnenteil einschieben, dass die Führungsbolzen –2– in die Aufnahmen –3– einrasten.

◆ Sicherungsgummi –4– über die Bolzen legen.

◆ Der weitere Einbau erfolgt in umgekehrter Ausbaureihenfolge.

2 – Führungsbolzen

3 – Aufnahmen für Führungsbolzen

4 – Sicherungsgummi

Hinweis: Der Lagerbügel an der Hintertür wird in der gleichen Weise ausgebaut.

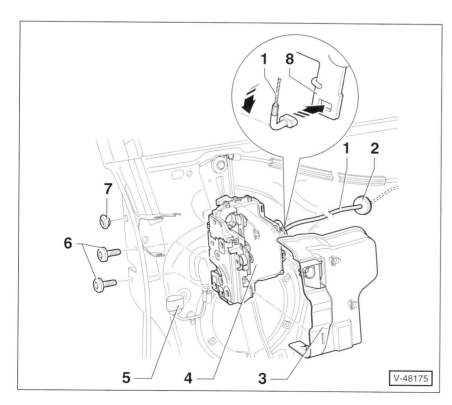

V-48175

Türschloss/Tür vorn

1 – Seilzug

2 – Abstandshalter, Führung

3 – Abdeckung über Türschloss

4 – Türschloss

Ausbau

◆ Lagerbügel ausbauen.

◆ Steckverbindung –5– trennen.

◆ 2 Schrauben –6– herausdrehen.

◆ Seilzug –1– um 90° drehen und aus Öse im Umlenkhebel –8– herausziehen. **Hinweis:** Ausbau in entgegengesetzter Pfeilrichtung.

◆ Türschloss aus der Tür herausziehen.

Einbau

◆ Der Einbau erfolgt in umgekehrter Ausbaureihenfolge. Türschloss mit **18 Nm** festschrauben.

◆ Bei geöffneter Tür Schließmechanismus auf Funktion prüfen.

5 – Steckverbindung

6 – 2 Schrauben, 18 Nm

7 – Abdeckkappe

Über Sicherungsschraube.

8 – Umlenkhebel

Hinweis: Das Türschloss an der Hintertür wird in der gleichen Weise ausgebaut. Beim GOLF VARIANT siehe entsprechendes Kapitel beim TOURAN.

Türseitenaufprallschutz aus- und einbauen

GOLF/JETTA

Hinweis: Beschrieben wird der Aus- und Einbau an der Vordertür. Der Seitenaufprallschutz an der Hintertür wird, außer beim GOLF VARIANT, in ähnlicher Weise ausgebaut.

Ausbau

- Türaußenblech ausbauen, siehe entsprechendes Kapitel.

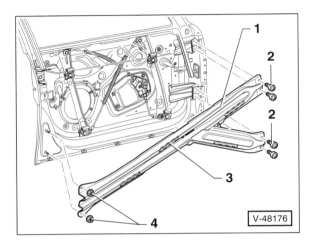

V-48176

- 4 Schrauben –2– und 2 Muttern –4– herausdrehen.
- Seitenaufprallschutz –1– mit Dämpfungsmatte –3– vom Türinnenteil abnehmen.

Einbau

- Der Einbau erfolgt in umgekehrter Ausbaureihenfolge. Dabei Schrauben und Muttern mit **20 Nm** festziehen.

Türfensterscheibe aus- und einbauen

Vordertür – GOLF/JETTA

Ausbau

- Türverkleidung ausbauen, siehe entsprechendes Kapitel.

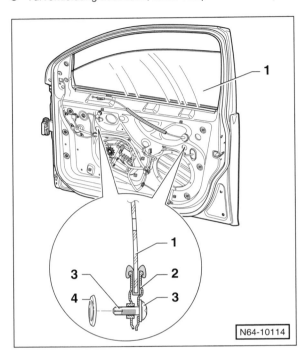

N64-10114

- 2 Abdeckkappen –4– aus dem Türrahmen heraushebeln.
- Türfensterscheibe –1– so weit herunterfahren, bis die Klemmschrauben –3– in den Montageöffnungen zugänglich sind.

Achtung: Lässt sich die Fensterscheibe nicht absenken, zum Beispiel wegen einer Störung des elektrischen Fensterhebers, Fensterhebermotor abschrauben und Fensterscheibe von Hand herunterdrücken.

- Klemmschrauben –3– durch Drehen im Uhrzeigersinn lockern, aber nicht herausdrehen.

Hinweis: Die Klemmschrauben –3– sind sowohl von außen als auch von innen zugänglich. An der Türinnenseite werden sie durch Rechtsdrehen gelockert.

- Klemmbacken der Aufnahmen –2– auseinanderdrücken.

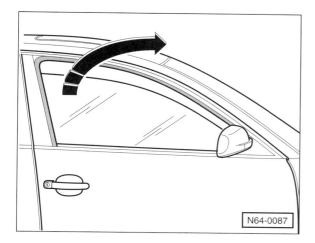

N64-0087

● Türfensterscheibe hinten anheben und in Pfeilrichtung nach vorn aus der Tür herausschwenken.

Einbau

● Der Einbau erfolgt in umgekehrter Ausbaureihenfolge. Darauf achten, dass die Türfensterscheibe richtig in die Fensterführung eingesetzt wird. Scheibe an der hinteren Fensterführung ausrichten. Klemmschrauben durch Drehen gegen den Uhrzeigersinn mit **8 Nm** festziehen.

● Fensterheber auf Funktion prüfen.

Hintertür – GOLF/JETTA

Ausbau

● Türverkleidung ausbauen, siehe entsprechendes Kapitel.

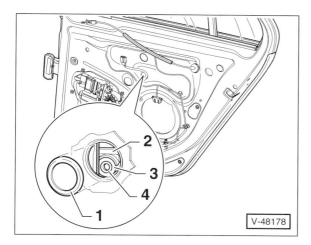

V-48178

● Abdeckkappe –1– heraushebeln.

● Türfensterscheibe absenken, bis der Spreizstift –4– und der Spreizdübel –3– in der Montageöffnung zugänglich sind. 2 – Fensterheberführung.

Hinweis: Fensterhebermotor bei einem Defekt abschrauben und Fensterscheibe von Hand herunterschieben.

● Schraube (5 x 70 mm) in den Spreizstift –4– eindrehen und Spreizstift aus dem Spreizdübel herausziehen.

● Schraube (8 x 80 mm) in den Spreizdübel –3– eindrehen und Spreizdübel aus der Klemmbacke herausziehen.

Achtung: Beim Eindrehen der Schraube kann der Dübel durch zu starken Druck nach hinten in den Türrahmen fallen.

● **JETTA:** Fensterhebermotor ausbauen und Türfensterscheibe ganz nach unten schieben, siehe entsprechendes Kapitel.

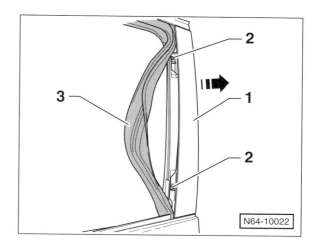

N64-10022

● Vordere Fensterführung –3– aus der Aufnahme herausziehen, Schrauben –2– herausdrehen und Blende –1– nach vorne –Pfeil– abziehen.

● Türfensterscheibe nach oben aus dem Fensterschacht herausziehen.

Einbau

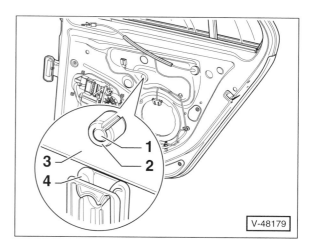

V-48179

● **Neuen** Spreizdübel –2– so in die Türfensterscheibe –3– einsetzen, dass er an beiden Seiten der Scheibe gleich viel herausragt.

● **Neuen** Spreizstift –1– in den Dübel hineindrücken.

● Türfensterscheibe –3– in den Fensterschacht einführen, nach unten schieben und in den Schlitz der Fensterheberführung –4– einsetzen. Scheibe durch einen leichten Schlag von oben einrasten.

- Der weitere Einbau erfolgt in umgekehrter Ausbaureihenfolge.

- Batterie anklemmen. **Achtung:** Hinweise im Kapitel »Batterie aus- und einbauen« beachten.

- Fensterheber vor Einbau der Türverkleidung auf Funktion prüfen.

Speziell GOLF VARIANT: Türfensterscheibe hinten

Hinweis: Der Aus- und Einbau erfolgt in ähnlicher Weise wie beim GOLF. Die Ausbauschritte erfolgen in anderer Reihenfolge.

- Türverkleidung ausbauen, siehe entsprechendes Kapitel.

- Türfensterscheibe ganz nach unten fahren.

- Vordere Fensterführung und Blende am Fensterrahmen abbauen.

- Abdeckkappen aus den Montageöffnungen heraushebeln.

- Türfensterscheibe hochfahren, bis Spreizstift und Spreizdübel der Klemmbacken in den Montageöffnungen zugänglich sind. **Hinweis:** Fensterhebermotor bei einem Defekt abschrauben und Fensterscheibe hochschieben.

- Spreizstift aus dem Spreizdübel herausziehen.

- Spreizdübel aus der Klemmbacke herausziehen.

- Innere Fensterschachtleiste vom Fensterrahmen abziehen.

- Türfensterscheibe nach oben aus dem Fensterschacht herausziehen.

Fensterhebermotor aus- und einbauen

GOLF/JETTA

Hinweis: Beschrieben wird der Aus- und Einbau an der Vordertür. Der Fensterhebermotor an der Hintertür wird in ähnlicher Weise ausgebaut.

Ausbau

- Türverkleidung ausbauen, siehe entsprechendes Kapitel.

- Türfensterscheibe nach oben fahren und festsetzen, beispielsweise mit Klebeband oder Kunststoffkeil.

- Batterie abklemmen. **Achtung:** Hinweise im Kapitel »Batterie aus- und einbauen« beachten.

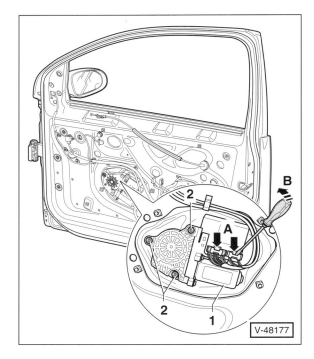

- Mit einem Schraubendreher Stecker –Pfeile A– in Pfeilrichtung –B– entriegeln und vom Fensterhebermotor –1– abziehen.

- 3 Schrauben –2– herausdrehen und Fensterhebermotor –1– mit Steuergerät vom Halteblech abnehmen.

Hinweis: Bei abgenommenem Türaußenblech kann der Fensterhebermotor auch von außen zusammen mit dem Halteblech ausgebaut werden.

Einbau

- Fensterhebermotor ansetzen, Fensterscheibe lösen und leicht auf und ab schieben, damit die Verzahnung vom Fensterhebermotor greift.

- Schrauben für Fensterhebermotor mit **3,5 Nm** anziehen. **Achtung:** Schrauben nicht stärker anziehen, da sonst die Kunststoffhülse beschädigt werden kann.

- Batterie anklemmen. **Achtung:** Hinweise im Kapitel »Batterie aus- und einbauen« beachten.

- Stecker am Fensterhebermotor aufschieben. Fenster 2-mal bis zum Anschlag nach oben und unten fahren. Dadurch wird der Fensterhebermotor eingerichtet und der Einklemmschutz aktiviert.

- Türverkleidung einbauen, siehe entsprechendes Kapitel.

Fensterheber aus- und einbauen

GOLF/JETTA

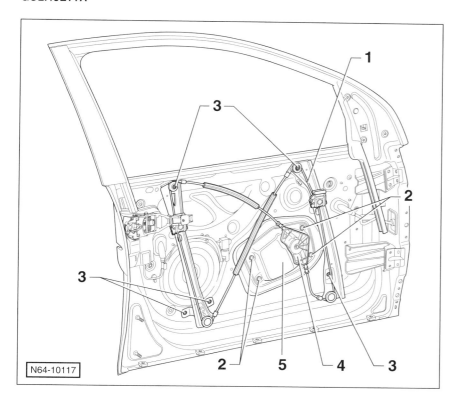

N64-10117

Fensterheber/Tür vorn

1 – Fensterheber

Ausbau

◆ Türaußenblech ausbauen, siehe entsprechendes Kapitel.

◆ Türseitenaufprallschutz ausbauen, siehe entsprechendes Kapitel.

◆ Türfensterscheibe ausbauen, siehe entsprechendes Kapitel.

◆ Schrauben –2– für Halteblech –5– herausdrehen.

◆ Schrauben –3– für Fensterheber herausdrehen.

◆ Fensterheber zusammen mit Halteblech und Fensterhebermotor vom Türinnenteil abnehmen.

◆ Stecker vom Fensterhebermotor –4– abziehen.

Einbau

◆ Der Einbau erfolgt in umgekehrter Ausbaureihenfolge.

◆ Vor Einbau des Türaußenblechs Fensterheber auf Funktion prüfen.

2 – 4 Schrauben, 8 Nm

3 – Schrauben, 8 Nm
2-Türer: 4 Stück, 4-Türer: 5 Stück.

4 – Fensterhebermotor

5 – Halteblech

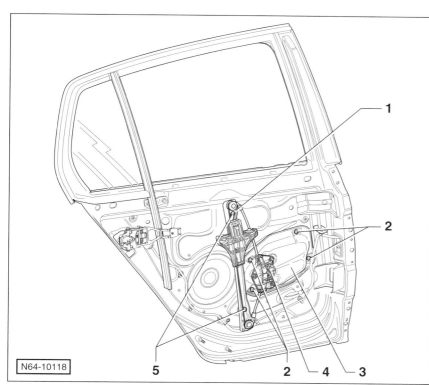

N64-10118

Fensterheber/Tür hinten[1]

1 – Fensterheber

Ausbau

◆ Türaußenblech ausbauen, siehe entsprechendes Kapitel.

◆ Türseitenaufprallschutz ausbauen, siehe entsprechendes Kapitel.

◆ Türfensterscheibe ausbauen, siehe entsprechendes Kapitel.

◆ Schrauben –2– für Halteblech –3– herausdrehen.

◆ Schrauben –5– für Fensterheber herausdrehen.

◆ Fensterheber zusammen mit Halteblech und Fensterhebermotor vom Türinnenteil abnehmen.

◆ Stecker vom Fensterhebermotor –4– abziehen.

Einbau

◆ Der Einbau erfolgt in umgekehrter Ausbaureihenfolge.

◆ Vor Einbau des Türaußenblechs Fensterheber auf Funktion prüfen.

2 – 4 Schrauben, 8 Nm

3 – Halteblech

4 – Fensterhebermotor

5 – 2 Schrauben, 8 Nm

[1] **GOLF VARIANT:** Der Fensterheber wird wie beim TOURAN zusammen mit dem Tür-Aggregatsträger ausgebaut, siehe entsprechendes Kapitel.

Türaußengriff aus- und einbauen

GOLF/JETTA/TOURAN

Ausbau

● Schließzylinder ausbauen, siehe entsprechendes Kapitel.

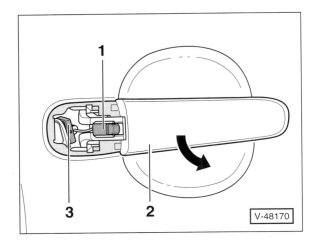

V-48170

● Mit einem Schraubendreher Clip –1– aus dem Türgriff herausheheln

● Türgriff –2– aus der Tür herausschwenken –Pfeil–. 3 – Schlossbetätigungshebel.

Einbau

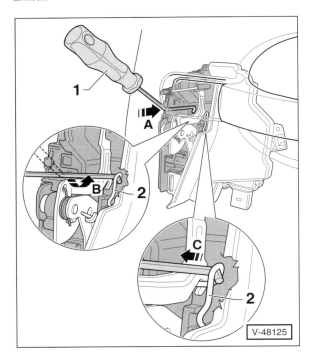

V-48125

● VW-Spezialwerkzeug T10118 –1– durch Öffnung in der Stirnseite der Tür einführen –Pfeil A– und in die Feder –2– einhaken –Pfeil B–.

Hinweis: Türinneres mit einer Taschenlampe ausleuchten.

● Werkzeug in Pfeilrichtung –C– ziehen und Feder –2– in den Betätigungshebel des Türschlosses einhängen. Dadurch wird das Schloss arretiert.

● Türgriff in die Tür einschwenken.

● Clip –1– in den Blechausschnitt ziehen und in den Türgriff –2– einrasten. Dabei Türgriff gegen die Tür drücken. **Achtung:** Während der Clip montiert wird, darf der Schlossbetätigungshebel –3– nicht gezogen werden. Siehe Abbildung V-48170.

● Schließzylinder einbauen, siehe entsprechendes Kapitel.

● Bei geöffneter Tür Schließmechanismus auf Funktion prüfen.

Schließzylinder aus- und einbauen

GOLF/JETTA/TOURAN

Ausbau

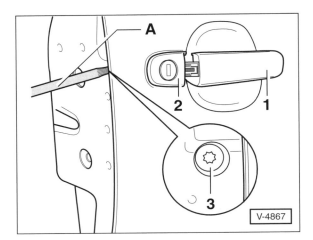

V-4867

● Tür öffnen und Abdeckkappe vor der Sicherungsschraube –3– aus der Stirnseite der Tür herausheheln.

● Türgriff –1– ziehen und festhalten.

● Mit einem Torx-Steckschlüssel –A– Schraube –3– soweit herausdrehen, bis die Arretierung für den Schließzylinder –2– entriegelt wird. **Achtung:** Bei einigen Fahrzeugen des TOURAN-Modelljahres 2004 darf die Schraube nicht zu weit herausgedreht werden, da sonst der Arretierungsring in die Tür fallen kann.

● Schließzylinder –2– mit Abdeckung aus der Tür herausziehen.

Einbau

● Schließzylinder in die Tür einschieben und Sicherungsschraube eindrehen. Dabei Schließzylinder und Türgriff in beziehungsweise gegen die Tür drücken. Der Türgriff muss mit hörbarem Klicken einrasten.

● Bei geöffneter Tür Schließmechanismus auf Funktion prüfen.

● Abdeckkappe an der Stirnseite der Tür einsetzen.

Tür aus- und einbauen/einstellen

TOURAN

Hinweis: Die Hintertür wird in gleicher Weise ausgebaut und eingestellt wie die Vordertür.

Scharnier oben

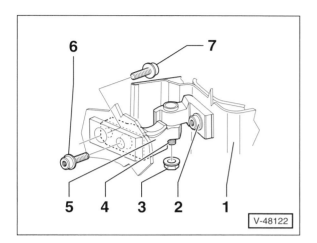

V-48122

1 – **Tür**
2 – **Schraube, 20 Nm + 90°**
3 – **Mutter, 14 Nm**
4 – **Scharnierbolzen**
5 – **Türscharnier oben**

6 – **Schraube, 20 Nm + 90°**
    Nur vom Fahrzeuginnen-
    raum zugänglich.
7 – **Schraube, 20 Nm + 90°**

Scharnier unten

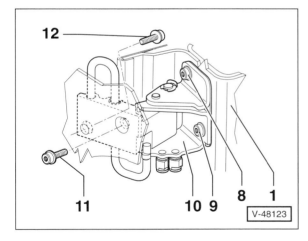

V-48123

1 – **Tür**
8 – **Schraube, 20 Nm + 90°**
9 – **Untere Schraube,**
    20 Nm + 90°
10 – **Türscharnier unten**
    Mit Türbremse.

11 – **Schraube, 20 Nm + 90°**
    Nur vom Fahrzeuginnen-
    raum zugänglich.
12 – **Schraube, 20 Nm + 90°**

Achtung: Die Schrauben sind selbstsichernd und müssen nach dem Lösen immer durch **neue** ersetzt werden.

Ausbau

● Tür öffnen.

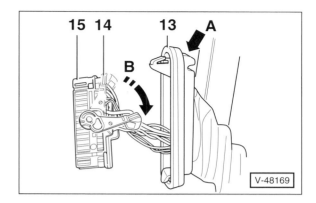

V-48169

● Auf den Rasthaken drücken –Pfeil A– und Faltenbalg –13– von der A-Säule ziehen.

● Verriegelungshebel –14– nach unten schwenken –Pfeil B– und Stecker –15 von der Kupplung an der A-Säule abziehen.

● Mutter –3– vom Scharnierbolzen –4– am oberen Scharnier abschrauben.

● Schraube unten –9– am unteren Scharnier herausdrehen, dabei Spezialschlüssel verwenden, zum Beispiel HAZET 2597 mit Vielzahn-Bit und Werkzeughalter HAZET 6396.

Achtung: Zum Ausbau der Tür nur die untere Schraube –9– aus dem unteren Scharnier herausdrehen.

● Tür nach oben aus den Scharnieren herausheben und auf einer weichen Unterlage ablegen.

Einbau

● Der Einbau erfolgt im umgekehrter Ausbaureihenfolge.

● **Neue** untere Schraube –9– mit **20 Nm** anziehen und anschließend mit einem starren Schlüssel ¼ **Umdrehung (90°)** weiterdrehen.

● Mutter –9– mit **14 Nm** oben am Scharnierbolzen festziehen.

● Tür schließen und Spaltmaße prüfen. Gegebenenfalls Tür einstellen, siehe entsprechendes Kapitel.

Tür einstellen

● Spaltmaße der Tür prüfen. Die Tür ist richtig eingestellt, wenn sie im geschlossenen Zustand überall ein gleichmäßiges Spaltmaß hat, nicht zu weit nach innen oder außen steht und die Konturen mit den umliegenden Karosserieteilen fluchten. Die hintere Tür darf maximal 1 mm weiter innen stehen als die Vordertür.

Spaltmaße/TOURAN, Sollwerte:
Tür vorn – Kotflügel vorn: . . . . $3{,}0^{+1}$ mm
Tür vorn – Tür hinten: . . . . $3{,}9^{+1}$ mm
Tür hinten – Kotflügel hinten: . . . . $3{,}0^{+1}$ mm
Tür – Türschweller: . . . . $4{,}0^{+1}$ mm

● Falls die Sollwerte nicht eingehalten werden, Schließbügel an der Karosserie abschrauben.

● Türscharniere lockern. Dazu oben Scharnierschrauben –6/7– und unten Scharnierschrauben –11/12– lockern.

Hinweis: Um die Schraube –6– zu lockern, muss die Armaturentafel beziehungsweise bei der Hintertür die B-Säulenverkleidung oben ausgebaut werden, siehe Seite 251/262.

Hinweis: Um die Schraube –11– zu lockern, muss zuvor die A-Säulenverkleidung unten beziehungsweise bei der Hintertür die B-Säulenverkleidung unten ausgebaut werden, siehe Seite 261/262.

● Tür durch Verschieben ausrichten.

Hinweis: Andere Einstellmaßnahmen, wie zum Beispiel das Richten der Tür nach oben, sind wirkungslos, weil die Tür danach wieder absackt.

● Zum Einstellen der Konturbündigkeit Scharnierschrauben –2– und –8/9– lockern und Tür ausrichten.

● Nach dem Einstellen Scharnierschrauben mit **20 Nm** anziehen und danach mit einem starren Schlüssel ¼ **Umdrehung (90°)** weiterdrehen.

● Schließbügel anschrauben und Schrauben handfest anziehen, so dass der Schließbügel leicht verschoben werden kann.

● Tür schließen. Dadurch wird der Schließbügel ausgerichtet. Anschließend Tür vorsichtig öffnen und Schließbügel mit **20 Nm** festschrauben.

Türschloss aus- und einbauen

TOURAN

Türschloss, Fensterheber und Lautsprecher sind am Tür-Aggregateträger der Tür befestigt. Das Türschloss kann nur in Verbindung mit dem Tür-Aggregateträger ausgebaut werden.

Hinweis: Das Türschloss an der Hintertür wird in der gleichen Weise ausgebaut.

Ausbau

● Türverkleidung ausbauen, siehe entsprechendes Kapitel.

● Türaußengriff ausbauen, siehe entsprechendes Kapitel.

● Tür-Aggregateträger ausbauen, siehe entsprechendes Kapitel.

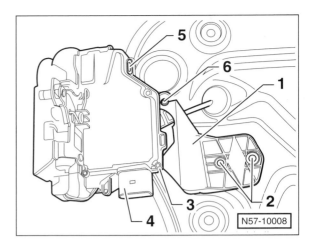

● Tür-Aggregateträger herumdrehen und Stecker –4– vom Türschloss –5– abziehen.

● 2 Spreiznieten –2– für Haltewinkel –1– mit einem Dorn austreiben.

● Mit einem Schraubendreher Türschloss –5– zusammen mit dem Haltewinkel vom Tür-Aggregateträger abhebeln. **Hinweis:** Das Türschloss ist am Haltewinkel aufgesteckt –3– und mit einer Niete –6– befestigt.

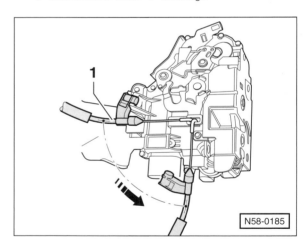

● Seilzug –1– aus der Halterung am Türschloss lösen. Nippel des Seilzugs um 90° drehen –Pfeil– und aus der Öse herausnehmen.

Einbau

● Der Einbau erfolgt in umgekehrter Ausbaureihenfolge.

● Bei geöffneter Tür Schließmechanismus auf Funktion prüfen.

Speziell GOLF VARIANT/Türschloss hinten

Der Aus- und Einbau erfolgt wie beim TOURAN. Der Türaußengriff muss hierbei nicht ausgebaut werden.

Tür-Aggregateträger mit Fensterheber aus- und einbauen

TOURAN/GOLF VARIANT

Tür-Aggregateträger vorn

Am Aggregateträger sind die Anbauteile Türschloss, Fensterheber und Lautsprecher befestigt. Aggregateträger und Fensterheber können nur zusammen ausgebaut werden. Dazu muss die Türfensterscheibe aus den Klemmbacken des Fensterhebers gelöst werden.

Ausbau

● Türverkleidung ausbauen, siehe entsprechendes Kapitel.

● Türaußengriff ausbauen, siehe entsprechendes Kapitel.

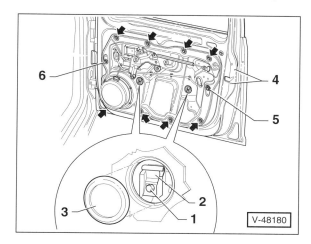

● Abdeckkappen –3– heraushebeln.

● Türfensterscheibe absenken, bis die Befestigungsschrauben –1– der Türfensterscheibe in den Montageöffnungen zugänglich sind.

● Schrauben –1– lockern und Klemmbacken –2– des Fensterhebers auseinanderdrücken. **Hinweis:** Schrauben –1– nicht herausdrehen.

● Türfensterscheibe nach oben schieben und festsetzen, beispielsweise mit Klebeband oder Kunststoffkeil.

Hinweis: Zum Ausbau der Türfensterscheibe Scheibe hinten anheben und nach vorn aus dem Fensterrahmen herausschwenken.

● Batterie abklemmen. **Achtung:** Hinweise im Kapitel »Batterie aus- und einbauen« beachten.

● Stecker für Außenspiegel am Fensterhebermotor abziehen.

● Faltenbalg und Stecker an der A-Säule von der Kupplung abziehen, siehe Kapitel »Tür aus- und einbauen«.

● Kabelhalterung abclipsen und Kabelstrang in die Tür hineinführen.

● 2 Schrauben –4– für das Türschloss herausdrehen.

● Schrauben –Pfeile–, –5–, –6– herausdrehen.

● Tür-Aggregateträger nach oben schieben und unten von der Tür ablösen. Dabei muss der untere Teil des Fensterhebers mit herausgezogen werden.

● Tür-Aggregateträger schräg nach unten herausziehen und mit einem Schwenk zur Tür-Scharnierseite aus der Tür herausheben. Dabei zuerst oberen Teil des Fensterhebers herausziehen und dann das Türschloss.

Einbau

● Tür-Aggregateträger in die Tür einsetzen.

● Kabelhalterung im Aufnahmeloch der Tür einrasten. Dabei darauf achten, dass der Kabelstrang nicht beschädigt wird.

● Schrauben eindrehen und mit **8 Nm** anziehen. Dabei zunächst die Schrauben –5– und –6– anziehen. Die übrigen Schrauben in beliebiger Reihenfolge anziehen, siehe Abbildung V-48180.

● Türschloss mit **20 Nm** an der Tür festschrauben.

● Bei ausgebauter Türfensterscheibe Scheibe in die Fensterführung einsetzen.

● Türfensterscheibe nach unten zwischen die Klemmbacken schieben und Türfensterscheibe in die hintere Fensterführung drücken. Klemmbacken in dieser Position mit **8 Nm** festziehen. Siehe Abbildung V-48180.

● Der weitere Einbau erfolgt in umgekehrter Ausbaureihenfolge.

● Batterie anklemmen. **Achtung:** Hinweise im Kapitel »Batterie aus- und einbauen« beachten.

● Fensterheber vor Einbau der Türverkleidung auf Funktion prüfen.

● Bei geöffneter Tür Schließmechanismus auf Funktion prüfen.

Speziell Tür-Aggregateträger hinten

Hinweis: Der Aus- und Einbau erfolgt in ähnlicher Weise wie an der Vordertür. Hier werden nur die Unterschiede beim Ausbau der Fensterscheibe aufgeführt.

● Innere Fensterschachtleiste mit einer Zange vom Türflansch abhebeln. Gleichzeitig einen Kunststoffkeil unter die Fensterschachtleiste schieben.

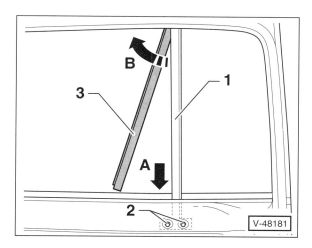

● Hintere Fensterführung –3– nach vorne vom Mittelsteg –1– abziehen und nach außen abnehmen.

- 2 Schrauben –2– herausdrehen, Mittelsteg –1– nach unten schieben –Pfeil A– und oben aus der Fensterdichtung herausziehen. Mittelsteg nach oben aus dem Fensterschacht herausziehen –Pfeil B–.

- Spreizstift und Spreizdübel aus der Klemmbacke für die Türfensterscheibe herausziehen, siehe Kapitel »Türfensterscheibe aus- und einbauen/Hintertür/GOLF«.

- Türfensterscheibe nach oben zum Fahrzeuginnern aus dem Fensterschacht herausziehen.

Speziell GOLF VARIANT: Tür-Aggregateträger hinten

Ausbau

- Türverkleidung ausbauen, siehe entsprechendes Kapitel.

- Abdeckkappen aus den Montageöffnungen herausheben.

- Türfensterscheibe absenken, bis Spreizstift und Spreizdübel der Klemmbacken in den Montageöffnungen zugänglich sind.

- Schraube (5 x 70 mm) in den Spreizstift eindrehen und Spreizstift aus dem Spreizdübel herausziehen.

- Schraube (8 x 80 mm) in den Spreizdübel eindrehen und Spreizdübel aus der Klemmbacke herausziehen. **Achtung:** Beim Eindrehen der Schraube kann der Dübel durch zu starken Druck nach hinten in den Türrahmen fallen.

- Türfensterscheibe nach oben schieben und festsetzen, beispielsweise mit Klebeband oder Kunststoffkeil.

- Faltenbalg und Stecker an der B-Säule von der Kupplung abziehen, siehe Kapitel »Tür aus- und einbauen«.

- 2 Schrauben für das Türschloss herausdrehen.

- Schrauben für Tür-Aggregateträger herausdrehen.

- Kabelstrang in die Tür hineinführen.

- Tür-Aggregateträger schräg nach vorne aus der Tür herausziehen.

Einbau

Der Einbau erfolgt in umgekehrter Ausbaureihenfolge. Dabei ist Folgendes zu beachten:

- Tür-Aggregateträger mit **8 Nm** an der Tür festschrauben.

- Türschloss mit **18 Nm** an der Tür festschrauben.

- **Neuen** Spreizdübel so in die Türfensterscheibe einsetzen, dass er an beiden Seiten der Scheibe gleich viel herausragt.

- **Neuen** Spreizstift in den Dübel hineindrücken.

- Türfensterscheibe nach unten schieben und in den Schlitz der Fensterheberführung einsetzen. Scheibe durch leichten Druck von oben in den Klemmbacken einrasten.

Fensterhebermotor aus- und einbauen

TOURAN

Hinweis: Beschrieben wird der Aus- und Einbau an der Vordertür. Der Fensterhebermotor an der Hintertür wird in gleicher Weise ausgebaut.

Ausbau

- Türverkleidung ausbauen, siehe entsprechendes Kapitel.

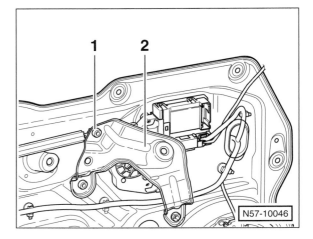

N57-10046

- **Vordertür:** 3 Schrauben –1– herausdrehen und Haltebock –2– abnehmen.

- Türfensterscheibe nach oben fahren und festsetzen, beispielsweise mit Klebeband oder Kunststoffkeil.

- Batterie abklemmen. **Achtung:** Hinweise im Kapitel »Batterie aus- und einbauen« beachten.

- Stecker entriegeln und vom Fensterhebermotor abziehen.

- 3 Schrauben herausdrehen und Fensterhebermotor vom Tür-Aggregateträger abnehmen.

Einbau

- Fensterhebermotor ansetzen, Fensterscheibe lösen und leicht auf und ab schieben, damit die Verzahnung vom Fensterhebermotor greift.

- Schrauben für Fensterhebermotor mit **3,5 Nm** anziehen. **Achtung:** Schrauben nicht stärker anziehen, da sonst die Kunststoffhülse beschädigt werden kann.

- **Vordertür:** Haltebock mit **8 Nm** festschrauben.

- Batterie anklemmen. **Achtung:** Hinweise im Kapitel »Batterie aus- und einbauen« beachten.

- Stecker am Fensterhebermotor aufschieben. Fenster 2-mal bis zum Anschlag nach oben und unten fahren. Dadurch wird der Fensterhebermotor eingerichtet und der Einklemmschutz aktiviert.

- Türverkleidung einbauen, siehe entsprechendes Kapitel.

Türverkleidung aus- und einbauen

GOLF/JETTA

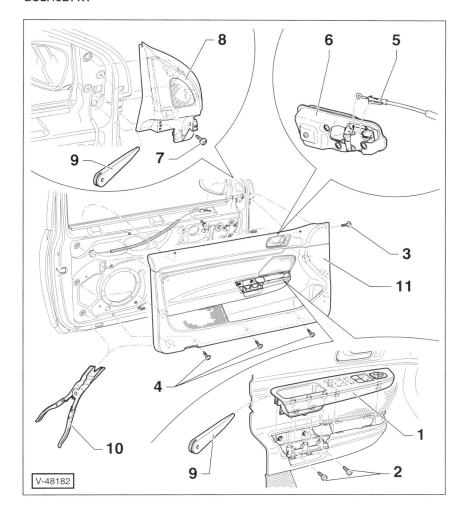

V-48182

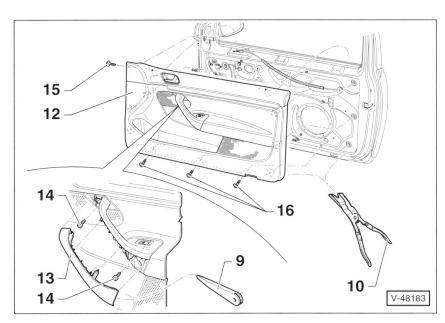

V-48183

Hinweis: Hier ist die Tür bei der GOLF Limousine dargestellt. Die Anzahl der Schrauben kann bei den übrigen GOLF-Modellen unterschiedlich sein.

Fahrertür

1 – **Griffschale**

2 – **2 Schrauben**

3 – **Schraube**

4 – **Schrauben**

5 – **Seilzug für Türöffner innen**

6 – **Türöffner innen**

7 – **Schraube**

8 – **Dreieckblende**

9 – **Kunststoffkeil**
   Zum Beispiel HAZET 1965-20.

10 – **Lösezange**
   Zum Beispiel HAZET 799-4.

11 – **Türverkleidung, Fahrertür**

   Ausbau
   ◆ Mit einem Kunststoffkeil –9– Griffschale –1– nach oben aus der Verkleidung heraushebeln.
   ◆ Steckverbindungen an der Rückseite der Griffschale abziehen.
   ◆ Schrauben –2/3/4– herausdrehen.
   ◆ Mit einer Lösezange –10– Verkleidung an den Halteclips unten und an den Seiten ablösen.
   ◆ Verkleidung nach oben aus dem Fensterschacht ziehen.
   ◆ Steckverbindungen an der Rückseite der Verkleidung trennen.
   ◆ Seilzug –5– am Türöffner –6– aushängen und Verkleidung abnehmen. [1]
   ◆ Schraube –7– herausdrehen und Dreieckblende –8– mit einem Kunststoffkeil ablösen.
   ◆ An der Rückseite Stecker für Hochtonlautsprecher abziehen.

   Einbau
   ◆ Der Einbau erfolgt in umgekehrter Ausbaureihenfolge. Halteclips überprüfen, wenn nötig, ersetzen.

---

[1] **GOLF PLUS:** Bowdenzugverriegelung nach hinten drücken, Seilzug nach vorne schwenken und am Türöffner aushängen.

Beifahrertür

12 – **Türverkleidung, Beifahrertür**
   ◆ Mit einem Kunststoffkeil –9– Blende –13– vom Türgriff abheben.
   ◆ Schrauben –14/15/16– herausdrehen. Verkleidung mit einer Lösezange –10– an den Halteclips unten und an den Seiten ablösen.
   ◆ Der weitere Aus- und Einbau erfolgt wie bei der Fahrertür.

13 – **Blende für Türgriff**

14 – **2 Schrauben**

15 – **Schraube**

16 – **Schrauben**

Hintertüren

Die Verkleidung an den Hintertüren des 4-Türers wird in ähnlicher Weise ausgebaut wie bei der Beifahrertür.

Hintertür mit Fensterkurbel: Zunächst Fensterkurbel ausbauen, siehe entsprechendes Kapitel.

Türverkleidung aus- und einbauen

TOURAN

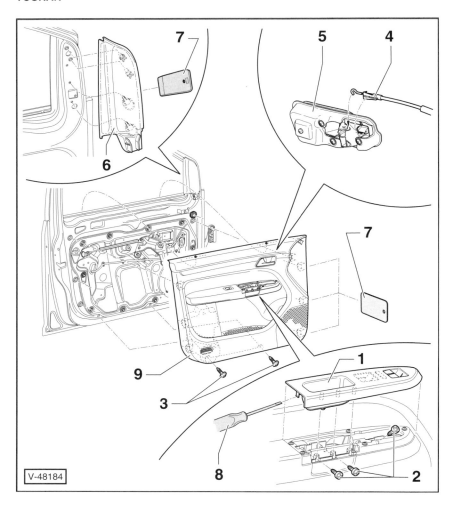

V-48184

Fahrertür/TOURAN

1 – Griffschale

2 – 3 Schrauben

3 – 2 Schrauben

4 – Seilzug für Türöffner innen

5 – Türöffner innen

6 – Blende am Fensterrahmen

7 – Kunststoffkeil

8 – Schraubendreher

9 – Türverkleidung, Fahrertür

Ausbau

◆ Mit einem Schraubendreher –8– oder einem Kunststoffkeil Griffschale –1– nach oben aus der Verkleidung heraushebeln.

◆ Steckverbindungen an der Rückseite der Griffschale abziehen.

◆ Schrauben –2/3– herausdrehen.

◆ Mit einem Kunststoffkeil –7– Verkleidung an den Halteclips ablösen.

◆ Verkleidung nach oben aus dem Fensterschacht ziehen.

◆ Steckverbindungen an der Rückseite der Verkleidung trennen.

◆ Seilzug –4– am Türöffner –5– aushängen und Verkleidung abnehmen.

◆ Blende –8– mit einem Kunststoffkeil –7– ablösen.

Einbau

◆ Der Einbau erfolgt in umgekehrter Ausbaureihenfolge. Halteclips überprüfen, wenn nötig, ersetzen.

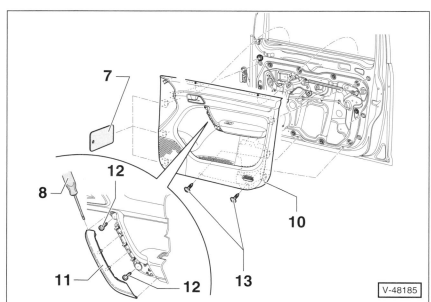

V-48185

Beifahrertür/TOURAN

10 – Türverkleidung, Beifahrertür

◆ Mit einem Schraubendreher –8– oder einem Kunststoffkeil Blende –11– vom Türgriff abhebeln.

◆ Schrauben –12/13– herausdrehen.

◆ Mit einem Kunststoffkeil –7– Verkleidung an den Halteclips ablösen.

◆ Der weitere Aus- und Einbau erfolgt wie bei der Fahrertür.

11 – Blende für Türgriff

12 – 2 Schrauben

13 – 2 Schrauben

Hintertüren/TOURAN

Die Verkleidung an den Hintertüren des 4-Türers wird in ähnlicher Weise ausgebaut wie bei der Beifahrertür. Die Verkleidung ist unten mit nur einer Schraube befestigt.

Hintertür mit Fensterkurbel: Zunächst Fensterkurbel ausbauen, siehe entsprechendes Kapitel.

Fensterkurbel aus- und einbauen

Hintertüren, GOLF/JETTA/TOURAN

Ausbau

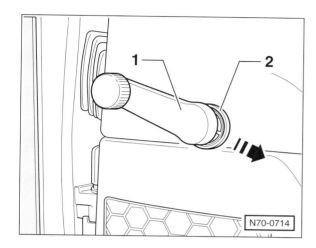

N70-0714

- Abstandsring –2– in Pfeilrichtung schieben, dadurch wird die Sicherungsklammer entriegelt. Gleichzeitig Fensterkurbel –1– vom Antrieb abziehen.

Einbau

- **Tür rechts:** Fensterkurbel so auf dem Antrieb aufstecken, dass die Kurbel bei geschlossenem Fenster etwa auf »5 Uhr« steht.
- **Tür links:** Fensterkurbel so aufstecken, dass die Kurbel bei geschlossenem Fenster auf »7 Uhr« steht.
- Abstandsring einrasten.

Spiegelglas aus- und einbauen

GOLF/JETTA/TOURAN

Ausbau

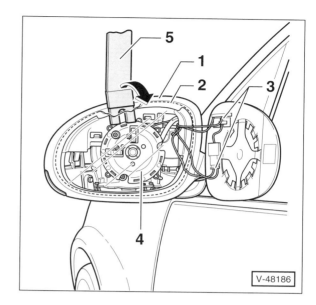

V-48186

- Gehäusekante –1– mit Klebeband abkleben und dadurch vor Beschädigungen schützen.
- Spiegelglas –2– unten in das Spiegelgehäuse –1– drücken.
- Kunststoffteil –5–, zum Beispiel HAZET 1965-21, oben einführen, Spiegelglas vorsichtig vom Halter –4– abhebeln –Pfeil– und aus dem Gehäuse ziehen.
- Beide Anschlusskabel –3– für elektrisch beheizbaren Außenspiegel von der Spiegelglas-Rückseite abziehen. Dabei die angenieteten Kontaktzungen festhalten, um Beschädigungen zu vermeiden.

Einbau

- Anschlusskabel am Spiegelglas aufstecken.

> **Sicherheitshinweis**
> Beim Aufdrücken des Spiegelglases unbedingt Handschuhe anziehen oder sauberen Lappen unterlegen. Bruch- und Verletzungsgefahr!

- Spiegelglas mittig auf den Halter setzen, aufdrücken und einrasten. Durch Hin- und Herbewegen des Spiegelglases festen Sitz in der Halterung prüfen.
- Außenspiegel einstellen.

Spiegelgehäuse aus- und einbauen

GOLF/JETTA

Ausbau

- Spiegelglas ausbauen, siehe entsprechendes Kapitel.
- Spiegel nach vorne klappen.

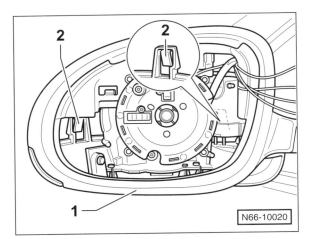

- Schraubendreher unter die Rasthaken –2– führen und Rasthaken entriegeln.
- Spiegelgehäuse –1– etwas nach vorne vom Spiegelträger ziehen und nach oben abheben.

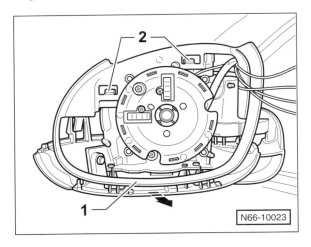

- Mit einem Schraubendreher Rasthaken –2– am Spiegelträger entriegeln und Spiegelblende –1– nach hinten –Pfeil– abziehen.
- Wenn nötig, unteres Gehäuseteil vom Spiegelträger abschrauben, siehe in Kapitel »Seitliche Blinkleuchte aus- und einbauen«, Seite 103.

Einbau

- Gegebenenfalls unteres Gehäuseteil am Spiegelträger anschrauben.
- Spiegelblende am Spiegelträger ansetzen und einrasten.

- Spiegelgehäuse von oben auf den Spiegelträger setzen und hörbar einrasten.
- Spiegelglas einbauen, siehe entsprechendes Kapitel.

TOURAN

Ausbau

- Spiegelglas ausbauen, siehe entsprechendes Kapitel.
- Spiegel nach vorne klappen.

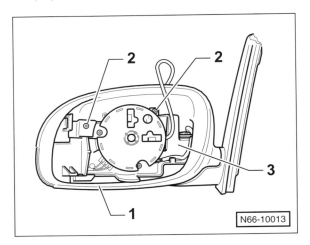

- 2 Schrauben –2– herausdrehen und Spiegelgehäuse –1– nach oben vom Spiegelträger –3– abziehen.
- Seitliche Blinkleuchte ausbauen, siehe Seite 103.
- 2 Schrauben herausdrehen und unteres Gehäuseteil nach unten vom Spiegelträger abnehmen.

Einbau

- Der Einbau erfolgt in umgekehrter Ausbaureihenfolge.

Außenspiegel aus- und einbauen

GOLF Limousine/GOLF VARIANT/JETTA

Ausbau

- Türverkleidung vorn ausbauen, siehe entsprechendes Kapitel.
- Schraube für Dreieckblende herausdrehen.
- Dreieckblende mit einem Kunststoffkeil, zum Beispiel HA-ZET 1965-20, vom Fensterrahmen abheben.
- Kabelhalter auftrennen und Steckverbindung für Außenspiegel trennen.

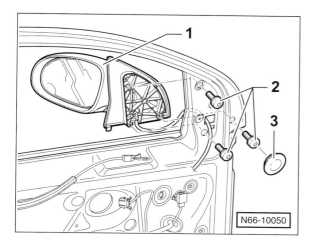

- Abdeckkappe –3– heraushebeln.
- 3 Schrauben –2– herausdrehen und Spiegel –1– mit Spiegelträger abnehmen.
- Leitungen für Außenspiegel durch die Türöffnung durchziehen.

Einbau

- Der Einbau erfolgt in umgekehrter Ausbaureihenfolge. Außenspiegel dabei mit **8 Nm** festschrauben. Neuen Kabelhalter verwenden.

Speziell GOLF PLUS/TOURAN

Der Aus-und Einbau erfolgt im Prinzip in gleicher Weise wie bei den übrigen Modellen. Der Außenspiegel ist mit 2 Schrauben an der Tür festgeschraubt.

Seitenfenster aus- und einbauen

TOURAN

Ausbau

- A-Säulenverkleidung ausbauen, siehe Seite 261.

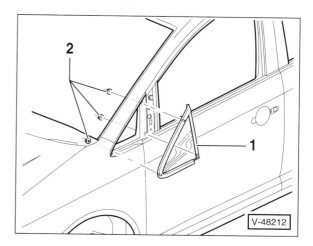

- Muttern –2– herausdrehen.
- Seitenfenster –1– aus dem Fensterausschnitt herausziehen.

Einbau

- Seitenfenster –1– in den Fensterausschnitt setzen und mit den Muttern –2– leicht anschrauben.
- Seitenfenster im Fensterausschnitt gleichmäßig ausrichten.
- Muttern mit **4,5 Nm** festziehen.
- A-Säulenverkleidung einbauen, siehe Seite 261.

Stromlaufpläne

Aus dem Inhalt:

- **Zeichenerklärung**

- **Stromlaufplan-Übersicht**

- **Einzelpläne**

Der Umgang mit dem Stromlaufplan

In einem Personenwagen werden je nach Ausstattung bis über 1.000 Meter Leitungen verlegt, um alle elektrischen Verbraucher (Scheinwerfer, Radio usw.) mit Strom zu versorgen.

Will man einen Fehler in der elektrischen Anlage aufspüren oder nachträglich ein elektrisches Zubehör montieren, kommt man nicht ohne Stromlaufplan aus; anhand dessen der Stromverlauf und damit die Kabelverbindungen aufgezeigt werden. Grundsätzlich muss der betreffende Stromkreis geschlossen sein, sonst kann der elektrische Strom nicht fließen. Es reicht beispielsweise nicht aus, wenn an der Plusklemme eines Scheinwerfers Spannung anliegt, wenn nicht gleichzeitig über den Masseanschluss der Stromkreis geschlossen ist.

Deshalb ist auch das Massekabel (–) der Batterie mit der Karosserie verbunden. Mitunter reicht diese Masseverbindung jedoch nicht aus, und der betreffende Verbraucher bekommt eine direkte Masseleitung, deren Isolierung in der Regel braun eingefärbt ist. In den einzelnen Stromkreisen können Schalter, Relais, Sicherungen, Messgeräte, elektrische Motoren oder andere elektrische Bauteile integriert sein. Damit diese Bauteile richtig angeschlossen werden können, haben die einzelnen Kontakte entsprechende Klemmenbezeichnungen.

Um das Kabelgewirr zumindest auf dem Stromlaufplan übersichtlich zu ordnen, sind die einzelnen Strompfade senkrecht nebeneinander angeordnet und durchnummeriert.

Die senkrechten Linien münden oben in einem meist grau unterlegtem Feld. Dieses Feld symbolisiert die Relaisplatte mit Sicherungshalter und damit die plusseitigen Anschlüsse des Stromkreises. Allerdings befindet sich in der Relaisplatte auch eine interne Masseleitung (Klemme 31). Die feinen Striche in dem Feld machen deutlich, wie und welche Stromkreise intern in der Relaisplatte miteinander verschaltet sind. Unten mündet der Stromkreis auf einer waagerechten Linie, die den Masseanschluss symbolisiert. Die Masseverbindung wird normalerweise direkt über die Karosserie hergestellt oder aber über eine Leitung von einem an der Karosserie angebrachten Massepunkt.

Wenn der Stromkreis durch ein Quadrat unterbrochen wird, in dem eine Zahl steht, weist die Ziffer auf den Strompfad hin, in dem der Stromkreis weitergeführt wird.

In der Legende unter dem jeweiligen Stromlaufplan sind die einzelnen Bauteile aufgelistet. In der linken Spalte steht die Kurzbezeichnung der Bauteile, bestehend aus einem Kennbuchstabe und einer ein- bis dreistelliger Zuordnungszahl. In der rechten Spalte steht die Benennung der Bauteile.

Die Kennbuchstaben der wichtigsten Bauteile sind:

Kenn- buchstabe	Bauteil
A	Batterie
B	Anlasser
C	Drehstromgenerator
D	Zündanlassschalter
E	Schalter für Handbedienung
F	Mechanische Schalter
G	Geber, Kontrollgeräte
H	Horn, Doppeltonhorn, Fanfare
J	Relais, Steuergerät
K, L, M, W, X	Kontrolllampen, Lampen, Leuchten
N	Elektroventile, Widerstände, Schaltgeräte
O	Zündverteiler
P, Q	Zündkerzenstecker, Zündkerzen
R	Radio
S	Sicherungen
T	Steckverbindungen
V	Elektromotoren

Zur genaueren Unterscheidung werden den Kennbuchstaben noch Zahlen angefügt.

Relais und elektronische Steuergeräte sind in der Regel grau unterlegt. Die darin eingezeichneten Linien sind interne Verdrahtungen. Sie zeigen, wie Relais und andere elektrische/

elektronische Bauteile sowohl zueinander als auch auf der Relaisplatte verschaltet sind.

Eine Ziffer im schwarzen Quadrat kennzeichnet den Relaisplatz auf der Relaisplatte mit Sicherungshalter. Direkt am eingezeichneten Relais befindet sich die Kontaktbezeichnung. Beispiel: Lautet die Kontaktbezeichnung im Stromlaufplan 17/87, dann ist 17 die Bezeichnung der Klemme auf der Relaisplatte, 87 ist die Bezeichnung der Klemme am Relais/Steuergerät.

Die Bezeichnung der Klemmen ist nach DIN genormt. **Die wichtigsten Klemmenbezeichnungen sind:**

Klemme 30. An dieser Klemme liegt immer die Batteriespannung an. Die Kabel sind meist rot oder rot mit Farbstreifen.

Klemme 31 führt zur Masse. Die Masse-Leitungen sind in der Regel braun.

Klemme 15 wird über das Zündschloss gespeist. Die Leitungen führen nur bei eingeschalteter Zündung Strom. Die Kabel sind meist grün oder grün mit farbigem Streifen.

Klemme X führt ebenfalls nur bei eingeschalteter Zündung Strom, dieser wird jedoch unterbrochen, wenn der Anlasser betätigt wird. Dadurch ist sichergestellt, dass während des Startvorganges der Zündanlage die volle Batterieleistung zur Verfügung steht. Alle größeren Stromaufnehmer liegen in diesem Stromkreis. Das Fernlicht wird ebenfalls über diese Klemme mit Strom versorgt. So wird bei eingeschaltetem Fernlicht und ausgeschalteter Zündung automatisch auf Standlicht umgeschaltet.

Im Stromlaufplan sind in den einzelnen Leitungen Ziffern und darunter Buchstabenkombinationen eingefügt.

Beispiel: 1,5
            ws/ge

Die Ziffern geben an, welchen Leitungsquerschnitt die Leitung hat. Die Buchstaben weisen auf die Leitungsfarben hin. Besteht die Kennzeichnung aus zwei Buchstabengruppen, die durch einen Schrägstrich getrennt sind, wie im Beispiel, dann nennt die erste Buchstabenfolge die Leitungsgrundfarbe: ws = weiß, und die zweite: ge = gelb – die Zusatzfarbe. Da es vorkommt, dass gleichfarbige Leitungen für verschiedene Stromkreise verwendet werden, empfiehlt es sich, die Farbkombination an den betreffenden Anschlussklemmen zu kontrollieren. Weiße Leitungen sind zur Unterscheidung zusätzlich mit einer Kennnummer versehen, die im Stromlaufplan unter der Farbkennzeichnung steht.

Schlüssel für Leitungsfarben

bl = blau
br = braun
ge = gelb
gn = grün
gr = grau
li = lila
or = orange
ro = rot
sw = schwarz
ws = weiß

Leitungen, die mittels Einzel- oder Mehrfachsteckverbindungen miteinander verbunden sind, haben zum Buchstaben »T« für die Steckverbindung eine zusätzliche Ziffern-Kombination.

Beispiel: T2p = Zweifachstecker, T32/27 = 32-fach Steckverbindung mit Kontaktpunkt 27.

Im Stromlaufplan sind alle Verbraucher und Schalter in Ruhestellung gezeichnet. Der geänderte Stromverlauf nach Betätigung eines Schalters wird hier am Beispiel eines Zweistufen-Schalters erläutert:

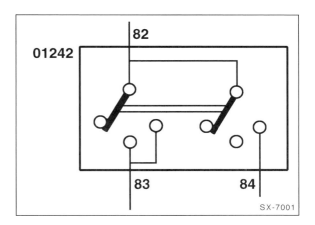

Wird am Schalter »01242« die erste Stufe gedrückt, fließt der Strom von der Klemme 82 kommend über die Klemme 83. Die Brücke der zweiten Schalterstufe rückt in Mittelstellung, jedoch ohne eine Verbindung herzustellen. Erst beim Drücken der zweiten Schalterstufe rückt die Brücke der zweiten Schalterstufe von der internen Leitung 82 auf 84 und gibt den Strom über 84 weiter. Dabei bleibt über die interne Verbindung im Schalter, also über die rechts abgewinkelte Leitung von 83 der Stromfluss der ersten Schalterstufe bestehen.

Achtung: Sicherungen im Sicherungshalter werden ab Sicherungsplatz Nr. 23 im Stromlaufplan mit »223« bezeichnet.

Zuordnung der Stromlaufpläne

VW GOLF ab November 2003.

Wegen des großen Umfangs können nicht alle Stromlaufpläne aus jedem Modelljahr berücksichtigt werden. Jedoch kann man sich auch an den vorliegenden Stromlaufplänen orientieren, wenn das eigene Fahrzeug einem anderen Modelljahr angehört, da die Änderungen in der Regel nur Teilbereiche betreffen.

Zusätzliche Stromlaufpläne können gegen Kostenerstattung bei Arvato-Bertelsmann bestellt werden.

Arvato-Bertelsmann Distribution GmbH
Audi/VW Serviceliteratur
Friedrich-Menzefricke-Str. 16-18
33775 Versmold

Gebrauchsanleitung für Stromlaufpläne

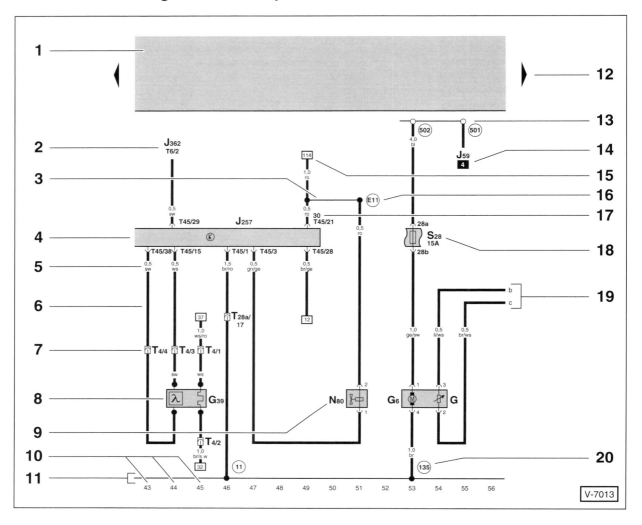

1 – **Relaisplatte**
   Durch ein graues Feld gekennzeichnet.
   Stellt die plusseitigen Anschlüsse dar.

2 – **Verweis auf Weiterführung der Leitung
   zu einem anderen Bauteil**
   J362 = Steuergerät für Wegfahrsicherung,
   T6/2 = 6-fach-Steckerverbindung, Kontakt
   2.

3 – **Interne Verbindung (dünner Strich)**
   Diese Verbindung ist nicht als Leitung vorhanden.

4 – **Schaltzeichen**
   Die offen gezeichnete Seite des Schaltzei-
   chens weist auf die Fortsetzung des Bau-
   teils in einem anderen Stromlaufplan hin.

5 – **Leitungsquerschnitt in mm² und Lei-
   tungsfarbe**
   0,5 = 0,5 mm², sw = schwarz. Abkürzun-
   gen für die Leitungsfarben stehen im Kapitel »Umgang mit dem Stromlaufplan«.

6 – **Stromkreis mit Leitungsführung**
   Alle Schalter und Kontakte sind in mecha-
   nischer Ruhestellung dargestellt.

7 – **Steckverbindung**
   T4 = 4-fach-Steckverbindung, /4 = Kontakt 4.

8 – **Schaltzeichen für Bauteil**
   G39 = Lambdasonde mit Heizung.

9 – **Teile-Bezeichnung**
   N80 = Magnetventil 1. In der Legende
   unterhalb des Stromlaufplans steht, wie
   das Teil heißt.

10 – **Strompfad-Nummer**

11 – **Fahrzeugmasse**

12 – **Pfeil**
   Weist auf die Fortsetzung des Stromlaufplans auf der anschließenden Seite hin.

13 – **Gewindebolzen an der Relaisplatte**
   Der weiße Kreis zeigt an, dass es sich
   hier um eine lösbare Verbindung handelt.

14 – **Relaisplatz-Nummer**
   Kennzeichnet den Relaisplatz auf oder
   an der Relaisplatte.

15 – **Verweis auf Weiterführung der Leitung
   zu einem anderen Bauteil**
   Die Zahl im Rechteck kennzeichnet, in
   welchem Strompfad die Leitung weitergeführt wird; hier in Strompfad 114.

16 – **Verbindung im Leitungsstrang**
   Nicht lösbare Verbindung.

17 – **Anschlussklemme**
   Hier: Klemme 30, 45-fach-Steckerverbin-
   dung, Kontakt 21.

18 – **Sicherung**
   S28 = Sicherung Nr. 28, 15 Ampere.

19 – **Verweis auf Weiterführung der Leitung
   im anschließenden Stromlaufplanteil**
   Der Buchstabe kennzeichnet, wo im
   nächsten Stromlaufplanteil die Leitung
   weitergeführt wird.

20 – **Massepunkt oder Masseverbindung
   im Leitungsstrang**
   In der Legende stehen Angaben zur
   Lage des Massepunktes im Fahrzeug.

**Batterie, Relais für Spannungsversorgung Kl. 30,
Relais für Spannungsversorgung Kl. 15, Steuergerät für Bordnetz, Sicherungen (SB)**

A - Batterie
C - Drehstromgenerator
J317 - Relais für Spannungsversorgung Kl. 30
J329 - Relais für Spannungsversorgung Kl. 15
J519 - Steuergerät für Bordnetz
SA1 - Sicherung 1 auf Sicherungshalter Batterie
SA6 - Sicherung 6 auf Sicherungshalter Batterie
SB4 - Sicherung 4 auf Sicherungshalter
SB5 - Sicherung 5 auf Sicherungshalter
SB16 - Sicherung 16 auf Sicherungshalter
SB17 - Sicherung 17 auf Sicherungshalter
SB24 - Sicherung 24 auf Sicherungshalter
SB31 - Sicherung 31 auf Sicherungshalter
SB38 - Sicherung 38 auf Sicherungshalter
SB40 - Sicherung 40 auf Sicherungshalter
SB47 - Sicherung 47 auf Sicherungshalter
SB48 - Sicherung 48 auf Sicherungshalter
SB49 - Sicherung 49 auf Sicherungshalter
T40 - Steckverbindung 40fach

507 - Schraubverbindung (30) am
Sicherungshalter/Batterie

ws = weiß
sw = schwarz
ro = rot
br = braun
gn = grün
bl = blau
gr = grau
li = lila
ge = gelb
or = orange

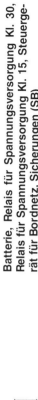

97-92103

315

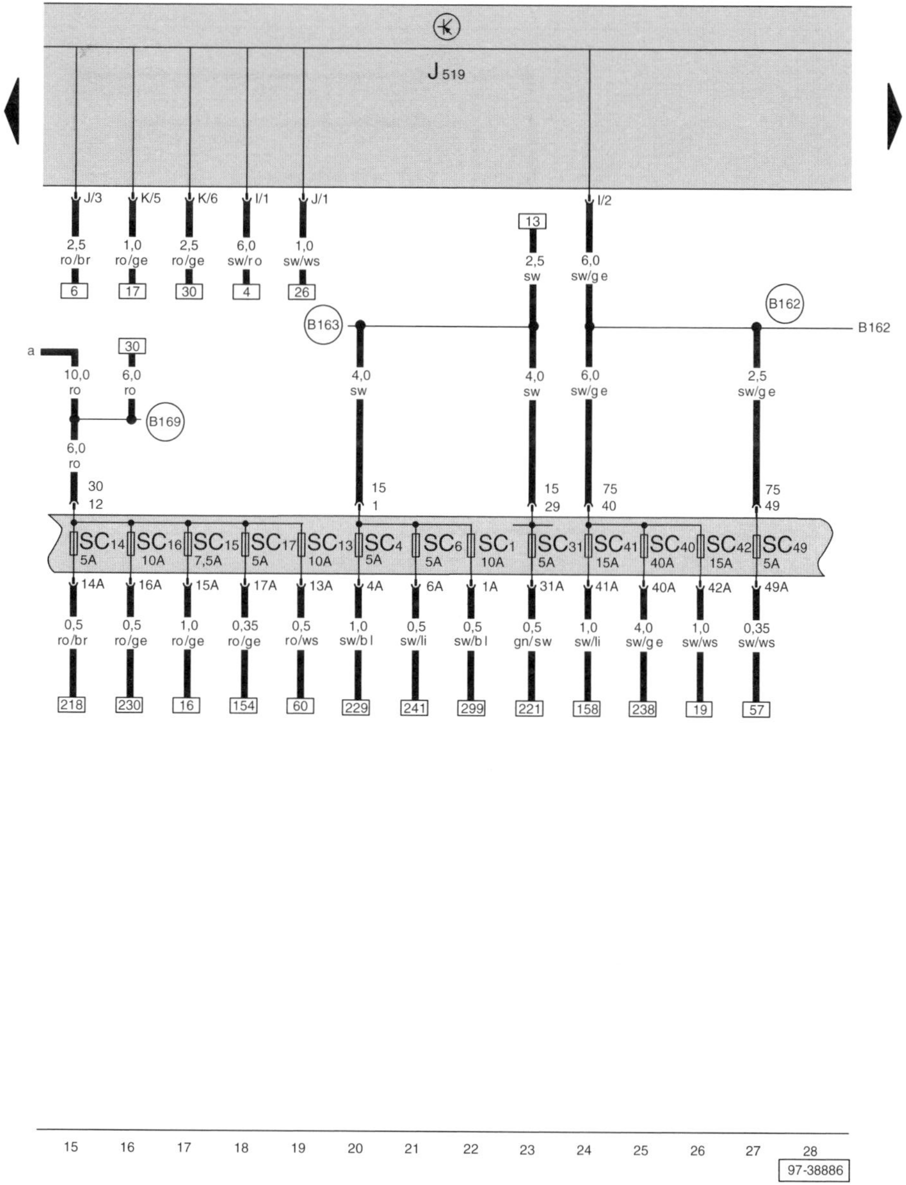

Steuergerät für Bordnetz, Sicherungen (SC)

J519 - Steuergerät für Bordnetz
SC1 - Sicherung 1 auf Sicherungshalter
SC4 - Sicherung 4 auf Sicherungshalter
SC6 - Sicherung 6 auf Sicherungshalter
SC13 - Sicherung 13 auf Sicherungshalter
SC14 - Sicherung 14 auf Sicherungshalter
SC15 - Sicherung 15 auf Sicherungshalter
SC16 - Sicherung 16 auf Sicherungshalter
SC17 - Sicherung 17 auf Sicherungshalter
SC31 - Sicherung 31 auf Sicherungshalter
SC40 - Sicherung 40 auf Sicherungshalter
SC41 - Sicherung 41 auf Sicherungshalter
SC42 - Sicherung 42 auf Sicherungshalter
SC49 - Sicherung 49 auf Sicherungshalter

B162 - Verbindung (75a) im Leitungsstrang Innenraum
B163 - Plusverbindung 1 (15) im Leitungsstrang Innenraum
B169 - Plusverbindung 1 (30) im Leitungsstrang Innenraum

ws = weiß
sw = schwarz
ro = rot
br = braun
gn = grün
bl = blau
gr = grau
li = lila
ge = gelb
or = orange

97-38886

316

Scheinwerfer links, Nebelscheinwerfer links, Nebelscheinwerfer rechts, Steuergerät für Bordnetz, Sicherungen (SC)

J519 - Steuergerät für Bordnetz
L22 - Lampe für Nebelscheinwerfer links
L23 - Lampe für Nebelscheinwerfer rechts
M1 - Lampe für Standlicht links
M5 - Lampe für Blinklicht vorn links
M29 - Lampe für Abblendlicht-Scheinwerfer links
M30 - Lampe für Fernlicht-Scheinwerfer links
SC24- Sicherung 24 auf Sicherungshalter
SC25- Sicherung 25 auf Sicherungshalter
SC26- Sicherung 26 auf Sicherungshalter
SC46- Sicherung 46 auf Sicherungshalter
T5n - Steckverbindung 5fach, im Motorraum vorn links
T10i - Steckverbindung 10fach
V48 - Stellmotor links für Leuchtweitenregelung

(203) - Masseverbindung im Leitungsstrang
(376) - Masseverbindung 11 im Hauptleitungsstrang Nebelscheinwerfer
(655) - Massepunkt am Scheinwerfer links
(A84) - Verbindung (58L) im Schalttafelleitungsstrang
(A181) - Plusverbindung 2 (Blinker links) im Schalttafelleitungsstrang
(B135) - Verbindung 1 (15a) im Leitungsstrang Innenraum
(B162) - Verbindung (75a) im Leitungsstrang Innenraum
(B338) - Verbindung 1 (56) im Hauptleitungsstrang
(B457) - Verbindung 1 (Poti) im Hauptleitungsstrang
(B456) - Verbindung (56b) im Hauptleitungsstrang
(B458) - Verbindung 2 (Poti) im Hauptleitungsstrang

ws = weiß
sw = schwarz
ro = rot
br = braun
gn = grün
bl = blau
gr = grau
li = lila
ge = gelb
or = orange

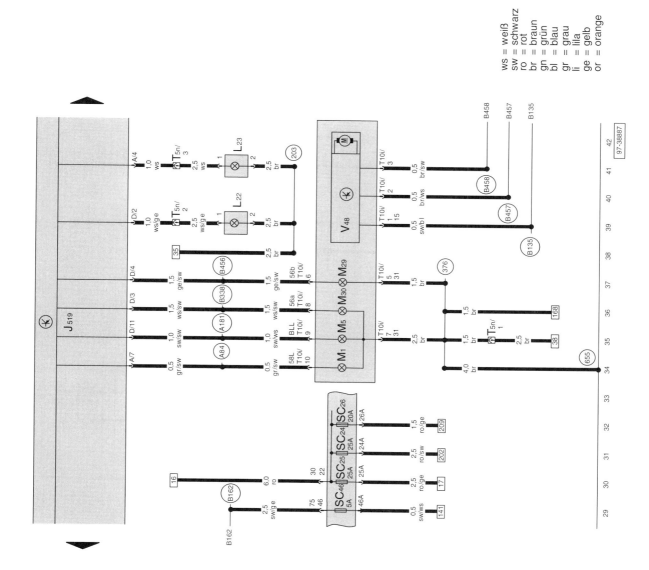

97-38887

Scheinwerfer rechts, Regler für Beleuchtung, Schalter, Instrumente, Einsteller für Leuchtweitenregelung, Beleuchtung für Taster

E20 - Regler für Beleuchtung, Schalter, Instrumente
E102 - Einsteller für Leuchtweitenregelung
J519 - Steuergerät für Bordnetz
L76 - Beleuchtung für Taster
M3 - Lampe für Standlicht rechts
M7 - Lampe für Blinklicht vorn rechts
M31 - Lampe für Abblendlichtscheinwerfer rechts
M32 - Lampe für Fernlichtscheinwerfer rechts
T8e - Steckverbindung 8fach
T10j - Steckverbindung 10fach
V49 - Stellmotor rechts für Leuchtweitenregelung

(45) - Massepunkt hinter Schalttafel Mitte
(378) - Masseverbindung 13 im Hauptleitungsstrang
(656) - Massepunkt am Scheinwerfer rechts
(A180) - Plusverbindung 2 (Blinker rechts) im Schalttafelleitungsstrang
(B135) - Verbindung 1 (15a) im Leitungsstrang Innenraum
(B457) - Verbindung 1 (Poti) im Hauptleitungsstrang
(B458) - Verbindung 2 (Poti) im Hauptleitungsstrang

* - nur bei Fahrzeugen mit Doppeltonhorn

ws = weiß
sw = schwarz
ro = rot
br = braun
gn = grün
bl = blau
gr = grau
li = lila
ge = gelb
or = orange

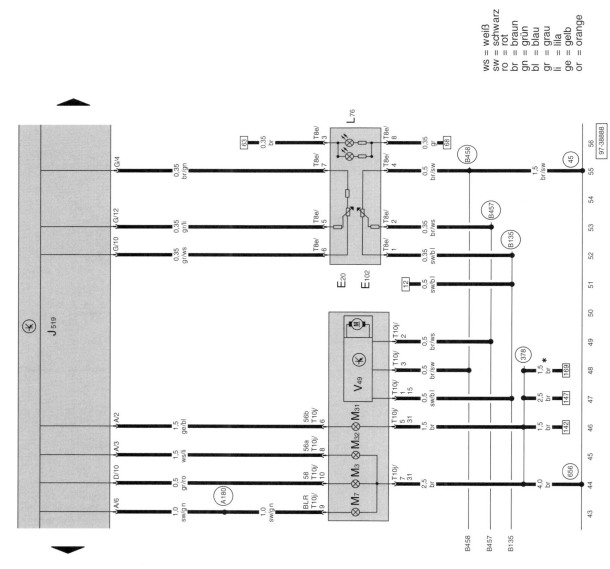

**Lichtschalter, Schalter für Nebelscheinwerfer,
Schalter für Nebelschlussleuchte, Lampe für Beleuchtung Lichtschalter**

E1 - Lichtschalter
E7 - Schalter für Nebelscheinwerfer
E18 - Schalter für Nebelschlussleuchte
J519 - Steuergerät für Bordnetz
L9 - Lampe für Beleuchtung Lichtschalter
T10h - Steckverbindung 10fach

(372) - Masseverbindung 7 im Hauptleitungsstrang
(A167) - Plusverbindung 3 (30a) im Schalttafel-Leitungsstrang
(B340) - Verbindung 1 (58d) im Hauptleitungsstrang

ws = weiß
sw = schwarz
ro = rot
br = braun
gn = grün
bl = blau
gr = grau
li = lila
ge = gelb
or = orange

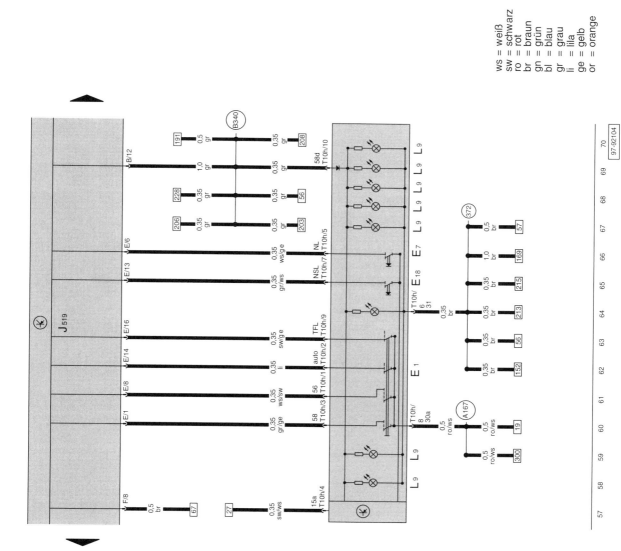

97-92104

Schlussleuchte rechts, Schlussleuchte links, Lampe für Nebelschlussleuchte links, Lampe für Rückfahrlicht rechts

J519 - Steuergerät für Bordnetz
L46 - Lampe für Nebelschlussleuchte links
M2 - Lampe für Schlusslicht rechts
M4 - Lampe für Schlusslicht links
M6 - Lampe für Blinklicht hinten links
M8 - Lampe für Blinklicht hinten rechts
M17 - Lampe für Rückfahrlicht rechts
M21 - Lampe für Brems- und Schlusslicht links
M22 - Lampe für Brems- und Schlusslicht rechts
T4a - Steckverbindung 4fach
T4b - Steckverbindung 4fach
T5a - Steckverbindung 5fach, schwarz, im Seitenteil hinten links
T5c - Steckverbindung 5fach, braun, im Seitenteil hinten links
T6a - Steckverbindung 6fach
Y7 - automatisch abblendbarer Innenspiegel

⑨⑧ - Masseverbindung im Leitungsstrang Heckklappe
②⑧⑦ - Masseverbindung im Leitungsstrang Heckklappe Zuführung
③⑥⑨ - Masseverbindung 4 im Hauptleitungsstrang
⑥⑦⑨ - Massepunkt 2 im Seitenteil hinten links
Ⓐ⑧⑦ - Verbindung (RF) im Schalttafelleitungsstrang

ws = weiß
sw = schwarz
ro = rot
br = braun
gn = grün
bl = blau
gr = grau
li = lila
ge = gelb
or = orange

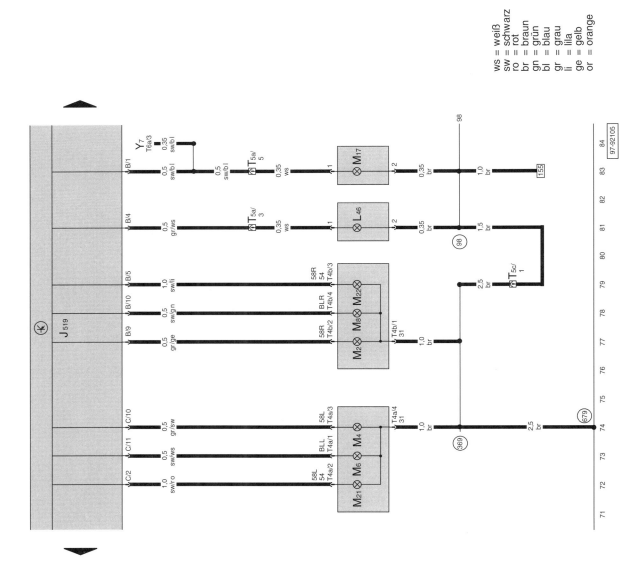

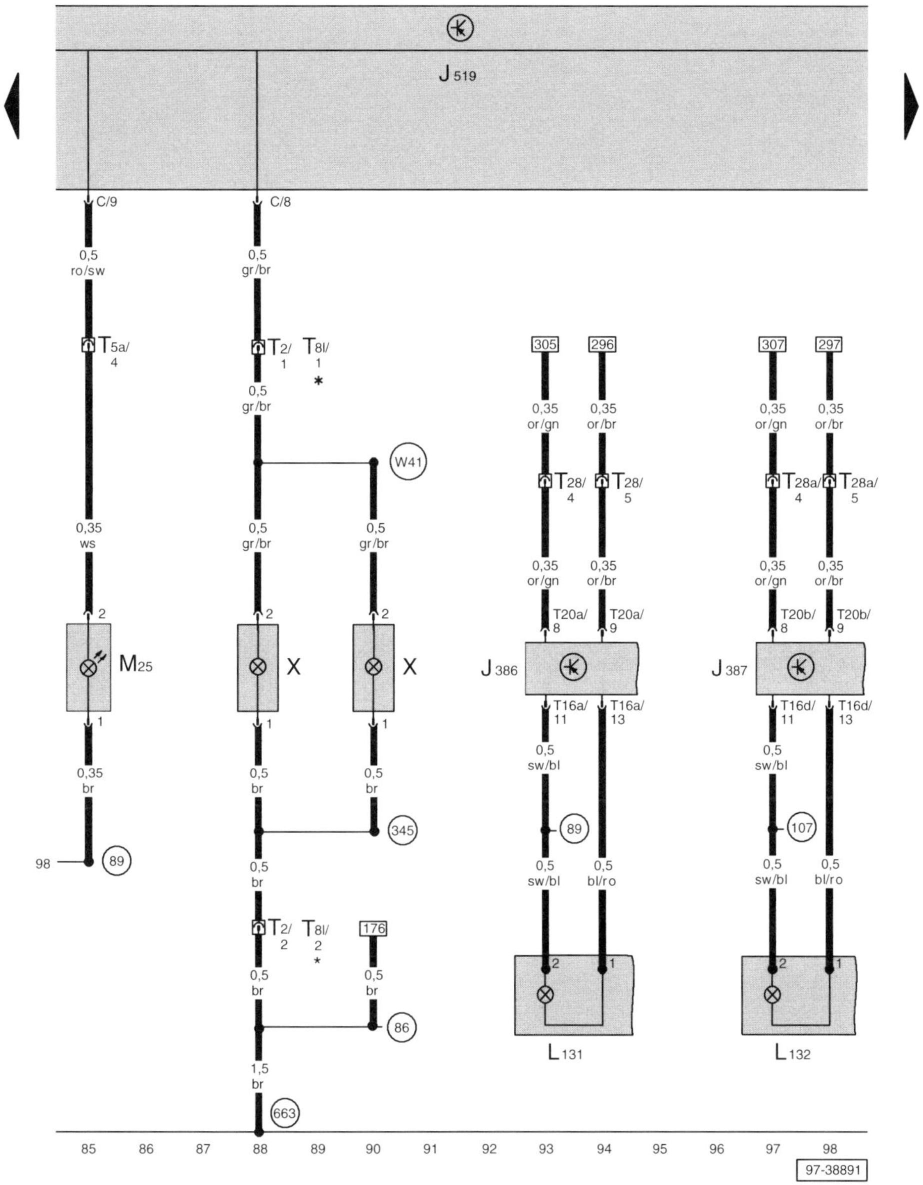

Lampe für hochgesetztes Bremslicht, Kennzeichenleuchte, Lampe für Spiegelblinker Fahrerseite, Lampe für Spiegelblinker Beifahrerseite

- J386 – Türsteuergerät Fahrerseite
- J387 – Türsteuergerät Beifahrerseite
- J519 – Steuergerät für Bordnetz
- L131 – Lampe für Spiegelblinker Fahrerseite
- L132 – Lampe für Spiegelblinker Beifahrerseite
- M25 – Lampe für hochgesetztes Bremslicht
- T2 – Steckverbindung 2fach, rechts unter dem Stoßfänger
- T5a – Steckverbindung 5fach, schwarz, im Seitenteil hinten links
- T8l – Steckverbindung 8fach, rechts unter dem Stoßfänger
- T16a – Steckverbindung 16fach
- T16d – Steckverbindung 16fach
- T20a – Steckverbindung 20fach
- T20b – Steckverbindung 20fach
- T28 – Steckverbindung 28fach, an der A-Säule links
- T28a – Steckverbindung 28fach, an der A-Säule rechts
- X – Kennzeichenleuchte

- ⑧⑥ – Masseverbindung 1 im Leitungsstrang hinten
- ⑧⑨ – Masseverbindung 1 im Leitungsstrang Fensterheber
- ⑩⑦ – Masseverbindung im Leitungsstrang Außenspiegel
- ②⑧⑦ – Masseverbindung im Leitungsstrang Heckklappe Zuführung
- ③④⑤ – Masseverbindung im Leitungsstrang Stoßfänger
- ⑥⑥③ – Massepunkt Seitenteil hinten rechts
- Ⓦ41 – Plusverbindung (58) im Leitungsstrang Kennzeichenleuchte

- * – nur bei Fahrzeugen mit Einparkhilfe

ws = weiß
sw = schwarz
ro = rot
br = braun
gn = grün
bl = blau
gr = grau
li = lila
ge = gelb
or = orange

97-38891

Steuergerät für Lenksäulenelektronik, Schalter für Scheibenwischer, Scheibenwischerschalter für Intervallbetrieb, Regler für Scheibenwischer-Intervallschaltung

E22 - Scheibenwischerschalter für Intervallbetrieb
E38 - Regler für Scheibenwischer-Intervallschaltung
E44 - Schalter für Scheibenwaschpumpe (Wasch-Wisch-Automatik und Scheinwerfer-Reinigungsanlage)
F125 - Multifunktionsschalter
J... - Motorsteuergeräte
J519 - Bordnetzsteuergerät
J527 - Steuergerät für Lenksäulenelektronik
J587 - Steuergerät für Wählhebelsensorik
T10v - Steckverbindung 10fach, unter der Wählhebelabdeckung
T12b - Steckverbindung 12fach, blau, im Wasserkasten links
T20d - Steckverbindung 20fach

ws = weiß
sw = schwarz
ro = rot
br = braun
gn = grün
bl = blau
gr = grau
li = lila
ge = gelb
or = orange

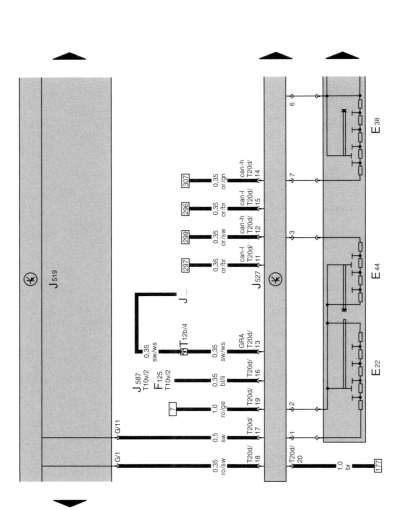

97-38892

Schalter für GRA, Entlastungsrelais für X-Kontakt, Steuergerät für Lenksäulenelektronik, Geber für Lenkwinkel

E45 - Schalter für GRA
E86 - Abruftaste für Multifunktionsanzeige
E92 - Reset-Taste
E227 - Taster für GRA Set
G85 - Geber für Lenkwinkel, am Steuergerät für Lenksäulenelektronik
J59 - Entlastungsrelais für X-Kontakt
J519 - Steuergerät für Bordnetz
J527 - Steuergerät für Lenksäulenelektronik

ws = weiß
sw = schwarz
ro = rot
br = braun
gn = grün
bl = blau
gr = grau
li = lila
ge = gelb
or = orange

J519

J59

G85

J527

E227

E45

E92

E86

113 114 115 116 117 118 119 120 121 122 123 124 125 126

97-38893

Zündanlass-Schalter, Steuergerät für Lenksäulen-elektronik, Blinkerschalter, Magnet für Zünd-schlüssel-Abzugsperre, Signalhornbetätigung

D - Zündanlass-Schalter
E2 - Blinkerschalter
E4 - Schalter für Handabblendung und Lichthupe
F138 - Wickelfeder für Airbag und Rückstellring mit Schleifring
H - Signalhornbetätigung
J519 - Steuergerät für Bordnetz
J527 - Steuergerät für Lenksäulenelektronik
N376 - Magnet für Zündschlüssel-Abzugsperre
T12j - Steckverbindung 12fach

* - nur bei Fahrzeugen mit autom. Getriebe oder Direkt-Schaltgetriebe

ws = weiß
sw = schwarz
ro = rot
br = braun
gn = grün
bl = blau
gr = grau
li = lila
ge = gelb
or = orange

97-38894

127   128   129   130   131   132   133   134   135   136   137   138   139   140

Kontaktschalter für Motorhaube, Sensor für Regen- und Lichterkennung, Relais 2 für Doppelwaschpumpe, Scheibenwischermotor, Spritzdüsen

F266 - Kontaktschalter für Motorhaube
G397 - Sensor für Regen- und Lichterkennung
J400 - Steuergerät für Wischermotor
J519 - Steuergerät für Bordnetz
J730 - Relais 2 für Doppelwaschpumpe
T2n - Steckverbindung 2fach, am Schloßträger rechts, Nähe Scheinwerfer
T3ae - Steckverbindung 3fach
T4q - Steckverbindung 4fach
V - Scheibenwischermotor
Z20 - Heizwiderstand für Spritzdüse links
Z21 - Heizwiderstand für Spritzdüse rechts

373 - Masseverbindung 8 im Hauptleitungsstrang
A36 - Verbindung (75a) im Schalttafel-Leitungsstrang
B465 - Verbindung 1 im Hauptleitungsstrang
B528 - Verbindung 1 (LIN-Bus) im Hauptleitungsstrang

ws = weiß
sw = schwarz
ro = rot
br = braun
gn = grün
bl = blau
gr = grau
li = lila
ge = gelb
or = orange

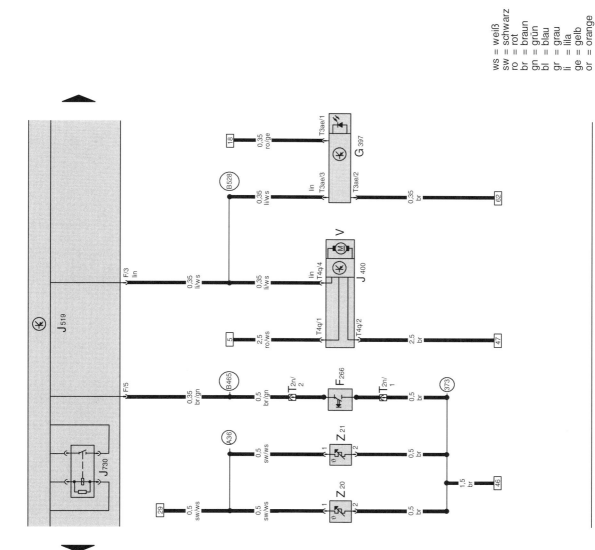

Motor für Heckscheibenwischer, Scheibenwaschpumpe, beheizbare Heckscheibe, Relais 1 für beheizbare Heckscheibe, Relais 1 für Doppelwaschpumpe, Relais für beheizbare Heckscheibe, Hochtonhorn

H2	-	Hochtonhorn
J9	-	Relais für beheizbare Heckscheibe
J519	-	Steuergerät für Bordnetz
J729	-	Relais 1 für Doppelwaschpumpe
T4u	-	Steckverbindung 4fach
T5a	-	Steckverbindung 5fach, schwarz, im Seitenteil hinten links
T5e	-	Steckverbindung 5fach, rosa, im Seitenteil hinten links
V12	-	Motor für Heckscheibenwischer
V59	-	Frontscheiben- und Heckscheibenwaschpumpe
Z1	-	beheizbare Heckscheibe
663	-	Massepunkt Seitenteil hinten rechts
A90	-	Verbindung (Doppelton-Horn) im Schalttafel-Leitungsstrang
B183	-	Verbindung 1 (Scheibenwaschpumpe) im Leitungsstrang Innenraum
B184	-	Verbindung 2 (Scheibenwaschpumpe) im Leitungsstrang Innenraum

Die Ansteuerung der beheizbaren Heckscheibe mit Heckscheibenantenne entnehmen Sie bitte den Stromlaufplänen Radioanlage.

ws = weiß
sw = schwarz
ro = rot
br = braun
gn = grün
bl = blau
gr = grau
li = lila
ge = gelb
or = orange

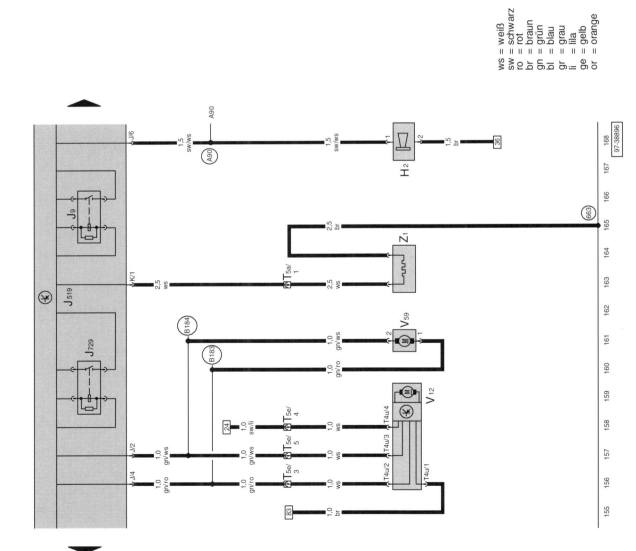

Tieftonhorn, Relais für Doppeltonhorn, Motor für Tankdeckel-Verriegelung, Kofferraumleuchte, Handschuhfachleuchte, Schalter für Handschuh-fach-Leuchte, Einstiegsleuchten

E26 - Schalter für Handschuhfach-Leuchte
F256 - Schließeinheit für Heckklappe
E267 - Schalter für Deaktivierung
       Innenraumüberwachung
H7   - Tieftonhorn
J4   - Relais für Doppeltonhorn
J393 - Zentralsteuergerät für Komfortsystem
J519 - Steuergerät für Bordnetz
T4f - Steckverbindung 4fach
T6ag - Steckverbindung 6fach
T18 - Steckverbindung 18fach
V155 - Motor für Tankdeckel-Verriegelung
W3   - Kofferraumleuchte
W6   - Handschuhfachleuchte
W31 - Einstiegsleuchte vorn links
W32 - Einstiegsleuchte vorn rechts

(195) - Masseverbindung im Leitungsstrang
        Türkontaktschalter hinten
(382) - Masseverbindung 17 im Hauptleitungsstrang

(A90) - Verbindung (Doppelton-Horn) im
        Schalttafel-Leitungsstrang
(A138) - Verbindung 2 im Schalttafelleitungsstrang

(B559) - Plusverbindung 1 (30g) im Hauptleitungsstrang

* - nur bei Fahrzeugen mit Doppeltonhorn

** - siehe Komfortsystem

ws = weiß
sw = schwarz
ro = rot
br = braun
gn = grün
bl = blau
gr = grau
li = lila
ge = gelb
or = orange

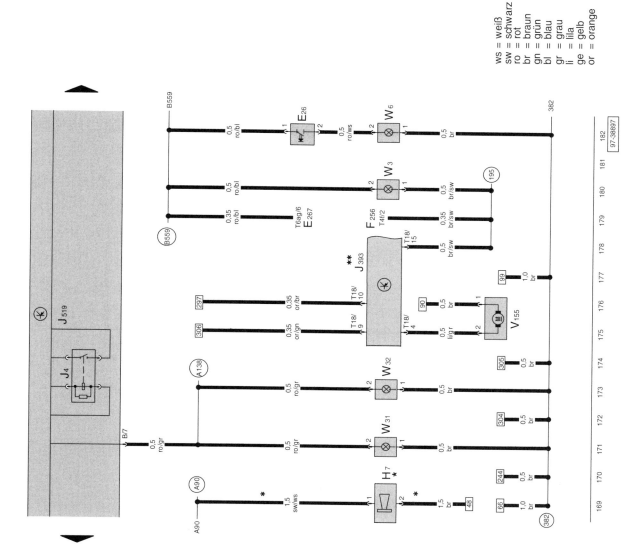

Innenleuchte vorn, Leseleuchte hinten links, Leseleuchte hinten rechts, Leseleuchte Mitte links, Leseleuchte Mitte rechts, Innenleuchte hinten

J519 - Steuergerät für Bordnetz
T5y - Steckverbindung 5fach
T6b - Steckverbindung 6fach
T6am- Steckverbindung 6fach
T8d - Steckverbindung 8fach, Koppelstelle Dach, Nähe Innenleuchte vorn
W1 - Innenleuchte vorn
W11 - Leseleuchte hinten links
W12 - Leseleuchte hinten rechts
W39 - Leseleuchte Mitte links
W40 - Leseleuchte Mitte rechts
W43 - Innenleuchte hinten
Y7 - automatisch abblendbarer Innenspiegel

347 - Masseverbindung im Leitungsstrang Dach
382 - Masseverbindung 17 im Hauptleitungsstrang
B154 - Verbindung 1 (TK) im Leitungsstrang Innenraum
B250 - Plusverbindung im Leitungsstrang Dach
B559 - Plusverbindung 1 (30g) im Hauptleitungsstrang

ws = weiß
sw = schwarz
ro = rot
br = braun
gn = grün
bl = blau
gr = grau
li = lila
ge = gelb
or = orange

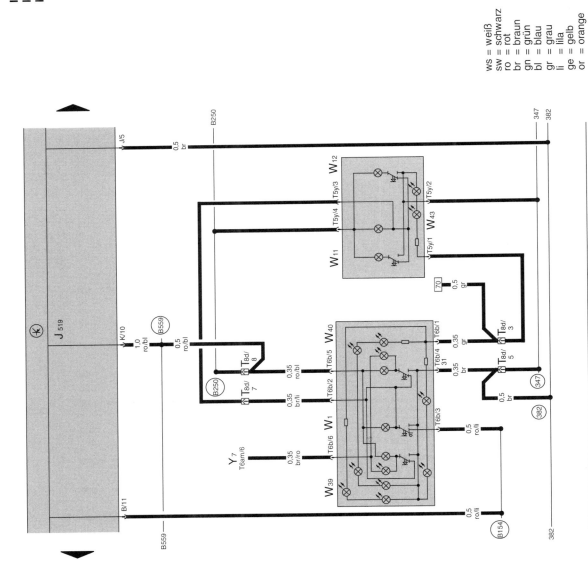

Zigarrenanzünder, 12-V-Steckdose, Zigarrenanzünder hinten, beleuchteter Make-Up-Spiegel Fahrerseite, beleuchteter Make-Up-Spiegel Beifahrerseite

F147 - Kontaktschalter für Make-Up-Spiegel Fahrerseite
F148 - Kontaktschalter für Make-Up-Spiegel Beifahrerseite
J519 - Steuergerät für Bordnetz
L28 - Lampe für Beleuchtung Zigarrenanzünder
L32 - Lampe für Beleuchtung für Zigarrenanzünder hinten
T3g - Steckverbindung 3fach
T3h - Steckverbindung 3fach
T3j - Steckverbindung 3fach
U1 - Zigarrenanzünder
U5 - 12-V-Steckdose
U9 - Zigarrenanzünder hinten
W14 - beleuchteter Make-Up-Spiegel Beifahrerseite
W20 - beleuchteter Make-Up-Spiegel Fahrerseite

43 - Massepunkt Säule A rechts unten
347 - Masseverbindung im Leitungsstrang Dach
374 - Masseverbindung 9 im Hauptleitungsstrang
382 - Masseverbindung 17 im Hauptleitungsstrang
383 - Masseverbindung 18 im Hauptleitungsstrang
605 - Massepunkt an der Lenksäule oben
663 - Massepunkt Seitenteil hinten rechts
A168 - Plusverbindung 4 (30a) im Schalttafel-Leitungsstrang
B250 - Plusverbindung im Leitungsstrang Dach

ws = weiß
sw = schwarz
ro = rot
br = braun
gn = grün
bl = blau
gr = grau
li = lila
ge = gelb
or = orange

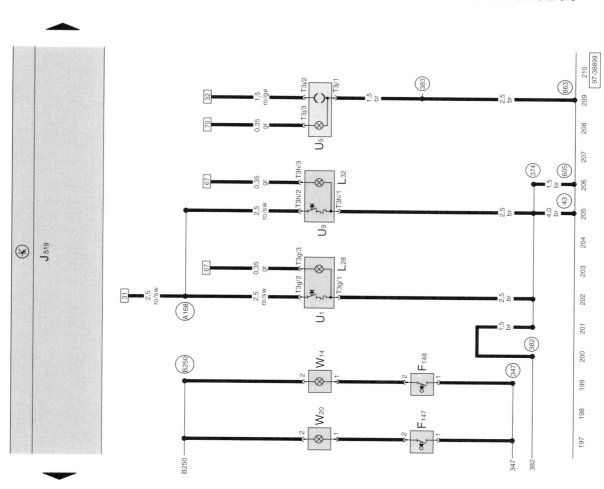

Warnlichtschalter, Kontrolllampe für Warnblinkanlage, Bremslichtschalter, Schalter für Rückfahrleuchten

E3 - Warnlichtschalter
F - Bremslichtschalter
F4 - Schalter für Rückfahrleuchten
J519 - Steuergerät für Bordnetz
K6 - Kontrolllampe für Warnblinkanlage
T4 - Steckverbindung 4fach
T4al - Steckverbindung 4fach
T12b - Steckverbindung 12fach, blau, im Wasserkasten links

(B131) - Verbindung (54) im Leitungsstrang Innenraum

ws = weiß
sw = schwarz
ro = rot
br = braun
gn = grün
bl = blau
gr = grau
li = lila
ge = gelb
or = orange

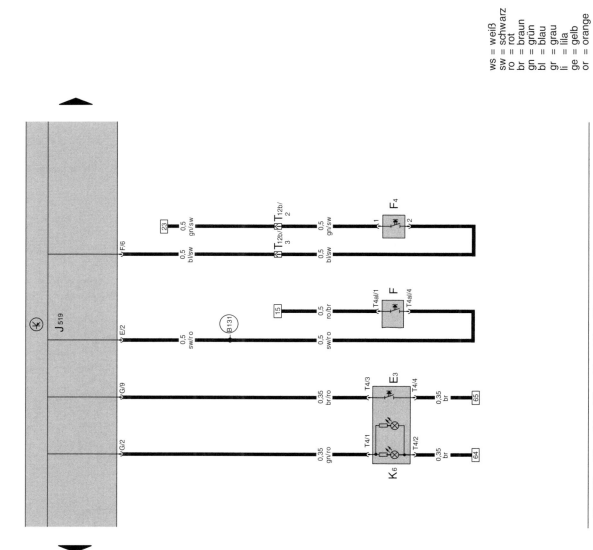

Schalter für Heizung und Heizleistung, Vorwiderstand für Frischluftgebläse mit Überhitzungssicherung, Frischluftgebläse, Stellmotor für Umluftklappe

E9 - Schalter für Frischluftgebläse
E16 - Schalter für Heizung und Heizleistung
E159 - Schalter für Frisch- und Umluftklappe
E230 - Taster für beheizbare Heckscheibe
J8 - Relais für Standheizung
J... - Motorsteuergeräte
J519 - Steuergerät für Bordnetz
K10 - Kontrolllampe für beheizbare Heckscheibe
K114 - Kontrolllampe für Frisch- und Umluftbetrieb
N24 - Vorwiderstand für Frischluftgebläse mit Überhitzungssicherung
T4f - Steckverbindung 4fach
T5 - Steckverbindung 5fach
T6k - Steckverbindung 6fach
T10k - Steckverbindung 10fach
T11 - Steckverbindung 11fach
T20c - Steckverbindung 20fach
V2 - Frischluftgebläse
V113 - Stellmotor für Umluftklappe

47 - Massepunkt im Fußraum vorn rechts
375 - Masseverbindung 10 im Hauptleitungsstrang

A20 - Plusverbindung (15a) im Schalttafel-Leitungsstrang
A189 - Plusverbindung 5 (30a) im Schalttafelleitungsstrang
L32 - Verbindung 1 im Leitungsstrang Heizgerät
L34 - Verbindung 2 im Leitungsstrang Heizgerät

ws = weiß
sw = schwarz
ro = rot
br = braun
gn = grün
bl = blau
gr = grau
li = lila
ge = gelb
or = orange

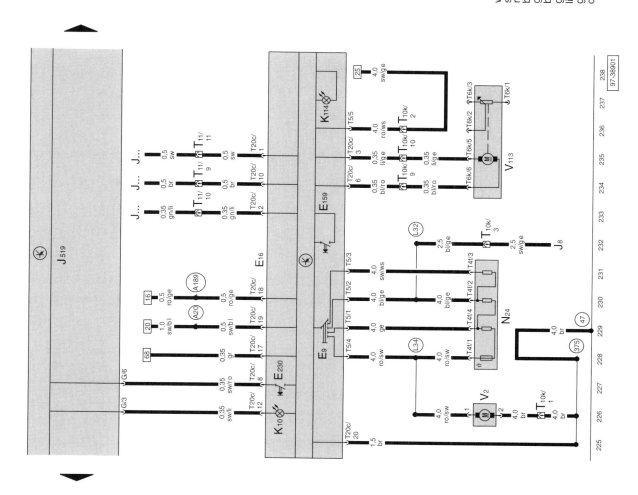

Schalttafeleinsatz, Lesespule für Wegfahrsicherung, Schalter für Handbremskontrolle, Warnkontakt für Bremsflüssigkeitsstand

D2	-	Lesespule für Wegfahrsicherung
F9	-	Schalter für Handbremskontrolle
F34	-	Warnkontakt für Bremsflüssigkeitsstand
J285	-	Steuergerät im Schalttafeleinsatz
J362	-	Steuergerät für Wegfahrsicherung
J519	-	Steuergerät für Bordnetz
K	-	Schalttafeleinsatz
K115	-	Kontrolllampe für Wegfahrsperre
K118	-	Kontrolllampe für Bremsanlage
T2x	-	Steckverbindung 2fach
T36	-	Steckverbindung 36fach
367	-	Masseverbindung 2 im Hauptleitungsstrang
376	-	Masseverbindung 11 im Hauptleitungsstrang
381	-	Masseverbindung 16 im Hauptleitungsstrang
602	-	Massepunkt im Fußraum vorn links
655	-	Massepunkt am Scheinwerfer links
B277	-	Plusverbindung 1 (15a) im Hauptleitungsstrang
B380	-	Verbindung 2 (Bremsbelag-Verschleiß-Anzeige) im Hauptleitungsstrang

ws = weiß
sw = schwarz
ro = rot
br = braun
gn = grün
bl = blau
gr = grau
li = lila
ge = gelb
or = orange

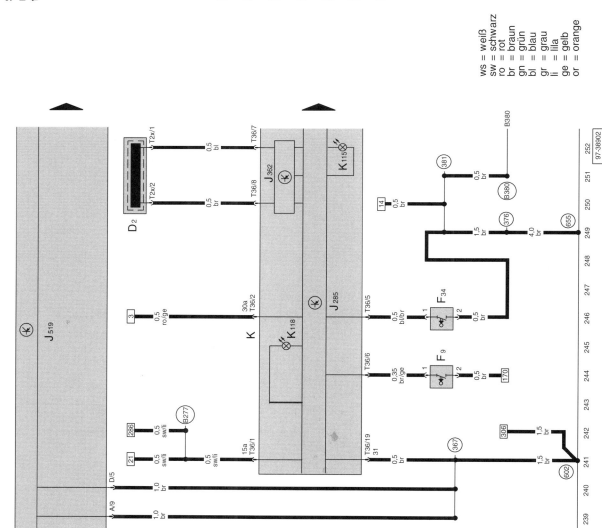

97-38902

Schalttafeleinsatz, Öldruckschalter, Temperatur-fühler für Außentemperatur, Geber für Kühlmittel-mangelanzeige, Geber für Scheibenwaschwasser-stand, Geber für Bremsbelag-Verschleiß vorn links

F1 - Öldruckschalter
G17 - Temperaturfühler für Außentemperatur
G32 - Geber für Kühlmittelmangelanzeige
G33 - Geber für Scheibenwaschwasserstand
G34 - Geber für Bremsbelag-Verschleiß vorn links
J245 - Steuergerät für Schiebedach
J285 - Steuergerät im Schalttafeleinsatz
J519 - Steuergerät für Bordnetz
K - Schalttafeleinsatz
K3 - Kontrolllampe für Öldruck
K28 - Kontrolllampe für Kühlmitteltemperatur und Kühlmittelmangelanzeige
K32 - Kontrolllampe für Bremsbelag
K37 - Kontrolllampe für Scheiben-Wasch-Wasserstand
T2y - Steckverbindung 2fach
T2z - Steckverbindung 2fach, vorn links am Stoßfänger
T6b - Steckverbindung 6fach, am Steuergerät für Schiebedachverstellung
T14a - Steckverbindung 14fach, am Motor
T36 - Steckverbindung 36fach

(410) - Masseverbindung 1 (Gebermasse) im Hauptleitungsstrang
(B379) - Verbindung 1 (Bremsbelagverschleißanzeige) im Hauptleitungsstrang
(B380) - Verbindung 2 (Bremsbelag-Verschleiß-Anzeige) im Hauptleitungsstrang

ws = weiß
sw = schwarz
ro = rot
br = braun
gn = grün
bl = blau
gr = grau
li = lila
ge = gelb
or = orange

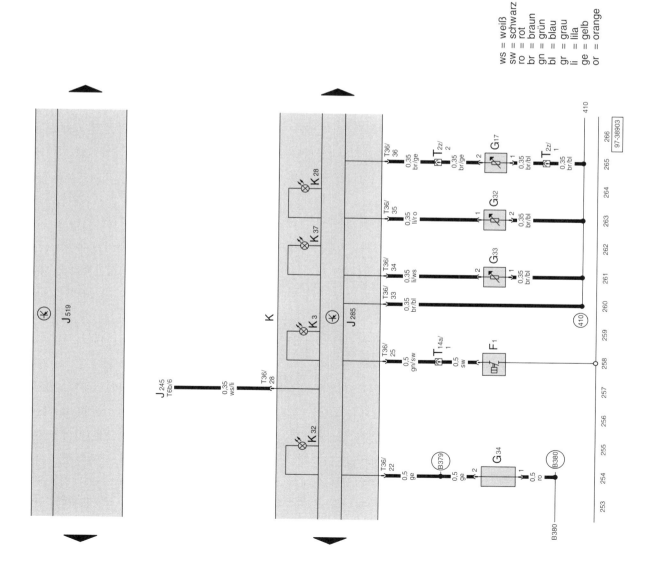

97-38903

Schalttafeleinsatz, Steuergerät für Bordnetz, Kontrolllampen, Temperaturfühler für Außentemperatur

G17 - Temperaturfühler für Außentemperatur
J285 - Steuergerät im Schalttafeleinsatz
J519 - Steuergerät für Bordnetz
K - Schalttafeleinsatz
K1 - Kontrolllampe für Fernlicht
K2 - Kontrolllampe für Generator
K4 - Kontrolllampe für Standlicht
K13 - Kontrolllampe für Nebelschlussleuchte
K18 - Kontrolllampe für Anhängerbetrieb
K19 - Kontrolllampe für Sicherheitsgurt-Warnsystem
K31 - Kontrolllampe für GRA
K47 - Kontrolllampe für ABS
K75 - Kontrolllampe für Airbag
K83 - Abgas-Warnleuchte
K115 - Kontrolllampe für Wegfahrsperre
K149 - Kontrolllampe für Motorelektronik
T5n - Steckverbindung 5fach, vorn links am Stoßfänger

⑩ 410 - Masseverbindung 1 (Gebermasse) im Hauptleitungsstrang

* nur bei Fahrzeugen mit Nebelscheinwerfer

ws = weiß
sw = schwarz
ro = rot
br = braun
gn = grün
bl = blau
gr = grau
li = lila
ge = gelb
or = orange

97-38904

267 268 269 270 271 272 273 274 275 276 277 278 279 280

**Schalttafeleinsatz, Diagnose-Interface für Daten-
bus, Kontrolllampen**

J285 - Steuergerät im Schalttafeleinsatz
J519 - Steuergerät für Bordnetz
J533 - Diagnose-Interface für Datenbus
K - Schalttafeleinsatz
K16 - Kontrolllampe für Kraftstoffreserve
K155 - Kontrolllampe für Stabilitätsprogramm
K161 - Kontrolllampe für elektromechanische
Servolenkung
K166 - Kontrolllampe für offene Türen
K169 - Kontrolllampe für Wählhebelsperre
K170 - Kontrolllampe für Lampenausfall
K171 - Kontrolllampe für offene Motorhaube
K193 - Kontrolllampe für Lehnenverriegelung Rücksitz
T20 - Steckverbindung 20fach
T36 - Steckverbindung 36fach

(A164) - Plusverbindung 2 (30a) im
Schalttafel-Leitungsstrang

ws = weiß
sw = schwarz
ro = rot
br = braun
gn = grün
bl = blau
gr = grau
li = lila
ge = gelb
or = orange

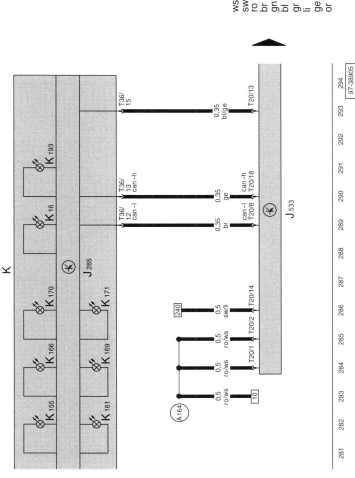

97-38905

335

Steuergerät für Bordnetz, Diagnose-Interface für Datenbus, Diagnoseanschluss

J... - Motorsteuergeräte
J519 - Steuergerät für Bordnetz
J533 - Diagnose-Interface für Datenbus
R - Radio
T12b - Steckverbindung 12fach, im Wasserkasten links
T16 - Steckverbindung 16fach, Diagnoseanschluss unter der Schalttafel links
T16b - Steckverbindung 16fach
T20 - Steckverbindung 20fach

(385) - Masseverbindung 20 im Hauptleitungsstrang
(A76) - Verbindung (K-Diagnoseleitung) im Schalttafelleitungsstrang
(A178) - Verbindung (CAN-Bus Infotainment, High) im Schalttafel-Leitungsstrang
(A179) - Verbindung (CAN-Bus Infotainment, Low) im Schalttafel-Leitungsstrang
(B383) - Verbindung 1 (CAN-Bus Antrieb High) im Hauptleitungsstrang
(B390) - Verbindung 1 (CAN-Bus Antrieb Low) im Hauptleitungsstrang
(B397) - Verbindung 1 (CAN-Bus Komfort High) im Hauptleitungsstrang
(B406) - Verbindung 1 (CAN-Bus Komfort Low) im Hauptleitungsstrang

ws = weiß
sw = schwarz
ro = rot
br = braun
gn = grün
bl = blau
gr = grau
li = lila
ge = gelb
or = orange